大数据科学丛书

Scala 语言基础与开发实战

王家林　管祥青　等编著

机 械 工 业 出 版 社

本书分为基础篇、中级篇、高级篇及分布式框架四大部分，从 Scala 零基础入门，步步深入，引导读者由浅入深地学习 Scala 及其应用。本书从手把手指引读者搭建 Scala 语言开发环境开始，详细介绍了 Scala 的语法基础，以代码实例形式分别讲解了 Scala 面向对象开发及函数式编程；在此基础上进一步深入讲解了 Scala 的中高级语法特性，包括模式匹配、集合、类型参数、高级类型、隐式转化及各语法特性在 Spark 源码中的应用解析，并引出 Scala 的 Actor 模型及其应用详解。本书还详细介绍了以 Scala 为基础的两大框架——Akka 和 Kafka。

本书每章开始均有重点介绍，以引导读者有目的、有重点地阅读或查阅。另外，针对不同语法特性的源码及应用解析是本书的另一大特点。

本书适合具备一定编程语言基础、对大数据开发有兴趣的在校学生，同时，对有面向对象编程或函数式编程经验的人员，本书也可以作为开发实例的参考书籍。

图书在版编目（CIP）数据

Scala 语言基础与开发实战/王家林等编著.—北京：机械工业出版社，2016.6（2023.1 重印）

（大数据科学丛书）

ISBN 978-7-111-54169-1

Ⅰ.①S… Ⅱ.①王… Ⅲ.①JAVA 语言－程序设计 Ⅳ.①TP312

中国版本图书馆 CIP 数据核字（2016）第 151317 号

机械工业出版社（北京市百万庄大街 22 号　邮政编码 100037）
策划编辑：王　斌　　责任编辑：王　斌
责任校对：张艳霞　　责任印制：常天培
北京中科印刷有限公司印刷
2023 年 1 月第 1 版·第 3 次印刷
184mm×260mm·26.5 印张·640 千字
标准书号：ISBN 978-7-111-54169-1
定价：99.00 元

电话服务　　　　　　　　网络服务
客服电话：010-88361066　　机 工 官 网：www.cmpbook.com
　　　　　010-88379833　　机 工 官 博：weibo.com/cmp1952
　　　　　010-68326294　　金　书　网：www.golden-book.com
封底无防伪标均为盗版　　　机工教育服务网：www.cmpedu.com

前　　言

　　采用Scala语言编写实现的，大数据领域最火爆的计算框架Spark（其实Spark在Apache下的数据处理领域也是最火爆的计算框架），正在以迅雷不及掩耳之势快速发展。很少有一门语言能够像Scala这样，因其作为大数据框架Spark的核心和首选开发语言而爆发式地普及起来。Spark本身起源于2009年，是美国加州大学伯克利分校AMP实验室的一个研究性项目，于2010年开源，在2014、2015年大数据领域软件排名中，Spark都以绝对优势遥遥领先！虽然基于Spark平台可以采用Scala、Java、Python、R等4种语言开发，但据Spark官方统计，2014年和2015年全世界范围内基于Spark开发采用最多的语言一直都是Scala。另外，在大数据领域越来越多的其他技术框架，例如Kafka等也都把Scala作为实现和开发语言。因此，为了打好大数据领域学习的基础，本书面向广大Scala爱好者和大数据开发者，以实战为主导，并用实战与理论相结合的方式来帮助读者学习Scala语言。

　　从2012年美国政府的"大数据研发计划"，到2015年我国国务院发布的《促进大数据发展行动纲要》，可以说，大数据已经迎来了它的黄金时代。本书紧跟时代潮流，除了讲解Scala语言之外，还额外挑选了当前在大数据领域中应用非常广泛Akka和Kafka两大框架进行讲解，并且详细讲解了Scala语言在其中的应用。Akka是一个在JVM上构建高并发、分布式和可快速恢复的消息驱动应用的工具包；Kafka是高产出的分布式消息系统，它实现了生产者和消费者之间的无缝连接，实现了处理速度快、高可扩展性的分布式实时系统。

　　本书编写的主线是以Scala实战实例为主导，由浅入深，从Scala的基础篇、中级篇直至高级篇，对Scala各个知识点加以详细分析并给出相应的实例及解析。然后更进一步地引入分布式框架篇，针对当前大数据领域使用非常广泛的大分布式框架Akka和Kafka，通过介绍Scala语言在开发分布式框架时的实战案例，为读者进一步学习大数据领域各个框架打好基础。

　　参与本书编写的有王家林、段智华、管祥青、徐奔、张敏、徐香玉等。

　　本书能顺利出版，离不开出版社编辑们的大力支持与帮助，在此表示诚挚的感谢。

　　非常感谢本书的技术审核徐香玉为审核本书技术相关内容所做出的努力。

　　在阅读本书的过程中，若发现任何问题或有任何疑问，可以加入本书的阅读群（QQ：418110145）提出讨论，会有专人帮忙答疑。同时，该群中也会提供本书所用实例代码。

　　如果读者想要了解或者学习更多大数据相关技术，可以通过以下方式参与互动交流：

　　关注DT大数据梦工厂微信公众号：DT_Spark及QQ群：163728659，或者通过扫描下方二维码咨询，也可以通过YY客户端登录68917580永久频道直接体验。

我的新浪微博是 http://wei bo.com/ilovepains/，也欢迎大家在微博上进行互动。由于时间仓促，书中难免存在不妥之处，请读者谅解，并提出宝贵意见。

王家林

2016.1.18 日于北京

目 录

前言

基 础 篇

第1章 Scala 零基础入门 ……………………………………………………………… 3
1.1 Scala 概述 ………………………………………………………………………… 3
1.2 Windows 及 Linux 下 Scale 运行环境安装配置 ………………………………… 4
  1.2.1 软件工具准备 …………………………………………………………… 4
  1.2.2 Windows 环境下的 Scala 安装 ………………………………………… 6
  1.2.3 Linux 环境下的 Scala 安装 …………………………………………… 10
  1.2.4 Linux 环境下的 Hadoop 安装与配置 ………………………………… 13
  1.2.5 Linux 环境下的 Spark 安装与配置 …………………………………… 23
1.3 Scala 开发环境搭建和 HelloWorld 实例 ……………………………………… 28
  1.3.1 Scala 集成开发工具的安装 …………………………………………… 28
  1.3.2 HelloWorld 编程实例 ………………………………………………… 30
  1.3.3 WorkSheet 的使用 …………………………………………………… 36
1.4 变量的使用 ……………………………………………………………………… 37
  1.4.1 Scala 解释器中的变量示例 …………………………………………… 37
  1.4.2 val 变量的定义 ………………………………………………………… 38
  1.4.3 var 变量的定义 ………………………………………………………… 39
  1.4.4 var 变量与 val 变量的使用比较 ……………………………………… 39
1.5 函数的定义、流程控制、异常处理 …………………………………………… 41
  1.5.1 函数的定义 …………………………………………………………… 41
  1.5.2 流程控制（if、while、for）…………………………………………… 43
  1.5.3 异常处理 ……………………………………………………………… 52
1.6 Tuple、Array、Map 与文件操作 ……………………………………………… 54
  1.6.1 Tuple 元组 …………………………………………………………… 54
  1.6.2 Array 数组 …………………………………………………………… 56
  1.6.3 文件操作 ……………………………………………………………… 59
  1.6.4 Map 映射 ……………………………………………………………… 62
1.7 Scala 中的 apply 方法 ………………………………………………………… 63
  1.7.1 Object 中的 apply …………………………………………………… 63
  1.7.2 Class 中的 apply ……………………………………………………… 64
  1.7.3 Array 数组的 apply 实现 …………………………………………… 65

1.8 小结 ……………………………………………………………………………………… 66

第2章 Scala 面向对象编程开发 ……………………………………………………………… 67
2.1 类的定义及属性 ……………………………………………………………………… 67
- 2.1.1 类定义 ………………………………………………………………………… 67
- 2.1.2 带有 getter 和 setter 的属性 ………………………………………………… 68

2.2 主构造器、私有构造器、构造器重载 ……………………………………………… 70
- 2.2.1 构造器重载之辅助构造器 …………………………………………………… 70
- 2.2.2 主构造器 ……………………………………………………………………… 71
- 2.2.3 不同访问权限的构造器 ……………………………………………………… 72

2.3 内部类和外部类 ……………………………………………………………………… 73
2.4 单例对象、伴生对象 ………………………………………………………………… 77
2.5 继承：超类的构造、重写字段、重写方法 ………………………………………… 78
- 2.5.1 超类的构造 …………………………………………………………………… 79
- 2.5.2 重写字段 ……………………………………………………………………… 80
- 2.5.3 重写方法 ……………………………………………………………………… 80

2.6 抽象类、抽象字段、抽象方法 ……………………………………………………… 82
- 2.6.1 抽象类 ………………………………………………………………………… 82
- 2.6.2 抽象字段 ……………………………………………………………………… 82
- 2.6.3 抽象方法 ……………………………………………………………………… 82

2.7 trait 特质 ……………………………………………………………………………… 83
- 2.7.1 作为接口使用的 trait ………………………………………………………… 84
- 2.7.2 在对象中混入 trait …………………………………………………………… 85
- 2.7.3 trait 深入解析 ………………………………………………………………… 86

2.8 多重继承、多重继承构造器执行顺序及 AOP 实现 ……………………………… 88
- 2.8.1 多重继承 ……………………………………………………………………… 88
- 2.8.2 多重继承构造器执行顺序 …………………………………………………… 89
- 2.8.3 AOP 实现 ……………………………………………………………………… 89

2.9 包的定义、包对象、包的引用、包的隐式引用 …………………………………… 91
- 2.9.1 包的定义 ……………………………………………………………………… 91
- 2.9.2 包对象 ………………………………………………………………………… 91
- 2.9.3 包的引用 ……………………………………………………………………… 92
- 2.9.4 包的隐式引用 ………………………………………………………………… 92

2.10 包、类、对象、成员、伴生类、伴生对象访问权限 …………………………… 92
- 2.10.1 包、类、对象、成员访问权限 …………………………………………… 92
- 2.10.2 伴生类、伴生对象访问权限 ……………………………………………… 93

2.11 小结 …………………………………………………………………………………… 94

第3章 Scala 高阶函数 …………………………………………………………………………… 95
3.1 匿名函数 ……………………………………………………………………………… 95
3.2 偏应用函数 …………………………………………………………………………… 96

3.3　闭包 …………………………………………………………………………… 98
3.4　SAM 转换 …………………………………………………………………… 100
3.5　Curring 函数 ………………………………………………………………… 102
3.6　高阶函数 ……………………………………………………………………… 103
3.7　高阶函数在 Spark 中的应用 ………………………………………………… 107
3.8　小结 …………………………………………………………………………… 109

中　级　篇

第 4 章　Scala 模式匹配 …………………………………………………………… 113
4.1　模式匹配简介 ………………………………………………………………… 113
4.2　模式匹配类型 ………………………………………………………………… 115
  4.2.1　常量模式 ………………………………………………………………… 116
  4.2.2　变量模式 ………………………………………………………………… 116
  4.2.3　构造器模式 ……………………………………………………………… 117
  4.2.4　序列（Sequence）模式 ………………………………………………… 118
  4.2.5　元组（Tuple）模式 ……………………………………………………… 119
  4.2.6　类型模式 ………………………………………………………………… 120
  4.2.7　变量绑定模式 …………………………………………………………… 121
4.3　模式匹配与 Case Class ……………………………………………………… 122
  4.3.1　构造器模式匹配原理 …………………………………………………… 122
  4.3.2　序列模式匹配原理 ……………………………………………………… 125
  4.3.3　Sealed Class 在模式匹配中的应用 …………………………………… 126
4.4　模式匹配应用实例 …………………………………………………………… 127
  4.4.1　for 循环控制结构中的模式匹配 ……………………………………… 127
  4.4.2　正则表达式中的模式匹配 ……………………………………………… 128
  4.4.3　异常处理中的模式匹配 ………………………………………………… 132
  4.4.4　Spark 源码中的模式匹配使用 ………………………………………… 133
4.5　小结 …………………………………………………………………………… 136

第 5 章　Scala 集合 ………………………………………………………………… 137
5.1　可变集合与不可变集合（Collection）……………………………………… 137
  5.1.1　集合的概述 ……………………………………………………………… 137
  5.1.2　集合的相关操作 ………………………………………………………… 141
  5.1.3　集合的操作示例 ………………………………………………………… 145
5.2　序列（Seq）…………………………………………………………………… 151
  5.2.1　序列的概述 ……………………………………………………………… 151
  5.2.2　序列的相关操作 ………………………………………………………… 152
  5.2.3　序列的操作示例 ………………………………………………………… 154
5.3　列表（List）…………………………………………………………………… 158

5.3.1　列表的概述 ……………………………………………………… 158
　　5.3.2　列表的相关操作 ………………………………………………… 158
　　5.3.3　列表的操作示例 ………………………………………………… 159
5.4　集（Set） …………………………………………………………………… 161
　　5.4.1　集的概述 ………………………………………………………… 161
　　5.4.2　集的相关操作 …………………………………………………… 162
　　5.4.3　集的操作示例 …………………………………………………… 164
5.5　映射（Map） ………………………………………………………………… 165
　　5.5.1　映射的概述 ……………………………………………………… 165
　　5.5.2　映射的相关操作 ………………………………………………… 166
　　5.5.3　映射的操作示例 ………………………………………………… 168
5.6　迭代器（Iterator） …………………………………………………………… 172
　　5.6.1　迭代器的概述 …………………………………………………… 172
　　5.6.2　迭代器的相关操作 ……………………………………………… 173
　　5.6.3　迭代器的操作示例 ……………………………………………… 176
5.7　集合的架构 …………………………………………………………………… 185
5.8　小结 …………………………………………………………………………… 189

高　级　篇

第6章　Scala 类型参数 ………………………………………………………… 193

6.1　泛型 …………………………………………………………………………… 193
　　6.1.1　泛型的概述 ……………………………………………………… 193
　　6.1.2　泛型的操作示例 ………………………………………………… 194
6.2　界定 …………………………………………………………………………… 195
　　6.2.1　上下界界定 ……………………………………………………… 196
　　6.2.2　视图界定 ………………………………………………………… 196
　　6.2.3　上下文界定 ……………………………………………………… 196
　　6.2.4　多重界定 ………………………………………………………… 196
　　6.2.5　界定的操作示例 ………………………………………………… 197
6.3　类型约束 ……………………………………………………………………… 204
　　6.3.1　类型约束的概述 ………………………………………………… 204
　　6.3.2　类型约束的操作示例 …………………………………………… 205
6.4　类型系统 ……………………………………………………………………… 205
　　6.4.1　类型系统的概述 ………………………………………………… 205
　　6.4.2　类型系统的操作示例 …………………………………………… 206
6.5　型变 Variance ………………………………………………………………… 207
　　6.5.1　协变 ……………………………………………………………… 208
　　6.5.2　逆变 ……………………………………………………………… 208

6.5.3 协变与逆变的操作示例 ………………………………………………… 208
6.6 结合 Spark 源码说明 Scala 类型参数的使用 ………………………………… 210
6.7 小结 ……………………………………………………………………… 212

第 7 章 Scala 高级类型 …………………………………………………………… 213

7.1 单例类型 …………………………………………………………………… 213
7.1.1 单例类型概述 ……………………………………………………… 213
7.1.2 单例类型示例 ……………………………………………………… 214

7.2 类型别名 …………………………………………………………………… 217
7.2.1 类型别名概述 ……………………………………………………… 217
7.2.2 类型别名示例 ……………………………………………………… 217

7.3 自身类型 …………………………………………………………………… 218
7.3.1 自身类型概述 ……………………………………………………… 218
7.3.2 自身类型示例 ……………………………………………………… 219

7.4 中置类型 …………………………………………………………………… 219
7.4.1 中置类型概述 ……………………………………………………… 219
7.4.2 中置类型示例 ……………………………………………………… 219

7.5 类型投影 …………………………………………………………………… 221
7.5.1 类型投影概述 ……………………………………………………… 221
7.5.2 类型投影实例 ……………………………………………………… 221

7.6 结构类型 …………………………………………………………………… 223
7.6.1 结构类型概述 ……………………………………………………… 223
7.6.2 结构类型示例 ……………………………………………………… 224

7.7 复合类型 …………………………………………………………………… 226
7.7.1 复合类型概述 ……………………………………………………… 226
7.7.2 复合类型示例 ……………………………………………………… 226

7.8 存在类型 …………………………………………………………………… 227
7.8.1 存在类型概述 ……………………………………………………… 227
7.8.2 存在类型示例 ……………………………………………………… 227

7.9 函数类型 …………………………………………………………………… 229
7.9.1 函数类型概述 ……………………………………………………… 229
7.9.2 函数类型示例 ……………………………………………………… 229

7.10 抽象类型 ………………………………………………………………… 230
7.10.1 抽象类型概述 …………………………………………………… 230
7.10.2 抽象类型实例 …………………………………………………… 230

7.11 Spark 源码中的高级类型使用 …………………………………………… 231
7.12 小结 ……………………………………………………………………… 233

第 8 章 Scala 隐式转换 …………………………………………………………… 234

8.1 隐式转换函数 ……………………………………………………………… 234
8.1.1 隐式转换函数的定义 ……………………………………………… 234

  8.1.2 隐式转换函数的功能 ················· 235
 8.2 隐式类与隐式对象 ················· 236
  8.2.1 隐式类 ················· 236
  8.2.2 隐式参数与隐式值 ················· 237
 8.3 类型证明中的隐式转换 ················· 239
  8.3.1 类型证明的定义 ················· 239
  8.3.2 类型证明使用实例 ················· 239
 8.4 上下文界定、视图界定中的隐式转换 ················· 241
  8.4.1 Ordering 与 Ordered 特质 ················· 241
  8.4.2 视图界定中的隐式转换 ················· 245
  8.4.3 上下文界定中的隐式转换 ················· 246
 8.5 隐式转换规则 ················· 248
  8.5.1 发生隐式转换的条件 ················· 248
  8.5.2 不会发生隐式转换的条件 ················· 249
 8.6 Spark 源码中的隐式转换使用 ················· 252
  8.6.1 隐式转换函数 ················· 252
  8.6.2 隐式类 ················· 253
  8.6.3 隐式参数 ················· 253
 8.7 小结 ················· 253

第 9 章 Scala 并发编程 ················· 255

 9.1 Scala 的 Actor 模型简介 ················· 256
 9.2 Scala Actor 的构建方式 ················· 256
  9.2.1 继承 Actor 类 ················· 256
  9.2.2 Actor 工具方法 ················· 257
 9.3 Actor 的生命周期 ················· 258
  9.3.1 start 方法的等幂性 ················· 258
  9.3.2 Actor 的不同状态 ················· 259
 9.4 Actor 之间的通信 ················· 260
  9.4.1 Actor 之间发送消息 ················· 260
  9.4.2 Actor 接收消息 ················· 260
 9.5 使用 react 重用线程提升性能 ················· 262
 9.6 Channel 通道 ················· 263
  9.6.1 OutputChannel ················· 264
  9.6.2 InputChannel ················· 264
  9.6.3 创建和共享 channel ················· 264
 9.7 同步和 Future ················· 266
 9.8 Scala 并发编程实例 ················· 266
  9.8.1 Scala Actor 并发编程 ················· 267
  9.8.2 ExecutorService 并发编程 ················· 268

9.9 小结 ………………………………………………………………………………… 269

分布式框架篇

第 10 章 Akka 的设计理念 ………………………………………………………………… 273
10.1 Akka 框架模型 ……………………………………………………………………… 274
10.2 创建 Actor ………………………………………………………………………… 275
10.2.1 通过实现 akka.actor.Actor 来创建 Actor 类 …………………………… 275
10.2.2 使用非缺省构造方法创建 Actor ………………………………………… 277
10.2.3 创建匿名 Actor ……………………………………………………………… 278
10.3 Actor API ………………………………………………………………………… 280
10.3.1 Actor trait 基本接口 ……………………………………………………… 280
10.3.2 使用 DeathWatch 进行生命周期监控 …………………………………… 281
10.3.3 Hook 函数的调用 ………………………………………………………… 282
10.3.4 查找 Actor …………………………………………………………………… 283
10.3.5 消息的不可变性 …………………………………………………………… 283
10.3.6 发送消息 …………………………………………………………………… 283
10.3.7 转发消息 …………………………………………………………………… 287
10.3.8 接收消息 …………………………………………………………………… 287
10.3.9 回应消息 …………………………………………………………………… 287
10.3.10 终止 Actor ………………………………………………………………… 288
10.3.11 Become/Unbecome ……………………………………………………… 289
10.3.12 杀死 Actor ………………………………………………………………… 290
10.4 不同类型的 Actor ………………………………………………………………… 290
10.4.1 方法派发语义 ……………………………………………………………… 294
10.4.2 终止有类型 Actor …………………………………………………………… 295
10.5 小结 ………………………………………………………………………………… 295
第 11 章 Akka 核心组件及核心特性剖析 ……………………………………………… 296
11.1 Dispatchers 和 Routers ……………………………………………………………… 296
11.1.1 为 Actor 指定派发器 ……………………………………………………… 297
11.1.2 派发器的类型 ……………………………………………………………… 298
11.1.3 邮箱 …………………………………………………………………………… 300
11.1.4 Routers ……………………………………………………………………… 300
11.1.5 路由的使用 ………………………………………………………………… 301
11.1.6 远程部署 router …………………………………………………………… 302
11.2 Supervision 和 Monitoring ………………………………………………………… 302
11.2.1 Supervision ………………………………………………………………… 302
11.2.2 Monitoring ………………………………………………………………… 305
11.3 Akka 中的事务 …………………………………………………………………… 306

	11.3.1	STM	306
	11.3.2	使用 STM 事务	308
	11.3.3	读取 Agent 事务中的数据	309
	11.3.4	更新 Agent 事务中的数据	311
	11.3.5	Actor 中的事务	313
	11.3.6	创建 Transactor	316

11.4 小结 318

第12章 Akka 程序设计实践 319

12.1 Akka 的配置、日志及部署 319
    12.1.1 Akka 中配置文件的读写 319
    12.1.2 Akka 中日志配置 323
    12.1.3 Akka 部署及应用场景 324
12.2 使用 Akka 框架实现单词统计 324
12.3 分布式 Akka 环境搭建 329
12.4 使用 Akka 微内核部署应用 333
12.5 Akka 框架在 Spark 中的运用 334
12.6 小结 338

第13章 Kafka 设计理念与基本架构 339

13.1 Kafka 产生的背景 339
13.2 消息队列系统 340
    13.2.1 概述 340
    13.2.2 常用的消息队列系统对比 341
    13.2.3 Kafka 特点及特性 342
    13.2.4 Kafka 系统应用场景 342
13.3 Kafka 设计理念 343
    13.3.1 专业术语解析 343
    13.3.2 消息存储与缓存设计 344
    13.3.3 消费者与生产者模型 344
    13.3.4 Push 与 Pull 机制 345
    13.3.5 镜像机制 346
13.4 Kafka 整体架构 346
    13.4.1 Kafka 基本组成结构 346
    13.4.2 Kafka 工作流程 347
13.5 Kafka 性能分析及优化 348
13.6 Kafka 未来研究方向 350
13.7 小结 352

第14章 Kafka 核心组件及核心特性剖析 353

14.1 Kafka 核心组件剖析 353
    14.1.1 Producers 353

	14.1.2	Consumers	354
	14.1.3	Low Level Consumer	355
	14.1.4	High Level Consumer	356
14.2	Kafka 核心特性剖析		357
	14.2.1	Topic、Partitions	357
	14.2.2	Replication 和 Leader Election	359
	14.2.3	Consumer Rebalance	361
	14.2.4	消息传送机制	363
	14.2.5	Kafka 的可靠性	364
	14.2.6	Kafka 的高效性	364
14.3	Kafka 即将发布版本核心组件及特性剖析		365
	14.3.1	重新设计的 Consumer	365
	14.3.2	Coordinator Rebalance	366
14.4	小结		370

第 15 章 Kafka 应用实践 371

15.1	Kafka 开发环境搭建及运行环境部署		371
	15.1.1	Kafka 开发环境配置	371
	15.1.2	Kafka 运行环境安装与部署	374
15.2	基于 Kafka 客户端开发		381
	15.2.1	消息生产者（Producer）设计	382
	15.2.2	消息消费者（Consumer）设计	384
	15.2.3	Kafka 消费者与生产者配置	390
15.3	Spark Streaming 整合 Kafka		392
	15.3.1	基本架构设计流程	392
	15.3.2	消息消费者（Consumer）设计——基于 Receiver 方法	393
	15.3.3	消息消费者（Consumer）设计——基于 No Receiver 方法	398
	15.3.4	消息生产者（Producer）设计	401
15.4	小结		403

附录　Kafka 集群 server.properties 配置文档 404
参考文献 407

基础篇

作为本书的开篇,本篇将从零开始引导读者由浅入深,循序渐进,依照图例的指引一步一步地真正动手搭建 Scala 编程环境及大数据实验环境。本篇由最基本的 Scala 语法开始讲起,让读者在理解语法的基础上动手编程实验,逐步学会 Scala 基本编程,为后续学习 Scala 中高级篇的高级语法,以及基于 Scala 的三大主流分布式大数据框架打下坚实的基础。

本篇共 3 章,第 1 章介绍了 Scala 零基础入门的环境搭建及 Scala 的基础语法知识;第 2 章基于基础语法,以实例分析的形式详解 Scala 面向对象的编程开发;第 3 章讲解了 Scala 的函数式编程,并以实例分析的形式详解其中的高阶函数应用。

第1章　Scala 零基础入门

本章将通过详细的图例，清晰地介绍了 Scala 实验环境的搭建（包括 Scala 安装、Hadoop 安装及 MapReduce 词频统计、Spark 安装、Scala IDE 安装），Scala 的基础知识（变量、函数、流程控制、异常处理），Scala Tuple、Array、Map 与文件操作，以及 Scala apply 应用等内容。

1.1　Scala 概述

曾经有人问 Java 的创始人高斯林（James Gosling）这样一个问题："除了 Java 语言以外，您现在还使用 JVM（Java Virtual Machine，Java 虚拟机）上的哪种编程语言？"他毫不犹豫地说是 Scala。Scala 是一门集成面向对象和函数式特性的语言，它的创始人是 Martin Ordersky。Martin Ordersky 也是 Javac 编译器的作者，他曾将泛型引入到 Java 语言中。因为 Java 是强约束的语言，出于 Java 本身设计上的局限性，诸如函数式编程等特性在 Java 8 之前都没有实现，因此 Martin Ordesky 设想基于 JVM 和 Java 类库，创建一个比 Java 更高级的语言。他于 2001 年开始基于 Funnel 语言设计 Scala，在 2003 年年底 Scala 发布正式（基于 Java 平台）版本。

截至 2016 年 1 月，Scala 2.12 系列的最新版本是 Scala 2.12.0 – M3，Scala 2.11 系列的最新版本是 Scala 2.11.7。2016 年，Scala 2.11 系列预计于一季度实现 Scala 2.11.8 版本，在三季度实现 Scala 2.11.9 版本；Scala 2.12 系列预计在二季度重点实现 Scala 2.12.0 – RC1 版本，在 2.12 系列的两个里程碑 Scala 2.12.0 – M4 及 Scala 2.12.0 – M5 Scala 版本中，Scala 编译器将会有很大的变化，包括 Lambda 表达式和使用新的编码方式，充分利用 Java 8 的新特性，以及 Scala 的优化等。

Scala 是一个运行在 Java 虚拟机环境（JVM）中将面向对象编程和函数式编程的最佳特性完美结合起来具有强大类型系统的，优雅、简洁的语言。

Scala 语言的优势如下：

1）Scala 是面向对象编程语言：在 Scala 中，所有预先定义的类型是对象，所有用户定义的类型也是对象，每个操作都是方法调用。

2）Scala 是函数式编程语言：在 Scala 中，函数是"头等公民"，函数可以被当成参数传递给其他函数，也可以当成结果返回或保存为变量。Scala 编写的代码简洁、优雅，同时又具备丰富的表达能力，在实际开发过程中推荐使用大量不可变的变量及无副作用的函数进行代码编写；Scala 支持匿名函数、高阶函数、柯里化函数、函数嵌套的应用；相对于指令式编程语言而言，Scala 可以使用更少的代码量来实现相同的功能，充分体现出 Scala 语言简洁、精炼、优雅的特点。

3）静态强类型和丰富的泛型特性：Scala 语言是一门静态类型的语言，具备本地类型推断的类型系统，允许使用泛型参数化类型。

4）Scala 与 Java 能够无缝集成：Scala 与 Java 有很强的兼容性，Scala 程序被编译成 JVM 字节码，Scala 大量重用了 Java 的类型。Java 语言开发的库，大部分可以直接在 Scala 语言中使用。

Scala 语言拥有面向对象编程和函数式编程的集成优势，因此，国外很多知名公司选择 Scala 语言进行大型项目开发及复杂数据处理。Scala 语言是 Twitter、LinkedIn 等公司的核心编程语言，Twitter、LinkedIn 的很多基础框架都使用 Scala 语言编写。

在大数据领域中，新一代分布式计算系统 Spark 能同时在一个平台上完成批处理、机器学习、流式计算、图计算、SQL 查询等功能，因此得到了广泛应用。在国外，Yahoo!、Intel、Amazon、Cloudera 等公司大规模运用 Spark 技术，国内的阿里巴巴、腾讯、百度、华为等公司纷纷加入 Spark 阵营。而 Spark 的核心代码就是使用 Scala 语言开发的，虽然在 Spark 中可以使用 Scala、Java、Python 语言进行分布式程序开发，但 Spark 提供的首选编程开发语言就是 Scala，而 Spark 已经成为事实上的大数据分布式计算的标准。

Kafka 是由 LinkedIn 开发的用于日志处理的分布式消息队列，Kafka 使用 Scala 语言开发。各个开源分布式处理系统 Cloudera、Apache Storm、Spark 都支持与 Kafka 集成。其日志处理的一个场景：Kafka 采集日志以后，经过 Spark 分布式计算，将日志数据导入到 Hbase 中。Kafka 采集的日志主要包括用户行为及系统运行日志等。在大数据领域中，Spark、Akka、Kafka 都是用 Scala 语言开发的，因此凸显了 Scala 语言的巨大价值。

Section 1.2 Windows 及 Linux 下 Scala 运行环境安装配置

1.2.1 软件工具准备

在 Windows 中安装 Scala，需安装的软件包括：

1）JDK（Java Development Kit）：Java 语言软件开发工具包。
2）Scala 2.10.4。

在 Linux 下安装 Scala，推荐在 Windows 下安装 VMware Workstation 虚拟机，然后在 VMware Workstation 虚拟机下安装 Linux 系统，这样就可以在虚拟机的 Linux 下进行 Scala 及 Spark 的学习，需安装的软件包括：

1）VMware Workstation 虚拟机。
2）Linux 操作系统。
3）Winscp。
4）JDK。
5）远程连接工具 PieTTY 0.3.25。

PieTTY 是远程连接 Linux 工具，支持 SSH（Secure Shell）安全外壳协议和 Telnet。PieTTY 不需要安装，在网上下载以后直接打开使用。在 Windows 系统中启动 VMware Workstation 的 Linux 虚拟机以后，使用 PieTTY 能快速接到 Linux 虚拟机，快捷方便地进行 Linux 的相关配置。这里，Windows 虚拟网卡配置的地址为 192.168.2.1；Linux 虚拟机的网卡地址为 192.168.2.100。登录 PieTTY 工具如图 1-1 所示。

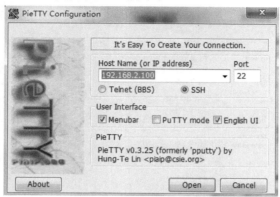

图 1-1　登录 PieTTY 工具

双击 PieTTY，打开 PieTTY 的配置页面，在 IP 地址及端口号文本框中输入 Linux 虚拟机的地址及端口号，单击 Open 按钮，输入 Linux 的用户名和密码，就可以连接上 Linux 虚拟机。

6）文件传输工具 WinSCP。

WinSCP 支持 SCP 协议，可以在 Windows 环境下使用 WinSCP 客户端，从本地计算机连接到远程计算机复制文件。从本地的 Windows 系统中使用 WinSCP 工具连接到 VMware Workstation Linux 虚拟机系统，在 Linux 虚拟机无法连接外网下载系统应用软件的时候，先将需要下载安装的软件包下载到 Windows 本地，再使用 WinSCP 工具传到 Linux 虚拟机进行安装。

从网上下载 WinSCP，一步步安装，安装完成以后双击 WinSCP，打开 WinSCP 客户端，如图 1-2 所示。

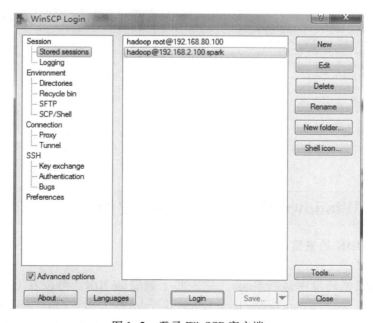

图 1-2　登录 WinSCP 客户端

单击 New 按钮，弹出 WinSCP Login 对话框，在页面中输入连接的虚拟机地址及端口，如图 1-3 所示。

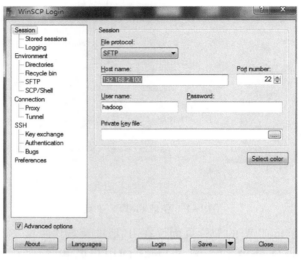

图 1-3　WinSCP 输入地址及端口

单击 Login 按钮，进入文件传输页面，左侧显示本地主机 Windows 的文件系统，右侧显示远程 Linux 虚拟机的文件系统。使用 WinSCP 工具可以方便地将 Windows 本地文件直接拖入到远程虚拟机文件系统中。如图 1-4 所示。

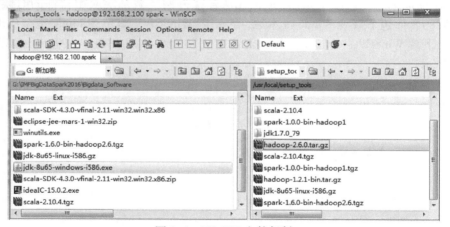

图 1-4　WinSCP 文件复制

1.2.2　Windows 环境下的 Scala 安装

1. Windows JDK 的安装与配置

（1）下载 JDK

要在 Java 虚拟机环境中运行 Scala，首先要下载安装 JDK，可以在 Oracle 的官方网站（http://www.oracle.com/technetwork/java/javase/downloads/jdk8-downloads-2133151.html）下载 JDK。下载 Java SE Development Kit 8u65 之前，先选择 Accept License Agreement 单选按

钮，选择 JDK 8 的使用条款，根据机器的操作系统类型下载相应的安装包，如果是 32 位的 Windows 系统，下载安装 JDK-8u65-Windows-i586.exe；如果是 64 位的 Windows 系统，下载安装 JDK-8u65-Windows-x64.exe。下载保存到本地目录。

（2）安装 JDK

双击 JDK-8u65-Windows-i586.exe 开始安装，根据 JDK 8 的安装指导单击"下一步"按钮进行安装，如图 1-5 所示。

单击"下一步"按钮，如图 1-6 所示。

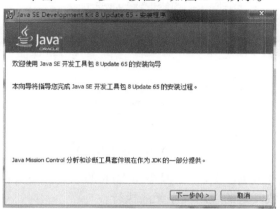

图 1-5　JDK 安装

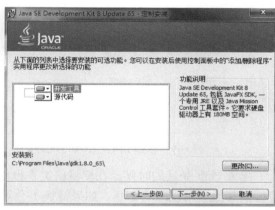

图 1-6　设置 JDK 安装目录

在对话框中单击"更改"按钮，可以更改 JDK 8 的安装目录，更改完成后按照 JDK 的安装提示单击"下一步"按钮继续安装，即可完成 JDK 的安装。

（3）配置 JDK 环境变量

JDK 安装完成以后，配置 JDK 的环境变量 JAVA_HOME 及 Path。在 Windows 7 操作系统中，用鼠标右键单击"我的电脑"选择"属性"→"高级系统配置"→"高级"命令，弹出"系统属性"对话框，如图 1-7 所示。

单击"环境变量"按钮进入"环境变量"对话框，如图 1-8 所示。

图 1-7　"系统属性"对话框

图 1-8　"环境变量"对话框

如果没有 JAVA_HOME 系统变量，单击"新建"按钮，新建一个 JAVA_HOME，如图 1-9 所示。

如果已有 PATH 变量，单击"编辑"按钮，将 JDK 的 bin 路径添加到 Path 中，如图 1-10 所示。

图 1-9 新建 JAVA_HOME 系统变量　　　图 1-10 PATH 环境变量编辑

配置 Path 变量的时候，在变量值文本框前面增加% JAVA_HOME% \bin 的配置，不要覆盖替换其他应用程序的 Path，如果替换了会导致其他应用程序无法执行。

（4）JDK 测试验证

JDK 安装和配置完成以后，要测试验证 JDK 能否在设备上运行。选择"开始"→"运行"命令，在"运行"窗口中输入 CMD 命令，进入 DOS 环境，在命令行提示符中直接输入 java -version，按 Enter 键，系统会显示 JDK 的版本，说明 JDK 已经安装成功。命令提示如下：

```
C:\Users\admin\Desktop > java -version
java version "1.8.0_60"
Java(TM) SE Runtime Environment (build 1.8.0_60-b27)
Java HotSpot(TM) Client VM (build 25.60-b23, mixed mode, sharing)
```

2. Windows 环境下的 Scala 安装与配置

（1）下载 Scala

登录 Scala 的官网 http://www.scala-lang.org/download/all.html，官网上从 Scala2.5.0.final 到 Scala 2.12.0-M2 列出了很多 Scala 的安装版本，对于 Spark 来说，Spark 官网要求 Scala 的版本必须是 Scala 2.10.x 系列的，为了之后 Spark 的顺利安装，这里选择安装 scala-2.10.4 版本（http://www.scala-lang.org/download/2.10.4.html），在网页上单击 scala-2.10.4.msi 进行下载，保存到本地目录，如图 1-11 所示。

（2）安装 Scala

在本地目录中双击 scala-2.10.4.msi，如图 1-12 所示。

按照 Scala 的安装提示一步一步地操作，单击"Next"按钮，安装完成。

（3）配置 Path 环境变量

Windows 系统中，用鼠标右键单击"我的电脑"选择"属性"→"系统特性"→"高级"命令，弹出"系统属性"对话框；在 Window 7 操作系统中，用鼠标右键单击"我的电脑",选择"属性"→"高级系统配置"→"高级"命令,弹出"系统属性"对话框,单击"环境变量"按钮弹出"环境变量"对话框,如图1-13所示。

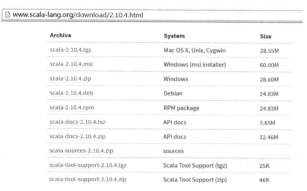

图1-11 Scala 官网下载

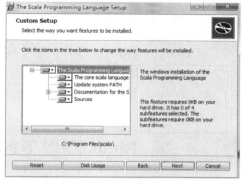

图1-12 Scala 安装

如果没有 SCALA_HOME 系统变量,新建一个 SCALA_HOME 系统变量,如图1-14所示。

图1-13 "环境变量"对话框

图1-14 新建 SCALA_HOME 系统变量

如果已有 Path 变量,单击"编辑"按钮,将 Scala 的 bin 路径添加到 Path 中,如图1-15所示。

(4) Scala 测试验证

Scala 安装和配置完成以后,再来测试验证 Scala 能否在设备上运行。选择"开始"→"运行"命令,在"运行"窗口中输入 CMD 命令,进入 DOS 环境,在命令行提示符中直接输入 scala,按 Enter 键,显示 Scala 的版本 Scala version 2.10.4,命令如下所示:

图1-15 Path 配置

```
C:\Users\admin\Desktop > scala
Welcome to Scala version 2.10.4 (Java HotSpot(TM) Client VM, Java 1.8.0_60).
Type in expressions to have them evaluated.
Type :help for more information.
```

在 Scala 交互式命令行中，输入一个计算表达式，计算出 1 + 1 及 10 * 10 的结果，如下所示。至此，Windows 环境下 Scala 的安装已经完成。

```
scala > 1 + 1
res0：Int = 2
scala > 10 * 10
res1：Int = 100
scala >
```

1.2.3　Linux 环境下的 Scala 安装

1. Linux 版本 JDK 的安装与配置

（1）下载 JDK

登录 Oracle 的官方网站（http://www.oracle.com/technetwork/java/javase/downloads/jdk8-downloads-2133151.html）下载 Linux 版本的 Java SE Development Kit 8u65。选择 Accept License Agreement 单选按钮，选择 JDK 8 的使用条款，根据设备的操作系统选择不同的下载安装包，这里安装的是虚拟机 Linux x86 32 位系统的 JDK 版本 jdk-8u65-linux-i586.tar.gz；虚拟机 Linux 64 位的系统可以下载安装 jdk-8u65-linux-x64.tar.gz。

（2）将文件传送至虚拟机

下载 jdk-8u65-linux-i586.tar.gz 安装包到 Windows 本地目录，然后使用 WinSCP 文件传输工具将 jdk-8u65-linux-i586.tar.gz 从本地 Windows 传送到远程虚拟机系统；打开 WinSCP 工具，将文件传送到/usr/local/setup_tools 目录。

使用 PieTTY 远程连接工具，登录到 Linux 远程虚拟机。

输入 cd /usr/local/setup_tools 命令，进入 setup_tools 目录。

输入 ls 命令，可以看到 jdk-8u65-linux-i586.gz 文件已经传到了远程虚拟机上。

```
[root@ master sbin]#cd /usr/local/setup_tools
[root@ master setup_tools]#ls
hadoop-1.2.1              jdk1.7.0_79              scala-2.10.4.tgz
    spark-1.6.0-bin-hadoop2.6.tgz   hadoop-1.2.1-bin.tar.gz   jdk-8u65-linux-i586.gz
    spark-1.0.0-bin-hadoop1        hadoop-2.6.0.tar.gz       scala-2.10.4
    spark-1.0.0-bin-hadoop1.tgz
[root@ master setup_tools]#
```

（3）JDK 解压安装

输入 Linux 解压缩命令# tar -zxvf jdk-8u65-linux-i586.tar.gz，将 jdk-8u65-linux-i586.tar.gz 解压到目录 jdk1.8.0_65 下。（Linux 解压缩命令 tar 通常使用-zxvf 参数，含义分别为-x：解压；-z：有 gzip 属性；-v：显示所有过程；-f：使用档案名字。）

```
[root@ master setup_tools]#tar - zxvf jdk-8u65-linux-i586.gz
```

解压到 jdk1.8.0_65 目录以后，使用 ls 命令查看当前目录下 jdk1.8.0_65 是否已经解压完成，使用命令# mv jdk1.8.0_65 /usr/local 将 jdk1.8.0_65 目录从当前目录/usr/local/setup_tools 复制到/usr/local 目录中。

[root@ master setup_tools]#mv jdk1.8.0_65 /usr/local

（4）配置 Linux JDK 的全局环境变量

输入命令# vi /etc/profile 打开 profile 文件。

[root@ master ~]#vi /etc/profile

在 vi 运行时，通常处在命令模式下，输入 I(i)可以使 vi 从退出命令模式进入文本输入模式，在 vi 文本输入模式中，在 profile 文件的最后增加 JAVA_HOME 及修改 PATH 的环境变量，然后在 vi 中按 Esc 键，输入:wq!，保存并退出。

export JAVA_HOME =/usr/local/jdk1.8.0_65
export PATH =.:$ PATH:$ JAVA_HOME/bin

（5）环境变量配置生效

在命令行中输入 source /etc/profile，使刚才修改的 JAVA_HOME 及 PATH 配置文件生效。

[root@ master ~]#source /etc/profile

（6）JDK 安装验证

在命令行输入# java – version，显示 Java 的版本号 java version "1.8.0_65"。至此，Linux 环境下 JDK 的安装已经完成了。

[root@ master setup_tools]#java – version
java version "1.8.0_65"
Java(TM) SE Runtime Environment (build 1.8.0_65 – b17)
Java HotSpot(TM) Client VM (build 25.65 – b01, mixed mode)
[root@ master setup_tools]#

2. Linux 环境下的 Scala 安装与配置

（1）下载 Scala

登录 Scala 的官网 http://www.scala – lang.org/download/all.html，Spark 官网要求 Scala 的版本必须是 Scala 2.10.x 系列的，这里选择安装 scala – 2.10.4 版本（http://www.scala – lang.org/download/2.10.4.html），在网页上单击 scala – 2.10.4.tgz 进行下载，保存到 Windows 本地目录。

（2）将文件传送至虚拟机

下载 scala – 2.10.4.tgz 安装包到 Windows 本地目录，使用 WinSCP 文件传输工具将 scala – 2.10.4.tgz 从本地 Windows 传送到远程虚拟机系统；打开 WinSCP 工具，连接 Linux 虚拟

机，复制到/usr/local/setup_tools 目录。

使用 PieTTY 远程连接工具，登录到 Linux 远程虚拟机，输入 cd /usr/local/setup_tools 命令进入 setup_tools 目录，输入 ls 命令，scala-2.10.4.tgz 文件已经传到了远程虚拟机上。

```
[root@ master sbin]#cd /usr/local/setup_tools
[root@ master setup_tools]#ls
    hadoop-1.2.1              jdk1.7.0_79                scala-2.10.4.tgz
    spark-1.6.0-bin-hadoop2.6.tgz   hadoop-1.2.1-bin.tar.gz   jdk-8u65-linux-i586.gz
    spark-1.0.0-bin-hadoop1   hadoop-2.6.0.tar.gz        scala-2.10.4
    spark-1.0.0-bin-hadoop1.tgz
```

（3）解压并安装 Scala

输入 Linux 解压缩命令# tar －zxvf scala-2.10.4.tgz，将 scala-2.10.4.tgz 解压到目录 scala-2.10.4。

```
[root@ master setup_tools]# tar －zxvf scala-2.10.4.tgz
```

解压到 scala-2.10.4 目录以后，使用 ls 命令查看当前目录下 scala-2.10.4 是否已经解压完成，使用命令# mv scala-2.10.4 /usr/local 将 scala-2.10.4 目录从当前目录/usr/local/setup_tools 复制到/usr/local 目录中。

```
[root@ master local]#mv scala-2.10.4 /usr/local
```

（4）配置 Linux scala-2.10.4 的全局环境变量

输入名称# vi /etc/profile 打开 profile 文件，输入 I（i）可以进入文本输入模式，在 profile 文件的最后增加 SCALA_HOME 及修改 PATH 的环境变量，然后在 vi 中按 Esc 键，输入：wq！，保存并退出。

```
export SCALA_HOME = /usr/local/scala-2.10.4
export PATH =.:$ PATH:$ JAVA_HOME/bin:$ HADOOP_HOME/bin:$ SCALA_HOME/bin
```

在 shell 提示符下运行 Scala 程序，若没有指定完整的路径，系统自动到当前目录下查询相应的文件，如果没有找到，会到系统的环境变量 PATH 中去查找 Scala 程序。配置了 PATH 变量之后，就可以在任意目录下执行 Scala，否则就要到 Scala 的安装目录 bin 下执行。

（5）环境变量配置生效

在命令行中输入 source /etc/profile，使刚才修改的 SCALA_HOME 及 PATH 配置文件生效。

```
[root@ master ~ ]#source /etc/profile
```

（6）Scala 测试验证

在命令行输入 #scala，显示版本为 Scala version 2.10.4。

```
[root@ master local]#scala
Welcome to Scala version 2.10.4 (Java HotSpot(TM) Client VM, Java 1.8.0_65).
Type in expressions to have them evaluated.
Type :help for more information.

scala >
```

在 Scala 交互式命令行，输入一个计算表达式，Scala 准确地计算出了 1+1 及 10*10 的结果。

```
scala > 1 + 1
res0: Int = 2

scala > 10 * 10
res1: Int = 100

scala >
```

至此，Linux 环境下 Scala 的安装就已经完成了。

1.2.4　Linux 环境下的 Hadoop 安装与配置

1. 准备工作

（1）关闭防火墙

在 Linux 环境下 Hadoop 的安装配置中，为减少网络访问中出现的错误，在测试环境中尽可能关闭对网络的限制，使 Hadoop 的安装能顺利进行。在生产环境中，要规划防火墙的配置，保障业务的运行。

登录 VMware Workstation 的 Linux 虚拟机，输入用户名、密码进入 Linux 系统，在 Linux 的 Applications 菜单的 System Tools 中选择 Terminal 工具，如图 1-16 所示，打开 Terminal 终端。

在 Terminal 终端中输入 setup 命令，输入系统管理员的密码，如图 1-17 所示。

打开 Linux 的内置管理工具，可以管理防火墙、IP 地址、各类服务等信息的设置。如图 1-18 所示。

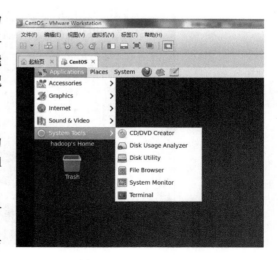

图 1-16　Terminal 工具

选择 Firewall configuration，然后按 Enter 键，如图 1-19 所示。

如果中间的方括号中有"*"，表示被选中，说明防火墙是被启用的。关闭防火墙，只需要按一下空格键，符号"*"就会消失。然后使用 Tab 键选中 OK 按钮，按 Enter 键确定

图 1-17　setup 命令

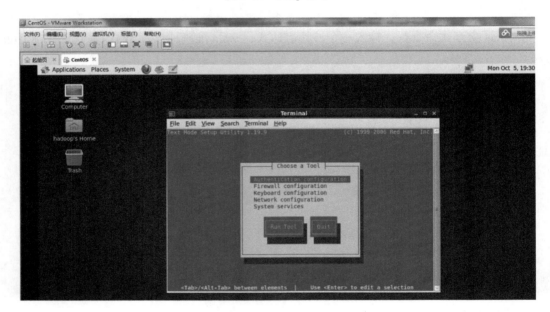

图 1-18　Linux 的内置管理工具

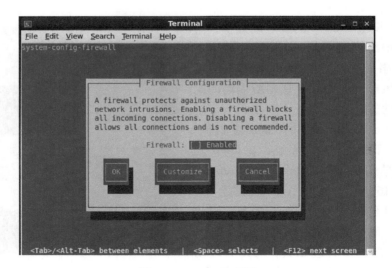

图 1-19　Firewall 配置

退出。

　　关闭 Linux 的防火墙以后，要验证一下：在 shell 提示符下输入 service iptables status，若提示 iptables：Firewall is not running. 说明防火墙已经关闭。

```
[root@ master hadoop]#cd ~
[root@ master ~]#serviceiptables status
iptables:Firewall is not running.
[root@ master ~]#
```

（2）配置 DNS 地址解析

在 Hadoop 中，主机之间通过域名进行访问，需配置 DNS（Domain Name System）域名系统 hosts 的域名解析。

1) 使用 PieTTY 远程连接工具，登录到 Linux 远程虚拟机。

2) 输入#vi/etc/hosts，打开 hosts 文件。

3) Vi 打开时，输入 I（i）使 vi 进入文本输入模式，在 vi 文本输入模式中，在文件的最后增加 192.168.2.100 Master，然后在 vi 中按 Esc 键，输入:wq!，保存并退出。

4) 输入# cat /etc/hosts，查看已经修改的 hosts 文件。

```
[root@ master local]# cat /etc/hosts
127.0.0.1      localhost localhost.localdomain localhost4 localhost4.localdomain4
::1            localhost localhost.localdomain localhost6 localhost6.localdomain6
192.168.2.100 Master
[root@ master local]#
```

（3）配置 SSH 免密码登录

Hadoop 的进程之间通信使用 SSH 方式，SSH 方式每次都需要输入密码。为了减少 Hadoop 安装时的密码输入操作，这里先配置 SSH 实现免密码登录。

1) 输入# ssh-keygen -t rsa 命令生成密钥，命令中的 rsa 表示使用 RSA 加密方式生成密钥，如果之前已经配置过 ssh rsa，输入 y 并确认覆盖原文件即可；如果之前没有配置过 ssh rsa，则根据提示一直按 Enter 键确认即可。

```
[root@ master local]# ssh-keygen -t rsa
Generating public/private rsa key pair.
Enter file in which to save the key (/root/.ssh/id_rsa):
/root/.ssh/id_rsa already exists.
Overwrite (y/n)? y
Enterpassphrase (empty for no passphrase):
Enter samepassphrase again:
Your identification has been saved in /root/.ssh/id_rsa.
Your public key has been saved in /root/.ssh/id_rsa.pub.
The key fingerprint is:
d0:b3:4c:e9:a5:a4:42:26:b5:26:2a:c0:fc:48:47:ad root@ master
The key'srandomart image is:
+--[ RSA 2048]----+
|       .o        |
|      o.. o..    |
```

```
|. + o. * . * .       |
|o. + E   B =         |
|o. . . S             |
|.     .              |
|                     |
|                     |
|                     |
+---------------------+
[root@ master local]#
```

2）输入# cd /root/. ssh 命令，使用# ls –l 查看生成的密钥文件。

```
[root@ master local]#cd /root/. ssh
[root@ master . ssh]#ls –l
total 16
–rw–r––r––. 1 root root   393 Jan  5 05:57 authorized_keys
–rw–––––––. 1 root root  1675 Jan 24 01:45 id_rsa
–rw–r––r––. 1 root root   393 Jan 24 01:45 id_rsa. pub
–rw–r––r––. 1 root root  1570 Jan 23 07:27 known_hosts
[root@ master . ssh]#
```

3）输入# cp id_rsa. pub authorized_keys 命令生成认证文件，如果之前已经配置过 ssh rsa，已经有了 authorized_keys 文件，输入 y 并确认覆盖原文件；如果之前没有生成 authorized_keys 文件，直接复制即可。

```
[root@ master . ssh]#cp  id_rsa. pub authorized_keys
cp:overwrite 'authorized_keys'? y
[root@ master . ssh]#
```

4）测试验证一下，输入# ssh Master，可以直接登录 Linux 系统，说明 ssh 免密码登录已经配置完成。

```
[root@ master ~ ]# ssh Master
Last login:Sun Jan 24 01:49:15 2016 from master
[root@ master ~ ]#
```

2. Hadoop 安装

在 Linux 中完成了防火墙的关闭、DNS 域名的解析、SSH 的免密码登录的准备工作，接下来就开始 Hadoop 的安装。

Hadoop 有 3 种安装方式，分别是本地模式、伪分布模式、集群模式。本地模式是 Hadoop 在本地计算机上运行；伪分布模式是 Hadoop 在一台计算机上模拟分布式部署，学习和测试 Hadoop 很方便；集群模式是在多台计算机上配置 Hadoop。因为在 VMware Workstation

虚拟机上只有一台 Linux 虚拟机，所以这里使用伪分布方式安装 Hadoop。

（1） Hadoop 的下载

进入 Hadoop 的镜像下载页面，下载 hadoop－2.6.0.tar.gz 版本（http://mirrors.cnnic.cn/apache/hadoop/common/hadoop－2.6.0/），在网页上单击 hadoop－2.6.0.tar.gz 进行下载，如图 1-20 所示，将其保存到 Windows 本地目录。

mirrors.cnnic.cn/apache/hadoop/common/hadoop-2.6.0/

Apache Software Foundation Distribution Directory

The directories linked below contain current software releases from the Apache Software Foundation proj
site.

To find the right download for a particular project, you should start at the project's own webpage or c
below.

Please do not download from apache.org! If you are currently at apache.org and would like to browse, 1

Projects

/apache/hadoop/common/hadoop-2.6.0/

File Name	File Size	Date
Parent directory/	-	-
hadoop-2.6.0-src.tar.gz	17523255	01-Dec-2014 07:52
hadoop-2.6.0-src.tar.gz.mds	1116	01-Dec-2014 07:52
hadoop-2.6.0.tar.gz	195257604	01-Dec-2014 07:52
hadoop-2.6.0.tar.gz.mds	958	01-Dec-2014 07:52

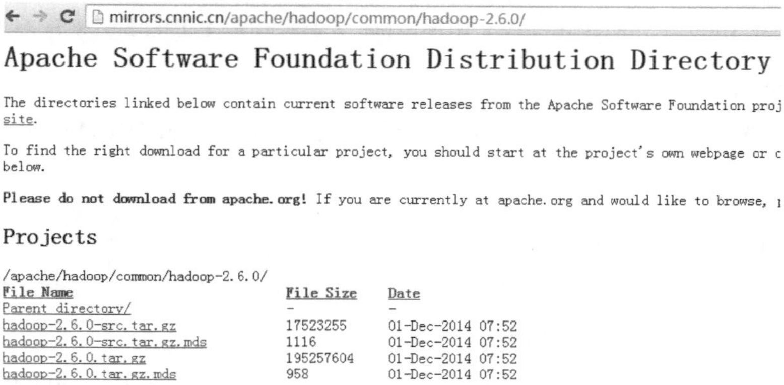

图 1-20　Hadoop 下载页面

（2） 将文件传送至虚拟机

下载 hadoop－2.6.0.tar.gz 安装包到 Windows 本地目录，使用 WinSCP 文件传输工具将 hadoop－2.6.0.tar.gz 从本地 Windows 传送到远程虚拟机系统；打开 WinSCP 工具，连接 Linux 虚拟机，复制到/usr/local/setup_tools 目录。

使用 PieTTY 远程连接工具，登录到 Linux 远程虚拟机，输入 cd /usr/local/setup_tools 命令进入 setup_tools 目录，输入 ls 命令，查看 hadoop－2.6.0.tar.gz 文件是否已经传到了远程虚拟机上。

```
[root@ master  ~ ]#cd /usr/local/setup_tools
[root@ master setup_tools]#ls
hadoop-2.6.0       hadoop-2.6.0.tar.gz    jdk-8u65-linux-i586.gz    scala-2.10.4.tgz
spark-1.6.0-bin-hadoop2.6.tgz    hadoop-2.6.0-bin.tar.gz    jdk1.7.0_79    scala-2.10.4
spark-1.6.0-bin-hadoop2.6    spark-1.6.0-bin-hadoop2.6.tgz
```

（3） 解压安装

输入# tar －zxvf hadoop－2.6.0.tar.gz 命令，对 hadoop－2.6.0.tar.gz 进行解压缩。

```
[root@ master setup_tools]#tar  -zxvf hadoop-2.6.0.tar.gz
```

将 hadoop－2.6.0.tar.gz 解压到 hadoop－2.6.0 目录以后，使用 ls 命令查看当前目录下 hadoop－2.6.0.tar.gz 是否已经解压完成，使用# mv　hadoop－2.6.0　/usr/local 命令将 hadoop－2.6.0 目录从当前目录/usr/local/setup_tools 复制到/usr/local 目录中。

```
[root@ master setup_tools]#mv hadoop-2.6.0 /usr/local
```

（4）配置 Hadoop 的全局环境变量

输入名称# vi /etc/profile，打开 profile 文件，输入 I（i）可以进入文本输入模式，在 profile 文件的最后增加 HADOOP_HOME 及修改 PATH 的环境变量，然后在 vi 中按 Esc 键，输入:wq!，保存并退出。

```
export HADOOP_HOME =/usr/local/hadoop-2.6.0
export PATH = . : $ PATH：$ JAVA_HOME/bin：$ HADOOP_HOME/bin：$ SCALA_HOME/bin
```

（5）环境变量配置生效

在命令行中输入 source /etc/profile，使刚才修改的 HADOOP_HOME 及 PATH 配置文件生效。

```
[root@master setup_tools]#cd  ~
[root@master ~ ]#source  /etc/profile
```

（6）hadoop-env.sh 配置文件修改

在命令行输入# cd /usr/local/hadoop-2.6.0/etc/hadoop，进入 Hadoop 的配置文件目录，输入名称# vi hadoop-env.sh，打开 hadoop-env.sh 文件，输入 I(i)可以进入文本输入模式，在 hadoop-env.sh 文件中，增加 JAVA_HOME 环境变量配置，然后在 vi 中按 Esc 键，输入:wq!，保存并退出。

```
[root@master hadoop]#vihadoop-env.sh
export JAVA_HOME =/usr/local/jdk1.8.0_65
```

（7）core-site.xml 核心配置文件修改

在命令行输入# cd /usr/local/hadoop-2.6.0/etc/hadoop，进入 Hadoop 的配置文件目录，输入名称# vi core-site.xml，打开 core-site.xml 文件，输入 I（i）可以进入文本输入模式，在 core-site.xml 文件中，配置相关参数，然后在 vi 中按 Esc 键，输入:wq!，保存并退出。

```xml
<configuration>
    <property>
        <name>hadoop.tmp.dir</name>
        <value>/usr/local/hadoop-2.6.0/tmp</value>
        <description>hadoop.tmp.dir</description>
    </property>
    <property>
        <name>fs.defaultFS</name>
        <value>hdfs://Master:9000</value>
    </property>
    <property>
        <name>hadoop.native.lib</name>
        <value>false</value>
        <description>no use native hadoop libraries </description>
```

```
<configuration>
        </property>
</configuration>
```

(8) hdfs – site.xml 配置文件修改

在命令行输入# cd /usr/local/hadoop – 2.6.0/etc/hadoop，进入 Hadoop 的配置文件目录，输入# vi hdfs – site.xml，打开 hdfs – site.xml 文件，即 Hadoop 分布式文件系统（Hadoop Distributed File System，HDFS），输入 I（i）可以进入文本输入模式，在 hdfs – site.xml 文件中，配置相关参数，然后在 vi 中按 Esc 键，输入:wq!，保存并退出。HDFS 存储备份一般 3 个存储节点做一个集群，存储备份设置为 3，这里测试使用 1 台虚拟机，因此设置 dfs.replication 的值为 1。

```
<configuration>
    <property>
        <name>dfs.replication</name>
        <value>1</value>
    </property>
    <property>
        <name>dfs.namenode.name.dir</name>
        <value>/usr/local/hadoop – 2.6.0/tmp/dfs/name</value>
    </property>
    <property>
        <name>dfs.datanode.data.dir</name>
        <value>/usr/local/hadoop – 2.6.0/tmp/dfs/data</value>
    </property>
</configuration>
```

(9) 格式化 HDFS 文件系统

Hadoop 的文件系统是 HDFS，第一次使用之前需进行文件系统格式化。使用# cd /usr/local/hadoop – 2.6.0/bin 命令进入 Hadoop 的 bin 目录，然后输入# hdfs namenode – format 命令，进行文件系统格式化。

```
[root@ master bin]#hdfs namenode – format
16/01/23 07:24:17 INFOnamenode.NameNode:STARTUP_MSG:
/************************************************************
STARTUP_MSG:StartingNameNode
STARTUP_MSG:    host = Master/192.168.2.100
STARTUP_MSG:    args = [ – format]
STARTUP_MSG:    version = 2.6.0
...
16/01/23 07:24:20 INFOnamenode.FSImage:Allocated new BlockPoolId:BP – 1576750063 – 192.168.2.100 – 1453562660199
```

```
16/01/23 07:24:20 INFO common.Storage:Storage directory /usr/local/hadoop-2.6.0/tmp/dfs/
name has been successfully formatted.
16/01/23 07:24:20 INFOnamenode.NNStorageRetentionManager:Going to retain 1 images with txid
 >=0
16/01/23 07:24:20 INFO util.ExitUtil:Exiting with status 0
16/01/23 07:24:20 INFOnamenode.NameNode:SHUTDOWN_MSG:
/************************************************************
SHUTDOWN_MSG:Shutting downNameNode at Master/192.168.2.100
************************************************************/
[root@master bin]#
```

（10）启动 Hadoop 系统

输入# start-all.sh 命令，启动 Hadoop 的所有相关进程。

```
[root@master bin]#start-all.sh
This script is Deprecated. Instead use start-dfs.sh and start-yarn.sh
16/01/23 07:32:23 WARN util.NativeCodeLoader:Unable to load native-hadoop library for your
    platform... using builtin-java classes where applicable
Startingnamenodes on [Master]
Master:startingnamenode, logging to /usr/local/hadoop-2.6.0/logs/hadoop-root-namenode-mas-
ter.out
localhost:startingdatanode, logging to /usr/local/hadoop-2.6.0/logs/hadoop-root-datanode-mas-
ter.out
Starting secondarynamenodes [0.0.0.0]
0.0.0.0:startingsecondarynamenode, logging to /usr/local/hadoop-2.6.0/logs/hadoop-root-sec-
ondarynamenode-master.out
16/01/23 07:32:43 WARN util.NativeCodeLoader:Unable to load native-hadoop library for your
    platform... using builtin-java classes where applicable
starting yarn daemons
startingresourcemanager, logging to /usr/local/hadoop-2.6.0/logs/yarn-hadoop-resourcemanager
-master.out
localhost:startingnodemanager, logging to /usr/local/hadoop-2.6.0/logs/yarn-root-nodemanager-
master.out
```

输入# jps 命令，查看 Hadoop 相关的 5 个进程是否全部启动起来，若是则说明 Hadoop 启动成功。

```
[root@master bin]#jps
4515ResourceManager
4809 Jps
4234DataNode
4602NodeManager
4122NameNode
4379SecondaryNameNode
```

(11) 以 Web 方式查看 Hadoop 系统

启动 Hadoop 后,在 Windows 本地计算机上（192.168.2.1）上打开 Web 浏览器,在浏览器中输入 Hadoop 的 URL：http://192.168.2.100:50070 就可以查看 Hadoop 系统的相关信息。

至此,Hadoop 伪分布式安装全部完成,如图 1-21 所示。

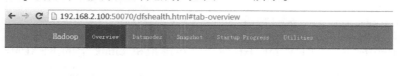

图 1-21 以 Web 方式查看 Hadoop

(12) 关闭 Hadoop 系统

使用# stop – all.sh 命令关闭 Hadoop 所有相关进程。

```
[root@ master hadoop]#stop – all.sh
This script is Deprecated. Instead use stop – dfs.sh and stop – yarn.sh
    16/01/23 07:56:54 WARN util.NativeCodeLoader:Unable to load native – hadoop library for your
    platform... using builtin – java classes where applicable
Stoppingnamenodes on [Master]
Master:stoppingnamenode
localhost:stoppingdatanode
Stopping secondarynamenodes [0.0.0.0]
0.0.0.0:stoppingsecondarynamenode
    16/01/23 07:57:15 WARN util.NativeCodeLoader:Unable to load native – hadoop library for your
    platform... using builtin – java classes where applicable
stopping yarn daemons
stoppingresourcemanager
localhost:stoppingnodemanager
noproxyserver to stop
[root@ master hadoop]#
```

3. Hadoop MapReduce 词频统计实例

在 Hadoop 系统中,使用 Hadoop 系统自带的 MapReduce 工具,对上传到 Hadoop HDFS 系统的文本文件进行词频统计,即统计每个单词出现了多少次。

(1) 从 Linux 上传文件到 HDFS 文件系统

输入# cd /usr/local/hadoop – 2.6.0 命令,进入 Hadoop 目录,查看目录下是否有一个

README.txt 文本文件，将 README.txt 文件作为词频统计的样本。

```
[root@ master ~]# cd /usr/local/hadoop-2.6.0
[root@ master hadoop-2.6.0]# ls
bin  etc  file: include  liblibexec  LICENSE.txt  logs  NOTICE.txt  README.txt  sbin
share  tmp
[root@ master hadoop-2.6.0]#
```

输入# hadoop fs -put README.txt/命令，将虚拟机 Linux 上的 README.txt 文件通过 hadoop fs - put 命令传送到 Hadoop HDFS 文件系统的根目录下，然后使用 hadoop fs -ls/命令查看是否上传成功。

```
[root@ master hadoop-2.6.0]#hadoop fs -put README.txt /
     16/01/24 02:03:19 WARN util.NativeCodeLoader:Unable to load native-hadoop library for your
     platform... using builtin-java classes where applicable
[root@ master hadoop-2.6.0]#hadoop fs -ls /
     16/01/24 02:03:38 WARN util.NativeCodeLoader:Unable to load native-hadoop library for your
     platform... using builtin-java classes where applicable
Found 2 items
-rw-r--r--     1 root supergroup       1366 2016-01-24 02:03 /README.txt
drwx-wx-wx     - root supergroup          0 2016-01-23 17:04 /tmp
[root@ master hadoop-2.6.0]#
```

（2） 运行 MapReduce 词频统计

输入# cd /usr/local/hadoop-2.6.0/share/hadoop/mapreduce 命令，进入 Hadoop 目录。

输入# hadoop jar hadoop-mapreduce-examples-2.6.0.jar wordcount/README.txt/wordcountoutput 命令。

```
[root@ master mapreduce]# cd /usr/local/hadoop-2.6.0/share/hadoop/mapreduce
[root@ master mapreduce]#hadoop jar hadoop-mapreduce-examples-2.6.0.jar wordcount  /RE-
ADME.txt  /wordcountoutput
```

运行 Hadoop 词频统计分析，结果如下：

```
[root@ master mapreduce]#hadoop jar hadoop-mapreduce-examples-2.6.0.jar wordcount  /RE-
ADME.txt  /wordcountoutput
......
16/01/24 02:15:06 INFO input.FileInputFormat:Total input paths to process :1
16/01/24 02:15:06 INFOmapreduce.JobSubmitter:number of splits:1
     16/01/24 02:15:06 INFOmapreduce.JobSubmitter:Submitting tokens for job:job_local966944383
     _0001
......
16/01/24 02:15:12 INFOmapreduce.Job:   map 100% reduce 100%
16/01/24 02:15:12 INFOmapreduce.Job:Job job_local966944383_0001 completed successfully
```

16/01/24 02:15:12 INFOmapreduce.Job:Counters:38
……

(3) 查看 MapReduce 统计输出的文件

输入# hadoop fs -ls /wordcountoutput 命令，查看输出文件。

[root@ master mapreduce]#hadoop fs -ls /wordcountoutput
  16/01/24 02:19:07 WARN util.NativeCodeLoader:Unable to load native-hadoop library for your platform... using builtin-java classes where applicable
Found 2 items
-rw-r--r-- 1 root supergroup   0 2016-01-24 02:15 /wordcountoutput/_SUCCESS
-rw-r--r-- 1 root supergroup   1306 2016-01-24 02:15 /wordcountoutput/part-r-00000
[root@ master mapreduce]#

(4) 查看 MapReduce 词频统计结果

输入# hadoop fs -cat /wordcountoutput/part-r-00000 命令，至此，Hadoop 的第一个运行程序已经完成。

[root@ master mapreduce]#hadoop fs -cat /wordcountoutput/part-r-00000
  16/01/24 02:19:52 WARN util.NativeCodeLoader:Unable to load native-hadoop library for your platform... using builtin-java classes where applicable
(BIS), 1
(ECCN) 1
(TSU)   1
(see   1
5D002.C.1,   1
740.13) 1
<http://www.wassenaar.org/>   1
Administration 1
Apache 1
……

1.2.5　Linux 环境下的 Spark 安装与配置

在 Hadoop 的基础上，进行 Spark 系统的安装，具体步骤如下：

(1) Spark 的下载

进入 Spark 的下载页面，下载 spark-1.6.0-bin-hadoop2.6.tgz 版本（http://www.apache.org/dyn/closer.lua/spark/spark-1.6.0/spark-1.6.0-bin-hadoop2.6.tgz），保存到 Windows 本地目录。

(2) 将文件传送至虚拟机

使用 WinSCP 文件传输工具将 spark-1.6.0-bin-hadoop2.6.tgz 从本地 Windows 系统传送到虚拟机系统上；打开 WinSCP 工具，连接 Linux 虚拟机，将该文件复制到/usr/local/setup_tools 目录下。

使用 PieTTY 远程连接工具，登录到 Linux 远程虚拟机，输入 cd /usr/local/setup_tools 命令进入 setup_tools 目录，输入 ls 命令，查看 spark-1.6.0-bin-hadoop2.6.tgz 文件是否已经成功上传到虚拟机文件系统上。

```
[root@ master setup_tools]#ls
hadoop-1.2.1        hadoop-2.6.0.tar.gz      jdk-8u65-linux-i586.gz    scala-2.10.4.tgz
           spark-1.6.0-bin-hadoop2.6.tgz    hadoop-1.2.1-bin.tar.gz    jdk1.7.0_79
           scala-2.10.4            spark-1.6.0-bin-hadoop2.6    spark-1.6.0-bin-hadoop2.6.tgz
```

（3）解压并安装
输入# tar -zxvf spark-1.6.0-bin-hadoop2.6.tgz 命令进行解压。

```
[root@ master setup_tools]#tar  -zxvf spark-1.6.0-bin-hadoop2.6.tgz
```

将 spark-1.6.0-bin-hadoop2.6.tgz 解压到 spark-1.6.0-bin-hadoop2.6 目录以后，使用 ls 命令查看 spark-1.6.0-bin-hadoop2.6.tgz 是否已经解压完成，使用# mv   spark-1.6.0-bin-hadoop2.6/usr/local 命令将 spark-1.6.0-bin-hadoop2.6 目录从/usr/local/setup_tools 目录移动到/usr/local 目录中。

```
[root@ master setup_tools]#mv    spark-1.6.0-bin-hadoop2.6 /urs/local
```

（4）配置 Spark 的全局环境变量
输入# vi /etc/profile 命令，打开 profile 文件，输入 I(i)可以进入文本输入模式，在 profile 文件中增加 SPARK_HOME 及修改 PATH 的环境变量，然后在 vi 中按 Esc 键，输入:wq!，保存并退出。

```
export SPARK_HOME = /usr/local/spark-1.6.0-bin-hadoop2.6
export
    PATH = .:$ PATH:$ JAVA_HOME/bin:$ HADOOP_HOME/bin:$ SCALA_HOME/bin:$ SPARK_HOME/bin
```

（5）环境变量配置生效
在命令行中输入 source /etc/profile 命令，使刚才修改的 SPARK_HOME 及 PATH 配置文件生效。

```
[root@ master spark-1.6.0-bin-hadoop2.6]#cd ~
[root@ master ~ ]#source  /etc/profile
```

（6）spark-env.sh 配置文件修改

输入# cd /usr/local/spark-1.6.0-bin-hadoop2.6/conf 命令，修改 Spark 的配置目录。

输入#mv spark-env.sh.template spark-env.sh 命令，将 spark-env.sh.template 模板文件更改为 spark-env.sh。

输入名称# vi spark-env.sh，打开 spark-env.sh 文件，输入 I（i）可以进入文本输入模式，在 spark-env.sh 文件中，配置相关参数，然后在 vi 中按 Esc 键，输入:wq!，保存并退出。

```
export SCALA_HOME=/usr/local/scala-2.10.4
export JAVA_HOME=/usr/local/jdk1.8.0_65
export SPARK_MASTER_IP=192.168.2.100
export SPARK_WORKER_MEMORY=512m
export HADOOP_CONF_DIR=/usr/local/hadoop-2.6.0/etc/hadoop
```

（7）查看 slaves 配置文件

输入# vi slaves 命令，查看 slaves 文件中是否已经有 localhost 节点。

```
# A Spark Worker will be started on each of the machines listed below.
localhost
```

（8）启动 Hadoop 所有服务进程集群

因为 Hadoop 和 Spark 都有 start-all.sh 执行文件，因此先进入 Hadoop 的 bin 目录，启动 Hadoop 集群。

1）输入# cd /usr/local/hadoop-2.6.0/sbin。

2）输入# start-all.sh。

3）输入#jps，此时可以看出 Hadoop 有 5 个进程。

```
[root@master sbin]# start-all.sh
This script is Deprecated. Instead use start-dfs.sh and start-yarn.sh
16/01/23 16:57:02 WARN util.NativeCodeLoader:Unable to load native-hadoop library for your
platform... using builtin-java classes where applicable
Startingnamenodes on [Master]
Master:startingnamenode, logging to /usr/local/hadoop-2.6.0/logs/hadoop-root-namenode-
master.out
localhost:startingdatanode, logging to /usr/local/hadoop-2.6.0/logs/hadoop-root-datanode-
master.out
Starting secondarynamenodes [0.0.0.0]
0.0.0.0:startingsecondarynamenode, logging to /usr/local/hadoop-2.6.0/logs/hadoop-root-
secondarynamenode-master.out
16/01/23 16:57:29 WARN util.NativeCodeLoader:Unable to load native-hadoop library for your
platform... using builtin-java classes where applicable
starting yarn daemons
startingresourcemanager, logging to /usr/local/hadoop-2.6.0/logs/yarn-root-resourcemanager
-master.out
```

```
localhost:startingnodemanager, logging to /usr/local/hadoop-2.6.0/logs/yarn-root-nodemanager-master.out

[root@master sbin]#jps
7553 NodeManager
7153 DataNode
7462 ResourceManager
7320 SecondaryNameNode
7066 NameNode
7823 Jps
[root@master sbin]#
```

(9) 启动 Spark 集群

进入 Spark 集群的 sbin 目录。

1) 输入#cd /usr/local/spark-1.6.0-bin-hadoop2.6/sbin。

2) 输入# start-all.sh。

此时 Spark 集群已经启动,通过 JPS 查看进程,可以看到在 Hadoop 的 5 个进程的基础上,Spark 运行 worker 和 master 两个进程,如下:

```
[root@master sbin]# start-all.sh
    starting org.apache.spark.deploy.master.Master, logging to /usr/local/spark-1.6.0-bin-hadoop2.6/logs/spark-root-org.apache.spark.deploy.master.Master-1-master.out
    localhost:starting org.apache.spark.deploy.worker.Worker, logging to /usr/local/spark-1.6.0-bin-hadoop2.6/logs/spark-root-org.apache.spark.deploy.worker.Worker-1-master.out
[root@master sbin]#jps
7553 NodeManager
7153 DataNode
7971 Jps
7845 Master
7462 ResourceManager
7320 SecondaryNameNode
7898 Worker
7066 NameNode
[root@master sbin]#
```

(10) 启动 spark-shell

输入# spark-shell 命令,启动 spark shell 这里显示 Spark 版本为 version 1.6.0,如图 1-22 所示。

从图中可以看到,在 spark shell 环境中出现了熟悉的 Scala 提示符,因为 Spark 原生开发语言是 Scala,因此 Spark 与 Scala 可以完美集成。在 Scala 交互式命令行中,输入一个计算表达式,Scala 准确地计算出了 1+2 及 res0 *0.5 的结果。

```
[root@master ~]# spark-shell
16/01/23 17:17:20 WARN util.NativeCodeLoader: Unable to load native-hadoop library for your platform... using
builtin-java classes where applicable
16/01/23 17:17:20 INFO spark.SecurityManager: Changing view acls to: root
16/01/23 17:17:20 INFO spark.SecurityManager: Changing modify acls to: root
16/01/23 17:17:20 INFO spark.SecurityManager: SecurityManager: authentication disabled; ui acls disabled; use
rs with view permissions: Set(root); users with modify permissions: Set(root)
16/01/23 17:17:21 INFO spark.HttpServer: Starting HTTP Server
16/01/23 17:17:21 INFO server.Server: jetty-8.y.z-SNAPSHOT
16/01/23 17:17:21 INFO server.AbstractConnector: Started SocketConnector@0.0.0.0:34446
16/01/23 17:17:21 INFO util.Utils: Successfully started service 'HTTP class server' on port 34446.
Welcome to
```

 version 1.6.0

```
Using Scala version 2.10.5 (Java HotSpot(TM) Client VM, Java 1.8.0_65)
Type in expressions to have them evaluated.
Type :help for more information.
16/01/23 17:17:34 INFO spark.SparkContext: Running Spark version 1.6.0
16/01/23 17:17:34 INFO spark.SecurityManager: Changing view acls to: root
16/01/23 17:17:34 INFO spark.SecurityManager: Changing modify acls to: root
```

图 1-22　启动 spark-shell

```
scala > 1 + 2
res0 : Int = 3
scala > res0 * 0.5
res1 : Double = 1.5
scala >
```

在 Scala 提示符中输入 exit 命令，即可退出 spark shell 环境。

（11）以 Web 方式查看 Spark

VMware Workstation 的 Linux 虚拟机的 Spark 启动起来以后，在 Windows 本地计算机上（192.168.2.1）上打开 Web 浏览器，在浏览器中输入 Spark 的 URL：http://192.168.2.100:8080/，就可以查看 Spark 系统的相关信息。

至此，Spark 系统安装全部完成，Spark 安装成功。如图 1-23 所示。

```
← → C 🗋 192.168.2.100:8080

Spark 1.6.0   Spark Master at spark://192.168.2.100:7077

URL: spark://192.168.2.100:7077
REST URL: spark://192.168.2.100:6066 (cluster mode)
Alive Workers: 1
Cores in use: 1 Total, 0 Used
Memory in use: 512.0 MB Total, 0.0 B Used
Applications: 0 Running, 0 Completed
Drivers: 0 Running, 0 Completed
Status: ALIVE

Workers
Worker Id                                    Address              State   Cores      Memory
worker-20160123165912-192.168.2.100-52543    192.168.2.100:52543  ALIVE   1 (0 Used) 512.0 MB (0.0 B Used)

Running Applications
Application ID    Name    Cores    Memory per Node    Submitted Time    User    State    Duration

Completed Applications
Application ID    Name    Cores    Memory per Node    Submitted Time    User    State    Duration
```

图 1-23　Spark Web 页面

（12）关闭 Spark 服务进程

进入 Spark 安装目录的 bin 目录。

1）输入#cd /usr/local/spark – 1.6.0 – bin – hadoop2.6/sbin。

2）输入# stop – all.sh。

关闭 Spark 服务进程。

> [root@ master sbin]#cd /usr/local/spark – 1.6.0 – bin – hadoop2.6/sbin
> [root@ master sbin]# stop – all.sh
> localhost：stopping org.apache.spark.deploy.worker.Worker
> stopping org.apache.spark.deploy.master.Master

1.3 Scala 开发环境搭建和 HelloWorld 实例

1.3.1 Scala 集成开发工具的安装

1. Scala IDE for Eclipse 的安装

Scala IDE 是 Scala 集成开发工具，在 Eclipse 开发集成环境中安装 Scala 的插件，主要功能包括：同一个项目中混合编辑 Scala/Java 文件；Scala 编辑器支持语法高亮显示，代码自动完成，标记错误，调试代码；显示代码大纲视图等。

1）登录 Scala IDE 的官网（http：//scala – ide.org/），单击下载 download IDE，如图 1–24 所示。

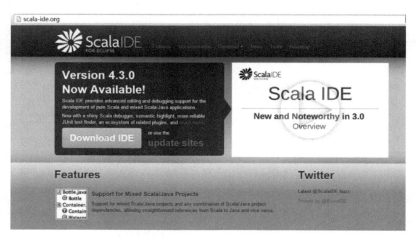

图 1–24 Scala IDE 的官网

根据安装机器的操作系统版本，选择不同的 Scala IDE 版本，64 位的操作系统选择 Windows 64 bit 版本，32 位的操作系统选择 Windows 32 bit 的 Scala IDE，单击 Windows 32 bit，将 scala – SDK – 4.1.0 – vfinal – 2.11 – win32.win32.x86.zip 保存到 Windows 本地目录，如图 1–25 所示。

第1章　Scala零基础入门

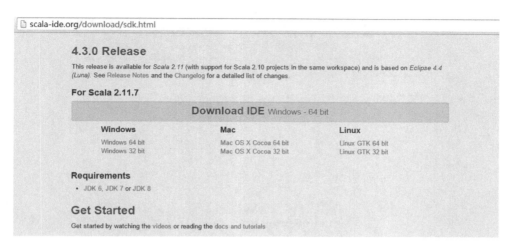

图1-25　下载页面

2）解压缩 scala – SDK – 4.1.0 – vfinal – 2.11 – win32.win32.x86.zip 到 Windows 的本地目录，无须安装，直接双击 eclipse.exe，即可运行 Scala IDE 开发集成环境，如图1-26所示。

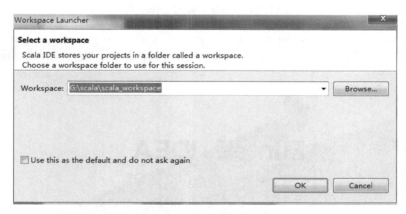

图1-26　Scala IDE 安装页面

选择 Scala IDE 的工作空间，Scala IDE 将把之后创建的项目保存在工作空间的文件夹中，然后进入 Scala IDE 的主界面，即 Scala IDE 的工作台窗口。Scala IDE 的工作台主要由菜单栏、工具栏、透视图、透视图工具栏、项目资源管理器视图、大纲视图、编辑器和其他视图组成，如图1-27所示。

在 Scala 的开发中，可以使用 Scala IDE 作为 Scala 的集成开发工具。

2. IntelliJ IDEA

登录 IDEA 的官网，打开 http://www.jetbrains.com/idea/网站，单击 download 进行 IDEA 的下载。IDEA 全称是 IntelliJ IDEA，是 Java 语言开发的集成环境，具备智能代码助手、代码自动提示、重构、J2EE 支持、Ant、JUnit、CVS 整合、代码审查等方面的功能，支持 Maven、Gradle 和 STS，集成 Git、SVN、Mercurial 等。如图1-28所示。

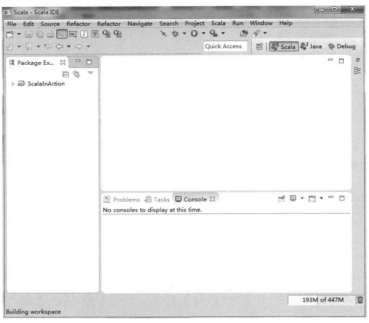

图 1-27 Scala IDE 的工作空间

图 1-28 IDEA 的官网

1.3.2 HelloWorld 编程实例

本小节通过 HelloWorld 的实例，一步步引导没有接触过 Scala 编程开发的读者建立 Scala IDE 的开发环境，在 Scala IDE 中实现第一个 Scala 源代码的开发，最终在 Console 页面中打印输出一行语句"Hello Scala！！！ A new World！！！"。

（1）创建项目 ScalaInAction

启动 Scala IDE，选择一个工作空间，进入 Scala IDE 的开发页面。

单击菜单栏中的 File 菜单，选择 new→Scala Project 命令，弹出 New Scala Project 对话

框，如图 1-29 所示。

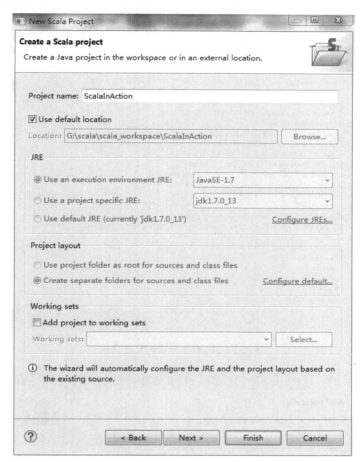

图 1-29 新建项目

在 Project Name 文本框中输入 Scala 项目名称 ScalaInAction，其他使用系统默认的选项，单击 Next 按钮，使用默认方式，单击 Finish 按钮，完成项目 ScalaInAction 的创建，此时在项目资源管理器中，展开 ScalaInAction 节点，将依次显示项目的目录结构，如图 1-30 所示。

（2）创建包 com. dt. scala. hello

在 src 单击鼠标右键，选择 New → Package 命令，在 Name 文本框中输入 com. dt. scala. hello 包名，单击 Finish 按钮完成操作，如图 1-31 所示。新建包完成以后，如图 1-32 所示。

（3）创建 HelloScala. Scala 文件

com. dt. scala. hello 包建立完成后，在 com. dt. scala. hello 包上单击鼠标右键，新建一个 Scala Object 文件，弹出一个 New File Wizard 对话框，在 Name 文本框中输入 com. dt. scala. hello. HelloScala，单击 Finish 按钮完成操作，如图 1-33 所示。

在编辑框中已经可以看到 Scala IDE 自动生成的源代码，如图 1-34 所示。

（4）编写 Scala 开发 Hello world 第一行代码

定义 Scala 入口函数 def main（args：Array[String]）{ }，然后在 main 函数体中输入第一行

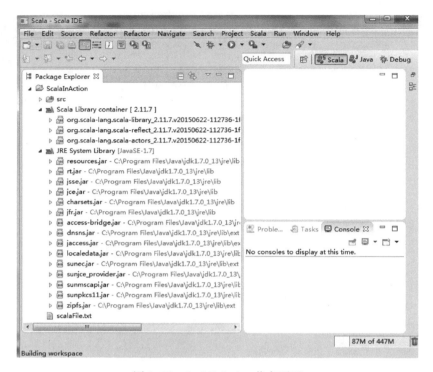

图 1-30　ScalaInAction 节点页面

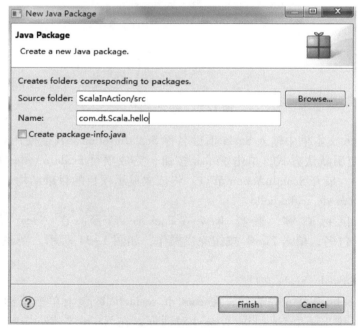

图 1-31　新建包

Scala 源代码 println("Hello Scala！！！ A new World！！！")，如图 1-35 所示。

然后在文本框中单击鼠标右键，选择 Run as→Scala Application 命令，运行 HelloScala 程序。如图 1-36 所示。

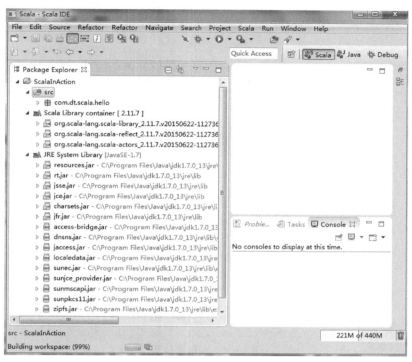

图 1-32　包节点页面

图 1-33　新建文件

如果在 Console 端上显示 Scala 运行结果：Hello Scala!!! A new World!!!，则说明程序运行成功，如图 1-37 所示。

（5）给 main 入口函数传入运行参数

在文本编辑框中使用//注释符将 println（" Hello Scala!!! A new World!!!"）注释掉，增加一个 for 循环语句 for（arg < - args）println（arg），将传入 main 函数的参数列表赋值

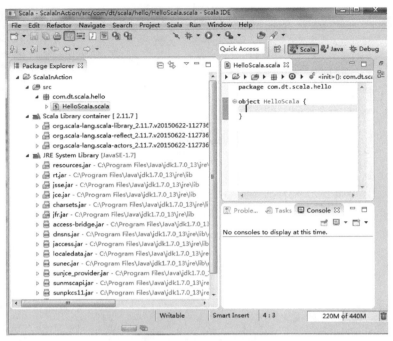

图 1-34　编辑源代码

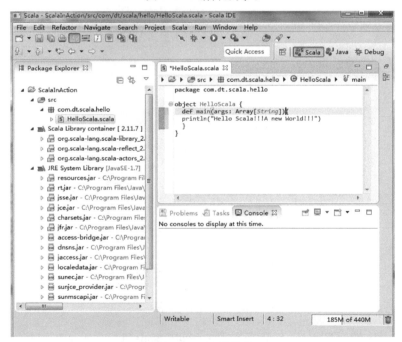

图 1-35　编辑代码

给 arg 变量，每遍历一次就打印出一行参数，直至循环结束。

　　在 Scala IDE 集成开发环境中，需要给 main 入口函数传入参数时，可以在文本框中单击鼠标右键，选择 Run as→Run Configurations 命令，如图 1-38 所示。

　　弹出 Run Configurations 的配置对话框，在 Arguments 选项卡中程序参数 Program arguments 列表框中输入参数列表,如 Scala Spark Hadoop Java,如图 1-39 所示。

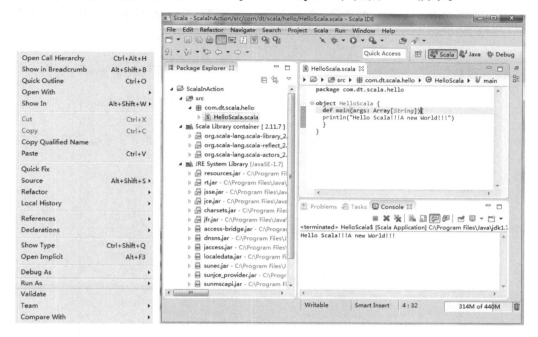

图 1-36　选择 Run as 命令　　　　图 1-37　Scala 运行结果

图 1-38　给 main 入口函数传入参数

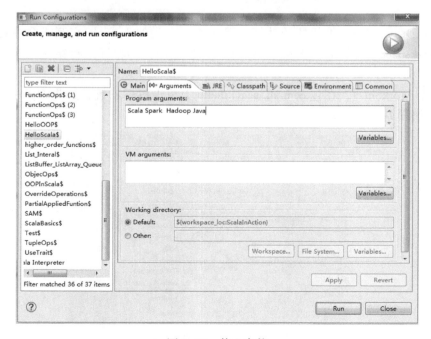

图 1-39　传入参数

将 Scala Spark Hadoop Java 字符串作为参数传入 main 函数，单击 Run 按钮运行 HelloScala 程序，for 语句循环遍历读入 main 的参数，然后在 Console 端上打印。程序运行结果如图 1-40 所示。

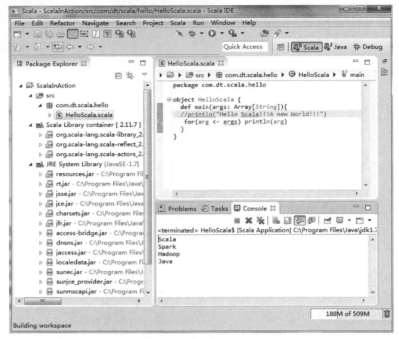

图 1-40　运行结果

1.3.3　WorkSheet 的使用

在 Scala IDE 中有一个很便捷的功能：Worksheet。类似于 Scala 交互式命令行中的代码测试，在 Worksheet 输入 Scala 表达式，保存以后会立即得到程序运行结果，有助于初学者学习 Scala。

新建一个 WorkSheet，在包 com. dt. scala. hello 上单击鼠标右键，选择 New→Scala Worksheet 命令，如图 1-41 所示。

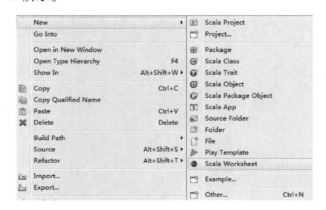

图 1-41　选择 WorkSheet 命令

第1章 Scala零基础入门

弹出 New Scala WorkSheet 的配置对话框，在 Worksheet name 文本框中输入名称 ScalaInAction.sc，如图 1-42 所示。

图 1-42 新建 Worksheet

单击 Finish 按钮，进入 ScalaInAction.sc 页面，页面的左侧是 Scala 的源代码，右侧//> 就是代码的运行结果，在 WorkSheet 中无须单击运行按钮，每次只需保存就能实时看到代码运行的结果，非常方便。这里 WorkSheet 页面自动生成的一行代码 println("Welcome to the ScalaWorkSheet")，在//> 右边就会显示结果 Welcome to the ScalaWorkSheet；在 WorkSheet 测试一下，分别输入 1 + 2、100 + " Spark"，在//> 右边就会显示结果 res0：Int(3) = 3、res1：String = 100 Spark。

```
1.    println("Welcome to the Scala worksheet")      //> Welcome to the Scala worksheet
2.    1 + 2                                          //> res0：Int(3) = 3
3.    100 + " Spark"                                 //> res1：String = 100 Spark
```

Section 1.4 变量的使用

1.4.1 Scala 解释器中的变量示例

在 Windows 系统中选择"开始"→"运行"命令，在"运行"窗口中输入 CMD 命令，进入 DOS 环境，在命令行提示符中直接输入 scala，按 Enter 键，进入 Scala 交互式命令行。

```
C:\Users\admin\Desktop > scala
Welcome to Scala version 2.10.4 (Java HotSpot(TM) Client VM, Java 1.8.0_65).
Type in expressions to have them evaluated.
Type :help for more information.
scala >
```

输入 3 * 9 + 10，Scala 交互式命令行将结果自动命名为 res0，res0 为 Int 类型。如例 1-1 所示。

【例 1-1】Scala 简单计算。

```
1.  scala > 3 * 9 + 10
2.  res0:Int = 37
3.  scala > res0 + "   hello spark"
4.  res1:String = 37    hello spark
5.  scala > res0 + 2.0
6.  res2:Double = 39.0
7.  scala > res1.toUpperCase
8.  res4:String = 37    HELLO SPARK
9.  scala >
```

将 res0 与"hello Spark!"相加，会得到 res1 的计算结果，Scala 将类型推断为 String，计算结果为"37 hello Spark!"，随后可以对 res1 调用 toUpperCase 方法将字符串"37 hello Spark!"中的小写字母转换为大写字母，得到值"37 HELLO SPARK!"，res3 的变量类型为 String。

将 res0 与 2.0 相加，会得到 res2 的计算结果，Scala 将类型推断为 Double，计算结果为 39.0；res0、res1、res2、res3 分别为 Scala 解释器自动运行命名的变量。那么怎么定义一个变量呢？

先来看一下 Java 中的变量与常量。在 Java 中，常量指的是在程序运行过程中，值不可改变的量，可以使用 final 变量关键字来定义常量，如 final float PI = 3.1415926f 表示定义 PI 的常量，只能赋一次值，以后直接使用常量值；Java 中的变量是指在程序执行过程中，值可以动态改变的量，用来存储各种类型的数据，在软件开发过程中根据业务逻辑的需要随时改变变量中的数据。如 int sum = 100；sum = sum + 100，sum 的值为 200，值在动态变化。

Scala 中有两种变量定义：val 和 var，下面具体介绍。

1.4.2 val 变量的定义

类似 Java 中常量的定义，val 相当于 Java 的 final 常量，一旦给 val 变量赋值，则 val 变量不可以再做修改。

在 Scala 交互式命令行中定义一个 val 的变量 greetString，给 greetString 赋值"hello Spark!!"，println 打印出 greetString 变量值。如例 1-2 所示。

【例 1-2】Scala 定义 val 变量。

```
1.  scala > valgreetString = "hello spark!"    //给 val 变量 greetString 赋值
2.  greetString:String = hello spark!
3.  scala > println( greetString)
4.  hello spark!
5.  scala >
```

接着对 greetString 继续赋值，由于 greetString 定义的值是 val 变量，val 变量不可改变值，若再赋值编译器就提示出错：error：reassignment to val。如例 1-3 所示。

【例 1-3】Scala val 变量无法赋值。

```
1.  scala > greetString = "hello spark! hello java!"
2.  < Console > :8:error:reassignment to val
3.      greetString = "hello spark! hello java!"    //val 值 greetString 不能更改,提示出错
4.                  ^
5.  scala >
```

1.4.3　var 变量的定义

类似 Java 中变量的定义，Scala 中的 var 变量相当于 Java 的变量，var 变量可以动态地进行修改。

在 Scala 交互式命令行中定义一个 var 的变量 msgString，给 msgString 赋值"welcome to Scala!"，显示 msgString 为 String 类型，打印输出 msgString 的值"welcome to Scala!"。

重新给 msgString 赋值"welcome to Scala! and Spark!"，显示 msgString 为 String 类型，打印输出 msgString 的值"welcome to Scala! and Spark!"，其中 msgString 的值发生了改变。如例 1-4 所示。

【例 1-4】Scala 定义 var 变量。

```
1.  scala > vargreetString = "welcome to Scala!"  //定义 var 变量 greetString
2.   greetString:String = welcome to Scala!
3.
4.  scala > println( greetString)
5.  welcome to Scala!
6.
7.  scala > greetString = "welcome to Scala! and spark!"    //var 变量 greetString 可以重新赋值
8.  greetString:String = welcome to Scala! and spark!
scala >
```

1.4.4　var 变量与 val 变量的使用比较

1. 使用 var 变量定义的示例

给 main 入口函数传入参数的 HelloWorld 例子中，可以在程序运行参数列表中传入参数：

"Scala Spark Hadoop Java",如图 1-43 所示。

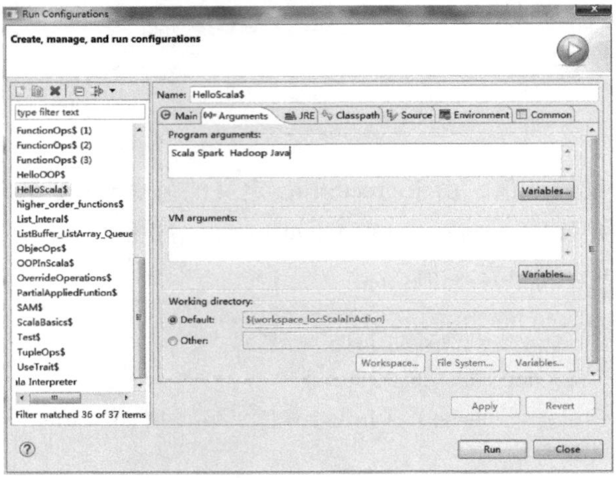

图 1-43 传参页面

现在改用 var 变量的指令式风格来改变一下代码,先定义一个 var 变量 i,然后用 while 循环语句来判断变量 i 是否小于参数列表的长度,如果小于列表长度,就打印输出参数的值,给 var 变量加 1,至循环结束。如例 1-5 所示。

【例 1-5】Scala var 变量指令式风格定义。

```
1.  package com.dt.scala.hello
2.  object HelloScala {
3.    def main(args: Array[String]): Unit = {
4.      var i = 0                        //定义 var 变量 i,i 值每次发生变化
5.      while (i < args.length) {        //如 i 小于参数列表的长度,循环遍历
6.        println(args(i))
7.        i += 1
8.      }
9.    }
10. }
```

运行结果如图 1-44 所示。"Scala Spark Hadoop Java"是程序运行参数列表中传入的参数,依次打印输出。

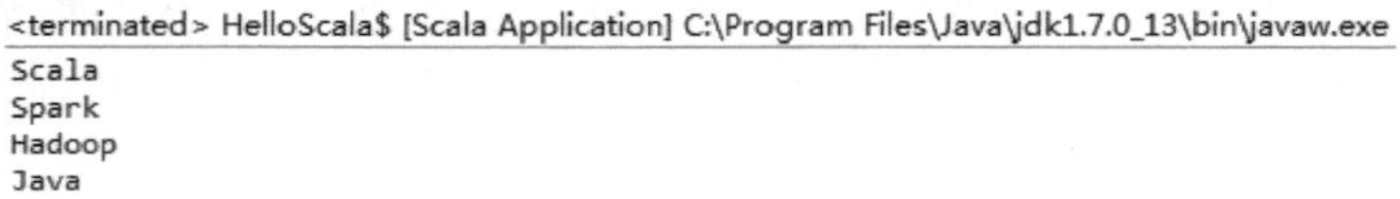

```
<terminated> HelloScala$ [Scala Application] C:\Program Files\Java\jdk1.7.0_13\bin\javaw.exe
Scala
Spark
Hadoop
Java
```

图 1-44 运行结果

2. val 定义的函数式风格

以下 HelloScala 的示例,与 var 变量定义对比,定义了一个 for 循环语句,将 args 的参数列表依次放入到 arg 变量中,使用 println 打印输出每一个参数来实现相应的功能。如例 1-6

所示。

【例 1-6】 Scala val 变量函数式风格定义。

```
1.  package com.dt.scala.hello
2.  objectHelloScala {
3.    def main(args:Array[String]):Unit = {
4.      //for 表达式的生成器语法"arg <- args",遍历 args 的元素,每一次枚举,名为 arg 的
5.      新的 val 就被元素值初始化,因为 args 是 Array[String],编译器推断出 arg 的类型是 String
6.      for( arg <- args )
7.        println( arg )
8.    }
9.  }
```

运行结果如图 1-45 所示。程序运行参数列表中传入的参数"Scala Spark Hadoop Java"依次打印输出。

```
<terminated> HelloScala$ [Scala Application] C:\Program Files\Java\jdk1.7.0_13\bin\javaw.exe
Scala
Spark
Hadoop
Java
```

图 1-45　运行结果

Scala 是一门函数式编程风格的语言,在 Scala 中大量使用了 val 变量的定义,在 Scala 开发中尽量减少 var 变量的使用。在表达式没有副作用的情况下,可以使用表达式代替变量名,代码更加简洁、清楚,因此有利于程序的开发测试。

1.5　函数的定义、流程控制、异常处理

1.5.1　函数的定义

1. 函数格式

Scala 函数定义的格式如下:

　　def 函数名称(参数列表):函数返回值类型 = {函数体}。

其中,参数列表的格式为逗号分隔的参数声明,声明格式为:参数名称:参数类型。参数列表也可以为空。

函数的定义以 def 开始,def 是 Scala 语言中的关键字,定义一个函数的名字,示例中函数名使用 looper;然后使用 () 包含函数的参数列表,以下的 looper 函数中包括两个参数 x 和 y,类型为长整型 (:Long),参数之间用逗号分隔;然后是函数的返回值类型,也是长整

型（:Long）；函数返回结果类型之后使用等号和一对花括号表示函数体，在 Scala 交互式命令行中输入 looper 的函数定义，可以看出 looper 的函数返回结果为 Long。如例 1-7 所示。

【例 1-7】 Scala looper 函数的定义。

```
1.   scala > def looper(x :Long, y :Long) :Long = {   //定义 looper 函数,x,y 为 Long 型参数
2.        |     var a = x
3.        |     var b = y
4.        |     while( a ! = 0) {    //while 循环遍历
5.        |       val temp = a
6.        |       a = b % a
7.        |       b = temp
8.        |     }
9.        |     b
10.       | }
11.  looper:(x:Long, y:Long)Long
12.
13.  scala >
```

如果函数定义中没有返回值，可以显性地定义函数返回结果类型为 Unit，相当于返回一个空值。

```
1.   defunitTest(x :Long, y :Long) :Unit = {
2.     println("The unitTest result is null")
3.   }
```

Unit 也可以省写，表示没有显性指定返回值类型。在 Scala 交互式命令行中输入函数定义，可以看出即使没有在函数定义中明确定义返回结果的类型，但编译器识别 unitTest 的返回类型仍为 Unit。如例 1-8 所示。

【例 1-8】 Scala 函数返回值 unit 省写的例子。

```
1.   scala >   defunitTest(x :Long, y :Long) = {
2.        |     println("The unitTest result is null")
3.        |   }
4.   unitTest:(x:Long, y:Long)Unit   //返回 Unit 空值
5.
6.   scala >
```

Scala 中编译器有时需知道函数结果类型的定义，如函数是递归函数，那么函数结果类型需明确在函数中定义。因此在 Scala 中不管函数有无返回结果都明确定义返回结果类型，无返回结果就定义为 Unit。

2. 函数的调用

和 Java 方法中返回值使用不太一样，在 Scala 中无须使用 return 等关键字，Scala 函数体

中最后一行的值就是整个函数的返回值。

```
1.  def looper(x :Long, y :Long) :Long = {
2.    var a = x
3.    var b = y
4.    while(a != 0){
5.      val temp = a
6.      a = b % a
7.      b = temp
8.    }
9.    b    //是 looper 函数的返回值
10. }
```

函数定义好以后，就可以通过函数名来调用：

```
1.  def main(args:Array[String]) = {
2.    println(looper(100,298))
3.  }
4.  }
```

之前在 Scala 交互式命令行定义了 looper 函数，也可以在 Scala 命令行中通过函数名 looper 及输入两个参数（100，298）来调用函数，显示函数的结果为 2，返回结果类型为 Long。

```
1.  scala > looper(100,298)
2.  res9:Long = 2
```

1.5.2 流程控制（if、while、for）

1. if 语句

if 条件语句用于在程序执行中，如果在某个条件成立的情况下执行某段语句，而在另外一种情况下执行另外的语句。关键字 if 之后是作为条件的布尔表达式，如果布尔表达式的返回结果为 true，则执行其后的语句序列；如果布尔表达式为 false，则不执行 if 条件之后的语句。

if 语法如下：

```
if(布尔表达式){
语句序列
}else{
语句序列
}
```

如例 1-9 中示例代码定义了一个 var 变量 file，file 默认赋值 scala.txt。定义一个 if 表达式，判断 main 传入的参数列表是否为空，如果为空参数，则使用之前定义的 file 变量值 Scala.txt；如果传入参数不为空，则 file 赋值传入的参数。

【例 1-9】 Scala if 语句示例。

```
1.   package com.dt.scala.hello
2.   import scala.io.Source
3.   objectScalaBasics {
4.     def main(args:Array[String]) {
5.       var file = "scala.txt"    //定义 var 变量 file
6.       if(!args.isEmpty) file = args(0) //if 表达式，如 args 不为空,则将 arg(0)赋值给 file
7.       println(file)
8.     }
9.   }
```

运行结果如图 1-46 所示。程序判断 args 参数是空值，因此打印输出的 file 的值 Scala.txt。

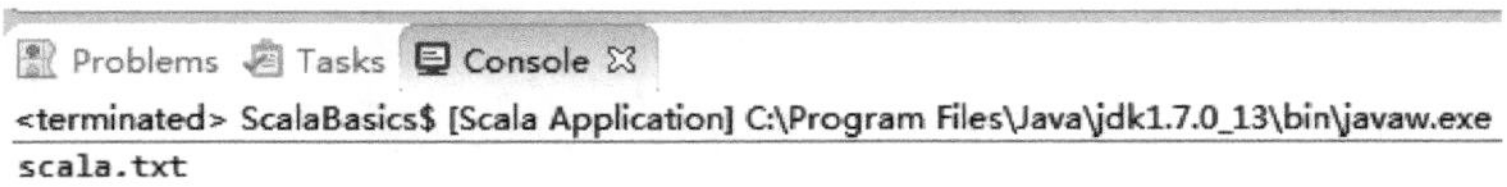

图 1-46　运行结果

选择 Run as→Run Configurations 命令，弹出 Run Configurations 的配置对话框，在 Arguments 选项卡的 Program arguments 列表框中输入参数 Spark.tar.gz，如图 1-47 所示。

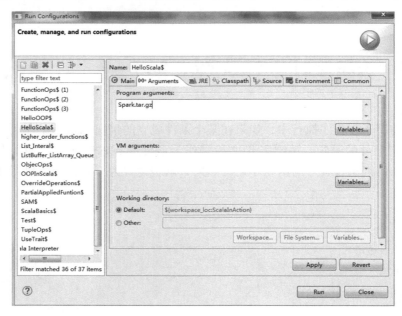

图 1-47　传入参数

第1章 Scala零基础入门

单击 Run（运行）按钮，由于 main 有传入的参数 Spark.tar.gz，所以 if（! args.isEmpty）为真，则 file 赋值传入的参数 Spark.tar.gz，此时打印的 file 结果是 Spark.tar.gz，运行结果如图 1-48 所示。

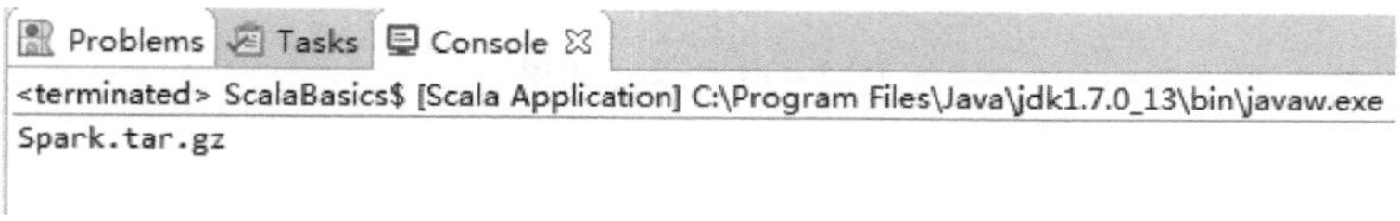

图 1-48　运行结果

去掉例 1-9 中 var file = "Scala.txt" 和 if(! args.isEmpty) file = args(0) 两行语句，用 val 变量重新定义 file 变量，如例 1-10 所示。

【例 1-10】 Scala if 语句示例：使用 val 变量改写。

```
1.  package com.dt.scala.hello
2.  import scala.io.Source
3.  objectScalaBasics {
4.    def main(args:Array[String]) {
5.      val file = if(! args.isEmpty) args(0) else "scala.xml"  //定义 val 变量 file
6.      println(file)
7.    }
8.  }
```

运行结果如图 1-49 所示。file 赋值传入的参数 Spark.tar.gz，打印的 file 结果是 Spark.tar.gz。

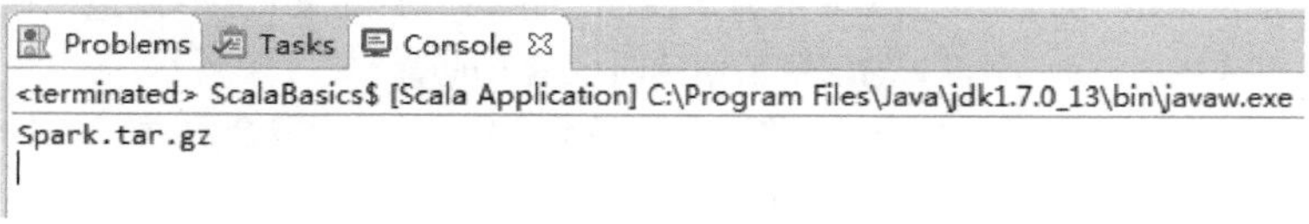

图 1-49　运行结果

使代码更简洁的方法是将 if(! args.isEmpty) args(0) else "Spark.xml" 整个 if 表达式作为参数传给 println 函数，一行 Scala 语句就实现 file 的赋值，打印输出 file 变量的值。如例 1-11 所示。

【例 1-11】 Scala if 语句示例：继续改写。

```
1.  package com.dt.scala.hello
2.  import scala.io.Source
3.  objectScalaBasics {
4.    def main(args:Array[String]) = {
5.      println(if(! args.isEmpty) args(0) else "Spark.xml")  //直接打印输出 if 表达式的结果
6.    }
7.  }
```

运行结果如图1-50所示。

图1-50 运行结果

2. while 循环语句

while 循环语句为条件判断语句，是指利用一个条件来控制是否要继续反复执行循环体中的语句。语法如下：

```
while（条件表达式）
{
执行语句
}
```

当条件表达式的返回值为真时，则执行{}循环体中的语句序列，然后重新判断条件表达式的返回值，如果条件表达式的返回结果为假，退出 while 循环，循环结束。定义 looper 函数，looper 函数里面包括一个 while 循环语句。如例1-12所示。

【**例1-12**】Scala while 语句示例。

```
1.  package com.dt.scala.hello
2.  objectScalaBasics {
3.    def looper(x:Long, y :Long) :Long = {  //定义 looper 函数
4.      var a = x    //将参数 x 的值复制给 a
5.      var b = y    //将参数 y 的值复制给 b
6.      while(a != 0){  //如果 a 不为 0 ,while 循环遍历;如果 a 为 0 就退出循环
7.        val temp = a   //将 a 的值赋值给临时变量 temp
8.        a = b % a    //b 对 a 去余,将取余结果赋值给 a(% 为取余数,如 7%4 =3 )
9.        b = temp    //将临时变量 temp 赋值给 b
10.     }
11.     b      //循环结束以后,b 作为 looper 函数的返回值返回
12.   }
13.   def main(args:Array[String]) = {
14.     println(looper(100, 298))       //调用 looper 函数
15.   }
16. }
```

运行结果如图1-51所示。调用 looper（100，298）函数，经过 while 语句循环遍历后，计算结果值为2。

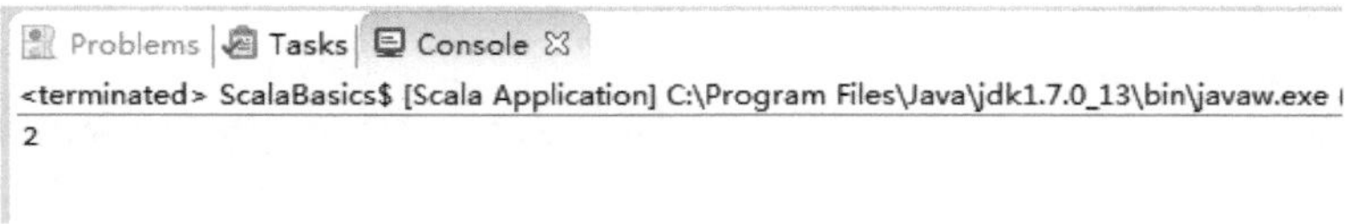

图1-51 looper 运行结果

looper 函数其实是计算两个参数的最大公约数，最大公约数指某几个整数共有因子中最大的一个。如12和30的公约数有：1、2、3、6，其中6就是12和30的最大公约数。looper函数的计算过程，可以在代码中加几条打印语句，更加清楚地展示整个循环过程。如例1-13所示。

【例1-13】Scala looper 函数的计算过程。

```scala
package com.dt.scala.hello
object Scala Basics{
  def looper(x :Long, y :Long) :Long = {
    var a = x
    var b = y
    println("begin, a is " + a)     //打印a的值
    println("begin, b is " + b)     //打印b的值
    while(a != 0){
      val temp = a
      a = b % a
      println("in the while, a is " + a)   //打印while循环中a的值
      b = temp
      println("in the while ,b is " + b)   //打印while循环中b的值
    }
    b
  }
  def main(args:Array[String]) = {
    println(looper(100,298))        //调用looper函数
  }
}
```

运行结果如图1-52所示。在looper函数代码串加入日志打印语句，动态显示while语句的执行过程，计算出结果值为2。

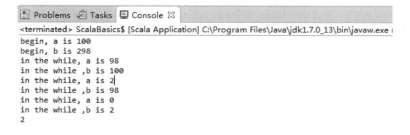

图1-52 looper 函数运行结果

从looper函数的运行结果中可以非常清楚地看出，当while语句执行到a等于0时，循环结束，此时b的值为2，将b的值作为整个looper函数的返回值返回给println函数打印出来。

while循环有时也可以使用递归函数来实现，最大公约数的例子中对looper函数使用递

归调用,这里递归无须定义 var 变量和 temp 临时变量,是 Scala 语言函数式编程风格的体现,相对于指令式编程风格,递归代码简洁、易懂。

looper 递归函数如参数 y 的值等于 0,就返回函数结果 x;否则就递归调用 y 和 x 取余 y 的计算值来递归计算。计算出的结果为 2。如例 1-14 所示。

【例 1-14】Scala looper 函数的递归实现示例。

```
1.  package com.dt.scala.hello
2.  objectScalaBasics {
3.    def looper(x:Long,y:Long):Long = {   //定义 looper 函数
4.      if(y==0)  x  else  looper(y,x % y)//递归调用 looper 函数
5.    }
6.    def main(args:Array[String]) = {
7.      println(looper(100,298))
8.    }
9.  }
```

运行结果如图 1-53 所示。

图 1-53　looper 递归实现

3. do…while 循环语句

do…while 循环语句和 while 语句类似,两者的区别是 while 语句先判断条件是否成立,再执行循环体;而 do…while 循环语句先执行一次循环语句,再判断条件是否成立,这样 do…while 循环语句中的语句序列至少要执行一次。

语法如下:

do {

语句序列

}

While (条件表达式)

例 1-15 中定义了一个 do…While 函数,do…While 函数先定义 line 变量,用于接收在 Console 视图中输入的字符串。然后执行 do 循环体,line 变量等于输入的一行字符串,使用 println 打印输出输入字符串,当输入字符串不为空时,就一直执行循环体打印输出字符串;如果不再输入字符串,在 Console 视图中直接按 Enter 键,退出循环。

【例 1-15】Scala doWhile 示例。

```
1.  package com.dt.scala.hello
2.  import scala.io.Source
3.  objectScalaBasics {
```

```
4.    def doWhile(){    //定义 do...while 循环
5.        var line = ""
6.        do {
7.            line = readLine() //读入一行数据
8.            println("Read:" + line)
9.        } while(line != "")  //读入为空,结束循环
10.   }
11.
12.   def main(args:Array[String]):Unit = {
13.       doWhile
14.   }
15. }
```

运行结果如图 1-54 所示。

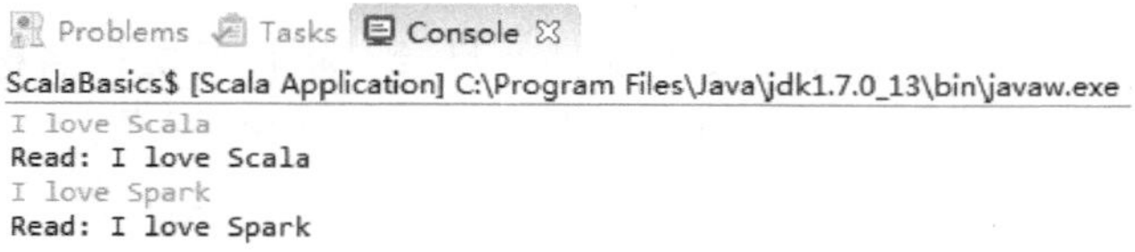

图 1-54   do...While 函数运行结果

4. for 循环语句

for 循环语句可以重复执行某条语句序列,直到某个条件得到满足,才退出循环。

for 语法如下:

for(表达式;表达式;表达式)
{语句序列
}

for 循环语句示例如例 1-16 所示,其中将 1 到 10 依次赋值给变量 i,循环执行 10 次,每次打印输出 i 的值。

【例 1-16】Scala for 循环语句示例。

```
1.  package com.dt.scala.hello
2.  import scala.io.Source
3.  object ScalaBasics {
4.      def main(args:Array[String]):Unit = {
5.          for(i <- 1 to 10) { //定义 for 循环语句,遍历 10 次
6.              println("Number is:" + i)
7.          }
8.      }
9.  }
```

运行结果如图 1-55 所示。

```
Number is :1
Number is :2
Number is :3
Number is :4
Number is :5
Number is :6
Number is :7
Number is :8
Number is :9
Number is :10
```

图 1-55　for 循环语句

条件表达式中 i <- 1 to 10，其中 to 作为中缀运算符，也可以写成 i <- 1.to(10)，这里 .to(10) 是作为数字 1 的方法来调用的。

```
1.  for( i <- 1.to(10) ) {
2.      println(" Number is:" + i)
3.  }
```

例 1-17 的代码用于读取根目录中所有文件及目录，将目录文件名称列表赋值给 files 变量，然后使用 for 循环将 files 依次读入到 file 中，打印输出 file 的值。

【例 1-17】 Scala for 循环语句读取根目录的所有文件及目录示例。

```
1.  package com.dt.scala.hello
2.  import scala.io.Source
3.  objectScalaBasics {
4.    def main( args:Array[ String ] ) {
5.      val files = ( new java.io.File(".") ).listFiles() //读取根目录下的文件及目录
6.      for( file <- files ) { //for 循环遍历输出
7.        println( file )
8.    }
9.   }
10. }
```

运行结果如图 1-56 所示。

```
.\.cache-main
.\.classpath
.\.project
.\.settings
.\.worksheet
.\bin
.\scalaFile.txt
.\src
```

图 1-56　读取根目录的所有文件及目录

Scala 语言的 for 循环表达式比 Java 语言中 for 循环表达式的功能更丰富。Scala 中的 for 循环表达式具有更高级的形态，如以下代码在 Scala 中定义一个生成器（for…yield），yield 方法体中的语句在 for 循环每次迭代的时候运行，并且返回一个元组值，包含 3 个元素（num, num * 10, num * 100），yield 最终返回结果 foryieldResult 集合的类型 List 与被遍历的元素 nums = List(1,2,3,4)集合类型 List 是一致的。

```
1.   packagecom.dt.spark
2.   objectyieldtest {
3.     def main(args:Array[String]) {
4.       val nums = List(1,2,3,4)
5.       var  i = 1
6.       val foryieldResult = for(num < - nums)   yield   { //执行 yield 语句体
7.         println("第" + i + "次 for 遍历,yield 返回记录值" + (num,num * 10,num * 100))
8.         i = i + 1
9.         (num,num * 10,num * 100)   //yield 返回一个元组值,包含三个元素
10.      }
11.      println("foryieldResult 的值: " + foryieldResult)//打印输出生成器(for...yield)结果
12.    }
13.  }
```

代码运行结果如下：

```
1.   第 1 次 for 遍历,yield 返回记录值(1,10,100)
2.   第 2 次 for 遍历,yield 返回记录值(2,20,200)
3.   第 3 次 for 遍历,yield 返回记录值(3,30,300)
4.   第 4 次 for 遍历,yield 返回记录值(4,40,400)
5.   foryieldResult 的值: List((1,10,100),(2,20,200),(3,30,300),(4,40,400))
```

在 for 表达式中定义生成器、定义变量、定义过滤器，较复杂的用例如例 1 – 18 所示。

- 生成器为 for...yield，for 循环迭代会将 persons 列表中的所有元素进行遍历，yield 会产生一个值（person.name，child.name），这个值被循环记录下来；当循环结束后，会返回所有 yield 的值（person.name，child.name）组成的集合；返回集合的类型与被遍历的集合类型是一致的。
- 定义为 name = person.name，相当于起个别名，可以在后面的过滤器和条件中进行使用。
- if 语句是一个过滤器，将遍历的列表中的符合要求的元素进行过滤。

【例 1–18】Scala for 语句生成器、定义和过滤器示例。

```
1.   package com.dt.scala.hello
2.   objectScalaBasics {
3.     case class Person(name:String,isMale:Boolean,children:Person * )
4.     def main(args:Array[String]) = {
5.       val lauren = Person("Lauren",false)
6.       val rocky = Person("Rocky",true)
7.       val vivian = Person("Vivian",false,lauren,rocky)
8.       val persons = List(lauren,rocky,vivian)
```

```
 9.    valforResult = for {person <- persons;name = person.name;if ! person.isMale;child <-
10.    person.children}   //person <- persons 是一个生成器,定义 name;if 语句是一个过滤器
11.         yield(person.name,child.name)
12.    println(forResult)
13.    }
14. }
```

运行结果如图 1-57 所示。结果是找出母亲和母亲的孩子。从 lauren，rocky，Vivian 找出女士 Vivian，而且返回 Vivian 和孩子的集合 lauren，rocky。

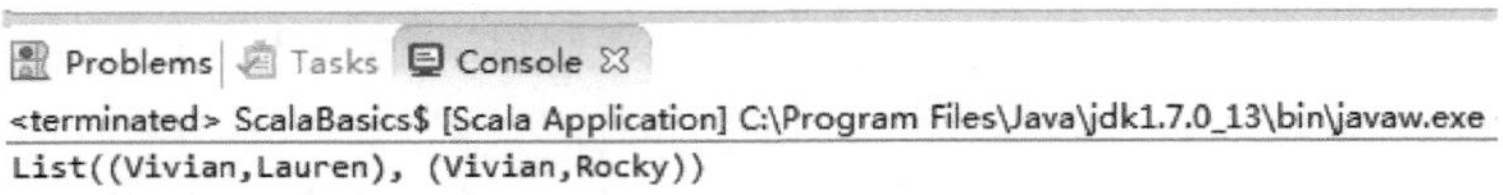

图 1-57　定义生成器、定义和过滤器

例 1-18 首先定义了一个 case class 类：人，包括姓名、性别、孩子等多个参数，然后定义了两位女士 lauren、vivian（vivian 有两个 child，分别为 lauren 及 rocky），一位男士 rocky。定义了一个 persons 列表 list，包括 lauren、rocky、vivian。

重点看一下 for 表达式：

1）将 persons 列表中的元素依次赋值给 person，循环执行。

2）定义一个变量 name，值为 person.name。

3）实现一个过滤器！person.isMale，过滤掉 person 中的男士。

4）对过滤后的元素，将 person.children 的值赋值给变量 child。

5）将结果保存于生成器 yield（person.name，child.name）并赋值给 forResult，然后利用 println 函数打印输出结果：List((Vivian,Lauren),(Vivian,Rocky))。

1.5.3　异常处理

程序运行中可能发生各种问题，或者出现超出了可控范围的环境因素，例如用户使用的是损坏的数据、打开一个不存在的文件、空指针、数组溢出等。在 Scala 中运行这种程序时可能出现的一些错误称为异常。异常是一个在程序执行期间发生的事件，中断了正在执行的程序的正常指令流。

1. try – catch 捕获异常

例 1-19 定义了一个变量 n，赋值 99，使用关键字 try – catch 的方式捕获异常。如果 n 能被 2 整除，那么 n 是一个偶数，程序正常运行结束；如果 n 不能被 2 整除，即 n 是一个奇数，那么就使用 throw new RuntimeException 抛出一个异常 RuntimeException("N must be event")。与 Java 不同的是，Scala 使用 case 进行模式匹配来捕获异常。在 catch 模块中，case 语句对抛出的异常进行匹配，打印输出"The exception is:" + e.getMessage()，其中 e.getMessage()是之前定义的描述词 N must be event。如例 1-19 所示。

【例 1-19】try – catch 捕获异常示例。

第1章 Scala零基础入门

```
1.  package com.dt.scala.hello
2.  import scala.io.Source
3.  objectScalaBasics {
4.    def main(args:Array[String]) {
5.      val n = 99
6.      try { //定义 try 语句捕获异常
7.        val half = if(n % 2 == 0) n/2 else throw
8.          new RuntimeException("N must be event")
9.      } catch { //匹配各种异常事件进行处理
10.       case e:Exception => println("The exception is:" + e.getMessage())
11.     } finally {
12.     }
13.   }
14. }
```

运行结果如图 1-58 所示。

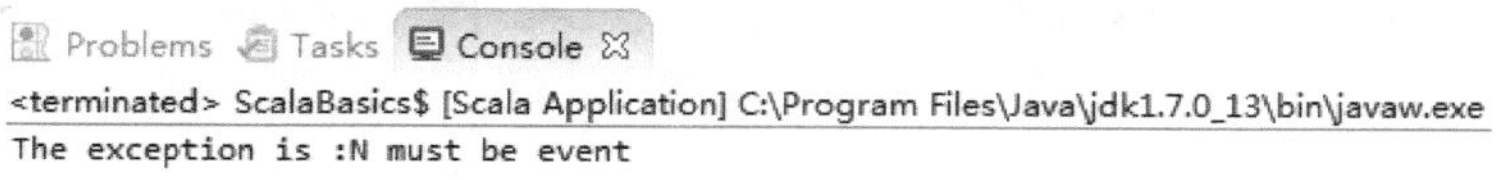

图 1-58　try-catch 捕获异常

2. finally 子句

如果某些代码无论如何中止都需要执行的话,可以将执行语句放在 finally 子句中。

1) 首先打开资源,如打开文件、连接数据库、建立网络 socket 套接字。

2) 然后通过 try 代码块使用资源,对资源进行操作。如文件的读写操作,以及数据库表记录的增、删、修改、查询;socket 数据流的发送接收等,在资源的使用过程中,如发生异常,使用 try-catch 的方式捕获异常。

3) 最后,在 finally 子句关闭资源。如关闭文件、关闭数据库的连接、关闭 socket 的网络接口资源等。

finally 子句如例 1-20 所示。

【例 1-20】finally 子句示例。

```
1.  package com.dt.scala.hello
2.  import scala.io.Source
3.  objectScalaBasics {
4.    def main(args:Array[String]) = {
5.      val file = Source.fromFile("g:\test.txt") //读入文件
6.      try {
7.        //使用文件
8.        println("the file is ok")
9.      } catch {
```

```
10.         case e:Exception => println("The exception is:" + e.getMessage())
11.       }finally{
12.         file.close()         //关闭文件
13.       }
14.   }
15. }
```

运行结果如图 1-59 所示。try - catch - finally 运行中打印输出一行日志。

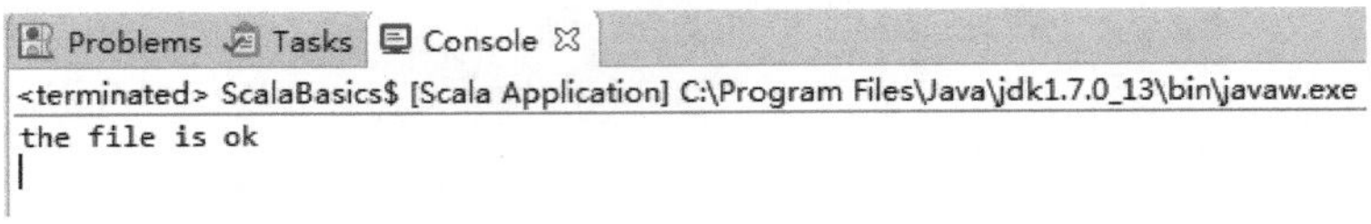

图 1-59 运行结果

1.6 Tuple、Array、Map 与文件操作

1.6.1 Tuple 元组

元组（Tuple）是不同类型的值的聚集，元组的值将单个的值包含在圆括号中来构成，元组可以包含不同类型的元素。

定义一个元组：

```
val triple = (100,"Scala","Spark")
```

1) 元组中可以包含不同类型的元素，在示例代码中，将鼠标放在 triple 上面，Scala IDE 能自动推断出元组 triple 里面 3 个元素的类型分别为 Int、String、String。

2) 元组实例化以后，和 Array 数组不同，Array 数组的索引从 0 开始，而元组的索引从 1 开始。

3) 调用元组 triple 元素的方法_1、_2、_3 来分别调用每一个元素，输出到 println 函数中打印。如例 1-21 所示。

【例 1-21】Tuple 元组计算示例。

```
1.  package com.dt.scala.hello
2.  objectTupleOps{
3.    def main(args:Array[String]):Unit = {
4.      val triple = (100,"Scala","Spark")
5.      println(triple._1) //打印第一个元素
6.      println(triple._2) //打印第二个元素
7.      println(triple._3) //打印第三个元素
```

```
8.    }
9.  }
```

运行结果如图1-60所示。

图1-60　Tuple元组运行结果

元组中元素可以使用模式匹配来获取。在Scala交互式命令行，定义一个元组，进行相关的操作，如例1-22所示。

【例1-22】Tuple元组赋值示例。

```
1.  scala>    val    triple=(100,"Scala","Spark")
2.  triple:(Int,String,String)=(100,Scala,Spark)
3.
4.  scala>val(one,two,three)=triple
5.  one:Int=100
6.  two:String=Scala
7.  three:String=Spark
8.  //定义(one,two,three)变量来获取triple元组的每一个元素,模式匹配将(one,two,three)与
    triple元组的每一个元素对应起来
9.  scala>print(one)
10. 100
11. scala>print(two)
12. Scala
13. scala>print(three)
14. Spark
15. //println查看每一个变量的值
16.
17. scala>val(one,two,_)=triple
18. one:Int=100
19. two:String=Scala
20. scala>print(one)
21. 100
22. //如果元组中的元素并不是每一个元素都需要,那么可以在不需的位置上使用_(占位符)
23.
24. scala>val one,two,_=triple
25. one:(Int,String,String)=(100,Scala,Spark)
26. two:(Int,String,String)=(100,Scala,Spark)
```

```
27.    _:(Int,String,String) = (100,Scala,Spark)
28.
29.    scala > print(one)
30.    (100,Scala,Spark)
31.    scala > print(two)
32.    (100,Scala,Spark)
33.    scala >
34.    //如果将(one,two,_)变量外面的圆括号去掉,one,two,_将会定义成为相互独立的几个变
       量,分别将 triple 元组赋值给每一个变量
```

1.6.2 Array 数组

数组是一种最为常见的数据结构,数组中的元素都是相同类型的,用一个标识符封装在一起的基本类型数据序列或对象序列。可以用一个统一的数组名和下标来唯一确定数组中的元素。

数组的相关操作在 ScalaInAction.sc 中进行,在 ScalaInAction.sc 中输入内容,在 WorkSheet 右侧会显示出相应的结果。

1. 定长数组、可变数组、数组转换

定长数组:声明一个数组,数组为固定长度,如例 1-23 所示。

【例1-23】固定长度的数组操作示例。

```
1.    val nums = new Array[Int](10)        //10 个 Int 类型的数组,所有的元素初始化为 0
2.    val a = new Array[String](10)        //10 个 String 类型的数组,所有的元素初始化为 null
3.    val s = Array("Hello","World")       //长度为 2 的 String 数组,类型是编译器推断出来的
4.    s(0) = "Goodbye"                     //给数组 s(0) 赋值 Goodbye
```

执行结果如下:

```
1.    valnums = new Array[Int](10)         // > nums    :Array[Int] = Array(0,0,0,0,0,0,0,0,0,0)
2.    val a = new Array[String](10)        // > a       :Array[String] = Array(null,null,null,null,null,
       null,null,null,null,null)
3.    val s = Array("Hello","World")       // > s       :Array[String] = Array(Hello,World)
4.    s(0) = "Goodbye"
5.    s                                    // > res0:Array[String] = Array(Goodbye,World)
```

变长数组:数组长度按需要变化,Scala 中的数据结构为 ArrayBuffer,需引入 ArrayBuffer,如例 1-24 所示。

【例1-24】变长数组操作示例。

```
1.    import Scala.collection.mutable.ArrayBuffer    //引入 ArrayBuffer 数组缓存
2.    val b = ArrayBuffer[Int]()                     //新建一个长度可变的数组 b
3.    b += 1                                         //用 += 在数组 b 末尾加 1
```

```
4.  b += (1,2,3,5)              //用 += 在数组 b 末尾继续加多个元素
5.  b ++= Array(8,13,21)        //用 += 在数组 b 末尾继续加多个元素
6.  b                           //查看数组 b 的值此时为 ArrayBuffer(1,1,2,3,5,8,13,21)
```

执行结果如下：

```
1.  import scala.collection.mutable.ArrayBuffer
2.  val b = ArrayBuffer[Int]()     // > b:scala.collection.mutable.ArrayBuffer[Int] = ArrayBuffer()
3.  b += 1                         // > res1:com.dt.scala.hello.ScalaInAction.b.type = ArrayBuffer(1)
4.  b += (1,2,3,5)                 // > res2:com.dt.scala.hello.ScalaInAction.b.type = ArrayBuffer(1,1,2,3,5)
5.  b ++= Array(8,13,21)           // > res3:com.dt.scala.hello.ScalaInAction.b.type = ArrayBuffer(1,1,
    2,3,5,8,13,21)
6.  b  // > res4:scala.collection.mutable.ArrayBuffer[Int] = ArrayBuffer(1,1,2,3,5,8,13,21)
```

可变长数组操作：对可变长数组进行一些基本操作，如删除、增加元素。如例 1-25 所示。

【例 1-25】 可变长数组操作示例。

```
1.  b.trimEnd(5)
2.  b              //删除数组 b 末尾的 5 个数字,查看数组 b,结果为 ArrayBuffer(1,1,2)
3.  b.insert(2,6)
4.  b              //在索引为 2 的位置(即在 1,1 之后)插入数字 6,查看数组 b,结果为
                   ArrayBuffer(1,1,6,2)
5.  b.insert(2,7,8,9)
6.  b              //在索引为 2 的位置插入三个数字 7、8、9,查看数组 b,结果为 ArrayBuffer(1,
                   1,7,8,9,6,2)
7.  b.remove(2)    // > res9:Int = 7
8.  b              //把索引为 2 的数字删除掉(数字 7),查看数组 b,结果为 ArrayBuffer(1,1,8,9,
                   6,2)
9.  b.remove(2,3)
10. b              //把索引为 2 的之后的 3 个数字删除掉(数字 8、9、6),查看数组 b,结果为
                   ArrayBuffer(1,1,2)
11. b.toArray   //数组转换：把可变数组 b 转换为固定长度的数组,结果为 Array[Int]类型
                   Array(1,1,2),b.toArray 值不可以修改
12. b              //查看 b 为 ArrayBuffer(1,1,2)
```

执行结果如下：

```
1.  b.trimEnd(5)
2.  b           // > res5:scala.collection.mutable.ArrayBuffer[Int] = ArrayBuffer(1,1,2)
3.  b.insert(2,6)
4.  b           // > res6:scala.collection.mutable.ArrayBuffer[Int] = ArrayBuffer(1,1,6,2)
5.  b.insert(2,7,8,9)
6.  b           // > res7:scala.collection.mutable.ArrayBuffer[Int] = ArrayBuffer(1,1,7,8,9,6,2)
```

```
7.  b.remove(2)                              // > res8:Int = 7
8.  b            // > res9:scala.collection.mutable.ArrayBuffer[Int] = ArrayBuffer(1,1,8,9,6,2)
9.  b.remove(2,3)
10. b            // > res10:scala.collection.mutable.ArrayBuffer[Int] = ArrayBuffer(1,1,2)
11. b.toArray    // > res11:Array[Int] = Array(1,1,2)
12. b            // > res12:scala.collection.mutable.ArrayBuffer[Int] = ArrayBuffer(1,1,2)
```

2. 数组元素计算、求和、排序、元素连接

数组的一些进阶操作，如数组元素计算、求和、排序、元素连接。如例 1-26 所示。

【例 1-26】 数组的进阶操作。

```
1.  val c = Array(2,3,5,7,11)          //定义一个数组 c,值为 Array(2,3,5,7,11)
2.  val result = for(elem <- c) yield 2 * elem   //for 循环,将数组 c 中的元素依次赋值给 elem,
                                       将 elem 的值乘以 2,得到新的数组 result,值为 Array(4,6,10,14,22)
3.  for(elem <- c if elem % 2 ==0) yield 2 * elem   //取得数组 c 的偶数,并将值乘以 2,计算
    Array(4)
4.  c.filter(_% 2 ==0).map(2 * _)      //函数式编程风格,将数组 c 过滤出偶数的元素,将元素
                                       乘以 2,计算值为 Array(4)
5.  Array(1,7,2,9).sum                 //数组的元素求和,结果为 19
6.  ArrayBuffer("Mary","had","a","little","lamb").max   //max 方法取得可变数组的最长元素
                                       little
7.  val d = ArrayBuffer(1,7,2,9)       //定义一个可变数组 ArrayBuffer(1,7,2,9)
8.  valbSorted = d.sorted              //对可变数组 d 排序,结果为 ArrayBuffer(1,2,7,9)
9.  val e = Array(1,7,2,9)             //定义一个定长数组 e:Array(1,7,2,9)
10. Scala.util.Sorting.quickSort(e)    //排序
11. e                                  //查看数组 e,定长数组排序的结果为 Array(1,2,7,9)
12. e.mkString(" and ")                //数组中的元素用 and 字符串连接起来,结果为:1 and 2 and
                                       7 and 9
13. e.mkString("<",",",">")            //数组中的元素用逗号字符串连接,而且开头和结尾分别用
                                       尖括号连接,结果为 <1,2,7,9>
```

执行结果如下：

```
1.  val c = Array(2,3,5,7,11)                    // > c      :Array[Int] = Array(2,3,5,7,11)
2.  val result = for(elem <- c) yield 2 * elem   // > result :Array[Int] = Array(4,6,10,14,22)
3.  for(elem <- c if elem % 2 ==0) yield 2 * elem   // > res13:Array[Int] = Array(4)
4.  c.filter(_% 2 ==0).map(2 * _)                // > res14:Array[Int] = Array(4)
5.  Array(1,7,2,9).sum // > res15:Int = 19
6.  ArrayBuffer("Mary","had","a","little","lamb").max
    // > res16:String = little
7.  val d = ArrayBuffer(1,7,2,9)
           // > d    :scala.collection.mutable.ArrayBuffer[Int] = ArrayBuffer(1,7,2,9)
8.  valbSorted = d.sorted
```

```
                                   // > bSorted    :scala.collection.mutable.ArrayBuffer[Int] = ArrayBuffer(1,2,7,9)
9.  val e = Array(1,7,2,9)         // > e          :Array[Int] = Array(1,7,2,9)
10. scala.util.Sorting.quickSort(e)
11. e                              // > res17:Array[Int] = Array(1,2,7,9)
12. e.mkString(" and ")            // > res18:String = 1 and 2 and 7 and 9
13. e.mkString("<",",",">")        // > res19:String = <1,2,7,9>
```

3. 多维数组

多维数组：Scala 的多维数组类似于 Java，多维数组是通过数组的数组来实现的。如例 1-27 所示。

【例 1-27】 多维数组操作示例。

```
1. val matrix = Array.ofDim[Double](3,4)   //要构造一个 Array[Array[Double]]数组，
                                            可以用 ofDim 方法，生成一个 3 行 4 列的数组
2. matrix(2)(1) = 42                       //给 matrix 数组第 3 行第 2 列赋值 42
3. matrix                                  //查看 matrix 数组，42 的数值已经更新
4. val triangle = new Array[Array[Int]](10) // > 构造一个 Array[Array[Int]]类型的数组
5. triangle,包含 10 个元素(每个元素也是一个数组),元素初始化为 null
6. for(i <- 0 until triangle.length)
7. triangle(i) = new Array[Int](i+1)       // > 设置数组 triangle 中的里面每个元素的长度，
                                            第一个数组元素长度为 1,第二个数组元素长度为 2,……以此类推,第 10 个数组元素长度为 10
8. triangle                                 // > 查看多维数组 triangle 的内容
```

执行结果如下：

```
1. val matrix = Array.ofDim[Double](3,4)   // > matrix   :Array[Array[Double]] = Array(Array
   (0.0,0.0,0.0,0.0),Array(0.0,0.0,0.0,0.0),Array(0.0,0.0,0.0,0.0))
2. matrix(2)(1) = 42
3. matrix                                  // > res20:Array[Array[Double]]
4.        = Array(Array(0.0,0.0,0.0,0.0),Array(0.0,0.0,0.0,0.0),Array(0.0,42.0,0.0,0.0))
5. val triangle = new Array[Array[Int]](10) // > triangle  :Array[Array[Int]] = Array(null,
   null,null,null,null,null,null,null,null,null)
6. for(i <- 0 until triangle.length)
7. triangle(i) = new Array[Int](i+1)
8. triangle                                // > res21:Array[Array[Int]] = Array(Array(0),
   Array(0,0),Array(0,0,0),Array(0,0,0,0),Array(0,0,0,0,0),Array(0,0,0,0,0,0),Array(0,
   0,0,0,0,0,0),Array(0,0,0,0,0,0,0,0),Array(0,0,0,0,0,0,0,0,0),Array(0,0,0,0,0,0,0,
   0,0,0))
```

1.6.3 文件操作

1. 从本地文件中读取文本行

日常操作中经常需要读取文件。示例代码首先引用包 import scala.io.Source，在 Windows 本地目录中有一个文件 g:\test.txt，文本文件的内容为"hello, i love Scala i love Spark"，Source 是一个 object 对象，直接引用 Source 的 fromFile 方法，打开 g:\test.txt 文件，然后读取 file 的每一行，file.getLines 是一个迭代器 LineIterator，依次指向下一行，然后将每一行的内容输出到 println 进行打印，最后关闭文件。如例 1-23 所示。

【例 1-28】从本地文件中读取文本行示例。

```
1.  package com.dt.scala.hello
2.  import scala.io.Source
3.  import java.io.PrintWriter
4.  import java.io.File
5.  object FileOps {
6.    def main(args:Array[String]) {
7.      val file = Source.fromFile("g:\test.txt")  //读取本地文件
8.      for(line <- file.getLines) { println(line) }  //打印输出文件内容
9.      file.close
10.   }
11. }
```

运行结果如图 1-61 所示。

```
<terminated> FileOps$ [Scala Application] C:\Program Files\Java\jdk1.7.0_13\bin\javaw.exe
hello,i love scala
i love spark
```

图 1-61 读取本地文件文本行

2. 读取网页文件

类似于 Scala 读取本地文件的操作，读取网页文件也是用 Source 对象。Source 是一个 object 对象，读取网页时候直接引用 Source 的 fromURL 方法，在参数中输入需要打开的网页，这里输入 Spark 的官网网址，读取 http://Spark.apache.org/ 的源代码，然后每读取一行进行打印，全部读取完毕以后，关闭读取网页文件。如例 1-24 所示。

【例 1-29】读取网页文件示例。

```
1.  package com.dt.scala.hello
2.  import scala.io.Source
3.  import java.io.PrintWriter
4.  import java.io.File
5.  object FileOps {
6.    def main(args:Array[String]) {
7.      val webFile = Source.fromURL("http://spark.apache.org/")  //读取网页内容
8.      webFile.foreach(print)  //循环遍历打印输出
9.      webFile.close
10.   }
11. }
```

运行结果如图 1-62 所示。

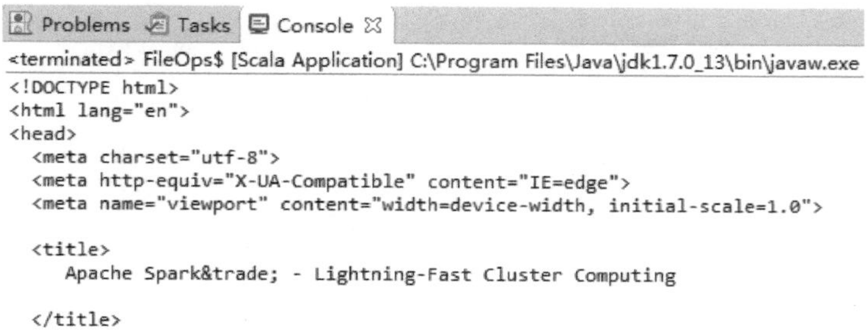

```
<!DOCTYPE html>
<html lang="en">
<head>
  <meta charset="utf-8">
  <meta http-equiv="X-UA-Compatible" content="IE=edge">
  <meta name="viewport" content="width=device-width, initial-scale=1.0">
  <title>
    Apache Spark&trade; - Lightning-Fast Cluster Computing
  </title>
```

图 1-62　读取网页文件

3. 写本地文件

Scala 写入本地文件，首先引入 Java.io 包，import Java.io.PrintWriter、import Java.io.File。在当前工程目录下，新建一个文件 new PrintWriter(new File("scalafile.txt"))，通过 for 循环语句，执行 100 次，每次将 i 值写入 ScalaFile.txt 文件中，全部写入完成，就关闭文件。如例 1-25 所示。

【例 1-30】写本地文件示例。

```
1.  package com.dt.scala.hello
2.  import scala.io.Source
3.  import java.io.PrintWriter
4.  import java.io.File
5.  objectFileOps {
6.    def main(args:Array[String]) {
7.      val writer = new PrintWriter(new File("scalaFile.txt"))  //新建文件
8.      for(i <- 1 to 100) writer.println(i)  //将值写入文件
9.      writer.close()
10.   }
11. }
```

运行结果如图 1-63 所示。无输出，但已生成本地文件。

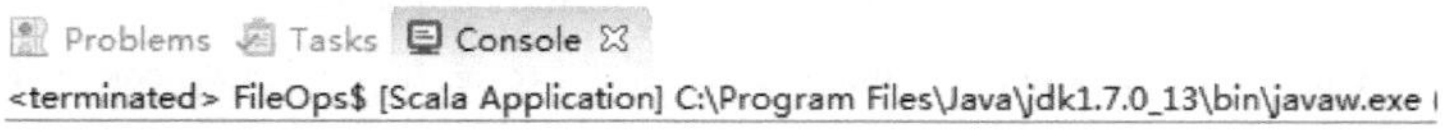

图 1-63　文件运行结果

在当前工程 ScalaInAction 下按 F5 键刷新，可以看到 ScalaInAction 目录下生成了 scalaFile.txt 文件，单击打开 scalaFile.txt 文件，可以看到刚才已经从 1 到 100 写入了 100 个数字，文件写入完成。如图 1-64 所示。

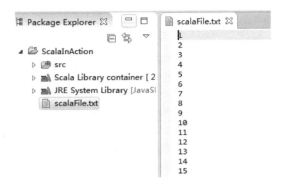

图1-64 文件运行结果

1.6.4 Map 映射

在 Scala 中使用 Map 比较简单，Map 映射是最灵活多变的数据结构之一，映射是键/值对偶的集合，Scala 采用类继承机制提供了可变和不可变两种版本的 Map。可变的 Map 在 scala.collection.mutable 里，不可变的 Map 在 scala.collection.immutable 里面。

1. 不可变 Map

Map 映射的相关操作在 WorkSheet 中的 ScalaInAction.sc 中进行。不可变 Map 集中(k,v)值的操作，如例 1-31 所示。

【例 1-31】不可变 Map 集合示例。

```
1.  val map = Map("book" -> 10,"gun" -> 18,"ipad" -> 1000)
    //定义了一个不可变 map 集 Map(book -> 10,gun -> 18,ipad -> 1000)
2.  for((k,v) <- map) yield(k,v * 0.9)
    //使用 for 循环,依次对 Map 集中的(k,v)值进行操作。Map 集中的键 K 值保持不变,
    对 Map 集中每一个键对应的 V 值乘以 0.9,计算出一个新的 Map 集合 Map(book -> 9.0,
    gun -> 16.2,ipad -> 900.0),V 值类型从 int 类型更新为 double 类型
```

执行结果如下：

```
1.  val map = Map("book" -> 10,"gun" -> 18,"ipad" -> 1000)
    // > map   :scala.collection.immutable.Map[String,Int] = Map(book -> 10,gun -> 18,
    ipad -> 1000)
2.  for((k,v) <- map) yield(k,v * 0.9)
    // > res0:scala.collection.immutable.Map[String,Double] = Map(book -> 9.0,gun -
    //| > 16.2,ipad -> 900.0)
```

2. 可变 Map

可变 Map 集指的是，Map 中的(k,v)映射对可以进行修改、增加或删除等操作，如例 1-32 所示。

【例 1-32】可变 Map 集合示例。

```
1.  val scores = Scala.collection.mutable.Map("Scala" ->7,"Hadoop" ->8,"Spark" ->10 )
            //定义一个可变的 map 集 scores：Map(Hadoop ->8,Spark ->10,Scala ->7)
2.  val HadoopScore = scores.getOrElse("Hadooop",0)
            //方法 getOrElse 指如果(k,v)中有这个 k 值,就取相应的 v 值；如果没有这个 k
            值,就直接返回第二个参数的值。这里没有"Hadooop"这个 k 值,因此直接就返
            回 0
3.  scores += ("R" ->9)
            //可变的,Map 集 scores 增加一个新对偶,新的 Map 集为 Map(Hadoop ->
            8,R ->9,Spark ->10,Scala ->7)
4.  val HadoopScore = scores.getOrElse("Hadoop",0)
            //方法 getOrElse 指如果(k,v)中有这个 k 值,就取相应的 v 值；如果没有这个 k
            值,就直接返回第二个参数的值。这里包含"Hadoop"这个 k 值,返回相应的值 8
5.  scores -= "Hadoop"
            // > 可变的 Map 集 scores 删除一个对偶,新的,Map 集为 Map(R ->9,Spark
            ->10,Scala ->7)
```

执行结果如下：

```
1.  val scores = scala.collection.mutable.Map("Scala" ->7,"Hadoop" ->8,"Spark" ->10 )
            // > scores    : scala.collection.mutable.Map[String,Int] = Map(Hadoop ->8,Spark
                                                        //| ->10,Scala ->7)
2.  valHadoopScore = scores.getOrElse("Hadooop",0)
                            // > HadoopScore    : Int = 0
3.  scores += ("R" ->9)      // > res1:com.dt.spark.test3.scores.type = Map(Hadoop ->8,
                            R ->9,Spark ->10,Scala ->7)
4.  valHadoopScore = scores.getOrElse("Hadoop",0)
                            // > HadoopScore    : Int = 8
5.  scores -= "Hadoop"       // > res2:com.dt.spark.test3.scores.type
                            = Map(R ->9,Spark ->10,Scala ->7)
```

Section 1.7 Scala 中的 apply 方法

在 Scala 中定义和使用对象的 apply 方法。当遇到以下形式的表达式时，就会调用 apply 方法：

Object（参数1，参数2，……，参数 n）

apply 方法类似于类的初始化方法，在遇到对象 Object（参数1，参数2，……，参数 n）时被调用。通常在伴生对象 object 和类 class 中定义。

1.7.1 Object 中的 apply

伴生对象 objectApplyTest 定义了 apply()方法，通过 apply()方法实现打印输出 I am into Scala so much!!!，以及新建一个 ApplyTest class 类。

```
1.  object ApplyTest{
2.    def apply() = {
3.      println("I am into Scala so much!!!")
4.      new ApplyTest
5.    }
6.  }
```

1.7.2　Class 中的 apply

类 classApplyTest 定义了 apply()方法，通过 apply()方法实现打印输出 I am into Spark so much！！！，class ApplyTest 拥有一个方法 haveATry，打印输出 Have a try on apply！

```
1.  class ApplyTest{
2.    def apply() = println("I am into Spark so much!!!")
3.
4.    def haveATry{
5.      println("Have a try on apply!")
6.    }
7.  }
```

在伴生对象 object ApplyTest 中定义了 apply()方法，通过直接赋值 ApplyTest()给 val a 变量，调用 object ApplyTest 的 apply()方法，如例 1-33 所示。

【例 1-33】调用伴生对象 apply 并运行示例。

```
1.  package com.dt.scala.oop
2.  class ApplyTest{
3.    def apply() = println("I am into Scala so much!!!")
4.    def haveATry{
5.      println("Have a try on apply!")
6.    }
7.  }
8.  object ApplyTest{
9.    def apply() = { //定义 object ApplyTest 的 apply 方法，创建 ApplyTest 对象自动调用 apply
10.     println("I am into Scala so much!!!")
11.     new ApplyTest //apply() 新建了一个 class ApplyTest 的实例
12.   }
13. }
14. object ApplyOperation {
15.   def main(args:Array[String]) {
16.     val a = ApplyTest() //创建 ApplyTest 对象，其 apply 中新建 class ApplyTest 实例赋值给 a
17.     a.haveATry //a 拥有了 class ApplyTest 的 haveATry 方法
18.   }
19. }
```

运行结果如图 1-65 所示。

```
<terminated> ApplyOperation$ [Scala Application] C:\Program Files\Java\jdk1.7.0_13\bin\javaw.exe
I am into Scala so much!!!
Have a try on apply!
```

图 1-65　调用伴生对象 apply 运行结果

从示例代码可以得知：

1) 直接调用伴生对象 ApplyTest()，无须使用 new 新建对象，调用伴生对象 ApplyTest() 就会触发调用 apply() 方法，打印输出"I am into Scala so much!!!"。

2) 同时伴生对象 ApplyTest() 的 apply() 方法会新建（new）一个 class ApplyTest 对象，将 class ApplyTest 对象复制给变量 a，a 就拥有了 class ApplyTest 对象的 haveATry 方法。

3) 执行 a.haveATry 方法，就会打印输出"Have a try on apply!"，程序结束。

1.7.3　Array 数组的 apply 实现

从上面对 Array 数组的 apply 实现的示例可以举一反三，类似思考：

1) 无须新建（new）一个对象，通过 Array 对象直接定义一个数组，调用 Array（1，2，3，4，5）就会触发 Array 的 apply() 方法。

```
val array = Array(1,2,3,4,5)
```

2) 在 Array(1,2,3,4,5) 中按 F3 键，查看 Array 数组 apply() 方法的源代码，发现 Array 源代码中会新建（new）一个 new Array［Int］对象，返回一个 Array 数组。

```
1.  /** Creates an array of 'Int' objects */    //此内容来源自 Scala 的源代码
2.  //Subject to a compiler optimization in Cleanup,see above.
3.  def apply(x:Int,xs:Int*):Array[Int] = {
4.      val array = new Array[Int](xs.length+1)  //新建一个数组 Array
5.      array(0) = x
6.      var i = 1
7.      for(x <- xs.iterator) { array(i) = x;i += 1 }  //给 array 赋值
8.      array
9.  }
```

在类 class ApplyTest 中定义了 apply() 方法，通过 new ApplyTest 实例，调用 class ApplyTest 的 apply() 方法，如例 1-34 所示。

【例 1-34】Class 类的 apply 调用示例。

```
1.  package com.dt.scala.oop
2.  classApplyTest{                      //定义类 class ApplyTest
3.  def apply() = println("I am into Spark so much!!!")   //定义类 ApplyTest 的 apply 方法
```

```
4.   def haveATry{
5.     println("Have a try on apply!")  //定义 haveATry 方法
6.   }
7. }
8. object ApplyTest{    //定义伴生对象 ApplyTest
9.   def apply() = {
10.    println("I am into Scala so much!!!")  //定义伴生对象的 apply 方法
11.    new ApplyTest
12.  }
13. }
14. object ApplyOperation {
15.   def main(args:Array[String]) {
16.     val a = new ApplyTest  //创建 ApplyTest 实例
17.     a.haveATry  //调用 haveATry 方法
18.     println(a)
19.     println(a())
20.   }
21. }
```

示例代码说明如下：

1）首先 new ApplyTest，即新建一个 ApplyTest 对象，将 ApplyTest 对象赋值给 a。

2）调用 a 的 haveATry 方法，打印输出"Have a try on apply!"

3）println(a)：打印的是 com.dt.Scala.oop.ApplyTest@1d9a2ab，即 ApplyTest 的引用地址。

4）println(a())：使用 a()会调用触发 class ApplyTest 的 apply()方法，打印输出"I am into Spark so much!!!"

运行结果如图 1-66 所示。

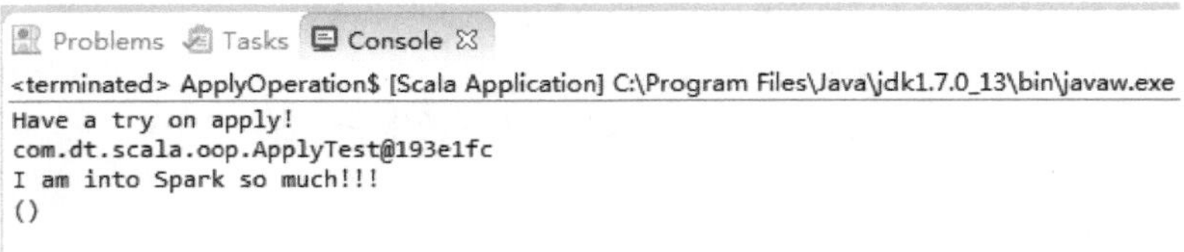

图 1-66 Class 类的 apply 调用

Section 1.8 小结

本章介绍了什么是 Scala 及 Scala 的相关基础知识，基于大数据领域 Spark 是使用 Scala 开发的，本章拓展介绍了 Hadoop 及 Spark 的环境搭建过程，将有助于读者以后的 Scala 学习，相信读者依照本章的图例动手实践，将在零基础开发的基础上，在最短的时间内上手 Scala，步入 Scala 及大数据的神圣殿堂。

第 2 章　Scala 面向对象编程开发

万事万物皆对象，客观世界中的一个事物就是一个对象，每个客观事物都有自己的特征和行为。面向对象编程开发是指将所有预处理的问题抽象为对象，同时了解这些对象具有哪些相应的属性，以及展示这些对象的行为。

面向对象开发之前，首先了解什么是类和对象，以及类和对象之间的关系。对象就是客观世界中存在的人、事和物体等实体；而类就是对同一类对象事物抽象的总称，就是面向对象中的类（class）。例如，一个苹果是现实生活中的事物相对应的实体，是一个对象，而苹果类就是从同一类苹果抽象出来的类，是苹果类。简单地理解，类也可以设想为数据库中的一张表，数据表中定义的字段，就类似于类中的各种成员变量；而数据表中的增删改查，就类似于类中定义的各种方法，对类中的成员变量进行各种操作；而对象，可理解成数据表中具体的一行行记录，每新建一个类的实例，就类似于在表中新增一行记录，同时对这个具体的对象（表记录）能进行增删改查具体的操作；而数据库表与表之间的各种关联关系，就类似构成了面向对象类中的继承、多态等各种关系；数据库表读取写入的权限，则类似于类和对象的访问权限；这样，一个个类和对象，就成了面向对象编程开发中存储数据结构的方式。

本章将介绍面向对象编程开发的入门知识（类、构造器、内外部类、伴生对象）；类的继承、重载、抽象类、抽象字段、抽象方法；trait 特质应用，以及包的定义、引用及访问权限等内容。

2.1 类的定义及属性

2.1.1 类定义

Scala 类的基本结构通常由关键字、标识符、变量、方法和注释等内容构成。在类声明中，可以指定类的名称、类的访问权限或者与其他类的关系，而在类体中，主要用于定义变量成员和方法。

Scala 定义类最简单的形式和 Java 很相似，如定义 class Student 类：

```
1.    class Student{
2.        private varprivateAge = 0         //私有字段,初始化为 0
3.        val name = "Scala"                 //定义属性 name
4.        def age = privateAge               //方法默认是公有的
5.        defisYounger(other:Student) = privateAge < other.privateAge
6.    }
```

class Student 类的定义如例 2-1 所示。

- 在 Scala IDE 中 ScalaInAction 工程 src 目录的 com.dt.scala.oop 包中新建 HelloOOP.Scala 文件。
- 构建一个新对象 student val student = new Student。
- 调用 student 对象的方法 student.name，用 println 命令打印输出 student.name 值为 Scala。

【例 2-1】Scala 定义类示例。

```
1.  package com.dt.scala.oop
2.  class Person{ //定义 class Person 类
3.    private var age = 0 //定义私有属性
4.    def increment(){age += 1} //定义 increment 方法
5.    def current = age//定义 current 方法
6.    def act(person:Person){ //定义 act 方法
7.    
8.    }
9.  }
10. class Student{ //定义学生类 class Student
11.   private varprivateAge = 0
12.   val name = "Scala"
13.   def age = privateAge
14.   defisYounger(other:Student) = privateAge < other.privateAge //定义 isYounger 方法
15. }
16.
17. object HelloOOP {
18.   def main(args:Array[String]):Unit = {
19.     val person = new Person()//创建 Person 类实例
20.     person.increment() //调用 person 对象实例的 increment
21.     person.increment()
22.     println(person.current)
23.     val student = new Student//创建学生 student 类实例
24.     println(student.name)   //调用对象 student 的属性 name
25.   }
26. }
```

运行结果如图 2-1 所示。对象 person 调用 2 次 increment() 方法，age 变量每次加 1，然后将 age = 2 的值赋值给 Current，打印输入 2，并打印输出 name 的值为 scala。

```
Problems  Tasks  Console
<terminated> HelloOOP$ [Scala Application] C:\Program Files\Java\jdk1.7.0_13\bin\javaw.exe
2
Scala
```

图 2-1 类定义

2.1.2 带有 getter 和 setter 的属性

编写 Java 类时，Java 类属性的定义使用 getter 和 setter 方法，这样的一对 getter 和 setter 方法称为属性。在 Scala 中，getter 和 setter 方法并不是直接命名为 getxxx 和 setxxx 的，而是

第2章 Scala面向对象编程开发

类似 privateAge 和 privateAge_ = 的定义，理解为 privateAge 就是 getxxx 方法，privateAge_ = 就是 setxxx 方法，和 Java 中的用意是一样的。

Java 中 getter 和 setter 方法的定义如下：

```
1.  Public class  Person{
2.    private int age;
3.    public int getAge() { return age;} //get 方法
4.    public void  setAge(int age ) { this. age = age;} //set 方法
5.  }
```

Scala 中属性的定义，属性带有 getter 和 setter 方法：

```
1.  class Student{
2.    private varprivateAge = 0 //定义一个属性 privateAge,Scala 中对每个字段都提供 getter
       和 setter 方法,在代码中不用显性定义,但在 scala 编译字节码中实际生成了 getter 和 setter
       方法,即 privateAge 和 privateAge_ = 的定义
3.    val name = "Scala"
4.    def age = privateAge
5.    defisYounger(other:Student) = privateAge < other. privateAge
6.  }
```

Scala 中属性带有 getter 和 setter 方法的验证，步骤如下：

1）在 Scala IDE 中，在 ScalaInAction 工程 src 目录的 com. dt. scala. oop 包中，在创建的 HelloOOP. Scala 上单击鼠标右键，选择 properties 命令，弹出属性设置对话框，查看 HelloOOP. Scala 的文件目录：G:\scala\scala_workspace\ScalaInAction\src\com\dt\scala\oop\HelloOOP. Scala，如图 2-2 所示。

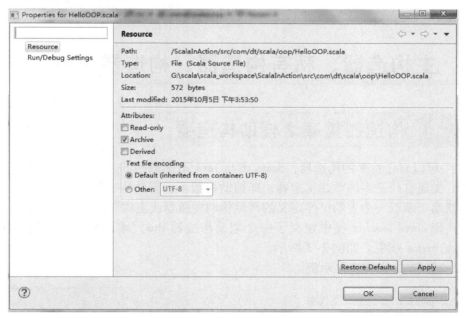

图 2-2　查看文件目录

2）在 Windows 系统中选择"开始"→"运行"命令，在"运行"窗口中输入 CMD 命令，进入 DOS 环境，在命令行提示符中进入 HelloOOP.Scala 的目录。

> G:\>cd G:\scala\scala_workspace\ScalaInAction\src\com\dt\scala\oop

3）在 DOS 提示符中输入 Scalac HelloOOP.Scala，编译生成 JVM 字节码。

> G:\scala\scala_workspace\ScalaInAction\src\com\dt\scala\oop > scalac HellOOP.Scala

4）在 DOS 提示符下使用 javap – private Student 查看 Student 类的定义。

> G:\scala\scala_workspace\ScalaInAction\src\com\dt\scala\oop\com\dt\scala\oop > javap-private Student；

Javap-private Student 的字节码定义如下：

```
1.  public class com.dt.Scala.oop.Student {
2.    private int privateAge;        //privateAge 是私有字段
3.    private final Java.lang.String name；
4.    private int privateAge( )；    //privateAge 的 getter 方法,是私有方法
5.    private void privateAge_ $ eq(int);//privateAge 的 setter 方法, = 在 jvm 中翻译为 $ eq,是
                                私有方法
6.    public Java.lang.String name( )；
7.    public int age( )；
8.    public boolean isYounger(com.dt.Scala.oop.Student)；
9.    public com.dt.Scala.oop.Student( )；
10. }
```

Section 2.2 主构造器、私有构造器、构造器重载

2.2.1 构造器重载之辅助构造器

Scala 中可以有任意多的构造器，Scala 类与 Java 不同的是 Scala 有主构造器，除了主构造器以外，类还有任意多的重载构造器，即辅助构造器。辅助构造器的名称为 this，每一个辅助构造器都必须以一个先前已经定义的其他辅助构造器或主构造器的调用开始。

示例代码 class Teacher 类中定义了一个辅助构造器 this，辅助构造器先调用主构造器 this，然后给 name 赋值。如例 2-2 所示。

【例 2-2】Scala 类构造器示例。

```
1. package com.dt.scala.oop
2. class Teacher {
```

```
3.    var name:String = _
4.    private var age = 27
5.    private[this] val gender = "male"
6.    def this(name:String) {
7.      this    //调用主构造器 this
8.      this.name = name    //给 name 赋值
9.    }
10.   def sayHello() {
11.     println(this.name + " : " + this.age + " : " + this.gender)
12.   }
13. }
14. object OOPInScala {
15.   def main(args:Array[String]) {
16.     val p = new Teacher
17.     p.name = "Spark"
18.     p.sayHello
19.   }
20. }
```

运行结果如图 2-3 所示。新建一个 teacher 对象，实例化对象时 age 赋值 27，gender 赋值 male，然后通过 P.name = "spark" 将 name 赋值 spark，调用方法 sayhello 打印输出 name、age、gender 的值。

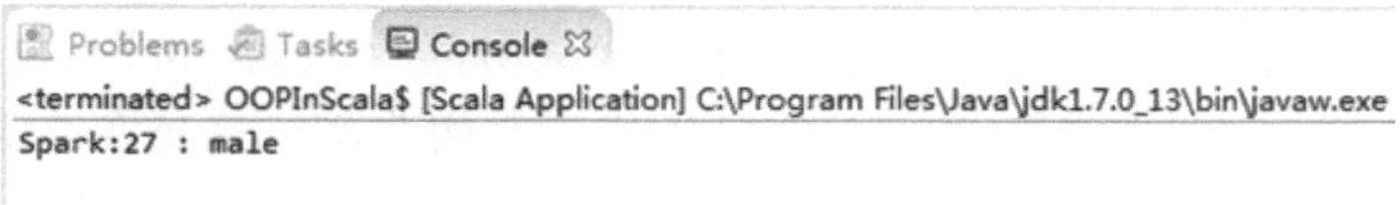

图 2-3　辅助构造器

2.2.2　主构造器

在 Scala 中，每个类都有主构造器，主构造器与类定义在一起：
1）主构造器的参数直接放在类名之后。
2）主构造器的参数加 val 或 var 时自动升级为字段，其值被初始化成构造器时传入的参数。
3）主构造器在类中除了方法之外，会执行类定义中所有的语句。
class Teacher 的主构造器参数定义（val name:String, val age:Int）如例 2-3 所示。
【例 2-3】Scala 主构造器示例。

```
1.  package com.dt.scala.oop
2.  class Teacher (val name:String, val age:Int) {//主构造器传入参数 name,age
3.    println("This is the primary constructor!!!")    //主构造器执行语句
4.    var gender:String = _                            //主构造器执行语句,_为占位符,也可设置为 null
5.    println(gender)                                  //主构造器执行语句
```

```
6.    def this(name:String,age:Int,gender:String){
7.      this(name,age)
8.      this. gender = gender
9.    }
10.  }
11.  object OOPInScala{
12.    def main(args:Array[String]){
13.      val p = new Teacher("Spark",5)
14.      println(":" + p. age)
15.    }
16.  }
```

运行结果如图 2-4 所示。新建一个 Teacher("Spark",5)，主构造器传入参数 Spark5，主构造器执行语句打印输出"Thisis the primary constructor！！！"，因为 gender 使用占位符未赋值，所以打印输出 gender 的值为 null，然后打印输出年龄值：5。

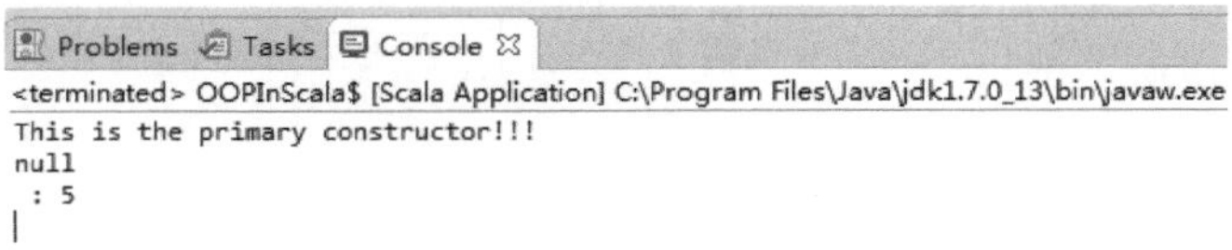

图 2-4 主构造器

2.2.3 不同访问权限的构造器

Scala 类中主构造器如不指定访问修饰符，默认访问权限为 public，生成公有构造器；在类中定义主构造器的访问修饰符为 private，生成私有构造器，只允许类本身访问，防止外部实例化。

（1）公有构造器

在 class Teacher 类中的主构造器默认访问权限为 public。

在 Windows 系统中选择 "开始" → "运行" 命令，在 "运行" 窗口中输入 CMD 命令，进入 DOS 环境，在命令行提示符中进入 OOPInScala 的目录，在 DOS 提示符中输入：scalac OOPInScala. Scala，编译生成 JVM 字节码，在 DOS 提示符下使用 Javap – private Teacher 查看 Teacher 类的定义，此时 class Teacher 类中主构造器访问权限为公有：public com. dt. scala. oop. Teacher (java. lang. String, int)。可以通过 val p = new Teacher("Spark",5)来实例化对象，如下所示：

第2章 Scala面向对象编程开发

（2）私有构造器

在 class Teacher 类中定义主构造器的访问权限为 private，只允许 class Teacher 自己访问，不允许外部访问，构造成为私有构造器。

```
1.  class Teacher  private(val name:String,val age:Int){//定义 private 私有构造器
2.    println("This is the primary constructor!!!")
3.    var gender:String = _
4.    println(gender)
5.    def this(name:String,age:Int,gender:String){
6.      this(name,age)
7.      this.gender = gender
8.    }
9.  }
```

将 class Teacher 类编译生成 JVM 字节码，在 DOS 提示符下使用 Javap-private Teacher 查看 Teacher 类的定义，class Teacher 类中主构造器访问权限为私有，如下所示：

```
G:\scala\scala_workspace\ScalaInAction\src\com\dt\scala\oop\com\dt\scala\oop>Javap -private Teacher
Warning: Binary file Teacher contains com.dt.scala.oop.Teacher
Compiled from "OOPInScala.Scala"
public class com.dt.scala.oop.Teacher {
  private final java.lang.String name;
  private final int age;
  private java.lang.String gender;
  public java.lang.String name();
  public int age();
  public java.lang.String gender();
  public void gender_$eq(java.lang.String);
  private com.dt.scala.oop.Teacher(java.lang.String, int);
  public com.dt.scala.oop.Teacher(java.lang.String, int, java.lang.String);
}
```

这样，class Teacher 类的主构造器是私有构造器，直接通过 val p = new Teacher("Spark",5) 来调用会报错，提示没有足够的参数来调用构造器，而 class Teacher 类的辅助构造器是公有方法，可以通过 val p1 = new Teacher("Spark",5,"male")，传入 3 个参数给辅助构造器进行对象实例化。

Section 2.3 内部类和外部类

在 Scala 中，可以在语法结构中内嵌语法结构，例如，可以在函数中定义函数，在类中定义类。在类中定义类，即定义内部类和外部类。在 Java 语言中，Java 的内部类从属于外部类，在 Scala 中，Scala 的内部类和外部类类型更符合常规，例如，同一家公司的职员内部可以互相加联系人，而不同的公司则不能增加。如果要增加，需要通过类型投影来实现跨公司加联系人。

（1）内部类、外部类

定义一个外部类 Outer，在外部类里面再定义一个内部类，可以使用 Outer => 给外部类起一个别名叫 Outer，然后在内部类 Inner 就能通过 Outer 直接引用 Outer 的属性方法。

内部类、外部类如例 2-4 所示。

【例 2-4】外部类 Outer、内部类 Inner。

```
1.  package com.dt.scala.oop
2.  class Outer(val name:String) { outer =>//起一个别名叫 outer
3.          class Inner(val name:String){
4.              def foo(b:Inner) = println("Outer:" + outer.name +
5.  " Inner:" + b.name)
6.          }
7.      }
8.  object OOPInScala{
9.      def main(args:Array[String]) {
10.     val outer1 = new Outer("Spark") //新建一个外部类实例 outer1,将 Spark 赋值给 Outer 的 name
11.     val outer2 = new Outer("Hadoop")
12.     val inner1 = new outer1.Inner("Scala")//新建外部类 outer1 的内部类 inner1,将 Scala 赋值给 Inner 的 name
13.     val inner2 = new outer2.Inner("Java")
14.     inner1.foo(inner1);//调用内部类 inner1 的 foo 方法,打印输出
15.     inner2.foo(inner2);
16.     }
17.  }
```

示例代码运行如图 2-5 所示。调用内部类 inner1 的 foo 方法,打印输出外部类名称 Spark 以及内部类名称 Scala;调用内部类 inner2 的 foo 方法,打印输出外部类的名称 Hadoop 及内部类名称 Java。

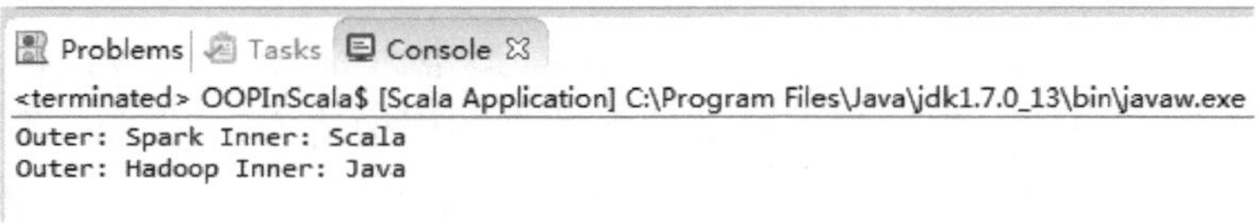

```
<terminated> OOPInScala$ [Scala Application] C:\Program Files\Java\jdk1.7.0_13\bin\javaw.exe
Outer: Spark Inner: Scala
Outer: Hadoop Inner: Java
```

图 2-5 内部类、外部类

在 Scala 交互式命令行,输入外部类 Outer 及内部类 Inner 的定义,输入 Inner1.foo（Inner2）,调用 Inner2 内部类,会清楚地看到 Outer2.Inner 与 Outer1.Inner 的类型不匹配（type mismatch）。如例 2-5 所示。

【例 2-5】Scala Inner1.foo（Inner2）调用类型不匹配示例。

```
1.  scala>  class Outer(val name:String) { outer =>
2.      |           class Inner(val name:String){
3.      |               deffoo(b:Inner) = println("Outer:" + outer.name +
4.      |   " Inner:" + b.name)
5.      |           }
6.      |       }
7.  defined class Outer
```

第2章 Scala面向对象编程开发

```
8.  scala>       val   outer1 = new Outer("Spark")
9.  outer1:Outer = Outer@ 1467e74
10. scala>       val   outer2 = new Outer("Hadoop")
11. outer2:Outer = Outer@ a537b3
12. scala>       val   inner1 = new outer1.Inner("Scala")   //inner1 的外部类是 outer1
13. inner1:outer1.Inner = Outer $ Inner@ 1547681
14. scala>       val   inner2 = new outer2.Inner("Java")    //inner2 的外部类是 outer2
15. inner2:outer2.Inner = Outer $ Inner@ 166d107
16. scala>       inner1.foo(inner1)
17. Outer:Spark Inner:Scala
18. scala>       inner2.foo(inner2)
19. Outer:Hadoop Inner:Java
20.
21. scala>       inner1.foo(inner2)    //提示报错,类型不匹配
22. <Console>:13:error:type mismatch;
23. found    :outer2.Inner
24. required:outer1.Inner
25.                inner1.foo(inner2)
26.                           ^
27. scala>
```

可以通过类型投影 Outer#Inner 来解决内部类调用问题,在实际开发中需根据业务逻辑的需要来实现,避免混乱。示例如下:

```
1. def foo(b:Outer#Inner) = println("Outer:" + Outer.name +
2. " Inner:" + b.name)
```

这样,Inner1.foo(Inner2) 就能运行了,执行的结果为 Outer:Spark Inner:Java。

(2) 类型投影解决内部类调用问题示例

定义一个外部类 Company,在外部类 Company 里面定义一个内部类 Staff;外部类 Company 即公司,公司类里面包括职员类、职员数组集、新加员工方法;内部类 Staff 职员里面有一个联系人属性。

```
1.  class Company {   //定义一个外部类 Company
2.  class Staff(val name:String) {   //定义内部类 Staff
3.  val contacts = new ArrayBuffer[Staff]
4.  }
5.  val Staffs = new ArrayBuffer[Staff]
6.  def join(name:String) = {   //类 Company 的 join 方法
7.     val s = new Staff(name)
8.     Staffs += s
9.     s
10. }
11. }
```

那么现在有两家公司：myFacebook 和 myTwitter。myFacebook 公司增加两名员工：staff1_myFacebook 和 staff2_myFacebook，staff1_myFacebook 和 staff2_myFacebook 是内部类，属于 myFacebook 外部类；myTwitter 公司增加一名员工 staff1_myTwitter，staff1_myTwitter 是内部类，属于 myTwitter 外部类。

staff1_myFacebook、staff2_myFacebook 同属于一家公司（myFacebook 外部类），因此可以互加联系人。staff1_myFacebook.contacts += staff2_myFacebook。

staff1_myFacebook、staff1_myTwitter 分别属于不同的公司（myFacebook 外部类、myTwitter 外部类），因此两者暂还不能互加联系人。Scala IDE 提示报错信息 type mismatch；found：myTwitter.Staff required：myFacebook.Staff，表明两者的类型不同。

通过类型投影 Company#Staff 来处理，如下所示：

```
1.  class Staff(val name:String){
2.      val contacts = newArrayBuffer[Company#Staff]
3.  }
```

这样，staff1_myFacebook、staff1_myTwitter 现在可以互加联系人了：

```
staff1_myFacebook.contacts += staff1_myTwitter
```

外部类 Company、内部类 Staff 示例如例 2-6 所示。

【例 2-6】 Scala 内部类、外部类类型投影示例。

```
1.  package com.dt.scala.oop
2.  import scala.collection.mutable.ArrayBuffer
3.  class Company{//定义外部公司类 Company
4.      class Staff(val name:String){//定义内部职员类 Staff
5.      val contacts = new ArrayBuffer[Company#Staff]//职员类有通讯录联系人 contacts 属性
6.  }
7.  val Staffs = new ArrayBuffer[Staff] //定义职员集的数组 Staffs
8.  def join(name:String) = {//定义 join 方法,新增一个职员,在 Staffs 数组中加一个人员
9.      val s = new Staff(name)
10.     Staffs += s //数组 Staffs 增加新人员
11.     s
12. }
13. }
14. object OOPInScala{
15. def main(args:Array[String]){
16.     val myFacebook = new Company //创建 Company 类,赋值给 myFacebook
17.     val myTwitter   = new Company //创建 Company 类,赋值给 myTwitter
18.     val staff1_myFacebook = myFacebook.join("staff1_myFacebook") //myFacebook 加入一个新职员 staff1_myFacebook,赋值给 staff1_myFacebook
19.     val staff2_myFacebook = myFacebook.join("staff2_myFacebook") //myFacebook 加入第二个新职员 staff2_myFacebook,赋值给 staff2_myFacebook
```

第2章 Scala面向对象编程开发

```
20.    staff1_myFacebook. contacts += staff2_myFacebook //在职员 staff1_myFacebook 的通讯录列
       表中加入职员 staff2_myFacebook,两个人同属一家公司 myFacebook,可以增加通讯录
21.    staff1_myFacebook. contacts += staff1_myTwitter //在职员 staff1_myFacebook 的通讯录列表
       中加入另外一家公司的职员 staff1_myTwitter,现实场景是公司内部人员可以互建通讯录,
       而不能加入外部公司的人员。但定义了 Company#Staff 类型投影,这里通讯录也可以加入
       外部公司人员
22.    val staff1_myTwitter = myTwitter. join(" staff1_myTwitter") //myTwitter 加入一个新职员
       staff1_myTwitter,赋值给 staff1_myTwitter
23.    for( elem <- myFacebook. Staffs ) println( elem. name ) //打印出 myFacebook 的职员名单
24.    for( elem <- myTwitter. Staffs ) println( elem. name ) // 打印出 myTwitter 的职员名单
25.    }
26.  }
```

运行结果如图2-6所示。打印输出 myFacebook 公司的职员名单 staff1_myFacebook、staff2_myFacebook；打印输出 myTwitter 公司的职员名单 Staff1_myTwitther。

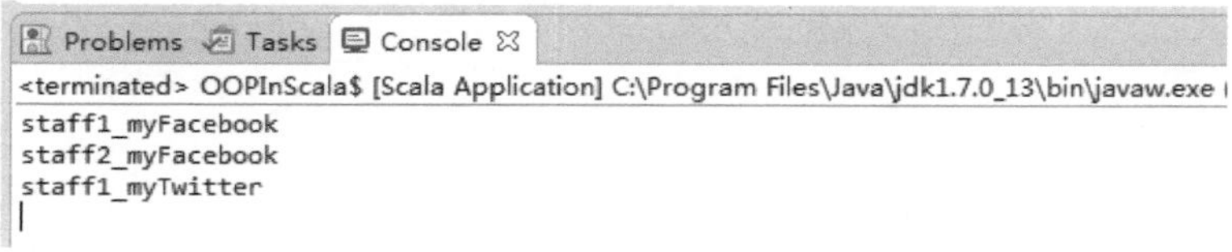

```
Problems   Tasks   Console
<terminated> OOPInScala$ [Scala Application] C:\Program Files\Java\jdk1.7.0_13\bin\javaw.exe
staff1_myFacebook
staff2_myFacebook
staff1_myTwitter
```

图 2-6 类型投影 Company#Staff

Section 2.4 单例对象、伴生对象

（1）单例对象

Scala 中没有静态方法和静态字段，Scala 中使用 object 对象来实现同样的效果，object 对象定义了某个类的单个实例，如：

```
1.  object University{   //定义单个实例对象 University
2.     private varstudentNo = 0
3.     defnewStudenNo = {  //定义 newStudenNo 方法,将学号加1,返回新的学号 studentNo
4.       studentNo += 1
5.       studentNo
6.     }
7.  }
```

（2）伴生对象

在 Scala 中，可以通过类与类同名的"伴生"对象来实现既有实例方法又有静态方法的类。如例2-7所示。在 Scala 中，可以通过类与类同名的"伴生"对象来实现既有实例方法又有静态方法的类。定义类 class University，类 class University 拥有自己的属性 id，number（id 直接调用伴生对象的 newStudenNo 方法赋值），类 class University 拥有自己的方法 aClass；

同时定义类 class University 的伴生对象 object University，伴生对象 object University 拥有自己的属性学号 studentNo，及新增一个学号的方法 newStudenNo，返回新学号。伴生对象 object University 相当于 Java 的静态类，无须实例化，可以直接调用伴生对象的方法。如例 2-7 所示。

【例 2-7】Scala 伴生对象示例。

```
1.   package com.dt.scala.oop
2.   class University{ //定义类 University
3.     val id = University.newStudenNo
4.     private var number = 0
5.     defaClass(number:Int){this.number += number}
6.   }
7.   object University{//定义类 University 的伴生对象 object University
8.     private var studentNo = 0
9.     def newStudenNo = {
10.      studentNo += 1
11.      studentNo
12.    }
13.  }
14.  object ObjecOps {
15.    def main(args:Array[String]):Unit = {
16.      println(University.newStudenNo) //直接调用伴生对象 University 的方法 newStudenNo
17.      println(University.newStudenNo) //再次调用 newStudenNo 方法，学号 studentNo 再加 1
18.    }
19.  }
```

类和它的伴生对象可以相互访问私有属性，类和伴生对象需保存于同一个源文件中。使用 object 伴生对象定义配置文件的应用较多。

运行结果如图 2-7 所示。使用伴生对象 University 无需 new 一个对象实例，直接调用伴生对象 University 的 newStudenNo 方法，将 studentNo 学生学号加 1，打印输出结果 1；然后第二次调用伴生对象 University 的 newStudenNo 方法，学生学号再加 1，打印输出结果 2。

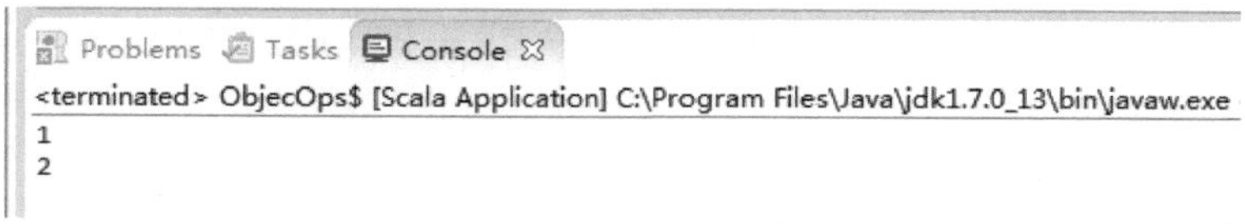

图 2-7 类和伴生对象

2.5 继承：超类的构造、重写字段、重写方法

在 Scala 中，使用继承可以减少代码的冗余性，使整个程序的架构变得有弹性，继承机

制的使用可以复用一些定义好的类，减少重复代码的编写，也可以提高软件的可维护性和可扩展性。

2.5.1 超类的构造

Scala 继承类使用 extends 关键字，如先定义一个 class Person1 类：

```
1.    class Person1(val name:String,var age:Int) {   //定义一个类 Person1
2.      println("The primary constructor of Person")
3.      Val school = "BJU"
4.      def sleep = "8 hours"
5.      override def toString = "I am a Person1!"    //重写方法 toString
6.    }
```

class Worker 类的定义继承了 class Person1 类，在类名之后使用 extends Person1 子句表示继承 class Person1 类：class Worker 类继承 class Person1 类所有非私有的成员，class Worker 类成为 class Person1 类的子类型。这样，class Worker 类继承 class Person1 类，class Worker 类被称为子类，而 class Person1 类被称为超类：

```
1.    class Worker(name:String,age:Int,val salary:Long) extends Person1(name,age) {//继承超类
      Person1
2.      println("This is the subClass of Person,Primary constructor of Worker")
3.      override val school = "Spark"
4.      override def toString = "I am a Worker!" + super.sleep //重写方法 toString
5.    }
```

类有一个主构造器和多个辅助构造器，辅助构造器的名称为 this；每一个辅助构造器都必须以一个先前已经定义的其他辅助构造器或主构造器的调用开始。子类的辅助构造器会调用主构造器，主构造器可以调用超类的构造器。主构造器和类定义合在一起的，调用超类的构造器的方法也合在一起。

以下代码定义了一个子类 class Worker 继承超类 Person1：

```
class Worker(name:String,age:Int,val salary:Long) extends Person1(name,age)
```

也同时定义了一个调用超类构造器的主构造器：

```
class Worker(name:String,age:Int,val salary:Long) extends Person1(name,age)
```

本例中 class Worker 子类的 3 个参数 name：String，age：Int，val salary：Long 有两个参数 name：String，age：Int 传递给了超类 Person1 的主构造器。创建一个子类 new Worker("Spark",5,100000)，会调用超类 Person1 的主构造器，给超类 Person1 的 name、age 赋值，执行超类 Person1 的主构造器的语句，如打印输出超类的语句 The primary constructor of Person；然后调用子类 Worker 的主构造器，执行子类 Worker 的主构造器语句，打印输出子类的语句"This is the subClass of Person, Primary constructor of Worker。"

2.5.2 重写字段

超类中有一个字段 val school：

1. class Person1(val name:String,var age:Int){
2. …
3. val school = "BJU"
4. …
5. }

在子类 class Worker 使用 override 关键字重写超类的 val school 字段，赋值 val school 为"Spark"：

1. class Worker(name:String,age:Int,val salary:Long) extends Person1(name,age){
2. …
3. override val school = "Spark"
4. …
5. }

2.5.3 重写方法

超类 Person1 中有一个方法 def toString = " I am a Person1!"，超类 Person1 也使用 override 关键字重写了 Scala.AnyRef 的 toString 方法：

1. class Person1(val name:String,var age:Int){
2. …
3. override def toString = "I am a Person1!"
4. }

在子类 class Worker 通过关键字 override 重写超类 Person1 的 toString 方法，打印输出" I am a Worker!" + super.sleep：

1. class Worker(name:String,age:Int,val salary:Long) extends Person1(name,age){
2. …
3.   override def toString = "I am a Worker!" + super.sleep
4. }

Scala 类方法的重写如例 2-8 所示。定义一个类 class Person1，包含属性姓名 name、年龄 age，类 class Person1 继承自 AnyRef，AnyRef 继承自 Any 类，Any 类是 Scala 整个层级的根节点，类 class Person1 重写超类 AnyRef 的 toString 方法，打印输出字符串 I am a Person1!；代码中定义了一个子类 class Worker，包含属性 name，年龄 age，薪酬 salary，继承自超类

Person1，同时重写了超类 Person1 的 toString 方法，打印输出 I am a Worker! 及超类的 sleep 属性值 8 hours。

【例2-8】Scala 类方法的重写。

```
1.   package com.dt.scala.oop
2.   classOverrideOperations
3.   class Person1(val name:String,var age:Int){  //定义类 class Person1
4.     println("The primary constructor of Person")
5.     val school = "BJU"
6.     def sleep = "8 hours"
7.     override def toString = "I am a Person1!"  //重写方法 toString
8.   }
9.
10.  class Worker(name:String,age:Int,val salary:Long) extends Person1(name,age){
                                            //class Worker 继承超类 class Person1
11.    println("This is the subClass of Person,Primary constructor of Worker")
12.    override val school = "Spark"
13.    override def toString = "I am a Worker!" + super.sleep//重写方法 toString
14.  }
15.  objectOverrideOperations{
16.    def main(args:Array[String]){
17.      val w = new Worker("Spark",5,100000)//新建一个 Worker 实例，执行 Person1 超类的构造
                                        器语句，然后执行 Worker 的构造器语句
18.      println("School:" + w.school)
19.      println("Salary:" + w.salary)
20.      println(w.toString())
21.    }
22.  }
```

运行结果如图 2-8 所示。实例化一个 Worker 子类对象，传入姓名、年龄、薪酬各个参数("Spark",5,100000)，子类对象实例化过程中首先执行 Person1 超类的构造器语句，构造器中的语句都会执行，因此打印输出一行语句 The primary constructor of Person；然后执行 Worker 子类的构造器语句，打印输出 This is the subClass of Person, Primary constructor of Worker；然后依次执行 main 方法体中后续的三条打印语句 println("School:" + w.school)、println("Salary:" + w.salary)、println(w.toString())打印输出结果。

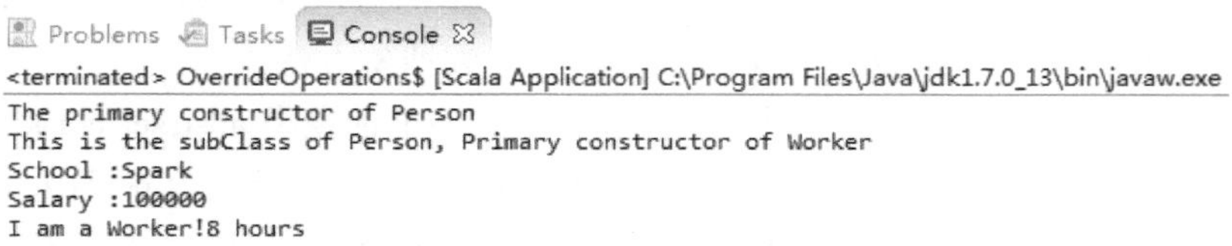

```
Problems  Tasks  Console
<terminated> OverrideOperations$ [Scala Application] C:\Program Files\Java\jdk1.7.0_13\bin\javaw.exe
The primary constructor of Person
This is the subClass of Person, Primary constructor of Worker
School :Spark
Salary :100000
I am a Worker!8 hours
```

图 2-8 超类的重写方法运行结果

2.6 抽象类、抽象字段、抽象方法

2.6.1 抽象类

在 Scala 中，可以使用 abstract 关键字定义不能被实例化的类，即定义一个抽象类，抽象类定义的成员变量不强制要求有具体的赋值，抽象类中定义的方法也不强制要求有方法实现体，如 abstract class SuperTeacher 抽象类中方法 def teach 就没有具体的执行语句，需要每一个 class SuperTeacher 具体的子类在子类的 teach 方法中给出具体执行语句。

```
1.  abstract classSuperTeacher( val name:String) {
2.      var id:Int
3.      var age:Int
4.      def teach
5.  }
```

2.6.2 抽象字段

抽象类可以拥有抽象字段，抽象字段就是没有初始赋值的字段，如 class SuperTeacher 抽象类中 var id，var age 字段就没有定义具体的值，为抽象字段。如果不是抽象类，在类中的字段成员属性都必须先赋值，否则 Scala IDE 编译器会提示出错。

```
1.  abstract class SuperTeacher( val name:String) {
2.      var id:Int
3.      var age:Int
4.      …
5.  }
```

2.6.3 抽象方法

抽象类可以拥有抽象方法，抽象方法就是没有具体的方法执行体，如 classSuperTeacher 抽象类中 def teach 方法就没有定义具体的执行语句，为抽象方法。

抽象类、抽象字段、抽象方法如例 2-9 所示。定义一个抽象类 abstract class SuperTeacher，包含一个构造器属性姓名 name，抽象类中定义字段 id、age，由于是 SuperTeacher 是抽象类，因此抽象类中的字段可以不用赋值，抽象类中的抽象方法 teach 方法也无须定义方法实现体。

定义一个类 class TeacherForMaths，包括构造器属性姓名 name，继承至抽象类 SuperTeacher，在类 class TeacherForMaths 中重写抽象字段 id、age，重写抽象方法 teach，打印输

出一行语句 Teaching!!!。

【例 2-9】 Scala 抽象类、抽象字段、抽象方法示例。

```
1.  package com. dt. scala. oop
2.  classAbstractClassOps{
3.    var id:Int = _
4.  }
5.  abstract classSuperTeacher( val name:String){ //定义抽象类 abstract classSuperTeacher
6.    var id:Int //抽象类的抽象字段无须赋值
7.    Var age:Int
8.    def teach //抽象类的抽象方法无须定义方法实现体
9.  }
10. classTeacherForMaths(name:String) extends SuperTeacher(name){
11.   override var id = name. hashCode()    //重载变量 id,赋值 name 的 hash 值
12.   override var age = 29    //重载变量 age,赋值 20
13.   override def   teach{      //重载 teach 方法,打印输出语句
14.     println("Teaching!!!")
15.   }
16. }
17. object AbstractClassOps{
18.   def main(args:Array[String]) {
19.     val teacher = new TeacherForMaths("Spark") //创建 TeacherForMaths 实例
20.     teacher. teach//调用 teach 方法
21.     println("teacher. id" + ":" + teacher. id)
22.     println(teacher. name + ":" + teacher. age)
23.   }
24. }
```

运行结果如图 2-9 所示。实例化对象 TeacherForMaths("Spark"),传入姓名 name 参数的值为 Spark,然后调用对象 teacher 的 teach 方法,打印输出一行语句 Teaching!!!;后续调用两条打印语句,依次打印输出 id、年龄 age 的值。

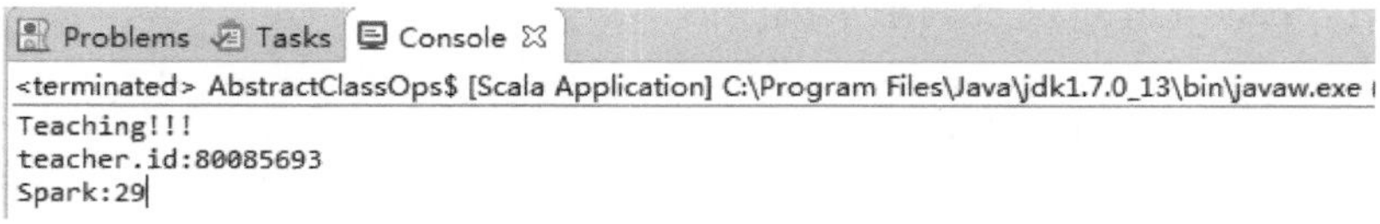

```
Problems  Tasks  Console ⊠
<terminated> AbstractClassOps$ [Scala Application] C:\Program Files\Java\jdk1.7.0_13\bin\javaw.exe
Teaching!!!
teacher.id:80085693
Spark:29
```

图 2-9 抽象类、抽象字段、抽象方法

Section 2.7 trait 特质

trait 特质是 Scala 中代码复用的重要单元,特质封装了方法和字段的定义,在 Scala 语言中,和 Java 不同的是,Scala 提供特质而不是接口,trait 特质可以同时拥有抽象方法和具体

方法，类可以实现多个特质。与类的继承中每个类只能继承超类不同，类可以混入任意多个特质。

2.7.1 作为接口使用的 trait

Scala 特质使用 trait 关键字定义一个 trait 特质，特质中没有被实现的方法就是抽象的，可以不用将方法声明为 abstract：

```
1. trait Logger{
2.    def log(msg:String)  //这个是抽象方法
3. }
```

和 Java 使用 implements 不同，子类 class ConcreteLogger 使用 extends 继承实现 Logger 特质，可以给出 log 方法的具体实现，如果 trait Logger 中 log 的定义是抽象方法 def log(msg:String)，在 ConcreteLogger 类中可以不用 override 关键字，如果 trait Logger 中 log 的定义是 def log(msg:String){}，在 trait 方法 log 有具体的实现，那么在 ConcreteLogger 类需加上 override 关键字重写 log 方法：

```
1. classConcreteLogger extends Logger with Cloneable{
2.    override def log(msg:String) = println("Log:" + msg)  //重写 log 方法
3.    defconcreteLog{  //定义 concreteLog 方法
4.       log("It's me !!!")
5.    }
6. }
```

如果子类 class ConcreteLogger 使用的特质不止一个，可以使用 with 关键字添加其他的特质，例如 Cloneable 特质。

运行结果如图 2-9 所示。实例化对象 TeacherForMaths("Spark")，传入姓名 name 参数的值为 Spark，然后调用对象 teacher 的 teach 方法，打印输出一行语句 Teaching!!!；后续调用两条打印语句，依次打印输出 id、年龄 age 的值。

【例 2-10】Scala trait 定义及调用示例。

```
1. scala > trait Logger{    //定义 Logger 特质
2.     |
3.     |    def log(msg:String){}  //定义 log 抽象方法
4.     | }
5. defined trait Logger
6. scala > classConcreteLogger extends Logger with Cloneable{  //继承 Logger 及 Cloneable 特质
7.     |
8.     |    override def log(msg:String) = println("Log:" + msg)
9.     |
10.    |    defconcreteLog{
```

```
11.         |       log("It's me !!!")
12.         |    }
13.         | }
14. defined class ConcreteLogger
15. scala > val logger = new ConcreteLogger
16. logger: ConcreteLogger = ConcreteLogger@ 1efa483
17. scala > logger. concreteLog //logger 调用 concreteLog 方法,将 It's me !!! 传入 log 打印输出
18. Log:It's me !!!
19. scala >
```

2.7.2 在对象中混入 trait

在新建单个对象时,可以使用 with 关键字为前面的类混入特质,然后实例化混入后的新的组合类型,如 ConcreteLogger 在之前的定义中已经使用了 Logger 和 Cloneable 特质,但是可以在构造具体对象 logger 的时候混入一个 TraitLogger 日志的实现,在 logger 对象上调用 log 方法的时候,TraitLogger 日志特质的 log 方法就会被执行。如例 2-11 所示。

【例 2-11】Scala 在对象中混入 trait。

定义 trait 特质,拥有 log 方法;定义 TraitLogger 特质继承 logger 特质,并且重写了 log 方法;类 class ConcreteLogger 继承了 Logger、Cloneable 特质,拥有 concreteLog 方法。新建 ConcreteLogger 对象 logger,在对象 logger 中混入了 TraitLogger 特质。

```
1.  package com. dt. scala. oop
2.    trait Logger{      //定义 trait 特质
3.      def log(msg:String){ }
4.    }
5.    class ConcreteLogger extends Logger with Cloneable{
7.      def concreteLog{
8.        log("It's me !!!")
9.    }
10. }
11.
12.   trait TraitLogger extends Logger{  //定义 TraitLogger 继承 logger 特质,重写 log 方法
13.     override def log(msg:String){
14.       println(" TraitLogger Log content is:" + msg)
15.   }
16.   }
17.   object UseTrait extends App{
18.     val logger = new ConcreteLogger with TraitLogger
19.     logger. concreteLog    //logger. concreteLog,将 It's me !!! 传入 TraitLogger 重写的 log 打印输出
20.   }
```

运行结果如图 2-10 所示。新建对象 logger，实例化时混入了 TraitLogger 特质，在调用 logger 的 concreteLog 方法时，将 It's me !!! 传入 TraitLogger 重写的 log 打印输出 TraitLogger Log content is：It's me !!!。

```
Problems | Tasks | Console ⊠
<terminated> UseTrait$ [Scala Application] C:\Program Files\Java\jdk1.7.0_13\bin\javaw.exe
 TraitLogger Log content is : It's me !!!
```

图 2-10 在对象中混入 Trait

2.7.3 trait 深入解析

首先在 Java JVM 中验证一下 trait 的实现。在 Scala 中需要将特质 trait 翻译成为 JVM 的类和接口，在 DOS 提示符中进入 UseTrait.Scala 目录，执行编译 Scalac UseTrait.Scala；然后进入 UseTrait 的字节码文件的目录，使用 Java – private Logger 查看。

（1）Logger 特质 trait

定义一个特质 Logger：

```
1.  trait Logger{
2.      def log(msg:String){}
3.  }
```

在 JVM 中 traitLogger 被翻译成了 Java 的接口，如下所示：

```
1.  public interface com. dt. Scala. oop. Logger {
2.      public abstract void log(Java. lang. String);
3.  }
```

```
G:\scala\scala_workspace\ScalaInAction\src\com\dt\scala\oop\com\dt\scala\oop>Jav
ap -private Logger
Warning: Binary file Logger contains com.dt.scala.oop.Logger
Compiled from "UseTrait.Scala"
public interface com.dt.scala.oop.Logger {
  public abstract void log(java.lang.String);
}
```

（2）class ConcreteLogger 类

定义一个类 ConcreteLogger，继承特质 Logger 及 Cloneable：

```
1.  classConcreteLogger extends Logger with Cloneable{
2.      override def log(msg:String) = println("Log:" + msg)
3.      defconcreteLog{
4.          log("It's me !!!")
5.      }
6.  }
```

Trait 特质的继承在 JVM 中被翻译成 Java 接口的 implements 实现，如下所示：

第2章 Scala面向对象编程开发

```
G:\scala\scala_workspace\ScalaInAction\src\com\dt\scala\oop\com\dt\scala\oop>Jav
ap -private ConcreteLogger
Warning: Binary file ConcreteLogger contains com.dt.scala.oop.ConcreteLogger
Compiled from "UseTrait.Scala"
public class com.dt.scala.oop.ConcreteLogger implements com.dt.scala.oop.Logger,
scala.Cloneable {
  public void log(java.lang.String);
  public void concreteLog();
  public com.dt.scala.oop.ConcreteLogger();
}
```

（3）TraitLogger 特质

定义特质 TraitLogger，继承特质 Logger：

```
1.  trait traitLogger extends Logger{
2.    override def log(msg:String){
3.      println(" TraitLogger Log content is:" + msg)
4.    }
5.  }
```

特质 TraitLogger 在 JVM 中被翻译成为 interface 接口，如下所示：

```
G:\scala\scala_workspace\ScalaInAction\src\com\dt\scala\oop\com\dt\scala\oop>Jav
ap -private TraitLogger
Warning: Binary file TraitLogger contains com.dt.scala.oop.TraitLogger
Compiled from "UseTrait.Scala"
public interface com.dt.scala.oop.TraitLogger extends com.dt.scala.oop.Logger {
  public abstract void log(java.lang.String);
}
```

（4）UseTrait 对象

定义 UseTrait 对象，继续特质 App：

```
1.  objectUseTrait extends App{
2.    val logger = newConcreteLogger with TraitLogger
3.    logger.concreteLog
4.  }
```

在 object UseTrait extends App {} 对象体中没有定义 main 的入口函数（def main（args：Array［String］）{}），那么编译器是如何找到入口运行的呢？按 F3 键看一下特质 App 的源代码，原来 UseTrait 继承了特质 App，而在特质 App 中定义了 main 的入口函数。

特质 App 的部分源代码如下：

```
1.  trait App extendsDelayedInit{           //此段代码来源自 Scala 的源代码
2.    …                                      //特质 App 继承了 DelayedInit
3.    def main(args:Array[String]) = {      //这里定义了 main 入口函数
4.      this._args = args                   //传入参数
5.      for(proc <- initCode) proc()
6.      if(util.Properties.propIsSet("scala.time")) {
7.        val total = currentTime - executionStart
8.        Console.println("[total " + total + "ms]")
9.      }
10. }
```

还可以在 Java JVM 中验证一下是否有 main 入口函数生成，如下所示为 UseTrait 在 JVM 中确实翻译生成了 main 入口函数：

```
G:\scala\scala_workspace\ScalaInAction\src\com\dt\scala\oop\com\dt\scala\oop>Jav
ap -private UseTrait
Warning: Binary file UseTrait contains com.dt.scala.oop.UseTrait
Compiled from "UseTrait.Scala"
public final class com.dt.scala.oop.UseTrait {
  public static void main(java.lang.String[]);
  public static void delayedInit(scala.Function0<scala.runtime.BoxedUnit>);
  public static java.lang.String[] args();
  public static void scala$App$_setter_$executionStart_$eq(long);
  public static long executionStart();
  public static com.dt.scala.oop.ConcreteLogger logger();
}
```

Section 2.8 多重继承、多重继承构造器执行顺序及 AOP 实现

2.8.1 多重继承

　　Scala 和 Java 都不允许类从多个超类继承，如果需要同时扩展继承两个以上的抽象基类时，在 Scala 中可以使用 trait 特质来实现。定义一个 class Human 类，特质 traitTTeacher 继承了 class Human 类，拥有一个 teach 的抽象方法；特质 traitPianoPlayer 继承了 class Human 类，和特质 trait TTeacher 不同，在特质 traitPianoPlayer 中定义了 playPiano 的具体实现方法；class PianoTeacher类继承了 Human 类，同时混入了特质 TTeacher 和特质 PianoPlayer。如例 2-12 所示。

【例 2-12】Scala 多重继承示例。

　　新建一个 PianoTeacher 对象 t1，class PianoTeacher 是多重继承，继承了 class Human、trait TTeacher、trait PianoPlayer，即钢琴教师是一个人，同时是一个教师，也是一个钢琴弹奏者，拥有各个超类的方法。调用对象 t1 的 playPiano 方法，钢琴教师可以弹奏钢琴，调用对象 t1 的 teach 方法，钢琴教师也可以上课。

```
1.  package com. dt. scala. oop
2.  class Human{    //定义 Human 类
3.    println("Human")
4.  }
5.  traitTTeacher extends Human{    //特质 TTeacher 继承 Human 类
6.    println("TTeacher")
7.    def teach    //定义 teach 抽象方法
8.  }
9.  traitPianoPlayer extends Human{    //定义 PianoPlayer 特质
10.   println("PianoPlayer")
11.   defplayPiano = {println("I'm playing piano. ")}
12. }
```

```
13.    classPianoTeacher extends Human with TTeacher with PianoPlayer {    //定义 PianoTeacher 继承
       Human 类,同时混入特质 TTeacher 和特质 PianoPlayer
14.       override def teach = { println("I'm training students. ") }
15.    }
16.    object UseTrait extends App {
17.       val t1 = new PianoTeacher
18.       t1. playPiano
19.       t1. teach
20.    }
```

在 Scala 中,特质 trait 多重继承的实现,也可以在新建一个对象时混入多个特质来实现,如:

```
val t2 = new Human withTTeacher with PianoPlayer {
    def teach = { println("I'm teaching students. ") } }    //这里定义了一个匿名方法 teach
```

2.8.2 多重继承构造器执行顺序

在 Scala 特质 trait 的多重继承构造器执行中,执行的顺序是从左往右,即 new 一个 PianoTeacher 对象,执行顺序为:
- 先执行 Human 的构造器语句。
- 然后执行 TTeacher 特质的构造器语句。
- 最后执行 PianoPlayer 特质的构造器语句。

classPianoTeacher extends Human with TTeacher with PianoPlayer

运行结果如图 2-11 所示。新建 PianoTeacher 对象 t1,类 PianoTeacher 多重继承了 Human、TTeacher、PianoPlayer,实例化时从左往右先执行 Human 的构造器语句,打印输出 Human;然后执行 TTeacher 特质的构造器语句,打印输出 TTeacher;接着执行 PianoPlayer 特质的构造器语句,打印输出 PianoPlayer;然后调用 t1 的 playPiano 方法,打印输出 I'm playing piano 调用 t1 的 teach 方法,打印输出 "I'm training students."。

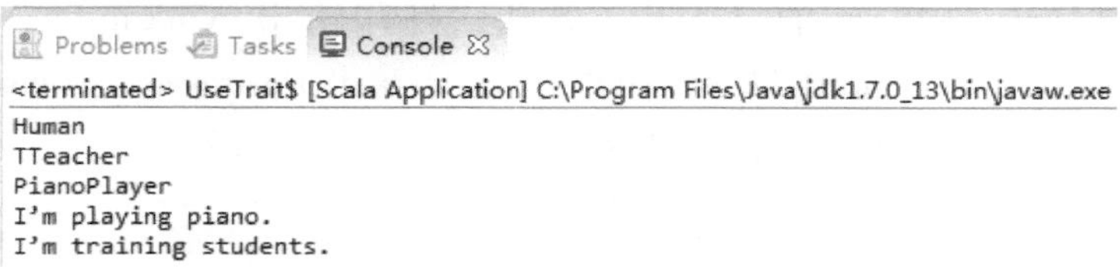

图 2-11 多重继承构造器执行顺序

2.8.3 AOP 实现

AOP(Aspect Oriented Programming)指面向切面编程,将业务逻辑和系统服务(如日志事物）进行分离，AOP 的主要功能是日志记录、性能统计、安全控制、事务处理、异常处理等。在 Java 的 Spring 框架的 AOP 得到了大量应用。

在 Scala 中，AOP 的设计思想可以使用特质 trait 来实现日志事务切面的功能。如例 2-13 所示。定义 Action 特质，拥有 doAction 抽象方法；定义 TBeforeAfter 特质，继承 Action 特质，然后重写 doAction 方法，在 doAction 方法中调用 super.doAction 方法来实现日志事物切面的功能；定义 class Work 类继承 Action 特质，重写了 doAction 方法。

【例 2-13】Scala 使用特质 trait 来实现日志事务切面的功能示例。

```
1.  package com.dt.scala.oop
2.  trait Action {      //定义 Action 特质
3.    def doAction     //定义 doAction 抽象方法
4.  }
5.  trait TBeforeAfter extends Action {
6.    abstract override def doAction {
7.      println("Initialization")
8.      super.doAction //新建 work 时构造打印 Working...
9.      println("Destroyed")
10.   }
11. }
12. class Work extends Action {
13.   override def doAction = println("Working...")
14. }
15.
16. object UseTrait extends App {
17.   val work = new Work with TBeforeAfter
18.   work.doAction    //先调用 TbeforeAfter 的 doAction 方法,调用父类的 doAction 打印输出
19. }
```

运行结果如图 2-12 所示。新建一个 Work 对象，混入 TBeforeAfter 特质，调用 work 对象的 doAction 方法时，先调用 TbeforeAfter 的 doAction 方法，打印输出 Initialization，然后执行 super 的 doAction 方法，由于 class Work 继承了 Action 特质，因此执行 super 的 doAction 方法时候重载执行的是子类 Work 的 doAction 方法，打印输出 Working...；然后接着执行 super.doAction 之后的语句 println("Destroyed")，打印输出 Destroyed。TBeforeAfter 特质相当于进行了日志切面，可以在 Work 代码中加载自己的日志处理信息。

图 2-12　AOP 代码

第2章 Scala面向对象编程开发

2.9 包的定义、包对象、包的引用、包的隐式引用

2.9.1 包的定义

Scala 中的包定义和 Java 中的包一样,用于管理大型程序的命名空间。将程序分解为若干比较小的模块,在模块的内部工作时,只需和模块内部的开发交互,在模块的外部工作时,才需要和其他模块的开发交互。包的定义,在 Scala 中通常保持更好的一致性。

例如,定义一个包,使用 package 定义包 spark.navigation,在包 spark.navigation 里定义测试的包 package tests,用于单元测试;同时在包 spark.navigation 里定义 package impls,用于功能的实现。这样,测试与实现位于不同的包中,结构清晰。

```
1.   packagespark.navigation{
2.   abstract class Navigator{
3.      def act
4.      }
5.   package tests {    //用于单元测试
6.        class NavigatorSuite
7.      }
8.
9.   package impls {    //用于功能实现
10.     class Action extends Navigator{
11.       def act = println("Action")
12.     }
13.   }
14. }
```

2.9.2 包对象

在 Scala 中使用关键字 package object 定义一个包对象 people,在包对象中定义属于包的变量和方法,这样在 package people 包中,package people 包里面的类可以直接引用包对象中定义的变量和方法。

```
1.   package object people {//定义一个包对象 people
2.      valdefaultName = "Scala"  //定义属于包对象 people 的属性 defaultName
3.   }
4.   package people {
5.      class people {
```

```
6.    var name = defaultName  //package people 包里面的类可直接引用 defaultName
7.  }
8.  }
```

2.9.3 包的引用

Scala 中 import 包的引用比 Java 更加灵活,体现在 Scala 的 import 可以出现在任何地方,可以指的是对象或包,能重命名或隐藏一些被引用的成员。

```
1.    import Java.awt.{Color,Font}
        //此例只引用对象 Java.awt 的 Color 和 Font 成员
2.    import Java.util.{HashMap => JavaHashMap}
        //此例引用对象 Java.util.HashMap 包,并通过 => 将 HashMap 起个别名,叫 JavaHashMap
3.    import Scala.{StringBuilder => _}
```

将包 Scala.StringBuilder 重命名为 "_",就表示要将 StringBuilder 隐藏,也就是从 Scala 引用的包中排除 StringBuilder,避免出现混淆。

2.9.4 包的隐式引用

Scala 程序都隐式地以如下代码开始,引入 Java.lang 包、Scala 包,以及预定义包 Predef。

```
1.    import Java.lang._    //Java.lang 包里所有的东西
2.    import Scala._        //Scala 包里所有的东西
3.    import Predef._       //Predef 对象的所有东西
```

其中,Java.lang 包里面是标准的 Java 类,被隐式地包含在 Scala 的 JVM 实现中。Scala 包里面是标准的 Scala 库,包括许多通用的类和对象。Predef 对象包含许多 Scala 程序中经常用到的类型、方法、和隐式转换的定义。

2.10 包、类、对象、成员、伴生类、伴生对象访问权限

2.10.1 包、类、对象、成员访问权限

Scala 的访问修饰符可以通过 private [X]、protected [X] 的方式来表示直达 X 里面的私有或保护,这里 X 指代某个所属的包、类或者对象。在以下代码中,类 class Navigator 被标记为 private [Spark],类 Navigator 对包含在 Spark 包里的所有类和对象可见。那么,从 object Vehicle 对象对 Navigator 的访问时是允许的,因为 Vehicle 对象包含在包 package launch

里,package launch 包含在 package Spark 里面,因此 object Vehicle 对象可以访问 Navigator。

限定词 protected[X] 与 private 意思相同,即类里的 protected[X] 修饰符允许类的所有子类及修饰符所属的包、类、对象 X 访问带有此标记的定义。如 useStarChart()方法能被 class Navigator 的所有子类和包含在 navigation 的所有代码访问。private[this] 要求比较严格,只能被包含定义的同一个对象访问。

```
1.  package Spark{  //定义一个包 Spark
2.    package navigation{  //定义一个包 navigation
3.      private[Spark] class Navigator{  //类 Navigator 对包含在 Spark 包里的所有的类和对象可见
4.        protected[navigation] def useStarChart(){}
5.        class LegOfJourney{
6.          private[Navigator] val distance = 100
7.        }
8.        private[this] var speed = 200
9.      }
10.   }
11.   package launch{
12.     import navigation._
13.     object Vehicle{//object Vehicle 在包 launch 中,包 launch 从属于 Spark 包,因此这里
                     Vehicle 对象直接创建了 Navigator 对象,因为 Navigator 对象在整个 Spark
                     包范围可见
15.       private[launch] val guide = new Navigator
16.     }
17.   }
18. }
```

2.10.2 伴生类、伴生对象访问权限

Scala 的伴生类、伴生对象可以相互访问,在 class PackageOps_Advanced 类中引入包 import PackageOps_Advanced.power,在之后的 canMakeItTrue 方法中就可以直接使用 object PackageOps_Advanced 的 power 方法。

```
1.  classPackageOps_Advanced{
2.    importPackageOps_Advanced.power   //引入 PackageOps_Advanced.power 方法
3.    private defcanMakeItTrue = power > 10001  //直接调用 power 方法,如没有上面的 import
                     引入,每次都需要使用 PackageOps_Advanced.power 来调用 power
4.  }
5.  object PackageOps_Advanced{
6.    private def power = 10000   //定义 power 方法
7.    def makeItTrue(p:PackageOps_Advanced):Boolean = {
```

```
8.    val result = p.canMakeItTrue
9.    result
10. }
11. }
```

2.11 小结

　　Scala 面向对象编程开发基于面向对象的设计思想，通过本章的学习，读者将掌握类、构造器、继承、抽象、包、trait 等相关知识。本章提供了相关开发的源代码，读者可以依照代码多进行实践练习，相信能轻松掌握面向对象的编程开发知识。

第3章 Scala 高阶函数

Scala 是面向对象和面向函数式编程的语言,在函数式编程语言中,函数是"头等公民",可以像任何其他数据类型一样被传递和操作。

本章对 Scala 高阶函数进行举例(包括匿名函数、偏应用函数、闭包、SAM 转换、Curring 函数),以及高阶函数在 Spark 中的应用(词频统计分析),通过词频统计分析的应用场景,领悟到 Scala 语言的价值。

3.1 匿名函数

在 Scala 语言中,不需要给函数命名的函数称为匿名函数。匿名函数的语法构成包含括号、命名参数列表、右箭头及函数体。例如,定义一个匿名函数 (x:Int) => x + 1;此匿名函数将它的值加上数字 1;在 Scala 中,匿名函数作为函数字面量可以赋值给变量。匿名函数的语法构成如例 3-1 所示。

【例 3-1】 Scala 匿名函数的语法构成示例。

```
1.  package com.dt.scala.hello
2.  objectFunctionOps {
3.    def main(args:Array[String]) {
4.      var increase = (x:Int) => x + 1  //匿名函数等同于 def increase(x:Int) = x + 1
5.      println(increase(10))
6.      increase = (x:Int) => x + 9999
7.      val someNumbers = List( -11, -10, -5,0,5,10)
8.      someNumbers.foreach((x:Int) => print(x))//for 循环依次打印输出 list 列表中的元素
9.      println
10.     someNumbers.filter((x:Int) => x > 0).foreach((x:Int) => print(x))
11.     println  //以上 filter 函数过滤掉大于 0 的元素
12.     someNumbers.filter((x) => x > 0).foreach((x:Int) => print(x))
13.     println
14.     someNumbers.filter(x => x > 0).foreach((x:Int) => print(x))
15.     println
16.     someNumbers.filter(_ > 0).foreach((x:Int) => print(x))
17.     println  以上_为占位符,(_>0)传递给 filter 函数过滤掉大于 0 的元素
18.     val f = (_:Int) + (_:Int)   //(_:Int) + (_:Int)表示两个参数相加赋值给 f
```

```
19.         println(f(5,10))
20.     }
21. }
```

运行结果如图 3-1 所示。

图 3-1　匿名函数

Section 3.2　偏应用函数

在 Scala 中，偏应用函数（Partially Applied Function）或称部分应用函数是一种表达式。在函数定义中，不需要提供所有的参数，只要提供一部分参数，或者不提供所需的参数，称为偏应用函数。偏相对全而言，就是说函数的参数只部分提供。

在 Scala 交互式命令行中，先定义一个普通函数 sum，在普通函数 sum 中传入全部 3 个参数，调用函数计算出运行结果；而偏应用函数（如 sum_、sum(1,_:Int,3)）定义时不需要提供所有的参数，调用时传入所需的参数进行运算。普通函数 sum 如例 3-2 所示。

【例 3-2】定义函数 sum 示例。

```
1. Scala>    def sum(a:Int,b:Int,c:Int) = a + b + c
2. scala> def sum(a:Int,b:Int,c:Int) = a + b + c  //定义函数 sum,包括 3 个 Int 参数
3. sum:(a:Int,b:Int,c:Int)Int
4.
5. scala> sum(1,2,3)    //传入 3 个参数
6. res4:Int = 6
7.
8. scala>
```

如果要创建 sum 的偏应用函数，不需要提供 sum 所需的 3 个参数，只要在 sum 之后写一个下画线就可以，_ 是占位符，代表 sum 函数的所有参数，然后将 sum 函数赋值给变量 fp_a，如例 3-3 所示。

【例 3-3】Scala 偏应用函数_占位符示例。

```
1. scala> val fp_a = sum_    //sum_是一个偏应用函数,_为占位符,代表函数的参数
2. fp_a:(Int,Int,Int) => Int = <function3>//显示 fp_a:包含 3 个 Int 参数
```

```
3.
4.    scala > fp_a(1,2,3) //传入参数
5.    res5:Int = 6
6.
7.    scala > fp_a.apply(1,2,3) //执行 apply 方法
8.    res6:Int = 6
9.
10.   scala >
```

其中，sum_就是一个偏应用函数，将 sum_赋值给 fp_a，编译器生成的类继承了特质 function3，定义了 3 个参数的 apply 方法，因此可以执行 fp_a.apply(1,2,3)，使用 apply 方法计算结果为 6；在 sum_的示例中，sum_没有定义任何参数，是一个偏应用函数。

sum(1,_:Int,3)给 sum 函数提供部分参数，没有提供所有参数的函数，也是一个偏应用函数。如例 3-4 所示。

【例 3-4】 Scala 偏应用函数 apply 应用示例。

```
1.    scala > val fp_b = sum(1,_:Int,3) //偏应用函数传入 1,3 两个参数，_占位符代表需传入的参数
2.    fp_b:Int => Int = <function1>
3.
4.    scala > fp_b(2) //传入一个参数 2，执行函数
5.    res7:Int = 6
6.
7.    scala > fp_b.apply(10)//apply 方法传入一个参数 10，执行函数
8.    res8:Int = 14
9.
10.   scala >
```

这里 sum(1,_:Int,3)是一个偏应用函数，提供了两个参数 1，3，中间的一个参数用占位符_替代，将 sum(1,_:Int,3)赋值给 fp_b，编译器生成的类继承了特质 function1，定义了一个参数的 apply 方法，因此可以执行 fp_b(2)，使用 apply 方法计算结果为 6；fp_b.apply(10)的计算结果为 14。

再看一个如例 3-5 所示的偏应用函数循环打印应用的例子。首先定义一个 list 列表赋值给变量 data，通过 foreach(println_)打印输出变量 data 的每一个元素，println_是一个偏应用函数，没有提供所有的参数列表，且正好在 foreach 函数运行的位置，甚至可以省略下画线_，直接表达为 Scala > data.foreach(println)，能实现同样的效果。

【例 3-5】 偏应用函数循环打印应用示例。

```
1.    scala > val data = List(1,2,3,4,5,6)
2.    data:List[Int] = List(1,2,3,4,5,6)
3.
4.    scala > data.foreach(println_)
```

```
 5.  1
 6.  2
 7.  3
 8.  4
 9.  5
10.  6
11.
12.  scala > data.foreach(println)
13.  1
14.  2
15.  3
16.  4
17.  5
18.  6
19.
20.  scala >
```

在 Scala IDE 中，偏应用函数的使用如例 3-6 所示。

【例 3-6】Scala 偏应用函数在 Scala IDE 中的示例。

```
 1.  package com.dt.scala.function
 2.  object PartialAppliedFuntion {
 3.    def main(args:Array[String]) {
 4.      def sum(a:Int,b:Int,c:Int) = a + b + c  //定义函数 sum
 5.      val fp_a = sum_//sum_是偏应用函数
 6.      println(fp_a(1,2,3))
 7.      println(fp_a.apply(1,2,3))        //apply 方法传入 3 个参数,打印计算结果
 8.      val fp_b = sum(1,_:Int,3)
 9.      println(fp_b(2))
10.    }
11.  }
```

运行结果如图 3-2 所示。

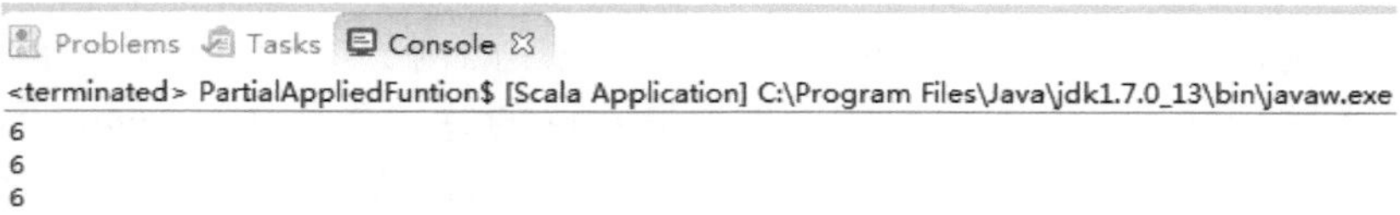

```
Problems  Tasks  Console
<terminated> PartialAppliedFuntion$ [Scala Application] C:\Program Files\Java\jdk1.7.0_13\bin\javaw.exe
6
6
6
```

图 3-2　运行结果

3.3 闭包

在 Scala 中，任何带有自由变量的函数字面量，需先明确自由变量的值，只有在关闭这

个自由变量开放项的前提下,函数才会运行计算出结果,称函数为闭包。闭包由代码和代码用到的任何非局部变量定义构成。

在 Scala 交互式命令行中,如果直接定义一个闭包函数(x:Int) = > x + more,会提示 more 的值没有找到;需先定义变量 more 的值,再定义闭包函数(x:Int) = > x + more。如例3-7所示。

【例3-7】Scala 闭包函数示例。

1. scala > (x:Int) = > x + more
2. < Console > :8:error:not found:value more
3.   (x:Int) = > x + more   //闭包函数需先定义自由变量的值,否则提示出错
4.
5. scala > var more = 1   //定义自由变量 more 的值为1
6. more:Int = 1
7.
8. scala > (x:Int) = > x + more   //定义闭包函数
9. res12:Int => Int = < function1 >
10.
11. scala >

将(x:Int) = > x + more 赋值给变量 add,当自由变量 more 变化的时候,add(10)也随之变化。More = 1,add = x + 1,add(10) = 11;More = 9999,add = x + 9999,add(10) = 10009。如例3-8所示。自由变量 more 变化,值也发生变化。

【例3-8】Scala 闭包函数示例。

1. scala > var more = 1   //设置自由变量 more 的值为1
2. more:Int = 1
3.
4. scala > val add = (x:Int) = > x + more
5. add:Int => Int = < function1 >
6.
7. scala > add(10)   //在自由变量为1的基础上加上10,计算结果为11
8. res13:Int = 11
9.
10. scala > more = 9999   //设置自由变量 more 的值为9999
11. more:Int = 9999
12.
13. scala > add(10)   //在自由变量为9999的基础上加上10,计算结果为10009
14. res14:Int = 10009
15.
16. scala >

再看一个示例:定义一个 list 列表,对 list 列表中的元素求和。先定义一个变量 sum,通过 foreach 语句依次对 sum 与 list 的元素相加,计算结果随着 sum 变化。sum = 0,计算结

果求和为 21；sum = 100，计算结果求和为 121。如例 3-9 所示。

【例 3-9】 Scala 闭包函数 list 列表求和应用示例。

```
1.  scala > val data = List(1,2,3,4,5,6) //定义一个列表 data
2.  data:List[Int] = List(1,2,3,4,5,6)
3.
4.  scala > var sum = 0 //定义自由变量 sum 的值为 0
5.  sum:Int = 0
6.  scala > data.foreach(sum += _) //遍历 data 列表,在 0 的基础上累加列表中各个元素的值
7.  scala > sum
8.  res17:Int = 21
9.
10. scala > sum = 100 //定义自由变量 sum 的值为 100
11. sum:Int = 100
12. scala > data.foreach(sum += _) //遍历 data 列表,在 100 的基础上累加列表中各个元素的值
13. scala > sum
14. res19:Int = 121
15. scala >
```

3.4 SAM 转换

SAM 的全称是 Single Abstract Method，即单一抽象方法。在 Scala 中，如果要某个函数做某件事，可以传递另一个函数参数给这个函数。而在 Java 中，并不支持传送函数参数，Java 的实现方式是将动作放在一个实现某接口的类中，然后将该类的一个实例传递给另外一个方法。通常这些接口只有单个抽象方法（Single Abstract Method），在 Java 中被称为 SAM 类型。如 Java 的函数接口包含了单个抽象方法，函数接口也为 Java 8 Lambda 表达式提供了基础。

1. Java 的实现

Java 语言中 swing 界面开发代码示例，在单击界面上的按钮时候递增一个计数器。如例 3-10 所示。

【例 3-10】 Java 语言中 swing 界面开发代码示例。

```
1. package com.dt.scala.function
2. importjavax.swing.JButton
3. import java.awt.event.ActionListener
4. import java.awt.event.ActionEvent
5. importjavax.swing.JFrame
6. object SAM {
7.   def main(args:Array[String]){
8.     var data = 0
9.     val frame = newJFrame("SAM Testing");val jButton = new JButton("Counter")
```

```
10.    jButton.addActionListener( new ActionListener {
11.      override def actionPerformed( event:ActionEvent) {
12.        data += 1
13.        println(data)//需关注的核心代码,打印出计数器的值,其他代码是Java的样板代码
14.      }
15.    })
16.    frame.setContentPane(jButton);
17.    frame.pack();
18.  frame.setVisible(true);
19.  }
20. }
```

这些 Java 代码中包含很多 Java 语言中的样板代码，例如：override def action Performed (event:ActionEvent) 等。Java 代码的运行结果如下，每次单击界面上的 counter 按钮，就会在 Console 视图总数字上加 1，运行结果如图 3-3 所示。单击界面上 conuter 按钮 9 次，Console 视图打印输出计数器的值，依次显示 1 到 9。

图 3-3　Java 代码的运行结果

2. Scala 的 SAM 转换

在 Scala 中，更多地关注业务逻辑的实现，可以利用一个隐式转换，传入一个参数给 addActionListener，在 addActionListener 中将计数器加 1。如例 3-11 所示。

【例 3-11】Scala 语言中 swing 界面开发 SAM 转换。

```
1.  package com.dt.scala.function
2.  importjavax.swing.JButton
3.  import java.awt.event.ActionListener
4.  import java.awt.event.ActionEvent
5.  importjavax.swing.JFrame
6.  object SAM {
7.    def main( args:Array[String]) {
8.      var data = 0
9.      val frame = newJFrame("SAM Testing");
10.     val jButton = new JButton("Counter")
11.     implicit def convertedAction(action:(ActionEvent) => Unit) =
12.       new ActionListener {
```

```
13.     override def actionPerformed(event:ActionEvent){action(event)}
14. }   //定义一个隐式转换,使 ActionEvent 的参数类型可以实现隐式转换,新建一个事件
        监听器
15. jButton.addActionListener((event:ActionEvent) => {data +=1;println(data)})
        //匹配事件,如为 ActionEvent,则计数器加1,打印输出计数器
16. frame.setContentPane(jButton);/
17. frame.pack();
18. frame.setVisible(true);
19. }
20. }
```

Scala 中 SAM 代码改造以后,代码更加简洁清晰,同样实现计数器的功能,每次单击界面上的 counter 按钮,就会在 Console 视图总数字上加1。

Section 3.5 Curring 函数

柯里化函数 Curring,函数的名称是以科学家 Haskell Brooks Curry 的名字命名的,指的是将原来函数中接收两个参数的传入,将两个参数拆开,变成接收第一个参数的函数,新的函数返回一个以原来第二个参数为参数的函数。

为便于理解柯里化函数,先列举一个未被柯里化的函数 multiple,它实现对两个参数 x 和 y 做乘法;然后列举一个 multipleOne 函数,显示柯里化的过程,这个函数实际调用了两个函数,第一个函数调用带有单个参数 x,并返回给第二个函数的函数值,然后匿名函数 (y:Int) => x * y 带有 int 类型参数 y,计算出 x 与 y 乘积;最后我们将 multiple 函数柯里化,生成柯里化的同一个函数 curring(x:Int)(y:Int),应用于这个函数两个列表的各自的一个参数。

在 Scala 交互式命令行中定义一个函数 multiple,multiple 函数没有被柯里化,函数对两个 int 类型参数 x,y 做乘法,计算 println(multiple(6,7))为 42。如例 3-12 所示。

【例 3-12】Scala 定义 multiple 函数示例。

```
1. scala > def multiple(x:Int,y:Int) = x * y //定义一个普通函数 multiple,有两个 Int 参数 x,y
2. multiple:(x:Int,y:Int)Int
3. scala > println(multiple(6,7))
4. 42
```

相对应,将函数 multiple 进行改造,函数 multipleOne 先接收一个参数,然后生成另一个接收单个参数的函数,计算出 println(multipleone(6)(7)的指为42。如例 3-13 所示。

【例 3-13】Scala 定义 multipleOne 函数示例。

```
1.     scala > defmultipleOne(x:Int) = (y:Int) => x * y//函数 multipleOne 先接收一个参数 x,然后
            生成另一个接收参数 y 的函数,(y:Int) => x * y 也可理解为一个匿名函数
```

第3章 Scala高阶函数

```
2. multipleOne:(x:Int)Int => Int
3. scala > println(multipleOne(6)(7))
4. 42
```

Scala 可以将 multiple 函数进行柯里化改造，将两个参数分别传入计算，println(curring(10)(10))计算出结果为 100，def curring(x:Int)(y:Int) = x * y 就是柯里化函数。如例 3-14 所示。

【例 3-14】Scala 柯里化函数定义示例。

```
1. scala > def curring(x:Int)(y:Int) = x * y   //定义柯里化函数 curring,各自传入一个参数
2. curring:(x:Int)(y:Int)Int
3. scala > println(curring(10)(10))
4. 100
5. scala >
```

Scala 具有的强大的类型推断功能，使用柯里化函数，Scala 根据第一个参数的类型，推导出第二个参数的类型，从而进行 a 与 b 的比较，如下所示：

```
1.     val a = Array("Hello","Spark")
2.     val b = Array("hello","Spark")
3. println(a.corresponds(b)(_.equalsIgnoreCase(_)))
```

这里，corresponds(b)(_.equalsIgnoreCase(_))中 corresponds 是一个柯里化函数，传入一个参数 b，然后再传给另一个参数_.equalsIgnoreCase(_)；类型推断器可以推断出 b 的类型，然后利用这个信息来分析传入 p:(A,B) = > Boolean 的函数。

```
1. def corresponds[B](that:GenSeq[B])(p:(A,B) => Boolean):Boolean = {
2.     val i = this.iterator
3.     val j = that.iterator
4.     while(i.hasNext && j.hasNext)
5.       if(! p(i.next(),j.next()))
6.         return false
7.     ! i.hasNext && ! j.hasNext   //此段代码源自 Scala 的源代码,corresponds 柯里化函数
8. }
```

3.6 高阶函数

在数学和计算机科学中，高阶函数是至少满足下列一个条件的函数：接受一个或多个函数作为输入；输出一个函数。在 Scala 语言中，函数就等同于一个变量，可以把函数作为一个参数去传递给一个函数。

在 Scala IDE 中新建一个 WorkSheet，在 WorkSheet 中进行高阶函数的分析。

1. map 函数

map 函数：定义一个转换，将转换遍历应用到列表的每个元素，返回一个新列表集。如例 3-15 所示。

【例 3-15】map 函数示例。

```
1.  (1 to 9).map(" * " * _).foreach(println_)
2.  //(1 to 9)产生一个 1 到 9 的集合 1,2,3,…,9
3.  //高阶函数 map 方法将一个函数(" * " * _)应用到 1 到 9 集合的所有元素并返回结果
4.  //(" * " * _)第一次一个 * ,第二次两个 * ,以此类推
5.  //foreach(println_)打印输出每一行值
```

执行结果如下：

```
1.  (1 to 9).map(" * " * _).foreach(println_)     // > *
2.                                                 //| **
3.                                                 //| ***
4.                                                 //| ****
5.                                                 //| *****
6.                                                 //| ******
7.                                                 //| *******
8.                                                 //| ********
9.                                                 //| *********
```

2. filter 函数

filter 函数：保留列表中符合条件的列表元素。如例 3-16 所示。

【例 3-16】filter 函数示例。

```
1.  (1 to 9).filter(_% 2 ==0).foreach(println)
2.  //(1 to 9)产生一个 1 到 9 的集合 1,2,3,…,9
3.  //高阶函数 filter 方法将一个函数(_% 2 ==0)应用到 1 到 9 集合,过滤取出偶数集合
4.  //foreach 打印输出每一行值
```

执行结果如下：

```
1. (1 to 9).filter(_% 2 ==0).foreach(println)     // >2
2.                                                 //| 4
3.                                                 //| 6
4.                                                 //| 8
```

3. reduceLeft 函数

reduceLeft 函数：从列表的左边往右边应用 reduce 函数。如例 3-17 所示。

【例 3-17】reduceLeft 函数示例。

```
1.  println((1 to 9).reduceLeft(_ * _))
```

第3章 Scala高阶函数

```
2. //reduceLeft 是一个函数,拥有两个参数,将函数应用到集合序列的所有元素,顺序从左向
3. 右,1*2*3*4*5*6*7*8*9 计算得出 362880
```

执行结果如下：

```
println((1 to 9).reduceLeft(_*_))          // > 362880
```

4. split、sortWith 函数

split 函数：将字符串根据指定的表达式规则进行拆分。
sortWith 函数：使用自定义的比较函数进行排序。
如例 3-18 所示。

【例 3-18】 split、sortWith 函数示例。

```
1. "Spark is the most exciting thing happening in big data today".split(" ").
2. sortWith(_.length < _.length).foreach(println)
3. //定义一个字符串:"Spark is the most exciting thing happening in big data today"
4. //split 函数将整串字符串按空格符分割成单个词集合
5. //sortWith 函数将(_.length < _.length)函数应用于词集合,比较每个单词的长度,并排序
6. //foreach(println)打印输出
```

执行结果如下：

```
1.  "Spark is the most exciting thing happening in big data today".
2.  split(" ").sortWith(_.length < _.length).foreach(println)
3.
4.                                                  // > is
5.                                                  //| in
6.                                                  //| the
7.                                                  //| big
8.                                                  //| most
9.                                                  //| data
10.                                                 //| Spark
11.                                                 //| thing
12.                                                 //| today
13.                                                 //| exciting
14.                                                 //| happening
```

5. 自定义高阶函数

自定义一个高阶函数 high_order_functions(f:(Double) => Double)，传入不同的函数计算出不同的数值。如例 3-19 所示。

【例 3-19】 自定义高阶函数示例。

```
1.  def high_order_functions(f:(Double) => Double) = f(0.25)
```

```
2.    //定义一个高阶函数 high_order_functions(f:(Double) => Double),其中 f:(Double) =>
      Double 是匿名函数,f(0.25)函数的参数值传入 0.25
3.    println(high_order_functions(ceil_))
4.    //打印输出,调用高阶函数 high_order_functions(ceil_),ceil_是偏应用函数,传入 0.25 参数
      值,ceil(0.25)向上取整计算出值为 1.0
5.    println(high_order_functions(sqrt_))
6.    //打印输出,调用高阶函数 high_order_functions(sqrt_),sqrt_是偏应用函数,传入 0.25
      参数值,sqrt(0.25)开方根计算出值为 0.5
```

执行结果如下:

```
1.    import scala.math._
2.    def high_order_functions(f:(Double) => Double) = f(0.25)
3.                                          // > high_order_functions:(f:Double => Double)Double
4.    println(high_order_functions(ceil_))                  // > 1.0
5.    println(high_order_functions(sqrt_))                  // > 0.5
```

自定义高阶函数 high_order_functions(f:(Double) => Double),传入匿名函数参数计算数值,如例 3-20 所示。

【例 3-20】 自定义高阶函数传入匿名函数示例。

```
1.    defmulBy(factor:Double) = (x:Double) => factor * x
2.    val quintuple = mulBy(5)                              //先传入一个变量值,函数定
义为 5 * X
3.    println(quintuple(20))                                //再计算 5 * 20 的值计算结
果为 100
4.    println(high_order_functions((x:Double) =>3 * x))
5.    //打印输出,调用高阶函数 high_order_functions((x:Double) =>3 * x)),(x:Double) =>3 *
      x)是匿名函数,传入 0.25 参数值 3 * x 计算出值为 0.75
6.    high_order_functions((x) =>3 * x)
7.    high_order_functions(x =>3 * x)
8.    println(high_order_functions(3 * _))                  //匿名函数只传一个参数时
候的简写写法
9.    val fun2 = 3 * (_:Double)                             //通过_占位符的简写写法,
标识出变量的 Double 类型
10.   val fun3:(Double) => Double = 3 * _                   //通过_占位符的简写写法,
fun3 返回 Double 类型
```

执行结果如下:

```
1.    defmulBy(factor:Double) = (x:Double) => factor * x
2.                      // > mulBy:(factor:Double)Double => Double
3.    val quintuple = mulBy(5)              // > quintuple :Double => Double = <function1>
```

```
4.    println(quintuple(20))                          // >100.0
5.    println(high_order_functions((x:Double) => 3 * x))
6.                                                    // >0.75
7.    high_order_functions((x) => 3 * x)              // >res0:Double = 0.75
8.    high_order_functions(x => 3 * x)                // >res1:Double = 0.75
9.    println(high_order_functions(3 * _))            // >0.75
10.   val fun2 = 3 * (_:Double)                       // >fun2   :Double => Double = <function1>
11.   val fun3:(Double) => Double = 3 * _             // >fun3   :Double => Double = <function1>
```

3.7 高阶函数在 Spark 中的应用

我们在 Spark 中分析一个 WordCount 词频统计的例子，对 HDFS 中的 README.txt 文件进行单词数统计。Linux 操作系统中启动 Hadoop 集群，然后启动 Spark 集群。在 spark – shell 系统的 Scala 解释器交互式 shell 中使用高阶函数来进行词频统计。

1. HDFS 文件系统准备文本文件

从虚拟机 Linux 系统上传到 HadoopHDFS 文件系统的文本文件 README.txt，可以通过 hdfs：//master:9000/README.txt 方式查看，提供 Spark 词频分析使用。

输入# hadoop fs – cat   hdfs://master:9000/README.txt，如下：

```
[root@ master mapreduce]#hadoop fs – cat    hdfs://master:9000/README.txt
```

在 HDFS 文件系统中查看 README.txt 文件。

```
[root@ master mapreduce]#hadoop fs – cat    hdfs://master:9000/README.txt
16/01/24 02:47:46 WARN util.NativeCodeLoader:Unable to load native – hadoop library for your plat-
form... using builtin – java classes where applicable
For the latest information aboutHadoop,please visit our website at:
      http://hadoop.apache.org/core/
and ourwiki,at:
      http://wiki.apache.org/hadoop/
This distribution includes cryptographic software.   The country in
which you currently reside may have restrictions on the import,
possession,use,and/or re – export to another country,of
...
```

2. 从 Hadoop HDFS 中读取文件

在 spark – shell 系统的 Scala 交互式命令行中，定义一个 Spark 的 RDD 集，用于读取 HDFS 文件系统的文本文件，输入：

```
Scala > val rdd1 = sc.textFile("hdfs://master:9000/README.txt")
```

读取 README.txt 文本文件以后返回结果是 MapPartitionsRDD。

```
scala > valrdd1 = sc.textFile("hdfs://master:9000/README.txt")
16/01/24 02:52:43 WARN util.SizeEstimator:Failed to check whether UseCompressedOops is set; assuming yes
16/01/24 02:52:43 INFO storage.MemoryStore:Block broadcast_0 stored as values in memory(estimated size 56.6 KB,free 56.6 KB)
16/01/24 02:52:44 INFO storage.MemoryStore:Block broadcast_0_piece0 stored as bytes in memory(estimated size 19.5 KB,free 76.1 KB)
16/01/24 02:52:44 INFO storage.BlockManagerInfo:Added broadcast_0_piece0 in memory on localhost:41372(size:19.5 KB,free:517.4 MB)
16/01/24 02:52:44 INFO spark.SparkContext:Created broadcast 0 from textFile at <Console>:27
rdd1:org.apache.spark.rdd.RDD[String] = MapPartitionsRDD[1] at textFile at <Console>:27

scala >
```

3. 在 Spark 中进行 WordCount 词频统计

在 spark – shell 系统的 Scala 交互式命令行中，通过 rdd1.flatMap(_.split(" ")).map((_,1)).reduceByKey(_+_).collect 一行 Scala 语句进行词频统计，然后定义一个 val 变量 result，接收词频统计分析的结果。

这里使用到了 Scala 的高阶函数，如例 3-21 所示。

【例 3-21】 Scala 高阶函数在 Spark 中的使用示例。

```
1.    val result = rdd1.flatMap(_.split(" ")).map((_,1)).reduceByKey(_+_).collect
2.    // rdd1 是从 sc 的 Spark 上下文环境中读取文本文件"HDFS://Master:9000/README.txt"
      返回的 rdd 数据集;
3.    //flatMap 和 map 类似,对列表的每一个元素调用该方法,然后连接所有方法的结果并返回。
      flatMap 是高阶函数,传入函数参数_.split(" "),即把文本文件按空格分隔,形成单个单词的
      列表集。
4.    //map 高阶函数,形成对偶(_,1),统计单词计数
5.    // reduceByKey(_+_)高阶函数,根据 key 值汇总统计累加
6.    // collect 形成集合
```

Spark 通过 rdd1.flatmap(_.split(" ")).map((_,1)).reduceByKey(_+_).collect 这行语句轻松进行了词频统计分析，计算出的 result 结果如下所示：

```
scala > rdd1.flatMap(_.split(" ")).map((_,1)).reduceByKey(_+_).collect
16/01/24 02:57:04 INFO spark.SparkContext:Starting job:collect at <Console>:30
16/01/24 02:57:04 INFO scheduler.DAGScheduler:Registering RDD 6(map at <Console>:30)
16/01/24 02:57:04 INFO scheduler.DAGScheduler:Got job 1(collect at <Console>:30) with 1 output partitions
16/01/24 02:57:04 INFO scheduler.DAGScheduler:Final stage:ResultStage 3(collect at <Console>:30)
```

第3章　Scala高阶函数

```
16/01/24 02:57:04 INFO scheduler.DAGScheduler:Parents of final stage:List(ShuffleMapStage 2)
16/01/24 02:57:04 INFO scheduler.DAGScheduler:Missing parents:List(ShuffleMapStage 2)
……
16/01/24 02:57:04 INFO scheduler.TaskSchedulerImpl:Removed TaskSet 3.0,whose tasks have all completed,from pool
res2:Array[(String,Int)] = Array((Hadoop,1),(Commodity,1),(For,1),(this,3),(country,1),(under,1),(it,1),(The,4),(Jetty,1),(Software,2),(Technology,1),(< http://www.wassenaar.org/>,1),(have,1),(http://wiki.apache.org/hadoop/,1),(BIS,1),(classified,1),(This,1),(following,1),(which,2),(security,1),(See,1),(encryption,3),(Number,1),(export,1),(reside,1),(for,3),((BIS,,1),(any,1),(at:,2),(software,2),(makes,1),(algorithms.,1),(re–export,2),(latest,1),(your,1),(SSL,1),(the,8),(Administration,1),(includes,2),(import,,2),(provides,1),(Unrestricted,1),(country's,1),(if,1),(740.13),1),(Commerce,,1),(country,,1),(software.,2),(concerning,1),(laws,,1),(source,1),(possession,,2),(Apache,1),(our,2),(written,1),(as,1),(License,1),(regulations,...
scala >
```

Section 3.8　小结

　　函数式编程及链式表达式是 Scala 的独特魅力，本章通过 Spark 中 WordCount 词频统计的应用案例，揭示了 Scala 高阶函数开发的简练、优雅的表达，值得读者多加学习。

中级篇

本篇内容是前一篇内容的延续,即 Scala 中级篇构建在 Scala 基础篇之上,是为了在领会 Scala 基础之后,进一步深入学习 Scala 语言,加深对 Scala 语言中比较复杂的知识点的理解。在 Scala 中级篇中,主要内容包括 Scala 的语法亮点——模式匹配、Scala 提供的集合类库两大部分。

第 4 章 Scala 模式匹配

模式匹配是 Scala 语言引入的一项重要语法，它是学习 Scala 函数式编程的必备技能。模式匹配在 Scala 语言中无处不在，学习模式匹配应该掌握为什么要用模式匹配、模式匹配的类型、模式匹配的作用原理等，本章将对这部分内容进行详细介绍。

4.1 模式匹配简介

Scala 语言中的模式匹配可以看作是对 Java 语言中 switch 语句的改进，但与 Java switch 语句中只能使用 Java 的原生类型或枚举类型不同的是，Scala 语言可以处理更复杂的数据类型，如 String、类、变量、常量、构造器及其他复杂类型等。为加深对 Scala 模式匹配的理解，先来看一个 Java switch 语句的例子，如例 4-1 所示。代码中的 case 50:System.out.println("50");后面未加 break 语句，此时便会意外掉入 case 80:System.out.println("80");这一分支，在变量 i 值为 50 时，除执行 System.out.println("50")外还会执行 System.out.println("80")。

【例 4-1】 Java switch 语句示例。

```
1.    //下面的代码演示了 Java 中 switch 语句的使用
2.    public class SwitchDemo {
3.        public static void main(String[] args) {
4.            for(int i = 0; i < 100; i++) {
5.                switch(i) {
6.                    case 10:System.out.println("10");
7.                        break;
8.                    //在实际编码时,程序员很容易忽略 break 语句
9.                    //这容易导致意外掉入另外一个分支
10.                   case 50:System.out.println("50");
11.                       //break;
12.                   case 80:System.out.println("80");
13.                   default:
14.                       break;
15.               }
16.           }
17.       }
18.   }
```

本例中第 10 行因为 case 50 语句最后没有加 break 语句，执行后得到如下内容：

```
10
50
80
80
```

可以看到80被输出两次,原因是第11行代码没有加break语句,导致意外掉入另一个分支,显然这跟预期不符合,Scala中的模式匹配可以解决这一问题,如例4-2所示。使用Scala的模式匹配可以避免Java语言中的switch语句导致意外陷入分支的情况,保证程序逻辑的正确。

【例4-2】Scala模式匹配替代Java switch语句示例。

```
1.  objectPatternMatching extends App{
2.    for( i < -1 to 100){
3.      i match {
4.        case 10 => println(10)
5.        case 50 => println(50)
6.        case 80 => println(80)
7.        case _ =>
8.      }
9.    }
10. }
```

上述代码执行结果输出如下:

```
10
50
80
```

例4-2中第3~8行演示了Scala模式匹配的用法,match关键字前面为待匹配变量,后面{}中的内容为对应匹配情况,例如第4行 case 10 => println(10)表示如果变量 i 值为10,则匹配成功,匹配成功后执行 => 右边的语句println(10)。从代码执行结果可以看到Scala模式匹配可以避免Java switch语句中意外掉入另外一个分支的情况。不难看出,Scala模式匹配语法非常简洁,而且比Java switch语句更为灵活,其基本语法格式如下:

```
//x表示待匹配变量
x match{
    //y1表示匹配内容
case y1 =>//语句
//还可加if守卫条件
case y2 if (...) =>//语句
...
//下画线_表示,匹配其他内容
//放在最后,类似于Java中的default
case _   =>//语句
}
```

第4章 Scala 模式匹配

Scala 模式匹配中的 case 语句还可以加 if 守卫条件，如例 4-3 所示。与普通的模式匹配中的 case 语句不同，Scala 中的 case 语句还可以通过 case_if(i%4==0)这种带守卫的方式，对变量的值进行判断。

【例 4-3】 带守卫条件的模式匹配示例。

```
1.   objectPatternMatching extends App{
2.     for(i<-1 to 10){
3.       i match {
4.         case 1 => println(i)
5.         case 5 => println(i)
6.         case 8 => println(i)
7.         //增加 if 守卫条件
8.         case _ if(i%4==0) => println(i+":能被 4 整除")
9.         case _ if(i%3==0) => println(i+":能被 3 整除")
10.        case _ =>
11.      }
12.    }
13.  }
```

代码执行结果如下：

```
1
3:能被 3 整除
4:能被 4 整除
5
6:能被 3 整除
8
9:能被 3 整除
```

例 4-3 中，第 7~10 行代码演示了如何在模式匹配中增加守卫条件，例如第 8 行代码 case_if(i%4==0) => println(i+":能被 4 整除")表示第 4~6 行代码都没有匹配成功的情况下，i 如果能被 4 整除，则执行 println(i+":能被 4 整除")语句。

Section 4.2 模式匹配类型

相比于 Java 中的 switch 语句，Scala 模式匹配除了匹配原生类型之外，还可以匹配更多的复杂类型，根据匹配类型的不同，可以将模式匹配分为常量模式、变量模式、构造器模式、序列（Sequence）模式、元组（Tuple）模式及变量绑定模式等。下面对几种常用的模式匹配类型分别进行介绍。

4.2.1 常量模式

常量模式，顾名思义就是在模式匹配中匹配常量，如例 4-4 所示。常量模式指的是 case 后面接 5、true、"test"、null 等这样的 Scala 常量。

【例 4-4】 常量模式匹配示例。

```
1.   objectConstantPattern{
2.     def main(args:Array[String]):Unit = {
3.       //模式匹配结果作为函数返回值
4.       defpatternShow(x:Any) = x match {
5.         case 5 => "五"
6.         case true => "真"
7.         case "test" => "字符串"
8.         case null => "null 值"
9.         case Nil => "空列表"
10.        case _   => "其他常量"
11.      }
12.      println(patternShow(5))
13.      println(patternShow(true))
14.      println(patternShow(List()))
15.    }
16.  }
```

代码执行结果如下：

```
五
真
空列表
```

如代码所示，patternShow(5)、patternShow(true)、patternShow(List()) 分别匹配 case 5、case true、case Nil。例 4-4 中，第 4～11 行代码定义了一个函数 patternShow(x:Any)，它可以接受任意类型的参数且利用模式匹配结果作为函数的返回值，第 5～10 行代码 case 语句后面全部是常量。需要注意的是函数 patternShow 定义在 main 函数中，而将一个函数定义在另外一个函数中，这在 Scala 语言中是合法的。

4.2.2 变量模式

变量模式是 Scala 模式匹配最为常用的一种匹配方式，用于匹配任意类型的对象，其使用示例如例 4-5 所示。变量模式批的是 case 语句后面接的是 Scala 变量，如 case x if(x == 5) => x 等，在使用时一般会加守卫条件，当然也可以像 case x => x 这样使用，它会匹配任何输入的合法变量。

第4章 Scala模式匹配

【例4-5】 变量模式匹配示例。

```
1.   objectVariablePattern{
2.     def main(args:Array[String]):Unit = {
3.       defpatternShow(x:Any) = x match {
4.         case x if(x==5) => x
5.         case x if(x=="Scala") => x
6.         case _ =>
7.       }
8.       println(patternShow(5))
9.       println(patternShow("Scala"))
10.    }
11.  }
```

执行返回结果如下:

```
5
Scala
```

如代码执行结果所示,patternShow(5)、patternShow("Scala")分别满足模式匹配中的case x if(x==5)、case x if(x=="Scala")。例4-5中,第3~7行代码同样定义了一个patternShow函数,与常量模式匹配不同的是,case后面跟的是变量且对变量增加了守卫条件,用于处理不同的变量值,例如第4行代码 case x if(x==5) => x 表示匹配变量 x 且内容为5的情况,如果写成 case x => x 则会匹配任何内容。

4.2.3 构造器模式

构造器模式指的是直接在case语句后面接类构造器,匹配的内容放置在构造器参数中。构造器模式功能十分强大,经常与Case Class一起搭配使用,此知识会在4.3小节中详细讲解,在此先看一个构造器模式匹配的例子,如例4-6所示。构造器模式指的是模式匹配时使用类的构造函数名,例如类被定义为 case class Person(name:String,age:Int),则使用 case Person(name,age)进行模式匹配,模式 Person(name,age)与类构造函数 Person(name:String, age:Int)是对应的。

【例4-6】 构造器模式匹配示例。

```
1.   //将 Person 类定义为 case class
2.   case class Person(name:String,age:Int)
3.   objectConstructorPattern {
4.     def main(args:Array[String]):Unit = {
5.       val p = new Person("nyz",27)
6.       defconstructorPattern(p:Person) = p match {
7.       //构造器模式必须将 Person 类定义为 case class,否则需要自己定义伴生对象并实现unapply 方法,否则会报 not found:value person 错误
```

```
8.        case Person(name,age) => "name = " + name + ",age = " + age
9.        //case Person(_,age) => "age = " + age
10.       case _ => "Other"
11.     }
12.
13.     println(constructorPattern(p))
14.   }
15. }
```

执行结果如下：

```
name = nyz,age = 27
```

如代码运行结果所示，constructorPattern(p)的参数 p 会满足 case Person(name,age)，从而完成对象的析取。例 4-6 中的第 8 行代码演示了构造器模式匹配，语句 case Person(name, age) => "name = " + name + ", age = " + age 中的 Person(name,age)与输入 Person 对象 p 进行匹配，先匹配类型 Person，再提取构造器参数对应的值。从前述代码及执行结果可以看到，构造器模式其实是一种深度匹配（deep matches），这是因为变量 p 不仅匹配类型 Person，还匹配变量 p 所引用对象的内容。如果只需要匹配对象中部分成员的变量内容，可以采用占位符_略去不需要匹配结果的内容（见代码第 9 行）。

4.2.4 序列（Sequence）模式

序列模式用于匹配如数组（Array）、列表（List）、Range 这样的线性结构集合，其实现原理也是通过 Case Class 起作用的，在 4.3 小节将对此进行详细讲述。先来看一个序列模式匹配的例子，如例 4-7 所示。序列模式用于匹配线性集合如 List、Array 等的元素内容。

【例 4-7】序列模式匹配示例。

```
1.  objectSequencePattern {
2.    def main(args:Array[String]):Unit = {
3.      val list = List("Spark","Hive","SparkSQL")
4.      valarr = Array("SparkR","Spark Streaming","Spark MLlib")
5.      defsequencePattern(p:Any) = p match {
6.      //序列模式匹配,_*表示匹配剩余内容,first、second 匹配数组 p 中的第一、二个元素
7.        case Array(first,second,_*) => first + "," + second
8.        //_匹配数组 p 的第一个元素,但不赋给任何变量
9.        case List(_,second,_*) => second
10.       case _ => "Other"
11.     }
12.     println(sequencePattern(list))
13.     println(sequencePattern(arr))
```

```
14.    }
15. }
```

执行结果如下：

```
Hive
SparkR,Spark Streaming
```

如代码运行结果所示，sequencePattern（list）匹配模式 case Array（first, second,_*），sequencePattern（arr）匹配模式 case List（_,second,_*）。例4-7中，第7行 case Array（first, second,_*）中的 first、second 变量匹配数组中的第一、第二个元素，_*匹配的是数组中的剩余元素，第9行 case List（_,second,_*）中的占位符_表示匹配 List 中的第一个元素，但不需要将值返回，second 匹配列表的第二个元素，_*匹配的是列表中的剩余元素。

4.2.5 元组（Tuple）模式

元组模式用于匹配 Scala 中的元组内容，如例4-9所示。元组模式用于匹配元组类型的变量内容。

【例4-8】元组模式匹配示例。

```
1.  objectTuplePattern {
2.    def main( args:Array[ String ] ):Unit = {
3.      val t = ( "spark" ,"hive" ,"SparkSQL" )
4.      deftuplePattern( t:Any ) = t match {
5.        case ( one,_,_ ) => one
6.        //_*不适用于元组,只适用于序列
7.        //case ( one,_* ) => one
8.        case _ => "Other"
9.      }
10.     println( tuplePattern( t ) )
11.   }
12. }
```

执行结果如下：

```
spark
```

如执行结果所示，tuple Patternt（t）中的元组变量 t 会匹配模式 case（one,,）。元组模式匹配使用方式与元素的定义方式类似，上述第5行代码中 case（one,_,_）为元组匹配方式，变量 one 将匹配元组中的第一个元素，占位符_匹配元素的第二、三个元素，但不赋值给任何变量。需要注意的是第6行被注释的代码，元组模式中不能使用_*的方式匹配剩余元素，

这是因为_ * 只适用于序列模式。

4.2.6 类型模式

在 Scala 中，模式匹配一个很强大的功能，是它可以匹配输入待匹配变量的类型，如例 4-9 所示。类型模式用于判断变量的类型，这与变量定义如 Val t：Stcing 具有对应关系，对应类型模式匹配语法则为 case t：String。

【例 4-9】 类型模式匹配示例。

```
1.   objectTypePattern {
2.     def main(args:Array[String]):Unit = {
3.       deftypePattern(t:Any) = t match {
4.         case t:String => "String"
5.         case t:Int => "Integer"
6.         case t:Double => "Double"
7.         case _ => "Other Type"
8.       }
9.       println(typePattern(5.0))
10.      println(typePattern(5))
11.      println(typePattern("5"))
12.      println(typePattern(List()))
13.    }
14.  }
```

代码执行结果如下：

```
Double
Integer
String
Other Type
```

如代码运行结果所示，不同类型的变量最终得以确定的具体的类型。类型匹配模式的使用类似于类型变量定义方式，如第 4 行代码中的 case t:String => "String"，t 为待匹配的输入变量，后面紧跟待匹配的类型。类型模式匹配能够简化程序设计，在 Scala 语言中，如果不使用类型匹配，但仍然想达到类型判断的目的，则需要使用例 4-10 中的代码。该例是不使用模式匹配进行类型判断的示例。

【例 4-10】 条件判断实现的类型匹配示例。

```
1.  objectTypePattern2 extends App {
2.    deftuplePattern2(t:Any) = {
3.      if (t.isInstanceOf[String]) "String"
4.      else if (t.isInstanceOf[Int]) "Int"
5.      else if (t.isInstanceOf[Double]) "Double"
```

第4章 Scala模式匹配

```
6.      else if (t.isInstanceOf[Map[_,_]]) "MAP"
7.    }
8.    println(tuplePattern2(5.0))
9.    println(tuplePattern2(5))
10.   println(tuplePattern2("5"))
11.   println(tuplePattern2(Map()))
12. }
```

代码执行结果如下：

```
Double
Int
String
MAP
```

如结果所示，通过使用 is Instance of 也可以达到类型判断的目的。不难发现，采用条件判断方式进行类型识别，代码不够直观、简洁，而且不能匹配其他类型，例如 println(tuplePattern2(List()))，函数 tuplePattern2 不会返回任何结果，而类型匹配中的 tuplePattern 则会返回 Other Type。

4.2.7 变量绑定模式

在进行模式匹配时，有时并不仅仅只是返回一个变量，也可将某个变量绑定到某个模式上，从而将整体匹配结果赋值给该变量。具体使用方式是在模式前面加变量和@符号，代码如例 4-11 所示。变量绑定模式指的是将模式匹配结果赋予特定变量的一种模式，其形如 List(_,e@ List(_,_,_))，指定的是变量匹配 List(_,_,_) 成功，则将整个 List 赋值给变量 e。

【例 4-11】变量绑定模式匹配示例。

```
1.  object VariableBindingPattern {
2.    def main(args:Array[String]):Unit = {
3.      var t = List(List(1,2,3),List(2,3,4))
4.      def variableBindingPattern(t:Any) = t match {
5.        //变量绑定,采用变量名(这里是 e)
6.        //与@ 符号,如果后面的模式匹配成功,则将
                 整体匹配结果作为返回值
7.        case List(_,e@ List(_,_,_)) => e
8.        case _ => Nil
9.      }
10.     println(variableBindingPattern(t))
11.   }
12. }
```

代码执行结果如下：

List(2,3,4)

通过代码运行结果看到，变量 t 中的元素被绑定给变量 e 输出。例 4-11 中，case List (_,e@ List(_,_,_)) =>e 中的变量 e 被绑定到模式 List(_,_,_) 上，意思是如果匹配成功包含 3 个任意元素的 List，则将匹配的 List 赋给变量 e。case List(_,e@ List(_,_,_)) 中包含两重匹配，第一重匹配外围 List，如果匹配成功，再匹配外围 List 的子 List 元素。

4.3 模式匹配与 Case Class

在前一小节中的序列模式匹配、构造器模式匹配中，曾提到其原理都是通过 Case Class 来实现的。在实际应用中，模式匹配与 Case Class 可以算是一对"黄金搭档"，在实际开发应用中它们经常在一起被使用。本小节将对此进行详细分析。

4.3.1 构造器模式匹配原理

当一个类被声明为 case calss 时，编译器会自动进行如下操作：
1) 构造器中的参数如果不被声明为 var，默认是 val 类型的。
2) 自动创建伴生对象，同时在伴生对象中实现 apply 方法，这样在使用的时候可以不直接显式地来创建 new 对象。
3) 伴生对象中同样可以实现 unapply 方法，从而可以将 case class 应用于模式匹配。
4) 实现自己的 toString、hashCode、copy、equals 等方法。

例 4-12 给出了一个 Case Class 与模式匹配使用示例。该例是 case class 与模式匹配结合使用的示例，使用 case class 最大的好处是不需要手动定义 unapply 方法。

【例 4-12】Case Class 与模式匹配示例。

```
1.    //抽象类 Person
2.    abstract class Person(name:String)
3.
4.    //case class Student
5.    case class Student(name:String,age:Int,studentNo:Int) extends Person(name)
6.    //case class Teacher
7.    case class Teacher(name:String,age:Int,teacherNo:Int) extends Person(name)
8.    //case class Nobody
9.    case class Nobody(name:String) extends Person(name)
10.
11.   object   CaseClassAndPatternMatching{
12.     def main(args:Array[String]):Unit = {
13.       //case class 会自动生成 apply 方法,从而省去 new 操作
```

第4章 Scala模式匹配

```
14.     val p:Person = Student("xb",18,1024)
15.     p match {
16.         //构造器模式匹配,通过自动调用 unapply 方法进行实现
17.         case Student(name,age,studentNo) => println(name + ":" + age + ":" + studentNo)
18.         case Teacher(name,age,teacherNo) => println(name + ":" + age + ":" + teacherNo)
19.         case Nobody(name) => println(name)
20.     }
21. }
22. }
```

代码执行结果如下:

```
xb:18:1024
```

通过代码运行结果可以看到,直接使用构造器模式便可以将对象内容提取出来。这里的构造器模式其实调用的是 unapply 方法。为验证模式匹配时,后面的实现原理确实是通过 unapply 方法来实现的,这里对 Student 类生成的字节码文件进行反编译,Student 类编译后生成两个字节码文件,分别是 Student$.class(编译器自动生成的 Student 伴生对象对应的字码节文件)、Student.class(Student 类本身对应的字节码文件),利用 javap 命令进行反编译后内容如例 4-13 所示。

【例 4-13】case class Student 生成的字节码反编译后的结果示例。

```
1.  D:\ScalaWorkspace\ScalaBookChapter04\bin > javap – private Student$.class
2.  Compiled from "CaseClassAndPatternMatching.scala"
3.  public final class Student$extends scala.runtime.AbstractFunction3 < java.lang.St
4.  ring,java.lang.Object,java.lang.Object,Student > implements scala.Serializable
5.  {
6.      public static final Student$MODULE$;
7.      public static { };
8.      public final java.lang.String toString( );
9.      //编译器自动生成的 apply 方法
10.     public Student apply(java.lang.String,int,int);
11.     //编译器自动生成的 unapply 方法
12.     public scala.Option < scala.Tuple3 < java.lang.String,java.lang.Object,java.lang
13.     Object > > unapply(Student);
14.     //... 其他方法...
15. }
16. D:\ScalaWorkspace\ScalaBookChapter04_1\bin > javap – private Student.class
17. Compiled from "CaseClassAndPatternMatching.scala"
18. public class Student extends Person implements scala.Product,scala.Serializable
19. {
20.     private final java.lang.String name;
21.     private final int age;
```

```
22.     private final int studentNo;
23.     //Student 类中对应的静态 unapply 方法
24.     public static scala.Option < scala.Tuple3 < java.lang.String,java.lang.Object,ja
25.     va.lang.Object > > unapply(Student);
26.     //Student 类中对应的静态 apply 方法
27.     public static Student apply(java.lang.String,int,int);
28.     //... 其他方法如 getter、setter、copy、toString 等
29. }
```

通过反编译的字节码文件可以看到,将类声明为 case class,编译器会自动帮我们生成若干方法,在本例中最重要的方法是 apply 方法及 unapply 方法。Aplly 方法用于不直接使用 new 显式创建对象,而 unapply 方法则用于在模式匹配时对对象进行析取。从例 4-14 反编译后的结果可以看到,编译器确实为 Student 类生成了对应的 apply、unapply 及其他相关方法。为验证背后的实现原理,在 Student 类中自己定义 apply 及 unapply 方法,从而使其能够用于模式匹配,代码如例 4-14 所示。该例将 Student 类定义为普通类,通过自己手动在伴生对象 Student 中定义 apply 方法和 unapply 方法,以使 Studnt 类能够用于模式匹配。

【例 4-14】 自己定义 unapply 方法使 Student 类能够用于模式匹配示例。

```
1.  class Student(val name:String,val age:Int,val studentNo:Int)
2.  object Student{
3.    //自己定义的 apply 方法
4.    def apply(name:String,age:Int,studentNo:Int) = new Student1(name,age,studentNo)
5.    //自己定义的 unapply 方法
6.    def unapply(student:Student1):Option[(String,Int,Int)] = {
7.      if(student! = null) Some(student.name,student.age,student.studentNo)
8.      else None
9.    }
10. }
11. object PatternMatchingWithNoCaseClass extends App{
12.   val s = Student("xb",27,1024)
13.   s match {
14.     //如果将 Student 伴生对象中的 unapply 方法注释掉,则此处会报错
15.     //错误提示为 object Student is not a case class,nor does it have an unapply/unapplySeq ember
16.     case Student(name,age,studentNo) =>
17.       println("name = " + name + ",age = " + age + ",studentNo = " + studentNo)
18.     case _ => println("null")
19.   }
20. }
```

代码执行结果如下:

name = xb, age = 27, studentNo = 1024

如结果所示,代码运行结果同例 4-13 一样。例 4-14 的第 1 行代码,定义了一个普通的 Student 类,第 2 行至第 10 行,定义了 Student 类的伴生对象,并定义了其 apply 及 unapply 方法,第 11 行至第 20 行演示了模式匹配的使用方法,在执行第 16 行代码 case Student (name, age, studentNo) 时会调用 Student 伴生对象的 unapply 方法,这一点可以通过程序调试得到的验证。不难看出,自己定义 unapply 方法的普通 Student 类与 case class Student 类在使用上没有任何差别,后面的实现原理是一致的,只不过定义为 case class,编译器会自动处理很多事情,从而简化了程序设计。

4.3.2 序列模式匹配原理

在 4.2 节中的序列模式匹配中曾提到,序列模式背后的实现原理也是通过 Case Class 实现的,与前面的构造器模式使用 unapply 方法所不同的是,序列模式使用的是 unapplySeq 方法,下面以 List 类为例进行说明,List 的伴生对象代码如下:

```
1. object List extendsSeqFactory[ List] {
2. //... 其他方法...
3. override def apply[ A] ( xs:A * ) :List[ A] = xs. toList
4. //... 其他方法...
5. }
```

List 中的 unapplySeq 继承自 SeqFactory [List],SeqFactory 代码如下:

```
1.  abstract classSeqFactory[ CC[ X]  < :Seq[ X] with GenericTraversableTemplate[ X,CC] ]
2.  extendsGenSeqFactory[ CC] with TraversableFactory[ CC] {
3.  / * * This method is called in a pattern match { caseSeq(...) => }.
4.   *
        @ param x the selector value
        @ return sequence wrapped in an option, if this is aSeq, otherwise none
5.   */
6.  defunapplySeq[ A] ( x:CC[ A] ) :Some[ CC[ A] ] = Some( x)
7.  }
```

这意味着,当遇到 Array、List、Range 等序列模式时,调用的是 unapplySeq 方法,如例 4-15 给出了样例进行说明。对于序列模式,在模式匹配时调用的是 unapply 方法完成序列中元素的析取,这是序列模式与其它类型匹配匹配的最大区别,同时也是序列模式匹配可以使用_ * 这种方式进行的原因。

【例 4-15】序列模式匹配原理示例。

```
1.    val list = List( List( 1,2,3) ,List( 2,3,4) )
2.    list match {
```

```
3.      //调用的是 unapplySeq 方法
4.      case List(List(one,two,three),_*) =>
5.        println("one = " + one + " two = " + two + " three = " + three)
6.      case _ => println("Other")
7.  }
```

例 4-15 中的代码执行到第 4 行时，会自动调用 unapplySeq 方法，从而完成模式匹配。

4.3.3 Sealed Class 在模式匹配中的应用

在进行模式匹配时，常常希望将所有可能匹配的情况都列举出来，如果有遗漏，编译器应该给出相应的告警，Scala 语言通过使用 sealed class（封闭类）提供该语法支持，其使用方法如例 4-16 所示。下面的代码给出的是 Sealed Class 在模式匹配中的具体使用，类 Person 被声明为 sealed abstract class，它有三个子类分别为 Student、Teacher 及 Nobody，在模式匹配时需要将 3 个子类的模式都列出来。

【例 4-16】Sealed Class 在模式匹配中的应用示例。

```
1.    //Person 最前面加了个关键字 sealed
2.    sealed abstract class Person(name:String)
3.    case class Student(name:String,age:Int,studentNo:Int) extends Person(name)
4.    case class Teacher(name:String,age:Int,teacherNo:Int) extends Person(name)
5.    case class Nobody(name:String) extends Person(name)
6.    object PatternMatchingWithSealedClass {
7.      def main(args:Array[String]):Unit = {
8.        val s:Person = Student("xb",18,1024)
9.        s match{
10.         case Student(name,age,studentNo) => println("Student")
11.         //将下面两行代码注释掉的话,编译器会给出告警提示
12.         //match may not be exhaustive. It would fail on the following inputs:Nobody(_),Teacher
            (_,_,_)
13.         case Teacher(name,age,studentNo) => println("Teacher")
14.         case Nobody(name) => println("Nobody")
15.       }
16.     }
17.   }
```

代码执行结果如下：

Student

例 4-16 第 2 行给出了 sealed class 的定义，可以看到封装类的定义同其他类形式上的差别在于前面加了关键字 sealed。代码第 11、12 行注释给出了 sealed class 的作用，当编写的

第4章 Scala 模式匹配

模式匹配代码没有列举出 sealed class 的所有子类时，编译器会给出相应的告警提示，从而避免了一些不必要的问题。

Section 4.4 模式匹配应用实例

前面讲的模式匹配全部都是通过 match 关键字来实现的，但其实在 Scala 语言中，模式无处不在，例如下列变量定义：

```
scala > val (x1,x2) = (5,6)
x1:Int = 5
x2:Int = 6
```

除此之外，还有其他非 match 关键字方式的模式匹配，下面给出 for 循环中的模式匹配、正则表达式模式匹配及异常处理时的模式匹配实例。

4.4.1 for 循环控制结构中的模式匹配

for 循环中模式匹配的使用示例如例 4-17 所示。下面的代码演示的是从模式匹配的角度理解 for 循环，在使用时不但可以使用变量模式、变量绑定模式，还可以匹配特定内容。

【例 4-17】for 循环控制结构中的模式匹配应用示例。

```
1.  object PatternMatchingInForLoop extends App{
2.
3.    //普通的 scala for 循环,从模式匹配的角度来看,它也是典型的模式匹配应用
4.    for(x < - List("Spark","Hive","Hadoop"))
5.      println("普通 for 循环:" + x)
6.
7.    //变量绑定模式匹配
8.    for(x@"Spark" < - List("Spark","Hive","Hadoop"))
9.      println("变量绑定 for 循环:" + x)
10.
11.   //匹配特定内容
12.   for((x,2) < - List(("Spark",100),("Hive",2),("Hadoop",2)))
13.     println("有十足模式匹配味道的 for 循环:" + x)
14. }
```

代码执行结果如下：

```
普通 for 循环:Spark
普通 for 循环:Hive
普通 for 循环:Hadoop
```

变量绑定 for 循环：Spark
有十足模式匹配味道的 for 循环：Hive
有十足模式匹配味道的 for 循环：Hadoop

如代码运行结果所示，for 循环中可以有变量模式、变量绑定模式，还可以匹配特定内容。代码第 4 行给出的是一个普通的 Scala for 循环，其实从模式匹配的角度来看，它也是一种模式匹配，这一点可以通过第 8 行中的变量绑定模式匹配得到验证，第 12 行给出了最常用的模式匹配范例，它只匹配所有第 2 个元素内容为 2 的 List 子元素。

4.4.2 正则表达式中的模式匹配

在众多的编程语言当中，包括 Java、Perl、PHP、Python、JavaScript 和 JScript，都无一例外地支持正则表达式处理，Scala 语言同样支持正则表达式，且语法格式与常用的正则表达式语法一致，虽然如 Scala 可以直接通过 Java 操作正则表达式的方式使用正则表达式，但 Scala 实现了自己的方式，且更为灵活，这是因为它利用了 Scala 模式匹配这一强大功能。

Scala 常用正则表达式符号含义如表 4-1 所示。

表 4-1 常用表达式符号使用方法

符　号	功　能　描　述
.	它是一种通配符，用于匹配一个字符，例如 Spa.k，可以匹配 Spark、Spaak 等任意字母组成的字符串，还可以匹配 Spa#k、Spa k 等特殊字符组成的字符串
[ ]	限定匹配，例如 Spa[ark]k 只会匹配 Spark、Spaak、Spakk 这 3 个字符串，对于其他字符串则不会匹配
|	或匹配，例如 Spa(a|r|rr|k)k，则可以匹配 Spark、Spaak、Spakk 及 Sparrk
$	匹配行结束符，例如 Spark$ 匹配的是以 Spark$ 为结尾的行，例如 I love Spark，但它不匹配 Spark will be very poupular in the future
^	匹配行开始符，例如^Spark 匹配的是以 Spark 开始的行，如 Spark will be very poupular in the future，不匹配 I love Spark
*	匹配 0 至多个字符，例如 Spar *，可以匹配 Spar 开始的字符串，如 Spar、Sparr、Sparrrrr
/	转义符，例如 Spark/$ 匹配的是包含 Spark$ 的字符串
( )	分组符，它会将()中匹配的内容保存起来，可以对其进行访问，例如 Spa(a|r|rr|k)k 可以对()中匹配的内容保存为一个临时变量，在程序中可以直接对其进行访问
+	匹配一次或多次，例如 Spar +，可以匹配任何以 Spar 开始的字符串，如 Spark、Sparkkkkk
?	匹配 0 次或一次，例如 Spark(s)? 可以匹配 Spark 和 Sparks
{n}	匹配 n 次，例如 Spark{2}，可以匹配 I love Sparkk 中的 Sparkk
{n,}	至少匹配 n 次，例如 Sparks{2,} 可以匹配 I love Sparksss Sparkss 中的 Sparksss 和 Sparkss
{n,m}	至少匹配 n 次，最多匹配 m 次，例如 Sparks{2,4} 可以匹配 I love Sparks Sparkssss 中的 Sparkssss

下面举几个实例说明其使用方式。

（1）for 循环中正则表达式匹配

第4章 Scala模式匹配

例4-18中给出的是在for循环中利用正则表达式匹配邮箱并提取邮箱名，例4-19给出的是在for循环中利用正则表达式匹配IP地址并提取各IP地址段。

【例4-18】匹配邮箱并提取邮箱名示例。

本例是使用模式匹配进行邮箱匹配并提取邮箱名的用法，匹配使用的也是for循环，可以看作是for循环模式匹配的一种特殊使用方式。通过val mailRegex = "([\\w-]+(\\.[\\w-]+)*)@[\\w-]+(\\.[\\w-]+)+".r创建正则表达式对象，使用for(matchString <- mailRegex.findAllIn(mailStr))进行匹配，然后使用for(mailRegex(domainName,_*) <- mailRegex.findAllIn(mailStr))提取邮箱域名。

```
1.   object MailRegex {
2.     def main(args:Array[String]):Unit = {
3.       //定义一个正则表达式，r方法返回Regex正则表达式对象
4.       val mailRegex = "([\\w-]+(\\.[\\w-]+)*)@[\\w-]+(\\.[\\w-]+)+".r
5.       val mailStr = "如果有任何疑问请联系:18610086859@126.com 或联系 xb1988@sina.com"
6.       //使用for循环匹配
7.       for(matchString <- mailRegex.findAllIn(mailStr))
8.       {
9.         println(matchString)
10.      }
11.      //通过unapplySeq方法提取邮箱名
12.      //domainName 提取的是匹配([\\w-]+(\\.[\\w-]+)*)的内容
13.      for(mailRegex(domainName,_*) <- mailRegex.findAllIn(mailStr))
14.      {
15.        println(domainName)
16.      }
17.    }
```

代码执行结果如下：

```
18610086859@126.com
xb1988@sina.com
18610086859
xb1988
```

例4-18中第4行定义了一个正则表达式对象，需要注意的是mailRegex中包含3个分组匹配符，它们分别是([\\w-]+(\\.[\\w-]+)*)、(\\.[\\w-]+)及(\\.[\\w-]+)，假设有个邮箱名称为xb1988.1984@sina.com，则([\\w-]+(\\.[\\w-]+)*)匹配xb1988.1984，第一个(\\.[\\w-]+)匹配.1984，第二个(\\.[\\w-]+)匹配.com。第7行中mailRegex.findAllIn(mailStr)返回的是MatchIterator对象，MatchIterator混入了scala.collection.Iterator特质，因此for循环可以遍历所有匹配内容。第13行代码演示了如何提取邮箱名，它调用的是Regex中的unapplySeq方法，提取的其实是匹配([\\w-]+(\\.[\\w-]+)*)的内容。

【例 4-19】 匹配 IP 地址并提取 IP 地址段示例。

本例使用正则表达式模式匹配进行 IP 地址匹配并提取 IP 地址段，使用 val ipRegex = "(\\d+)\\.(\\d+)\\.(\\d+)\\.(\\d+)".r 创建模式匹配对象匹配 IP 地址，同样使用 for 循环进行操作并通过 for(ipRegex(one,two,three,four) <- ipRegex.findAllIn("192.168.1.1")) 进行 IP 地址段的提取。

```
1.   object IPRegex {
2.     def main(args:Array[String]):Unit = {
3.       //创建 IP 地址正则表达式对象
4.       val ipRegex = "(\\d+)\\.(\\d+)\\.(\\d+)\\.(\\d+)".r
5.       //for 循环匹配
6.       for(matchString <- ipRegex.findAllIn("192.168.1.1"))
7.       {
8.         println(matchString)
9.       }
10.      //通过 unapplySeq 方法实现模式匹配并提取 IP 地址段
11.      for(ipRegex(one,two,three,four) <- ipRegex.findAllIn("192.168.1.1"))
12.      {
13.        println("IP 子段 1:" + one)
14.        println("IP 子段 2:" + two)
15.        println("IP 子段 3:" + three)
16.        println("IP 子段 4:" + four)
17.      }
18.    }
19.  }
```

代码执行结果如下：

```
192.168.1.1
IP 子段 1:192
IP 子段 2:168
IP 子段 3:1
IP 子段 4:1
```

如运行结果所示，除正确匹配 IP 地址外，还可提取各 IP 地址段。例 4-19 第 4 行定义了一个正则表达式对象 (\\d+)\\.(\\d+)\\.(\\d+)\\.(\\d+)".r，该正则表达式中包含 4 个分组符，都为 (\\d+) 这种模式，第 6~10 行给出了其在 for 循环中的匹配方式。第 10~16 行代码用于提取各 IP 地址段，这里同样调用的是 Regex 中的 unapplySeq 方法，提取的是对应分组中的内容。

(2) case 语句中的正则表达式匹配

例 4-20 演示的是正则表达式在 case 语句中的使用，这段代码用于模拟 SparkContext 处理不同的 Spark 运行模式时采用的正则表达式匹配。该例中的正则表达式匹配放在 cose 语句

第4章 Scala模式匹配

中,模拟的是 Spark 中创建 Schedule Backend 的代码。

【例4-20】case 语句中的正则表达式匹配示例。

```
1.   objectPatternMatching extends  App{
2.      //匹配 local[N] 及 local[*]
3.      val LOCAL_N_REGEX = """local\[([0-9]+|\*)\]""".r
4.      //匹配 Spark Standalone 运行模式
5.      val SPARK_REGEX = """spark://(.*)""".r
6.      //匹配 MESO 运行模式
7.      val MESOS_REGEX = """(mesos|zk)://.*""".r
8.      //匹配 Spark In MapReduce v1 资源管理器
9.      val SIMR_REGEX = """simr://(.*)""".r
10.     //val master = "spark://sparkmaster:7077"
11.     val master = "zk://sparkmaster:8080"
12.     master match {
13.     //LOCAL_N_REGEX(threads)匹配 local[N] 及 local[*], threads 提取的是正则表达式分组符()中的内容
14.     //本例中 threads 匹配的是 local\[([0-9]+|\*)\]中([0-9]+|\*)这部分内容
15.        case LOCAL_N_REGEX(threads) => println("local 运行模式,线程数量:" + threads)
16.     //SPARK_REGEX(sparkurl)匹配形如 spark://sparkmaster:7077 这样的内容, sparkurl 提取()中的内容,在本例中为 spark://(.*)中(.*)的内容
17.        case SPARK_REGEX(sparkurl) => println("spark standalone 运行模式,url 地址:" + sparkurl)
18.     //MESOS_REGEX(_)匹配形如 mesos://sparkmaster:8088 或 zk://sparkmaster:2381 这样的内容
19.     //在本例中_匹配的是(mesos|zk)://.*中(mesos|zk)的内容,由于采用的是变量绑定模式,url 会匹配整个内容
20.        case url@ MESOS_REGEX(_) => println("mesos 运行模式,url 地址:" + url)
21.     //SIMR_REGEX(simrurl) 匹配形如 simr://sparkmaster:9000 这样的内容, simrurl 提取 simr://(.*)中(.*)的内容
22.        case SIMR_REGEX(simrurl) => println("simr 运行模式,url 地址:" + simrurl)
23.     }
24.  }
```

程序运行结果如下:

```
mesos 运行模式,url 地址:zk://sparkmaster:8080
```

例4-20 第2~9行定义了4种不同的正则表达式对象,例如第3行定义的 val LOCAL_N_REGEX = """local\[([0-9]+|*)\]""".r, 它用于匹配 local[N] 及 local[*]两种模式,第15行中的 case LOCAL_N_REGEX(threads) => println("local 运行模式,线程数量:" + threads) 在匹配时, threads 会匹配 LOCAL_N_REGEX 正则表达式对象([0-9]+|*)中的内容。代码第5行定义的 val SPARK_REGEX = """spark://(.*)""".r, 它用于匹配

类似于"spark://sparkmaster:7077"这样的内容,它与第 19 行的 case SPARK_REGEX (sparkurl) => println("spark standalone 运行模式,url 地址:" + sparkurl)代码是对应的。第 7 行 val MESOS_REGEX = """(mesos|zk)://.*""".r、第 9 行 val SIMR_REGEX = """simr://(.*)""".r 代码作用原理与第 5 行代码类似。

4.4.3　异常处理中的模式匹配

相比于 Java 语言,Scala 语言中的异常处理也有着自己的特殊方式,采用的也是模式匹配的实现方式,为方便比较,首先给出 Java 语言中的异常处理代码(如例 4-21 所示)。

【例 4-21】Java 语言中的异常处理代码示例。

```
1.  import java.io.File;
2.  import java.io.IOException;
3.
4.  public class JavaExceiptionDemo {
5.      public static void main(String[] args) {
6.          File file = new File("a.txt");
7.          if (!file.exists()) {
8.              try {
9.                  file.createNewFile();
10.             } catch (IOException e) {
11.                 e.printStackTrace();
12.             }
13.         }
14.     }
15. }
```

Scala 风格的异常处理代码如例 4-22 所示。

【例 4-22】Scala 语言中的异常处理代码示例。

```
1.  import java.io.File;
2.  import java.io.IOException;
3.
4.  object ScalaExceptionDemo extends App{
5.      val file:File = new File("a.txt")
6.      if (!file.exists) {
7.          try {
8.              file.createNewFile
9.          }
10.         catch {
11.             //通过模式匹配来实现异常处理
12.             case e:IOException => {
```

```
13.                e.printStackTrace
14.            }
15.        }
16.    }
17. }
```

对比例 4-21、例 4-22 不难发现，Scala 语言模式匹配风格的异常处理代码更符合常规思维习惯，使用更方便，因为这种类型模式可以非常直观地给出具体出错的类型，同时也有助于代码的理解并使代码更具简洁性。

4.4.4 Spark 源码中的模式匹配使用

模式匹配在 Spark 源码中可谓无处不在，下面给出几个代码片段说明 Scala 模式匹配在 Spark 源码中的使用情况。

（1）常量模式、变量模式、正则表达式模式及变量绑定模式匹配

SparkContext（org.apache.spark.SparkContext.scala）是 Spark 的入口，它负责与整个 Spark 集群进行交互，包括创建 RDD、任务调试、管理 accumulators 和广播变量等。SparkContext 创建时会创建 TaskSheduler 及 DAGScheduler，其中 TaskSheduler 通过方法 createTaskScheduler 进行创建，代码如下：

```
1.  private def createTaskScheduler(
2.    sc:SparkContext,
3.    master:String):(SchedulerBackend,TaskScheduler) = {
4.    //正则表达式变量,用于匹配 local[N] and local[*]
5.    val LOCAL_N_REGEX = """local\[([0-9]+|\*)\]""".r
6.    //正则表达式变量,用于匹配 local[N,maxRetries]
7.    val LOCAL_N_FAILURES_REGEX = """local\[([0-9]+|\*)\s*,\s*([0-9]+)\]""".r
8.    //正则表达式变量,用于匹配 local-cluster[N,cores,memory],伪分布式模式
9.    val LOCAL_CLUSTER_REGEX = """local-cluster\[\s*([0-9]+)\s*,\s*([0-9]+)\s*,\s*([0-9]+)\s*]""".r
10.   //正则表达式变量,Spark Standalone 模式
11.   val SPARK_REGEX = """spark://(.*)""".r
12.   //正则表达式变量,Mesos 集群资源管理模式
13.   val MESOS_REGEX = """(mesos|zk)://.*""".r
14.   //Regular expression for connection toSimr cluster
15.   val SIMR_REGEX = """simr://(.*)""".r
16.   val MAX_LOCAL_TASK_FAILURES = 1
17.   master match {
18.     //常量匹配,匹配"local"常量
19.     case "local" =>
```

```
20. //省略具体代码
21. //正则表达式变量匹配,用于匹配 local[N] and local[*]
22. case LOCAL_N_REGEX(threads) =>
23. //省略具体代码
24. //正则表达式变量匹配,用于匹配 local[N,maxRetries]
25. case LOCAL_N_FAILURES_REGEX(threads,maxFailures) =>
26. //省略具体代码
27. //正则表达式变量匹配,用于匹配 local[N,maxRetries]
28. case SPARK_REGEX(sparkUrl) =>
29. //省略具体代码
30. //正则表达式变量匹配,用于匹配 local-cluster[N,cores,memory]
31. case LOCAL_CLUSTER_REGEX(numSlaves,coresPerSlave,memoryPerSlave) =>
32. //省略具体代码
33. //常量匹配,匹配常量"yarn-standalone" | "yarn-cluster"
34. case "yarn-standalone" | "yarn-cluster" =>
35. //省略具体代码
36. //常量匹配,匹配常量"yarn-client"
37. case "yarn-client" =>
38. //省略具体代码
39. //变量绑定模式匹配,用于匹配 Mesos
40. casemesosUrl @ MESOS_REGEX(_) =>
41. //省略具体代码
42. //正则表达式变量匹配,用于匹配 SIMR(Spark In MapReduce),MapReduce V1
43. case SIMR_REGEX(simrUrl) =>
44. //省略具体代码
45. case _ =>
46. throw newSparkException("Could not parse Master URL:" + master + "")
47. }
48. }
49.
```

(2) 类型模式

下面给出的代码为 SparkContext 中的 requestTotalExecutors 方法,其作用是向集群请求对应数量的 Executor。

```
1. private[spark] override def requestTotalExecutors(
2.   numExecutors:Int,
3.   localityAwareTasks:Int,
4.   hostToLocalTaskCount:scala.collection.immutable.Map[String,Int]
5. ):Boolean = {
6.   schedulerBackend match {
7.   //类型匹配
```

第4章　Scala 模式匹配

```
8.    case b:CoarseGrainedSchedulerBackend =>
9.      b.requestTotalExecutors(numExecutors,localityAwareTasks,hostToLocalTaskCount)
10.   case _ =>
11.     logWarning("Requesting executors is only supported in coarse-grained mode")
12.     false
13. }
```

（3）元组模式

下面给出的代码来源于 SparkSubmit（org.apache.spark.deploy.SparkSubmit.scala），SparkSubmit 为 Spark 应用程序提交执行的入口，在 SparkSubmit 类中有一个 prepareSubmitEnvironment 方法，用于在程序提交之前，检测并准备相应的环境信息，给出的代码作用是匹配不支持的资源管理器类型及部署模式。

```
1.  //元组匹配,匹配 python、R 等当前不支持的集群部署方式
2.  (clusterManager,deployMode) match {
3.    case (MESOS,CLUSTER) if args.isPython =>
4.      printErrorAndExit("Cluster deploy mode is currently not supported for python " +
5.        "applications onMesos clusters.")
6.    case (STANDALONE,CLUSTER) if args.isPython =>
7.      printErrorAndExit("Cluster deploy mode is currently not supported for python " +
8.        "applications on standalone clusters.")
9.    case (STANDALONE,CLUSTER) if args.isR =>
10.     printErrorAndExit("Cluster deploy mode is currently not supported for R " +
11.       "applications on standalone clusters.")
12.   case (_,CLUSTER) ifisShell(args.primaryResource) =>
13.     printErrorAndExit("Cluster deploy mode is not applicable to Spark shells.")
14.   case (_,CLUSTER) ifisSqlShell(args.mainClass) =>
15.     printErrorAndExit("Cluster deploy mode is not applicable to Spark SQL shell.")
16.   case (_,CLUSTER) ifisThriftServer(args.mainClass) =>
17.     printErrorAndExit("Cluster deploy mode is not applicable to Spark Thrift server.")
18.   case _ =>
19. }
```

（4）构造器模式

给出的代码来源是 org.apache.spark.scheduler.cluster.CoarseGrainedSchedulerBackend.scala。CoarseGrainedSchedulerBackend 是一个基于 Akka 实现的粗粒度资源调度类，用于在 Spark 任务运行期间，监听并持有注册给它的 Executor 资源，在接受 Executor 注册、状态更新、响应 Scheduler 请求等时，利用现有 Executor 资源发起任务调度流程。CoarseGrainedSchedulerBackend 类中有个 receiveAndReply 方法，用于接收 Executor 注册、停止运行、删除等请求，具体如下：

```
1.  override def receiveAndReply(context:RpcCallContext):PartialFunction[Any,Unit] = {
2.    //构造器模式匹配,注册 Executor
```

```
3.    caseRegisterExecutor(executorId,executorRef,hostPort,cores,logUrls) =>
4.    //省略具体代码
5.    //构造器模式匹配,停止 Driver
6.    caseStopDriver =>
7.    context.reply(true)
8.    stop()
9.    //构造器模式,停止 Executors
10.   caseStopExecutors =>
11.   logInfo("Asking each executor to shut down")
12.   for (( _ ,executorData) < - executorDataMap) {
13.   executorData.executorEndpoint.send(StopExecutor)
14.   }
15.   context.reply(true)
16.   //构造器模式,移除 Executors
17.   caseRemoveExecutor(executorId,reason) =>
18.   removeExecutor(executorId,reason)
19.   context.reply(true)
20.   //构造器模式,获取 Spark 配置信息
21.   caseRetrieveSparkProps =>
22.   context.reply(sparkProperties)
23.   }
```

4.5 小结

　　本章对 Scala 中的模式匹配进行了详细介绍，通过本章的学习，读者应该能够充分理解模式匹配的语法及如何应用模式匹配，对常用的模式匹配类型如常量模式、变量模式、构造器模式、序列模式、元组模式、类型模式及变量绑定模式有一定的认识，能够理解序列模式、构造器模式背后的实现原理，对 Case Class 中的 unapply 或 unapplySeq 方法在模式匹配中的作用有清晰的认识。除此之外，还应该能够熟练地掌握 for 循环、正则表达式、异常处理中的模式匹配应用。模式匹配在实际项目开发中无处不在，本章最后用 Spark 源码中的常用模式匹配应用说明这一点。

第 5 章　Scala 集合

　　Scala 2.8 版本中对 Scala 的集合框架做了非常显著的改进（新框架也大部分兼容旧的框架），极大地提高了集合类的易用性、通用性、一致性，以及功能的丰富性。本章内容将着眼于 Scala 的集合框架，详细解析 Scala 集合类及其应用实例。为了进一步加深对 Scala 的集合框架的理解，在集合类及其实例之后，对 Scala 的整个集合框架进行了简单分析，以方便读者后续深入学习 Scala 的集合类库，甚至在现有类库的基础上构建自己的集合类。

5.1　可变集合与不可变集合（Collection）

5.1.1　集合的概述

　　Scala 集合类系统地区分了可变的和不可变的集合。顾名思义，可变集合意味着可以对集合进行增加、删除、修改等扩展性的操作，对应的不可变集合，则不会改变。对这些不可变集合的增加、删除、修改等操作，都会返回一个新的集合，不会直接修改原有的集合。

　　所有的集合类都可以在 scala.collection 或 scala.collection.mutable，scala.collection.immutable，scala.collection.generic 包中找到。对应的包结构如图 5-1 所示。

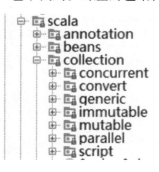

图 5-1　集合类的包结构

　　其中，主要包的内容如下：

　　1）scala.collection.immutable 包中的集合类：确保集合本身不能被修改。

　　2）scala.collection.mutable 包中的集合类：支持对集合本身的增加、删除、修改等操作。

　　3）scala.collection 包中的集合类，既可以是可变的，也可以是不可变的。scala.collection 包中的根集合类中定义了相同的接口作为不可变集合类。同时，scala.collection.mutable 包中的可变集合类代表性地添加了一些有辅助作用的修改操作到这个 immutable 接口。

如图 5-2 ~ 图 5-4 所示是 Scala 官网的集合类图，给出了集合类的整个架构的类结构。其中，在图 5-2 中显示了 scala.collection 包中所有集合类。这些都是高级的抽象类或特质，通常包含可变和不可变的具体实现类。

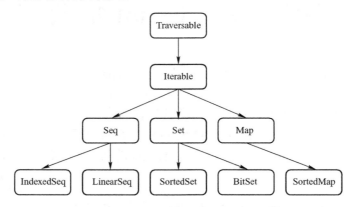

图 5-2　scala.collection 包集合类的类图

其中，Traversable 是所有集合的父类（特质，后续为了简化，不再具体指出是特质），对应该类对外提供的（即带有 public 访问修饰符）的方法，也继承到了具体子类中。Iterable 继承了 Traversable，表示集合具有可迭代性，其他集合均继承了 Iterable。具体子类 Seq 表示序列，Set 为集合，Map 表示映射，这几个集合类在后续会详细给出描述及其具体使用的实例与实例解析。

如图 5-3 中显示了 scala.collection.immutable 包中集合的类图。

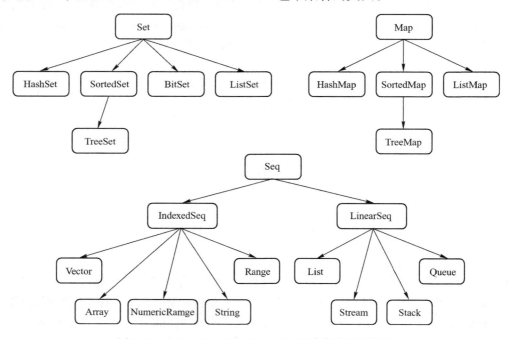

图 5-3　scala.collection.immutable 包中集合类的类图

如图 5-4 中显示了 scala.collection.mutable 包中集合的类图。

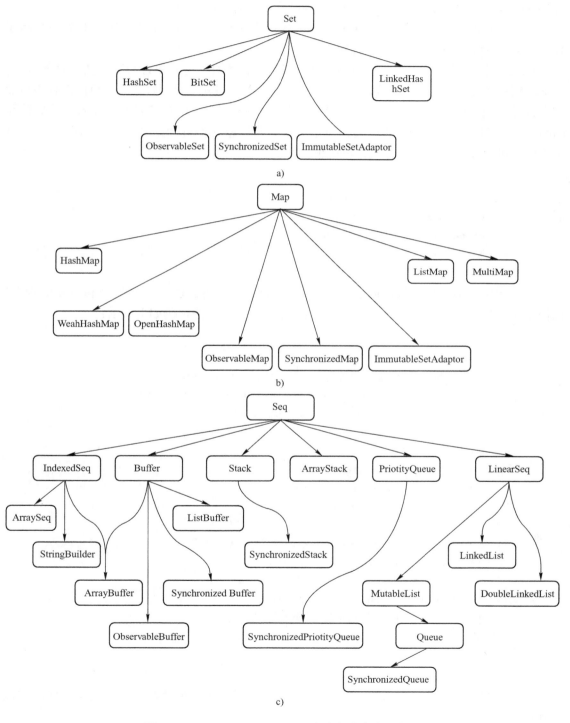

图 5-4 scala.collection.mutable 包中的集合类的类图
a) 可变 Set 类图 b) 可变 Map 类图 c) 可变 Seq 类图

图5-4中给出了更具体的实现子类，从上面3个类图中可以看到，所有的集合类都继承自Traversable，在该类中对应提供了一组接口及对应的默认实现。

同时，Scala集合类还提供了Traversable的伴生对象，在Traversable伴生对象中继承了TraversableFactory，对应集合类的构建工厂。

Scala的集合类库可以作为程序的基础组成构件，而对于可变集合与不可变集合的选择，应该根据是否需要对集合进行修改来确定。对应函数式编程范式而言，应尽可能选择不可变的集合类。当需要同时使用可变和不可变的集合类时，可以使用以下方式导入，然后使用mutable.xxx引用具体的可变集合类，使用xxx引入具体的不可变集合类，比如以Map集合类为例，可以通过如下方式导入并使用集合类：

```
1. import scala.collection.immutable._
2. import scala.collection.mutable
3. mutable.Map(1 -> "a", 2 -> "b")
4. Map(1 -> "a", 2 -> "b")
```

为了方便使用，同时保证向后的兼容性，Scala类库还提供了一些类型和对象的别名，以便于使用集合类，对应的代码在Scala包对象中提供，具体代码如下所示：

```
1. /**
2.  * Scala 核心类型。这些类型通常不需要显式导入即可使用
3.  * Core Scala types. They are always available without an explicit import.
4.  * @contentDiagram hideNodes "scala.Serializable"
5.  */
6. package object scala {
7.   type Throwable = java.lang.Throwable
8.   type Exception = java.lang.Exception
9.   type Error     = java.lang.Error
10.  ...
11.  //在scala的包对象中定义的一些集合类型和对象的别名
12.  type List[+A] = scala.collection.immutable.List[A]
13.  val List = scala.collection.immutable.List
14.  val Nil = scala.collection.immutable.Nil
15.  type ::[A] = scala.collection.immutable.::[A]
16.  val :: = scala.collection.immutable.::
17.  ...
```

以List为例（其他别名或重定义类似），在各定义上按F4键查看具体定义，此时可以看到：

1）type List[+A] = scala.collection.immutable.List[A]：定义了immutable包中的List[+A]类型的别名，List[+A]类型的定义如下所示：

```
1.  sealed abstract class List[+A] extendsAbstractSeq[A]
2.  withLinearSeq[A]
3.  with Product
4.  with GenericTraversableTemplate[A,List]
5.  withLinearSeqOptimized[A,List[A]] {
6.  ...
7.  }
```

2) val List = scala.collection.immutable.List：重定义了 immutable 包中的 object List 单例对象，object List 单例对象的定义如下所示：

```
1.  object List extendsSeqFactory[List] {
2.  ...
3.  }
```

3) val Nil = scala.collection.immutable.Nil：重定义了 immutable 包中的 case object Nil 样例对象 Nil，case object Nil 样例对象 Nil 的定义如下所示：

```
1.  case object Nil extends List[Nothing] {
2.  ...
3.  }
```

5.1.2 集合的相关操作

Scala 集合类库继承层次的根节点为 trait Traversable[+A]，对应该特质，同时提供了一个特质 trait TraversableLike[+A,+Repr]，Traversable 提供了一组接口及其实现代码（类名后添加 Like 的形式类似于 Java 开发中所对应类名的 Impl 的后缀形式，通常提供一组默认的实现代码）。

在 Traversable 类的源码中，已经在注释部分给出了继承自 TraversableLike 的接口列表。在这些从 TraversableLike 特质中继承的接口中，唯一未提供具体实现的抽象操作是 foreach，代码如下所示：

```
1.  /** Applies a function f to all elements of this $coll.
2.  *
3.  *   Note:this method underlies the implementation of most other bulk operations.
4.  *   It's important to implement this method in an efficient way.
5.  */
6.  def foreach[U](f:A => U):Unit
7.  ...
```

foreach 方法，顾名思义，是指遍历整个集合中的各个元素，并将指定的操作 f 作用于每个元素上。

而对应的其他操作都是基于 foreach 接口实现的，因此要实现 Traversable 的集合子类，只需要实现 foreach 方法，对应的其他方法则可以直接从 Traversable 中继承。

下面参考官网给出的接口分类，分别对 Traversable 提供的各个接口加以说明。具体说明如表 5-1 到表 5-13 所示。

表 5-1 抽象方法

方法	说明
xs foreach f	对 xs 中的每一个元素执行函数 f

表 5-2 加法运算（Addition）

方法	说明
xs ++ ys	得到一个由 xs 和 ys 的元素组成的集合。其中，ys 是一个 TraversableOnce 集合，比如一个 Taversable 或一个迭代器（Iterator）

表 5-3 映射（Maps）的操作

方法	说明
xs map f	将函数 f 作用在集合中的每个元素上
xsflatMap f	将返回值为集合的函数 f 作用在集合的每个元素上，并将各个返回的集合值扁平化，作为集合的元素
xs collect f	将偏函数 f 作用在 xs 的每个元素上，并将有结果的值收集起来形成一个集合

表 5-4 转换（Conversions）的操作

方法	说明
xs. toArray	把集合转换为一个数组
xs. toList	把集合转换为一个 list
xs. toIterable	把集合转换为一个迭代器
xs. toSeq	把集合转换为一个序列
xs. toIndexedSeq	把集合转换为一个索引序列
xs. toStream	把集合转换为一个延迟计算的流
xs. toSet	把集合转换为一个集合（Set）
xs. toMap	把元素为键/值对的集合转换为一个映射表（map），如果该集合元素不是键/值对，调用该操作将会导致一个静态类型的错误

表 5-5 复制（Copying）的操作

方法	说明
xscopyToBuffer buf	把集合中的元素复制到 buf 缓冲区
xscopyToArray（arr，s，n）	把集合的元素复制到数组 arr 的起始索引为 s 处，最多复制 n 个元素。其中，参数 s，n 是可选项

第5章 Scala集合

表5-6 集合大小信息（Size info）的操作

方法	说明
xs.isEmpty	测试集合是否为空
xs.nonEmpty	测试集合是否包含元素
xs.size	计算集合元素的个数
xs.hasDefiniteSize	如果集合大小是有限的，则为 true

表5-7 元素检索（Element Retrieval）的操作

方法	说明
xs.head	返回集合内的第一个元素（或其他元素，若当前的集合无序）
xs.headOption	xs 选项值中的第一个元素，若 xs 为空则为 None
xs.last	返回集合内的最后一个元素（或某个元素，如果当前的集合无序）
xs.lastOption	xs 选项值中的最后一个元素，如果 xs 为空则为 None
xs find p	查找 xs 中满足 p 条件的元素，若存在，则返回第一个元素；若不存在，则为空

表5-8 获取子集合（Subcollection）的操作

方法	说明
xs.tail	获取除 xs.head 外的其余部分
xs.init	获取除 xs.last 外的其余部分
xs slice (from, to)	切片操作，获取从 from 到 to（左闭右开）的索引范围内的元素所组成的集合
xs take n	获取集合的前 n 个元素（如果集合无序，则取任意 n 个元素）所组成的集合
xs drop n	获取除 xs take n 以外的元素组成的集合
xs takeWhile p	获取集合 xs 中满足谓词 p 的最多的元素所组成的集合
xs dropWhile p	获取集合 xs 中除 xs takeWhile p 以外的全部元素
xs filter p	获取集合 xs 中满足条件 p 的元素所组成的集合
xs withFilter p	该操作是 non-strict 的过滤器，其后调用 map、flatMap、foreach 操作时，withFilter 可以使这些操作只作用于满足谓词 p 的元素上
xs filterNot p	获取集合 xs 中不满足条件 p 的元素所组成的集合

表5-9 拆分（Subdivision）的操作

方法	说明
xs splitAt n	把 xs 从指定位置拆分成两个集合（xs take n 和 xs drop n）
xs span p	根据谓词 p 将 xs 拆分为两个集合（xs takeWhile p, xs.dropWhile p）
xs partition p	把 xs 分割为两个集合，符合谓词 p 的元素赋予一个集合，其余的赋予另一个（xs filter p, xs.filterNot p）

（续）

方法	说明
xs groupBy f	根据判别函数 f 将集合 xs 进行分组，返回类型为 Map，其中每个 Key 对应分组后的元素集合

表 5-10 元素条件查询（Element Conditions）的操作

方法	说明
xs forall p	返回一个布尔值表示集合的元素是否都满足谓词 p
xs exists p	返回一个布尔值判断集合中是否存在满足谓词 p 的元素
xs count p	返回集合中满足谓词 p 的元素个数

表 5-11 折叠（Fold）的操作

方法	说明
(z/:xs)(op)	以 z 为初始值，依次连续地从左到右对集合中的元素应用二元操作 op
(xs:\z)(op)	以 z 为初始值，依次连续地从右到左对集合中的元素应用二元操作 op
xs.foldLeft(z)(op)	与 (z/:xs)(op) 相同
xs.foldRight(z)(op)	与 (xs:\z)(op) 相同
xs reduceLeft op	依次连续地从左到右对非空集合中的元素应用二元操作 op
xs reduceRight op	依次连续地从右到左对非空集合中的元素应用二元操作 op

表 5-12 特殊折叠（Specific Fold）的操作

方法	说明
xs.sum	返回集合 xs 中数值元素的和
xs.product	返回集合 xs 中数值元素的积
xs.min	集合 xs 中有序元素值中的最小值
xs.max	集合 xs 中有序元素值中的最大值

表 5-13 字符串相关（String）的操作

方法	说明
xs addString (b, start, sep, end)	把一个字符串添加到 StringBuilder 对象 b 中，该字符串显示集合中的所有元素，并以 start 开头、end 结尾，同时元素之间以 sep 作为分隔符。其中 start、end 和 sep 为可选参数
xs mkString (start, sep, end)	把集合 xs 转换为一个字符串，该字符串显示集合中的所有元素，并以 start 开头、end 结尾，同时元素之间以 sep 作为分隔符。其中 start、end 和 sep 为可选参数
xs.stringPrefix	返回一个字符串，该字符串是集合 xs.toString 结果的前缀

表 5-14 视图（View）的操作

方法	说明
xs.view	从集合 xs 生成一个视图
xs view（from，to）	从集合指定索引范围内的元素生成一个视图

5.1.3　集合的操作示例

每个集合类都可以通过一致的统一语法来构建实例，即通过类名跟上参数来构建，并且对应的接口类构建实例时，通常都会构建出一个默认的具体实现类。下面通过示例对集合类构建的操作进行介绍。

【例 5-1】构建实例的代码示例。

构建的实例的代码如下所示，从构建实例的代码及其反馈信息中可以看出默认构建的集合子类：

```
1.  //根据输出的类型信息可以看出默认构建的具体集合子类
2.  //Traversable 构建的具体子类为 List
3.  scala > Traversable(1,2,3)
4.  res0:Traversable[Int] = List(1,2,3)
5.  //Iterable 构建的具体子类为 List
6.  scala > Iterable("x","y","z")
7.  res1:Iterable[String] = List(x,y,z)
8.  //Map 构建实例时默认为 scala.collection.immutable.Map
9.  scala > Map("x" ->24,"y" ->25,"z" ->26)
10. res2:scala.collection.immutable.Map[String,Int] = Map(x ->24,y ->25,z ->26)
11. //Set 构建实例时默认为 scala.collection.immutable.Set
12. scala > Set(1,2,3)
13. res3:scala.collection.immutable.Set[Int] = Set(1,2,3)
14. //显式导入 SortedSet 类并构建实例
15. scala > import scala.collection.SortedSet
16. import scala.collection.SortedSet
17. //SortedSet 构建的具体子类为 TreeSet
18. scala > SortedSet("hello","world")
19. res4:scala.collection.SortedSet[String] = TreeSet(hello,world)
20. //显式导入 Buffer 类并构建实例
21. scala > import scala.collection.mutable.Buffer
22. import scala.collection.mutable.Buffer
23. //Buffer 构建的具体子类为 ArrayBuffer
24. scala > Buffer(1,2,3)
25. res5:scala.collection.mutable.Buffer[Int] = ArrayBuffer(1,2,3)
26. //IndexedSeq 构建的具体子类为 Vector
```

```
27. scala > IndexedSeq(1.0,2.0)
28. res6:IndexedSeq[Double] = Vector(1.0,2.0)
29. //显式导入 LinearSeq 类并构建实例
30. scala > import scala.collection.LinearSeq
31. import scala.collection.LinearSeq
32. //LinearSeq 构建的具体子类为 List
33. scala > LinearSeq(1,2,3)
34. res7:scala.collection.LinearSeq[Int] = List(1,2,3)
```

下面根据上一节介绍的集合的相关操作,给出部分操作类型的示例,并进行简单的代码分析。对上一节列出的集合操作,对应在相应子类上的操作基本都是类似的,如果后续章节中有未给出操作的实例,可以参考这里的实例代码。

【例 5-2】抽象方法的代码示例。

Traversable 的抽象方法 foreach 的代码示例如下所示:

```
1. //遍历并打印 Traversable 中的各个元素
2. scala > Traversable(1,2,3) foreachprintln
3. 1
4. 2
5. 3
```

【例 5-3】加法运算(Addition)的代码示例。

Traversable 与一个 TraversableOnce 集合相加的代码示例如下所示,是与一个 Taversable 类或一个迭代器(Iterator)相加的示例:

```
1. //合并 Traversable 与 List 中的每个元素
2. scala > Traversable(1,2,3) ++ List(4,5,6)
3. res16:Traversable[Int] = List(1,2,3,4,5,6)
4. scala > Traversable(1,2,3) ++ List(4,5,6).iterator
5. res17:Traversable[Int] = List(1,2,3,4,5,6)
```

【例 5-4】映射操作(Maps)的代码示例。

Traversable 的映射操作的代码示例如下所示,该示例包括 map、flatMap 等方法的代码:

```
1. //遍历集合中的每个元素,并将{_*2}函数作用在每个元素上
2. scala > Traversable(1,2,3) map {_*2}
3. res10:Traversable[Int] = List(2,4,6)
4. //通过 map 操作,先查看每个元素转换后的结果
5. scala > Traversable(1,2,3) map {1 to _}
6. res12:Traversable[scala.collection.immutable.Range.Inclusive] = List(Range(1),Range(1,2),
   Range(1,2,3))
7. //在 map 基础上理解 flatMap 操作中的扁平化效果
```

第5章 Scala 集合

```
8.  scala > Traversable(1,2,3) flatMap {1 to _}
9.  res11:Traversable[Int] = List(1,1,2,1,2,3)
10. //先定义偏函数 pf,遍历集合元素,并将 pf 作用在元素上
11. //返回在 pf 中定义域内返回的结果值
12. scala > val pf:PartialFunction[Int,String] = { case 1 => "one" }
13. Traversable(1,2,3).collect(pf)
14. pf:PartialFunction[Int,String] = <function1>
15. res13:Traversable[String] = List(one)
16. //case 匹配语句对应偏函数,可以简化上面的代码
17. scala > Traversable(1,2,3).collect{ case 1 => "one" }
18. res14:Traversable[String] = List(one)
```

【例 5-5】 转换操作（Conversions）的代码示例。

Traversable 的转换操作的代码示例，包括 toArray、toList 等方法的代码，示例代码如下所示：

```
1.  //注意对应方法所返回的结果类型
2.  //或为 Array,或为 List 等
3.  scala > Traversable(1,2,3).toArray
4.  res15:Array[Int] = Array(1,2,3)
5.  scala > Traversable(1,2,3).toList
6.  res16:List[Int] = List(1,2,3)
7.  scala > Traversable(1,2,3).toIterable
8.  res17:Iterable[Int] = List(1,2,3)
9.  scala > Traversable(1,2,3).toSeq
10. res18:Seq[Int] = List(1,2,3)
11. scala > Traversable(1,2,3).toIndexedSeq
12. res19:scala.collection.immutable.IndexedSeq[Int] = Vector(1,2,3)
13. scala > Traversable(1,2,3).toStream
14. res20:Stream[Int] = Stream(1,?)
15. scala > Traversable(1,2,3).toSet
16. res21:scala.collection.immutable.Set[Int] = Set(1,2,3)
17. //当元素类型并非键/值对时的错误信息
18. //控制台 <console> 中的 error 信息
19. scala > Traversable(1,2,3).toMap
20.  <console>:11:error:Cannot prove that Int <:< (T,U).
21. Traversable(1,2,3).toMap
22. //对应元素类型为键/值对时的类型转换
23. scala > Traversable(1 -> "one",2 -> "two",3 -> "three").toMap
24. res23:scala.collection.immutable.Map[Int,String] = Map(1 -> one,2 -> two,3 -> three)
```

【例 5-6】 复制操作（Copying）的代码示例。

Traversable 的复制操作的代码示例，包括 copyToArray、copyToBuffer 等方法的代码，示例代码如下所示：

```
1.  //复制到数组的方法使用
2.  //复制到数组的1下标的开始位置,最多复制3个
3.  scala > val b :Array[Int] = new Array(5)
4.  Traversable(1,2,3).copyToArray(b,1,3)
5.  scala > b
6.  res35:Array[Int] = Array(0,1,2,3,0)
7.  val c:ArrayBuffer[Int]    = ArrayBuffer()
8.  b:Array[Int] = Array(0,0,0,0,0)
9.  //复制到Buffer的方法使用
10. //需要先导入ArrayBuffer类
11. scala > import scala.collection.mutable.ArrayBuffer
12. import scala.collection.mutable.ArrayBuffer
13. scala > c:scala.collection.mutable.ArrayBuffer[Int] = ArrayBuffer()
14. scala > Traversable(1,2,3).copyToBuffer(c)
15. scala > c
16. res42:scala.collection.mutable.ArrayBuffer[Int] = ArrayBuffer(1,2,3)
```

【例5-7】 元素检索操作（Element Retrieval）的代码示例。

Traversable的元素检索操作的代码示例，包括head、last等方法的代码，示例代码如下所示：

```
1.  //对集合的元素检索,注意返回类型,如果是Some或None,则对应Option
2.  //对应返回结果非Option时,需要注意,比如head操作,当集合为空时,会抛出java.util.NoSuchElementException异常
3.  scala > Traversable(1,2,3).head
4.  res48:Int = 1
5.  scala > Traversable(1,2,3).headOption
6.  res49:Option[Int] = Some(1)
7.  scala > Traversable(1,2,3).last
8.  res50:Int = 3
9.  scala > Traversable(1,2,3).lastOption
10. res51:Option[Int] = Some(3)
11.
12. //取集合中为偶数的元素
13. scala > Traversable(1,2,3) find {_ % 2 ==0}
14. res52:Option[Int] = Some(2)
```

【例5-8】 获取子集合操作（Subcollection）的代码示例。

Traversable的获取子集合操作的代码示例，包括tail、init等方法的代码，示例代码如下所示：

```
1.  //获取除head元素外的其他元素组成的子集合
2.  scala > Traversable(1,2,3).tail
3.  res63:Traversable[Int] = List(2,3)
```

4. scala > Traversable(1,2,3).init
5. res64:Traversable[Int] = List(1,2)
6.
7. //取指定索引范围内的集合元素所构建的子集合
8. //注意切片的索引为左闭右开[m,n)区间
9. scala > Traversable(1,2,3) slice (1,2)
10. res65:Traversable[Int] = List(2)
11. scala > Traversable(1,2,3) take 1
12. res66:Traversable[Int] = List(1)
13. scala > Traversable(1,2,3) drop 2
14. res67:Traversable[Int] = List(3)
15.
16. //从下面例子中,理解:从第一个开始判断,获取满足条件的连续的最多元素
17. scala > Traversable(1,2,3)takeWhile {_ % 2 ==0}
18. res68:Traversable[Int] = List()
19. scala > Traversable(1,2,3)takeWhile {_ % 2 ==1}
20. res69:Traversable[Int] = List(1)
21. scala > Traversable(1,5,7,2,3)takeWhile {_ % 2 ==1}
22. res70:Traversable[Int] = List(1,5,7)
23.
24. scala > Traversable(1,2,3)dropWhile {_ % 2 ==0}
25. res71:Traversable[Int] = List(1,2,3)
26. scala > Traversable(1,2,3) filter {_ % 2 ==0}
27. res72:Traversable[Int] = List(2)
28.
29. //注意返回类型为 WithFilter 类,后续使用 map 等操作时,对应该类的 apply 方法
30. //即 withFilter 操作是惰性的
31. scala > Traversable(1,2,3)withFilter {_ % 2 ==0}
32. res73:scala.collection.generic.FilterMonadic[Int,Traversable[Int]] = scala.collection.TraversableLike$WithFilter
33. @ 19ff2c83
34.
35. scala > Traversable(1,2,3)filterNot {_ % 2 ==0}
36. res74:Traversable[Int] = List(1,3)

【例 5-9】拆分操作(Subdivision)的代码示例。

Traversable 的拆分操作的代码示例,包括 splitAt、span 等方法的代码,示例代码如下所示:

1. //指定索引位置进行切分
2. scala > Traversable(1,2,3)splitAt 2
3. res75:(Traversable[Int],Traversable[Int]) = (List(1,2),List(3))
4.

```
5.  //根据指定谓词进行拆分
6.  scala > Traversable(1,2,3) span {_ % 2 ==0}
7.  res76:(Traversable[Int],Traversable[Int]) = (List(),List(1,2,3))
8.  scala > Traversable(1,2,3) partition {_ % 2 ==0}
9.  res77:(Traversable[Int],Traversable[Int]) = (List(2),List(1,3))
10.
11. //根据奇偶将元素进行分组
12. scala > Traversable(1,2,3) groupBy {_ % 2}
13. res78:scala.collection.immutable.Map[Int,Traversable[Int]] = Map(1 -> List(1,3),0 -> List(2))
```

【例5-10】折叠操作（Fold）的代码示例。

Traversable 的折叠操作的代码示例，包括 splitAt、span 等方法的代码，示例代码如下所示：

```
1.  //以 z=0 为初始值,op=(_+_)为二元操作,进行折叠操作
2.  //依次从集合中取出一个元素,和 z 进行 op 操作
3.  //操作后更新 z,然后继续以集合中的下一个元素重复上述操作
4.  //下列操作差异点：
5.  //   1. 取元素的方式是从左到右还是从右到左
6.  //   2. 是否有初始值
7.  scala > (0 /:Traversable(1,2,3))(_+_)
8.  res99:Int = 6
9.  scala > (Traversable(1,2,3) :\ 0)(_+_)
10. res100:Int = 6
11. scala > Traversable(1,2,3).foldLeft(0)(_+_)
12. res101:Int = 6
13. scala > Traversable(1,2,3).foldRight(0)(_+_)
14. res102:Int = 6
15. scala > Traversable(1,2,3) reduceLeft (_+_)
16. res103:Int = 6
17. scala > Traversable(1,2,3) reduceRight (_+_)
18. res104:Int = 6
```

【例5-11】字符串相关操作（String）的代码示例。

Traversable 的字符串相关操作的代码示例，包括 addString、mkString 等方法的代码，示例代码如下所示：

```
1.  scala > val b = new StringBuilder()
2.  b:StringBuilder =
3.
4.  //注意以下两种方法的返回类型
5.  scala > Traversable(1,2,3) addString (b,"{","|","}")
6.  res108:StringBuilder = {1|2|3}
7.  scala > Traversable(1,2,3) mkString ("{","|","}")
```

第5章 Scala 集合

```
8.  res109:String = {1|2|3}
9.
10. //比较 stringPrefix 与 toString 的结果
11. scala > Traversable(1,2,3).toString
12. res110:String = List(1,2,3)
13. scala > Traversable(1,2,3).stringPrefix
14. res111:String = List
```

【例 5-12】视图操作（View）的代码示例。

以下是 View 的视图操作的代码示例，示例代码如下所示：

```
1.  //视图的构建
2.  scala > Traversable(1,2,3).view
3.  res116:scala.collection.TraversableView[Int,Traversable[Int]] = SeqView(...)
4.
5.  scala > Traversable(1,2,3).view(1,2)
6.  res117:scala.collection.TraversableView[Int,Traversable[Int]] = SeqViewS(...)
7.
8.  //视图有点类似于 Spark 的转换操作，记录了中间的各个操作，比如 map、filter 等，只在触发
    执行或调用 force 时才真正执行
9.  scala > Traversable(1,2,3).view.map(_*2).filter(_>3)
10. res119:scala.collection.TraversableView[Int,Traversable[_]] = SeqViewMF(...)
11. scala > Traversable(1,2,3).view.map(_*2).filter(_>3).foreach(println)
12. 4
13. 6
14. scala > Traversable(1,2,3).view.map(_*2).filter(_>3).force
15. res121:Traversable[Int] = List(4,6)
```

5.2 序列（Seq）

5.2.1 序列的概述

数学上，序列是被排成一列的对象，每个元素不是在其他元素之前，就是在其他元素之后。在 Scala 中，使用 trait Seq 来表示序列。由于序列是有序的，因此可以迭代访问其中的每个元素，在 Scala 中，序列元素对应的索引位置以 0 开始计数。

特质（trait）Seq 基于不同的性能需求，给出了两个子特质（subtrait）：LinearSeq 和 IndexedSeq。它们不添加任何新的操作，但都提供了不同的性能特点：线性序列具有高效的 head 和 tail 操作，而索引序列具有高效的 apply、length 和（如果可变）update 操作。

在 Scala 集合类库中，序列同样包含可变序列和不可变序列。其中，不可变序列的类图如图 5-5 所示，可变序列的类图如下图 5-6 所示。

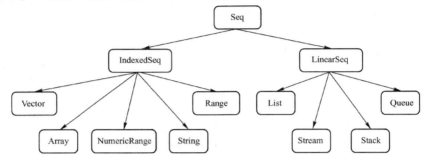

图 5-5　scala.collection.mutable 包中不可变序列类的类图

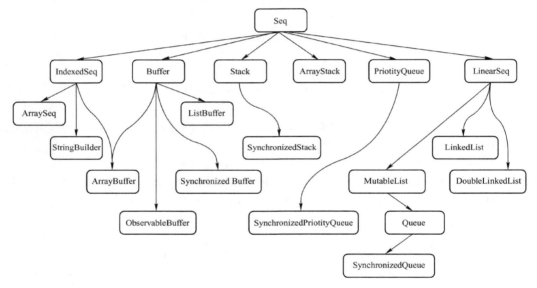

图 5-6　scala.collection.mutable 包中可变序列类的类图

5.2.2　序列的相关操作

下面参考官网的接口分类，分别对 Seq 特质提供的各个接口进行介绍。具体说明如表 5-15 到表 5-22 所示。

表 5-15　索引和长度的操作

方　　法	说　　明
xs(i)	或者写成 xs apply i，xs 中索引为 i 的元素
xs isDefinedAt i	测试 xs.indices 中是否包含 i
xs.length	序列的长度（同 size）
xs.lengthCompare ys	如果 xs 的长度小于 ys 的长度，则返回 -1；如果 xs 的长度大于 ys 的长度，则返回 +1；如果它们的长度相等，则返回 0。即使其中一个序列是无限的，该方法也有效
xs.indices	xs 的索引范围，从 0 到 xs.length - 1

表 5-16　索引搜索的操作

方　法	说　明
xs indexOf x	返回序列 xs 中第一个等于 x 的元素的索引（存在多种变体）
xs lastIndexOf x	返回序列 xs 中最后一个等于 x 的元素的索引（存在多种变体）
xs indexOfSlice ys	返回序列 xs 中第一个包含 ys 序列元素的子序列的索引
xs lastIndexOfSlice ys	返回序列 xs 中最后一个包含 ys 序列元素的子序列的索引
xs indexWhere p	返回序列 xs 中第一个满足谓词 p 的元素的索引（存在多种变体）
xs segmentLength(p,i)	返回序列 xs 中，从 xs(i) 开始并满足条件 p 的元素的最长连续片段的长度
xs prefixLength p	返回序列 xs 中，满足 p 条件的先头元素的最大个数

表 5-17　加法运算

方　法	说　明
x +: xs	在序列 xs 的前面添加 x 所得的新序列
xs :+ x	在序列 xs 的后面追加 x 所得的新序列
xs padTo(len, x)	返回的新序列是在 xs 后方追加 x，直到序列长度达到 len

表 5-18　更新的操作

方　法	说　明
xs patch(i,ys,r)	将 xs 中第 i 个元素开始的 r 个元素，替换为 ys 所得的序列
xs updated(i,x)	将 xs 中第 i 个元素替换为 x 后所得的 xs 的副本
xs(i) = x	或写作 xs.update(i, x)，仅适用于可变序列。将 xs 序列中第 i 个元素修改为 x

表 5-19　排序的操作

方　法	说　明
xs.sorted	对序列 xs 的元素以标准顺序进行排序所得到的新序列
xs sortWith lt	对序列 xs 的元素以指定 lt 函数进行排序所得到的新序列
xs sortBy f	对序列 xs 的元素进行排序后所得到的新序列。将 f 函数作用于参与比较的两个元素，以对得到的两个结果进行比较

表 5-20　反转的操作

方　法	说　明
xs.reverse	与 xs 序列元素顺序相反的一个新序列
xs.reverseIterator	获取序列 xs 的反序迭代器
xs reverseMap f	反序遍历序列 xs 的元素，并将 f 函数作用于每个元素上所得到的新序列

表 5-21　比较的操作

方　法	说　明
xs startsWith ys	测试序列 xs 是否以序列 ys 开头（存在多种变体）
xs endsWith ys	测试序列 xs 是否以序列 ys 结束（存在多种变体）
xs contains x	测试 xs 序列中是否存在一个与 x 相等的元素
xs containsSlice ys	测试 xs 序列中是否存在一个与 ys 相同的连续子序列
(xs corresponds ys)(p)	测试序列 xs 与序列 ys 中对应的元素是否满足二元的判断式 p

表 5-22 多集操作的操作

方法	说明
xs intersect ys	序列 xs 和 ys 的交集，并保留序列 xs 中的顺序
xs diff ys	序列 xs 和 ys 的差集，并保留序列 xs 中的顺序
xs union ys	并集；同 xs ++ ys
xs. distinct	对序列 xs 去除重复元素后所得到的子序列

5.2.3 序列的操作示例

下面根据上一节给出的序列的相关操作，对部分操作类型通过示例进行简单的代码分析。

【例 5-13】索引搜索操作的代码示例。

本示例为序列的索引搜索操作的代码实例，示例代码包括 indices、indexOf 等方法：

```
1.  //索引下标从 0 开始
2.  scala > val xs = Seq(1,2,3,4,5,6,7,1,2,3,4,5,6)
3.  xs:Seq[Int] = List(1,2,3,4,5,6,7,1,2,3,4,5,6)
4.  scala > xs. indices
5.  res19:scala. collection. immutable. Range = Range(0,1,2,3,4,5,6,7,8,9,10,11,12)
6.
7.  scala > xsindexOf 3
8.  res20:Int = 2
9.  scala > xslastIndexOf 3
10. res21:Int = 9
11. scala > xsindexOfSlice Seq(3,4,5)
12. res22:Int = 2
13. scala > xslastIndexOfSlice Seq(3,4,5)
14. res23:Int = 9
15. scala > xsindexWhere {_ % 3 == 0}
16. res24:Int = 2
17.
18. //从第二个参数指定的索引位置开始,查找满足条件的连续的元素片段
19. //然后返回该片段的长度
20. scala > val xs = Seq(1,2,3,4,5,6,7,1,2,3,4,5,6)
21. xs:Seq[Int] = List(1,2,3,4,5,6,7,1,2,3,4,5,6)
22.
23. //这里的 drop 操作只是获取开始查找的集合有效范围
24. //并不会修改不可变的集合本身
25. scala > xs. drop(1)
26. res15:Seq[Int] = List(2,3,4,5,6,7,1,2,3,4,5,6)
```

```
27.
28. //片段为:2,3,4,5,6,7
29. scala > xssegmentLength ( _ >1,1)
30. res13 : Int = 6
31.
32. scala > val xs = Seq(1,2,3,4,5,6,7,1,2,3,4,5,6)
33. xs:Seq[ Int] = List(1,2,3,4,5,6,7,1,2,3,4,5,6)
34. scala > xssegmentLength ( _ >2,1)
35. res16 : Int = 0
36.
37. //最开始就符合条件的连续的元素最多个数
38. //prefixLength 为 segmentLength(p,0)的缩写形式
39. //参考前面的 drop、segmentLength 操作
40. //1. 第一个元素符合,继续判断,直到不符合条件的元素 2 为止
41. scala > Seq(1,1,1,2,1,1) prefixLength {_ % 2 == 1}
42. res29 : Int = 3
43.
44. //2. 第一个元素已经不符合条件
45. scala > Seq(2,1,1,2,1,1) prefixLength {_ % 2 == 1}
46. res30 : Int = 0
```

【例 5-14】加法运算的代码示例。

本示例为序列的加法运算的代码实例,包括添加集合、添加元素等,示例代码如下所示:

```
1.  //添加集合、添加元素
2.  scala > 1 + :Seq(3,4,5)
3.  res3 : Seq[ Int ] = List(1,3,4,5)
4.  scala > Seq(3,4,5) : + 1
5.  res4 : Seq[ Int ] = List(3,4,5,1)
6.
7.  //注意 padTo 参数 len 指的是扩展后的序列长度
8.  //如果 len 参数值等于或小于原集合长度,则不做扩展
9.  scala > Seq(3,4,5) padTo (3,6)
10. res5 : Seq[ Int ] = List(3,4,5)
11. scala > Seq(3,4,5) padTo (4,6)
12. res6 : Seq[ Int ] = List(3,4,5,6)
13. scala > Seq(3,4,5) padTo (2,6)
14. res7 : Seq[ Int ] = List(3,4,5)
```

【例 5-15】更新操作的代码示例。

本示例为序列元素更新操作的代码实例,包括 patch、updated 等方法的代码,示例代码如下所示:

```
1.  //注意替换的起始索引位置
2.  //用 Seq(1,2)替换 Seq(6,7,8)的从下标为 1(即元素为 7)开始
3.  //个数为参数 r 指定的两个元素(即替换 7、8 两个)
4.  scala > Seq(6,7,8) patch (1,Seq(1,2),2)
5.  res15:Seq[Int] = List(6,1,2)
6.
7.  //当起始下标大于、等于原序列的元素长度(即起始位置位于
8.  //序列最后一个元素之后)时,直接添加 Seq(1,2),而原序列没有元素被替换
9.  scala > Seq(6,7,8) patch (3,Seq(1,2),2)
10. res16:Seq[Int] = List(6,7,8,1,2)
11.
12. //指定索引位置的元素被替换为第二个参数的值
13. scala > Seq(6,7,8) updated (2,1)
14. res17:Seq[Int] = List(6,7,1)
15.
16. //当索引位置超出序列范围,则抛出异常 UnsupportedOperationException
17. scala > Seq(6,7,8) updated (3,1)
18. java.lang.UnsupportedOperationException:empty.tail
19. ...
20. //注意:(x)或 update 针对可变序列,即需要在原序列上进行修改
21. scala > import scala.collection.mutable
22. import scala.collection.mutable
23. scala > mutable.Seq(6,7,8)(1) = 1
24.
25. //同样的,当索引位置超出序列范围,会抛出异常 IndexOutOfBoundsException
26. scala > mutable.Seq(6,7,8)(3) = 1
27. java.lang.IndexOutOfBoundsException:3
28. ...
```

【例 5-16】排序操作的代码示例。

本示例为对序列元素进行排序的代码示例,包括 sorted、sortWith 等方法的代码,示例代码如下所示:

```
1.  scala > valxss = Seq(1,2,3,4,5,6,7,1,2,3,4,5,6)
2.  xss:Seq[Int] = List(1,2,3,4,5,6,7,1,2,3,4,5,6)
3.  scala > xss.sorted
4.  res2:Seq[Int] = List(1,1,2,2,3,3,4,4,5,5,6,6,7)
5.
6.  //根据 sortWith 参数定义 lt 函数
7.  scala > val lt = (a:Int,b:Int) => -a < -b
8.  lt:(Int,Int) => Boolean = <function2>
9.  scala > xss sortWith lt
```

第5章 Scala 集合

```
10.  res3:Seq[Int] = List(7,6,6,5,5,4,4,3,3,2,2,1,1)
11.
12.  //使用简化的函数字面量
13.  scala > xss sortWith { -_ < -_ }
14.  res4:Seq[Int] = List(7,6,6,5,5,4,4,3,3,2,2,1,1)
15.
16.  //根据sortBy参数定义lt函数
17.  scala > val f = (a:Int) => -a
18.  f:Int => Int = <function1>
19.  scala > xss sortBy f
20.  res5:Seq[Int] = List(7,6,6,5,5,4,4,3,3,2,2,1,1)
21.
22.  //使用简化的函数字面量
23.  scala > xss sortBy { -_ }
24.  res10:Seq[Int] = List(7,6,6,5,5,4,4,3,3,2,2,1,1)
```

【例5-17】 反转操作的代码示例。

本示例为对序列元素进行反转的代码实例，包括reverse、reverseIterator等方法的代码，示例代码如下所示：

```
1.  scala > Seq(3,4,5) . reverse
2.  res12:Seq[Int] = List(5,4,3)
3.
4.  //获取反序迭代器，并打印各个元素
5.  scala > Seq(3,4,5) . reverseIterator
6.  res13:Iterator[Int] = non-empty iterator
7.  scala > Seq(3,4,5) . reverseIterator foreach println
8.  5
9.  4
10. 3
11.
12. //反序遍历，并且对每个元素求平方值
13. scala > import scala. math. _
14. import scala. math. _
15. scala > Seq(3,4,5)   reverseMap { pow(2,_) }
16. res11:Seq[Double] = List(32.0,16.0,8.0)
```

【例5-18】 比较操作的代码示例。

本示例为对序列元素进行比较的代码实例，定义元素的二元判断函数，并在比较方法中使用的示例代码如下所示：

```
1.  //对应元素的二元判断函数
2.  scala > val p = (a:Int,b:Int) => a+1 == b
```

```
3.  p:(Int,Int) => Boolean =<function2>
4.
5.  scala>(Seq(3,4,5) corresponds Seq(4,5,6))(p)
6.  res18:Boolean = true
7.
8.  //简化,使用函数字面量,有一个元素不符合二元判断函数,则返回 false
9.  scala>(Seq(3,5,5) corresponds Seq(4,5,6))(_ +1 == _)
10. res19:Boolean = false
```

5.3 列表（List）

5.3.1 列表的概述

Array、List、Queue、Stack 通常是使用得比较频繁的集合类。由于 Scala 中 List 集合相比在 Java、C++等编程语言中有点特殊，因此针对列表 List 专门进行讲解。

从上一节序列 Seq 部分可知，List 继承了序列 Seq 的子类 LinearSeq，即 List 是一个线性的序列集合，具有高效的 head 和 tail 操作。对应的 Array 继承了 IndexedSeq，即带索引的序列，可以基于索引快速随机访问元素。列表 List 和数组 Array 非常类似，但两者存在以下两点差异：

● 首先，列表 t 是不可变的集合类，即不能修改列表的元素。
● 其次，列表具有递归结构，而数组是连续的。

和数组一样，列表也是同质的（homogeneous），即列表的所有元素都具有相同的类型。

空列表的类型是 List[Nothing]，同时 List 集合类是协变的，由于 Nothing 是 Scala 中所有类型的子类，因此对应的 List[Nothing]空列表，是其他任意 List[T]类型的子类。

5.3.2 列表的相关操作

由于 List 也继承了 Seq 的接口，因此大部分的操作实例类似，这里就不重复这些实例了。只针对与 List 有关的一些比较重要的操作给出实例并加以解析。

1. 列表的初始构建操作

在 Scala 的包对象中，也提供了 List 的别名定义，因此列表可以通过以下两种形式定义：

● scala.List[T]。
● List[T]。

别名定义的代码如下所示：

```
1. package object scala {
2.    ...
```

```
3.   type List[+A] = scala.collection.immutable.List[A]
4.   val List = scala.collection.immutable.List
5.
6.   val Nil = scala.collection.immutable.Nil
7.   ...
```

2. 列表的基础构建块的操作

所有列表都可以通过下面两个构建块来构建：
- Nil（空列表）。
- ::（读 cons）：中缀操作符，遵循右结合规则。

其中，::是右结合性的操作，即如下3种形式的代码结果是一样的：

```
1.   1::2::3::Nil
2.   1::(2::(3::Nil))
3.   Nil.::(3).::(2).::(1)
```

3. 在列表中，操作都是基于以下3个操作来实现的

- head：列表的第一个元素。
- tail：列表中除第一个元素外，其他元素组成的列表。
- isEmpty。

4. 列表中的模式匹配操作

在模式匹配中解构一个列表的常用形式如下：
- Nil：Nil 常量。
- x::xs：该模式对应一个以 x 开头、以 xs 结尾的列表。
- List（x1, x2, …, xn）：该模式等同于 x1:: x2:: …. xn:: Nil。

5.3.3 列表的操作示例

以下示例给出了列表操作中几种比较常见的使用场景。包括：初始列表构建操作、列表的3个基本操作、列表模式匹配操作。

【例 5-19】初始列表构建操作的示例。

列表的初始构建代码，包含空列表、不同元素类型的列表，以及列表嵌套等形式，示例代码如下所示：

```
1.   //空列表,即不包含任何元素,其类型推断为 Nothing
2.   scala > List()
3.   res0:List[Nothing] = List()
4.
5.   //包含元素 1,推断的元素类型为 Int
6.   scala > List(1)
7.   res1:List[Int] = List(1)
```

```
8.
9.  //包含元素"a"和"b",推断的元素类型为 String
10. scala > List("a","b")
11. res2:List[String] = List(a,b)
12.
13. scala > List(List(0),List(1))
14. res3:List[List[Int]] = List(List(0),List(1))
15.
16. //表示空列表的 Nil 对象
17. scala > Nil
18. res1:scala.collection.immutable.Nil.type = List()
19.
20. scala > List() == Nil
21. res2:Boolean = true
```

【例 5-20】3 个基本操作的示例。

描述了列表的 3 个基本操作:获取第一个元素、获取除第一个元素外的其他元素、空表调用的代码,包含 head、tail 等方法的代码,示例代码如下所示:

```
1.  //获取第一个元素
2.  scala > List(0,1,2).head
3.  res7:Int = 0
4.
5.  //获取除第一个元素外的其他元素组成的子集合
6.  scala > List(0,1,2).tail
7.  res8:List[Int] = List(1,2)
8.
9.  scala > List(0,1,2).tail.head
10. res9:Int = 1
11.
12. //空表调用 head 或 tail 会抛出异常
13. scala > List().head
14. java.util.NoSuchElementException:head of empty list
```

【例 5-21】列表模式匹配的代码示例。

这里以简单的插入排序为例,给出模式匹配的示例代码:

```
1.  //注意,对于递归函数,Scala 无法推断类型,因此需要添加返回类型
2.  scala > def insert(x:Int,xs:List[Int]):List[Int] = xs match {
3.  //如果是空列表,则直接添加
4.      | case Nil => x::Nil
5.  //如果不是空列表,根据列表第一个值和要插入的值进行比较
6.      //当插入值小于、等于第一个时,直接在列表前面加入
```

```
7.      //当插入值大于第一个值时,继续将插入值递归插入后续列表(tail)
8.      //然后,原列表第一个值作为新的第一个元素::即可。
9.      | case y::ys => if( x <= y ) x::xs else y::insert(x,ys)
10.     | }
11. insert:(x:Int,xs:List[Int])List[Int]
12.
13. scala > def sort(xs:List[Int]) :List[Int] = xs match {
14.     //如果是空列表,则无须排序,直接返回
15.     | case Nil => Nil
16.     | case y::ys => insert(y,sort(ys))
17.     | }
18. sort:(xs:List[Int])List[Int]
19.
20. scala > sort(List(1,3,5,2,4))
21. res14:List[Int] = List(1,2,3,4,5)
```

5.4 集 (Set)

5.4.1 集的概述

在 Scala 中,使用 trait Set [A] 来表示集。Set 集合类最大的特性就是不允许在其中存放重复的元素。因此,Set 可以被用来过滤在其他集合中存放的元素,从而得到一个没有包含重复元素的集合。

下面从两个方面对集进行分析。

1. Set 集合的类图

在 Scala 集合类库中,集同样包含了可变集和不可变集。不可变集的类图如图 5-7 所示。

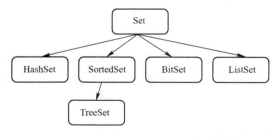

图 5-7 scala.collection.mutable 包中集类的类图

可变集的类图如图 5-8 所示。

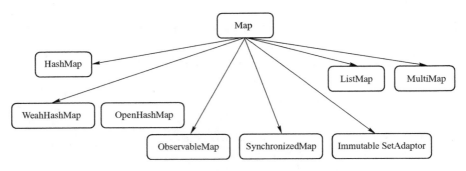

图 5-8 scala.collection.mutable 包中集类的类图

在 Scala 中，基于默认使用不可变集合的规范，在默认导入的 Predef 类中提供了集的别名等定义，具体代码如下所示：

```
1.    type Map[A, +B] = immutable.Map[A,B]
2.    type Set[A]     = immutable.Set[A]
3.    val Map         = immutable.Map
4.    val Set         = immutable.Set
```

在 Predef 类中提供了不可变集合类 Set 的别名，因此在使用时，默认情况下使用的是不可变的集合类。

2. 集合中元素不重复的控制

在集 Set 中，通过对象的 == 方法来判断元素是否相同，避免集包含相同元素。下面以只包含一个元素的不可变 Set 的子类 Set1 为例进行说明。Set1 的代码如下所示：

```
1.    class Set1[A] private[collection] (elem1:A) extends AbstractSet[A] with Set[A] with Serializable {
2.      override def size:Int = 1
3.      def contains(elem:A):Boolean =
4.        elem == elem1
5.      def +(elem:A):Set[A] =
6.        if (contains(elem)) this
7.        else new Set2(elem1,elem)
8.      ...
```

对应的 Set1 中的 + 操作调用了 contains 操作，判断是否已经包含重复元素，而 contains 操作则调用了 == 方法。当已经包含相同元素时，返回集合本身，否则，构建一个包含两个元素的 Set2 集合。

5.4.2 集的相关操作

下面参考官网给出的接口分类，分别对 Set 提供的各个接口进行说明。需要注意的是，对于不可变的集合类，相关的增加、删除、修改等操作往往伴随着集合复制的开销，当有这类操作的需求时，应优先选择可变集合的对应集合类。另外也需要注意某些可能导致集合复制的操作，而使用对应的变形操作，可以避免集合复制所带来的开销。具体说明如表5-24到表5-30所示。

1. Set 类的操作

Set 类的操作如表5-23 到表5-26 所示。

表5-23　条件的操作

方法	说明
xs contains x	测试 x 是否是 xs 的元素
xs (x)	与 xs contains x 相同
xs subsetOf ys	测试 xs 是否是 ys 的子集

表5-24　加法的操作

方法	说明
xs + x	包含 xs 中所有元素及 x 的集合
xs + (x,y,z)	包含 xs 中所有元素及附加元素的集合
xs ++ ys	包含 xs 中所有元素及 ys 中所有元素的集合

表5-25　移除的操作

方法	说明
xs - x	包含 xs 中除 x 以外的所有元素的集合
xs - x	包含 xs 中除去给定元素以外的所有元素的集合
xs - ys	包含在 xs 中，但不在 ys 中的元素的集合
xs.empty	元素类型与 xs 元素类型相同的空集合

表5-26　二值操作的操作

方法	说明
xs & ys	集合 xs 和 ys 的交集
xs intersect ys	等同于 xs & ys
xs	ys	集合 xs 和 ys 的并集
xs union ys	等同于 xs	ys
xs &~ ys	集合 xs 和 ys 的差集
xs diff ys	等同于 xs &~ ys

2. 可变 Set 类的操作

可变集合提供加法类方法，可以用来添加、删除或更新元素。下面对这些方法进行总结，如表5-27 到表5-29 所示。

表5-27　加法运算

方法	说明
xs += x	把元素 x 添加到集合 xs 中。该操作有副作用，它会返回左操作符，这里是 xs 自身
xs += (x,y,z)	添加指定的元素到集合 xs 中，并返回 xs 本身。（同样有副作用）
xs ++= ys	添加集合 ys 中的所有元素到集合 xs 中，并返回 xs 本身。（表达式有副作用）
xs add x	把元素 x 添加到集合 xs 中，如集合 xs 之前没有包含 x，该操作返回 true，否则返回 false

表 5-28 移除的操作

方　法	说　明
xs -= x	从集合 xs 中删除元素 x，并返回 xs 本身。（表达式有副作用）
xs -= (x,y,z)	从集合 xs 中删除指定的元素，并返回 xs 本身。（表达式有副作用）
xs -= ys	从集合 xs 中删除所有属于集合 ys 的元素，并返回 xs 本身。（表达式有副作用）
xs remove x	从集合 xs 中删除元素 x。如之前 xs 中包含 x 元素，则返回 true，否则返回 false
xs retain p	只保留集合 xs 中满足条件 p 的元素
xs.clear()	删除集合 xs 中的所有元素

表 5-29 更新的操作

方　法	说　明
xs(x) = b	同 xs.update(x,b)，参数 b 为布尔类型，如果值为 true，就把元素 x 加入集合 xs，否则从集合 xs 中删除 x

5.4.3 集的操作示例

下面根据上一节给出的集合的相关操作，给出部分操作的实例，并给出简单分析。

【例 5-22】不可变 Set 类的操作的代码示例。

不可变集合的部分操作代码，包含不可变集合的构建，集合的交集、并集等操作，示例代码如下所示：

```
1.   //不可变集合的一些构建方式
2.   scala > Set().empty
3.   res21:scala.collection.immutable.Set[Nothing] = Set()
4.   scala > Set(1).empty
5.   res22:scala.collection.immutable.Set[Int] = Set()
6.
7.   //集合的交、并、差等操作,结合代数集合上的对应操作去理解
8.   scala > val xs = Set(1,2,3)
9.   xs:scala.collection.immutable.Set[Int] = Set(1,2,3)
10.  scala > val ys = Set(2,3,4)
11.  ys:scala.collection.immutable.Set[Int] = Set(2,3,4)
12.  //集合的交集,对应为两个结合都有的元素组成的新集合
13.  scala > xs & ys
14.  res23:scala.collection.immutable.Set[Int] = Set(2,3)
15.  scala > xs intersect ys
16.  res24:scala.collection.immutable.Set[Int] = Set(2,3)
17.  //集合的并操作,即包含两个集合全部元素的新集合
18.  scala > xs union ys
```

19. res25:scala.collection.immutable.Set[Int] = Set(1,2,3,4)
20. //集合的差,即在左边集合中,同时不在右边集合中的元素所组成的新集合
21. scala > xs & ~ ys
22. res26:scala.collection.immutable.Set[Int] = Set(1)
23. scala > xs diff ys
24. res27:scala.collection.immutable.Set[Int] = Set(1)

【例 5-23】 可变 Set 类操作的代码示例。

可变集合的部分操作代码,包含可变集合的构建、集合元素添加等操作,示例代码如下所示:

1. //可变集合的构建
2. scala > import scala.collection.mutable
3. val xs = mutable.Set(1,2,3)
4. val ys = mutable.Set(2,3,4)
5. import scala.collection.mutable
6.
7. scala > xs:scala.collection.mutable.Set[Int] = Set(1,2,3)
8. scala > ys:scala.collection.mutable.Set[Int] = Set(2,3,4)
9.
10. //可变集的 + = 操作,修改了原来的集
11. scala > xs + = 4
12. res39:xs.type = Set(1,2,3,4)
13. scala > xs
14. res40:scala.collection.mutable.Set[Int] = Set(1,2,3,4)
15.
16. //注意:Set 中不存在重复的元素
17. scala > xs + = (3,4,5)
18. res41:xs.type = Set(1,5,2,3,4)
19. scala > xs ++ = ys
20. res43:xs.type = Set(1,5,2,3,4)
21.
22. //add 操作时,如果该元素已经在集中,则返回 false,否则返回 true
23. scala > xs add 5
24. res44:Boolean = false

Section 5.5 映射(Map)

5.5.1 映射的概述

在 Scala 集合类库中,映射同样包含可变映射和不可变映射。其中,不可变映射的类图

如图 5-9 所示。

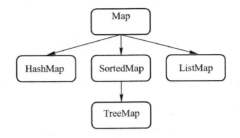

图 5-9　scala.collection.immutable 包中不可变映射类的类图

可变映射的类图如图 5-10 所示。

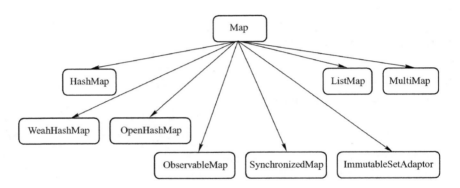

图 5-10　scala.collection.mutable 包中可变映射类的类图

5.5.2　映射的相关操作

下面参考官网，针对操作接口所对应的不同功能特性进行分类，并分别对 Map 提供的各个操作接口进行说明。需要注意的是，对于不可变的集合类，相关的增加、删除、修改等操作往往伴随着集合复制的开销，因此当有这类操作的需求时，应优先选择可变集合的对应集合类。具体说明如表 5-31 到表 5-39 所示。

1. 不可变 Map 类的操作

不可变 Map 类的操作如表 5-30 到表 5-34 所示。

表 5-30　查询的操作

方　　法	说　　明
ms get k	返回一个 Option，其中包含和键 k 关联的值。若 k 不存在，则返回 None
ms(k)	（完整写法是 ms apply k）返回和键 k 关联的值。若 k 不存在，则抛出异常
ms getOrElse(k,d)	返回和键 k 关联的值。若 k 不存在，则返回默认值 d
ms contains k	检查 ms 是否包含与键 k 相关联的映射
ms isDefinedAt k	同 contains

表 5-31 添加及更新的操作

方法	说明
ms + (k -> v)	返回一个同时包含 ms 中所有键/值对及从 k 到 v 的键/值对 k -> v 的新映射
ms + (k -> v, l -> w)	返回一个同时包含 ms 中所有键/值对及所有给定的键/值对的新映射
ms ++ kvs	返回一个同时包含 ms 中所有键/值对及 kvs 中的所有键/值对的新映射
ms updated(k,v)	同 ms + (k -> v)

表 5-32 移除的操作

方法	说明
ms - k	返回一个包含 ms 中除键 k 以外的所有映射关系的映射
ms - (k,l,m)	返回一个滤除了 ms 中与所有给定的键相关联的映射关系的新映射
ms - ks	返回一个滤除了 ms 中与 ks 中给出的键相关联的映射关系的新映射

表 5-33 子集合（Subcollection）的操作

方法	说明
ms.keys	返回一个用于包含 ms 中所有键的 iterable 对象（译注：请注意 iterable 对象与 iterator 的区别）
ms.keySet	返回一个包含 ms 中所有键的集合
ms.keysIterator	返回一个用于遍历 ms 中所有键的迭代器
ms.values	返回一个包含 ms 中所有值的 iterable 对象
ms.valuesIterator	返回一个用于遍历 ms 中所有值的迭代器

表 5-34 转换的操作

方法	说明
ms filterKeys p	得到一个映射视图（Map View），包含 ms 映射中元素的键符合指定的 p 条件的所有元素
ms mapValues f	得到一个映射视图（Map View），同时将函数 f 作用于 ms 映射中每个元素的值上

filterKeys 与 mapValues 操作，分别返回 FilteredKeys 与 MappedValues 类型，在实际操作时，只是将对应的 p 与 f 操作封装到对应的类中，在需要时才执行 p 与 f 操作。类似的类型如 WithFilter。

2. 可变 Map 类的操作

可变 Map 类的操作如表 5-35 到 5-38 所示。

表 5-35 添加及更新的操作

方法	说明
ms(k) = v	完整形式为 ms.update(x,v)。向映射 ms 中新增一个以 k 为键、以 v 为值的键/值对，ms 先前包含的以 k 为值的映射关系将被覆盖
ms += (k -> v)	向映射 ms 增加一个以 k 为键、以 v 为值的键/值对，并返回 ms 自身
ms += (k -> v, l -> w)	向映射 ms 中增加给定的多个键/值对，并返回 ms 自身
ms ++= kvs	向映射 ms 增加 kvs 中的所有键/值对，并返回 ms 自身
ms put(k,v)	向映射 ms 增加一个以 k 为键、以 v 为值的键/值对，并返回一个 Option，其中可能包含此前与 k 相关联的值
ms getOrElseUpdate(k,d)	如果 ms 中存在键 k，则返回键 k 的值。否则向 ms 中新增键/值对 k -> v 并返回 d

表 5-36 移除的操作

方法	说明
ms -= k	从映射 ms 中删除以 k 为键的映射关系,并返回 ms 自身
ms -= (k,l,m)	从映射 ms 中删除与给定的各个键相关联的映射关系,并返回 ms 自身
ms -= ks	从映射 ms 中删除与 ks 给定的各个键相关联的映射关系,并返回 ms 自身
ms remove k	从 ms 中移除以 k 为键的映射关系,并返回一个 Option,其可能包含之前与 k 相关联的值
ms retain p	仅保留 ms 中键满足条件谓词 p 的映射关系
ms.clear( )	删除 ms 中的所有映射关系

表 5-37 转换的操作

方法	说明
ms transform f	以函数 f 转换 ms 中所有键/值对(说明:参考 API 文档中函数 f 的签名,对应输入为键/值对,输出为该键的新值)

表 5-38 克隆的操作

方法	说明
ms.clone	返回一个新的可变映射(Map),其中包含与 ms 相同的映射关系

5.5.3 映射的操作示例

下面参考官网给出的接口分类,分别对 Map 提供的各个接口进行说明。

1. 不可变 Map 类的操作

对应的是不可变的 Map 类,因此以下操作不会修改原来的 Map 实例,而是返回修改后的新的 Map 实例。

【例 5-24】查询相操作的代码示例。

本示例为不可变 Map 的查询相关操作的代码,包含 get、getOrElse 等方法的代码,示例代码如下所示:

```
1.   //注意查询结果的类型
2.   scala > val ms = Map(1 ->"one",2 ->"two",3 ->"three")
3.   ms:scala.collection.immutable.Map[Int,String] = Map(1 -> one,2 -> two,3 -> three)
4.   scala > ms get 3
5.   res45:Option[String] = Some(three)
6.   scala > ms get 4
7.   res46:Option[String] = None
8.
9.   //(4)操作与 get 不同,在 key 值不存在时,会抛出异常 NoSuchElementException
10.  scala > ms(3)
11.  res47:String = three
```

```
12.  scala > ms(4)
13.  java.util.NoSuchElementException:key not found:4
14.  …
15.  //获取指定 key 值的 value,key 值不存在时,返回给定的默认值
16.  scala > msgetOrElse(3,"unknown")
17.  res49:String = three
18.  scala > msgetOrElse(4,"four")
19.  res50:String = four
20.
21.  scala > ms contains 3
22.  res51:Boolean = true
23.  scala > msisDefinedAt 4
24.  res52:Boolean = false
```

【例 5-25】添加及更新相关的代码示例。

本示例为不可变 Map 的元素添加、更新相关操作的代码,包含添加元素、添加集合等方法的代码,示例代码如下所示:

```
1.  scala > val ms = Map(1 -> "one",2 -> "two",3 -> "three")
2.  ms:scala.collection.immutable.Map[Int,String] = Map(1 -> one,2 -> two,3 -> three)
3.  scala > valkvs = Map(1 -> "one",4 -> "four",5 -> "five")
4.  kvs:scala.collection.immutable.Map[Int,String] = Map(1 -> one,4 -> four,5 -> five)
5.
6.  scala > ms + (4 -> "four")
7.  res57:scala.collection.immutable.Map[Int,String] = Map(1 -> one,2 -> two,3 -> three,4 -> four)
8.  scala > ms + (4 -> "four",5 -> "five")
9.  res58:scala.collection.immutable.Map[Int,String] = Map(5 -> five,1 -> one,2 -> two,3 -> three,4 -> four)
10. scala > ms ++ kvs
11. res59:scala.collection.immutable.Map[Int,String] = Map(5 -> five,1 -> one,2 -> two,3 -> three,4 -> four)
12.
13. //updated 内部也是调用 + 操作
14. scala > ms updated(3,"new-three")
15. res61:scala.collection.immutable.Map[Int,String] = Map(1 -> one,2 -> two,3 -> new-three)
16. scala > ms updated(4,"four")
17. res62:scala.collection.immutable.Map[Int,String] = Map(1 -> one,2 -> two,3 -> three,4 -> four)
```

【例 5-26】子集合(Subcollection)相关的代码示例。

本示例为不可变 Map 的子集合相关操作的代码,包含获取 Key 集合、Value 集合等方法的代码,示例代码如下所示:

```
1.  scala > val ms = Map(1 -> "one", 2 -> "two", 3 -> "three")
2.  ms: scala.collection.immutable.Map[Int,String] = Map(1 -> one, 2 -> two, 3 -> three)
3.
4.  //获取集合的全部 Key 值集合的几种方式
5.  scala > ms.keys
6.  res63: Iterable[Int] = Set(1,2,3)
7.  scala > ms.keySet
8.  res64: scala.collection.immutable.Set[Int] = Set(1,2,3)
9.
10. scala > ms.keysIterator
11. res66: Iterator[Int] = non-empty iterator
12. scala > ms.keysIterator.foreach(println)
13. 1
14. 2
15. 3
16.
17. //获取集合的全部 Value 值集合的几种方式
18. scala > ms.values
19. res68: Iterable[String] = MapLike(one, two, three)
20. scala > ms.valuesIterator
21. res69: Iterator[String] = non-empty iterator
22. scala > ms.valuesIterator.foreach(println)
23. one
23. two
25. three
```

【例 5-27】转换相关的代码示例。

本示例为不可变 Map 的转换相关操作的代码，包含对 Key 值的过滤、对 Value 值的映射等方法的代码，示例代码如下所示：

```
1.  scala > val ms = Map(1 -> "one", 2 -> "two", 3 -> "three")
2.  ms: scala.collection.immutable.Map[Int,String] = Map(1 -> one, 2 -> two, 3 -> three)
3.
4.  //filter 是对 Map 的键/值对元素进行过滤
5.  //filterKeys 是对元素的键进行过滤
6.  scala > msfilterKeys {_ > 1}
7.  res71: scala.collection.immutable.Map[Int,String] = Map(2 -> two, 3 -> three)
8.
9.  //map 是对 Map 的键/值对元素进行映射
10. //mapValues 是对元素的值进行映射
11. scala > msmapValues {_.toUpperCase}
12. res72: scala.collection.immutable.Map[Int,String] = Map(1 -> ONE, 2 -> TWO, 3 -> THREE)
```

2. 可变 Map 类的操作

对应可变 Map 类的操作，在添加、删除、修改等操作时会修改原来的 Map 类。以下示例将对可变 Map 类的操作进行介绍。

【例 5-28】与添加及更新相关的代码示例。

本示例为可变 Map 的元素添加及更新相关操作的代码，包含添加元素、集合、对指定 Key 值元素的修改等方法的代码，示例代码如下所示：

```
1.  scala > import scala.collection.mutable
2.  import scala.collection.mutable
3.
4.  //注意,这里使用的是 mutable.Map,即可变的 Map 类
5.  scala > val ms = mutable.Map(1 -> "one", 2 -> "two", 3 -> "three")
6.  ms: scala.collection.mutable.Map[Int, String] = Map(2 -> two, 1 -> one, 3 -> three)
7.
8.  //修改原有的 key 和新增的 key 所对应的键/值对
9.  scala > ms(1) = "1"
10. scala > ms(4) = "four"
11.
12. //对应可变 Map:重新查看原有的 Map 实例,可以看到已经被修改
13. scala > ms
14. res75: scala.collection.mutable.Map[Int, String] = Map(2 -> two, 4 -> four, 1 -> 1, 3 -> three)
15.
16. //增加新的键/值对
17. scala > ms += (4 -> "four")
18. res76: ms.type = Map(2 -> two, 4 -> four, 1 -> 1, 3 -> three)
19.
20. //如果新增的 key 已经存在,则覆盖,其他操作类似
21. scala > ms += (1 -> "1", 4 -> "four")
22. res81: ms.type = Map(2 -> two, 5 -> five, 4 -> four, 1 -> 1, 3 -> three)
23.
24. scala > ms
25. res89: scala.collection.mutable.Map[Int, String] = Map(2 -> two, 4 -> four, 1 -> one, 3 -> three)
26. scala > ms ++= Map(1 -> "1", 4 -> "four", 5 -> "five")
27. res90: ms.type = Map(2 -> two, 5 -> five, 4 -> four, 1 -> 1, 3 -> three)
28.
29. //put 操作,对应返回结果的类型及其值,与新增的 key 在原 Map 中的是否有值有关。
30. scala > ms put(5, "five")
31. res93: Option[String] = Some(five)
32. scala > ms put(5, "5")
33. res94: Option[String] = Some(five)
34.
```

```
35.  //新增 key =6 的键/值对在原集合中不存在,此时返回 None
36.  scala > ms put(6,"six")
37.  res95:Option[String] = None
38.
39.  //getOrElseUpdate 在 getOrElse 基础上添加了 update 操作
40.  //即如果原 key 不存在,则在获取指定默认值的基础上,还为原 Map 新增了该键/值对
41.  //该方法通常在 Map 使用的默认值的计算开销比较大时使用
42.  //可以避免不必要的重复计算
43.  scala > msgetOrElseUpdate(7,"seven")
44.  res96:String = seven
45.
46.  //原集合中也 update 了 key =7 的键/值对
47.  scala > ms(7)
48.  res97:String = seven
```

【例5-29】转换相关的代码示例。

本示例为可变 Map 的转换相关操作的代码,定义转换的函数,通过 transform 方法进行转换的示例代码如下所示:

```
1.   scala > val ms = mutable.Map(1 ->"one",2 ->"tow",3 ->"three")
2.   ms:scala.collection.mutable.Map[Int,String] = Map(2 -> tow,1 -> one,3 -> three)
3.
4.   //转换函数输入为键/值对,输出为该键/值对修改后的 value
5.   //对比前面 mapValues 所对应的函数参数,以及其返回结果
6.   scala > def f(k:Int,v:String) = v * 2
7.   f:(k:Int,v:String)String
8.   scala > ms transform f
9.   res104:ms.type = Map(2 -> towtow,1 -> oneone,3 -> threethree)
10.
11.  //对应的简化,使用函数字面量:原 Map 已经被修改,需要重新定义
12.  scala > val ms = mutable.Map(1 ->"one",2 ->"tow",3 ->"three")
13.  ms:scala.collection.mutable.Map[Int,String] = Map(2 -> tow,1 -> one,3 -> three)
14.  scala > ms transform {(k,v) => v * 2}
15.  res105:ms.type = Map(2 -> towtow,1 -> oneone,3 -> threethree)
```

5.6 迭代器(Iterator)

5.6.1 迭代器的概述

迭代器(Iterator)有时又称游标(Cursor),是程序设计的软件设计模式,可在集合

（container，例如链表或阵列）上遍访的接口，设计人员无须关心集合的内容。

迭代器不是一个集合，而是用于逐个访问集合内元素的方法。迭代器提供了两个基本操作：next 和 hasNext。通过调用 hasNext 方法可以判断集合中是否还有下一个元素，返回 true 时，可以通过 next 方法来获取迭代器的下一个元素，如果返回 false，即集合中已经没有可迭代的元素时，如果继续调用 next 方法，则会抛出 NoSuchElementException 异常。

Iterator 提供了类似 Traversable、Iterable 和 Seq 集合类中大部分方法的方法。在这些操作中，需要注意的是 foreach 方法在 Traversable 和 Iterable 集合上的操作是有很大差异的。当在 Iterator 上调用 foreach 方法时，方法在遍历完所有元素后会将迭代器保留在最后一个元素的位置，此时再调用 hasNext 方法将返回 false。对应的，如果继续调用 next 方法，就会抛出 NoSuchElementException 异常了。与此不同的是，在集合中调用 foreach 方法后，容器中的元素数量不会变化，此时仍然可以继续访问该集合，而不会抛出 NoSuchElementException 异常，除非传入 foreach 的函数添加或删除了集合的元素，但通常是不建议这么做的，也就是说，在遍历一个集合的同时，是不应该去增删集合元素的，这种行为的结果是未定义。

5.6.2 迭代器的相关操作

下面参考官网给出的接口分类，分别对 Iterator 提供的各个接口进行说明。具体说明如表 5-39 到表 5-56 所示。

表 5-39 抽象方法

方法	说明
it.next()	返回迭代器 it 中的下一个元素，并将位置移动至该元素之后
it.hasNext	如果还有可返回的元素，返回 true，否则返回 false

表 5-40 变种的操作

方法	说明
it.buffered	返回一个包含 it 中全部元素的缓存迭代器
it grouped size	对 it 的元素按指定个数大小分成多个序列块，然后返回一个以这些序列块为元素的迭代器
xs sliding size	对 it 的元素按指定大小的滑动窗口分成多个序列块，然后返回一个以这些序列块为元素的迭代器

表 5-41 复制的操作

方法	说明
it.duplicate	返回两个迭代器组成的 pair 对，其中每个迭代器都能返回迭代器 it 的所有元素

表 5-42 加法运算

方法	说明
it ++ jt	返回的迭代器会包含迭代器 it 的所有元素，并且后面会附加迭代器 jt 的所有元素
itpadTo(len,x)	首先返回迭代器 it 的所有元素，然后追加 x 直到整个集合的大小为 len

表 5-43 映射运算

方法	说明
it map f	返回将传入的函数 f 作用于迭代器 it 中的每个元素所得到的迭代器
itflatMap f	将传入的函数 f 作用于迭代器 it 中的每个元素，对应会生成一个迭代器元素值，然后将这些元素迭代器扁平化后，作为新的迭代器的元素，返回新的迭代器
it collect f	返回将传入的函数 f 作用于迭代器 it 中的每个元素，得到包含新元素的迭代器并返回

表 5-44 转换（Conversions）的操作

方法	说明
it. toArray	把迭代器 it 转换为一个包含其中所有元素的数组
it. toList	把迭代器 it 转换为一个包含其中所有元素的列表
it. toIterable	把迭代器 it 转换为一个包含其中所有元素的 Iterable 集合类
it. toSeq	把迭代器 it 转换为一个包含其中所有元素的 Seq 集合类
it. toIndexedSeq	把迭代器 it 转换为一个包含其中所有元素的 IndexedSeq 集合类
it. toStream	把迭代器 it 转换为一个包含其中所有元素的 Stream 集合类
it. toSet	把迭代器 it 转换为一个包含其中所有元素的 Set 集合类
it. toMap	把迭代器 it 转换为一个包含其中所有元素的 Map 集合类

表 5-45 复制的操作

方法	说明
itcopyToBuffer buf	将迭代器 it 指向的所有元素复制至缓冲区 buf
itcopyToArray (arr,s,n)	把迭代器 it 的元素复制到数组 arr 的起始索引为 s 处，最多复制 n 个元素。其中，参数 s、n 是可选项

表 5-46 集合大小信息的操作

方法	说明
it. isEmpty	测试迭代器 it 是否为空（与 hasNext 相反）
it. nonEmpty	测试迭代器 it 是否包含元素（相当于 hasNext）
it. size	计算迭代器 it 元素的个数。注意：该操作会将 it 置于终点
it. length	与 it. size 相同
it. hasDefiniteSize	如果迭代器 it 大小是有限的，则为 true。（缺省等同于 isEmpty）

表 5-47 检索元素的操作

方法	说明
it find p	返回第一个满足 p 的元素或 None。注意：如果找到满足条件的元素，迭代器会被置于该元素之后；如果没有找到，会被置于终点
itindexOf x	返回迭代器 it 中值等于指定值的第一个元素的索引位置。注意：迭代器会越过这个元素
itindexWhere p	返回迭代器 it 中值满足条件 p 的第一个元素的索引位置。注意：迭代器会越过这个元素

表 5-48 获取子集合的操作（Subcollection）

方 法	说 明
it take n	返回包含迭代器 it 的前 n 个元素（如果集合无序，则取任意 n 个元素）的迭代器。注意：it 的位置会步进至第 n 个元素之后，如果 it 指向的元素数不足 n 个，则迭代器将指向终点
it drop n	返回从迭代器 it 的第 n+1 个元素开始的新迭代器。注意：迭代器 it 会步进到相同位置
it slice(m,n)	切片操作，返回包含迭代器 it 中从 from 到 to（左闭右开）的索引范围内的元素所对应的迭代器
it takeWhile p	返回包含迭代器 it 中满足谓词 p 的最多的元素所组成的新的迭代器
it dropWhile p	返回包含迭代器 it 中从第一个不满足条件的元素开始的所有元素对应的新迭代器
it filter p	返回包含迭代器 it 中满足条件 p 的元素所组成的新迭代器
it withFilter p	和 it filter p 一样。将迭代器用于 for 表达式时需要
it filterNot p	返回包含迭代器 it 中不满足条件 p 的元素所组成的新迭代器

表 5-49 拆分（Subdivision）的操作

方 法	说 明
it partition p	将迭代器 it 拆分为两个迭代器；一个包含迭代器 it 中满足条件 p 的元素，另一个包含迭代器 it 中不满足条件 p 的元素

表 5-50 查询元素条件（Element Conditions）的操作

方 法	说 明
it forall p	返回一个布尔值，指明 it 所指元素是否都满足 p
it exists p	返回一个布尔值，指明 it 所指元素中是否存在满足 p 的元素
it count p	返回 it 所指元素中满足条件谓词 p 的元素总数

表 5-51 折叠（Fold）的操作

方 法	说 明
(z /:it)(op)	以 z 为初始值，依次连续地从左到右对迭代器 it 中的元素应用二元操作 op
(it :\ z)(op)	以 z 为初始值，依次连续地从右到左对迭代器 it 中的元素应用二元操作 op
it.foldLeft(z)(op)	与 (z /:it)(op) 相同
it.foldRight(z)(op)	与 (it :\ z)(op) 相同
it reduceLeft op	依次连续地从左到右对非空迭代器 it 中的元素应用二元操作 op
it reduceRight op	依次连续地从右到左对非空迭代器 it 中的元素应用二元操作 op

表 5-52 特殊折叠（Specific Fold）的操作

方 法	说 明
it.sum	返回迭代器 it 中所有数值型元素的和
it.product	返回迭代器 it 中所有数值型元素的积
it.min	返回迭代器 it 中所有元素中最小的元素
it.max	返回迭代器 it 中所有元素中最大的元素

表 5-53 拉链（Zippers）的操作

方法	说明
it zip jt	返回一个新迭代器，其元素由迭代器 it 和 jt 中的元素，一一配对为二元组（Pair）而形成
itzipAll(jt,x,y)	返回一个新迭代器，其元素由迭代器 it 和 jt 中的元素，一一配对为二元组（Pair）而形成。其中，长度较短的迭代器会被追加元素 x 或 y，以匹配较长的迭代器
it.zipWithIndex	返回一个迭代器，其元素由迭代器 it 中的元素及其元素下标共同构成二元组（Pair）而形成

表 5-54 更新的操作

方法	说明
it patch(i,jt,r)	将迭代器 it 中第 i 个元素开始的 r 个元素，替换为迭代器 jt 中的元素

表 5-55 比对的操作

方法	说明
itsameElements jt	判断迭代器 it 和 jt 是否依次返回相同元素注意：it 和 jt 中至少有一个会步进到终点

表 5-56 字符串（String）的操作

方法	说明
itaddString(b,start,sep,end)	把一个字符串添加到 StringBuilder 对象 b 中，该字符串显示迭代器 it 中的所有元素，并以 start 开头、以 end 结尾，同时元素之间以 sep 作为分隔符。其中 start、end 和 sep 为可选参数
itmkString(start,sep,end)	把迭代器 it 转换为一个字符串，该字符串显示迭代器 it 中的所有元素，并以 start 开头、以 end 结尾，同时元素之间以 sep 作为分隔符。其中 start、end 和 sep 为可选参数

5.6.3 迭代器的操作示例

下面根据上一节给出的 Iterator 的相关操作，对部分操作类型的实例进行简单的代码分析。

【例 5-30】抽象方法的代码示例。

迭代器抽象方法的代码包含 next、hasNext 方法的代码，演示了操作中迭代器索引位置的移动细节，示例代码如下所示：

```
1.  //下面的示例演示迭代器的索引移动
2.  //注意:此时 1 to 5 对应的是一个 Range 实例,因此,it 中只有一个元素
3.  scala > val it = Iterator(1 to 5)
4.  it:Iterator[scala.collection.immutable.Range.Inclusive] = non-empty iterator
5.  //由于当前有一个元素,因此 next 成功
6.  scala > it.next()
7.  res1:scala.collection.immutable.Range.Inclusive = Range(1,2,3,4,5)
8.  //由于已经 next 一次,相当于当前的初始索引位置已经
9.  //移到第二个元素(Range 实例)上
10. //因此再次 next 会抛出异常 NoSuchElementException
```

11. scala > it.next( )
12. java.util.NoSuchElementException:next on emptyiterator
13. …
14. //注意此时 Iterator 的元素类型 Int 与前面的区别
15. //参数1 to 5 :_ * ,其中
16. //1.":":表示声明
17. //2."_ * ":_是占位符,表示前面对象(Range 实例)的某个元素
18. //   后面 * 是通配符,表示任意元素
19. //   因此合起来就表示将前面的对象中的全部元素作为 Iterator 的输入参数
20. scala > val it = Iterator(1 to 5 :_ *)
21. it:Iterator[Int] = non – empty iterator
22. //此时有5个元素,因此 next 不会在第二次调用时抛出异常
23. scala > it.next
24. res8:Int = 1
25. scala > it.next
26. res9:Int = 2
27. scala > it.next
28. res10:Int = 3
29.
30. //查看 hasNext,以及在 hasNext 返回不同值时,next 的操作是否抛出异常
31. scala > it.hasNext
32. res11:Boolean = true
33. scala > it.next
34. res12:Int = 4
35. scala > it.next
36. res13:Int = 5
37. scala > it.hasNext
38. res14:Boolean = false
39. scala > it.next
40. java.util.NoSuchElementException:next on emptyiterator

【例5-31】变种操作的代码示例。

本示例为迭代器变种操作的代码,包含 buffered、grouped 等方法的代码,示例代码如下所示:

1. scala > val it = Iterator(1 to 5 :_ *)
2. it:Iterator[Int] = non – empty iterator
3.
4. //注意返回值的类型
5. scala > val nit = it.buffered
6. nit:scala.collection.BufferedIterator[Int] = non – empty iterator
7.

8. scala > nit foreachprintln
9. 1
10. 2
11. 3
12. 4
13. 5
14. scala > nit.size
15. res25:Int = 0
16. //foreach 后,迭代器已经移到 it 的最后一个元素上,因此继续访问会抛出异常
17. scala > nit.head
18. java.util.NoSuchElementException:next on emptyiterator
19.
20. scala > val it = Iterator(1 to 5 :_*)
21. it:Iterator[Int] = non-empty iterator
22.
23. //注意元素的分组,按指定大小,每两个元素作为一组
24. //然后每一组都是新的返回迭代器的元素
25. scala > it grouped 2
26. res27:it.GroupedIterator[Int] = non-empty iterator
27. //res27 为 REPL(Read Evaluation Print Loop)生成的表达式名字
28. scala > res27 foreachprintln
29. List(1,2)
30. List(3,4)
31. List(5)
32.
33. //滑动窗口操作:依次遍历每个元素,以滑动窗口大小取出连续的元素作为一组
34. //当遍历到某个元素,而后续元素个数不足以满足窗口大小时,退出
35. scala > val it = Iterator(1 to 5 :_*)
36. it:Iterator[Int] = non-empty iterator
37. scala > it sliding 2 foreachprintln
38. List(1,2)
39. List(2,3)
40. List(3,4)
41. List(4,5)
42.
43. //注意,所有这些重新定义的迭代器,都是因为迭代器的位置已经发生变更
44. scala > val it = Iterator(1 to 5 :_*)
45. it:Iterator[Int] = non-empty iterator
46. scala > it sliding 3 foreachprintln
47. List(1,2,3)
48. List(2,3,4)
49. List(3,4,5)

第5章 Scala 集合

【例5-32】 复制操作的代码示例。

本示例为迭代器复制操作的代码，在复制过程中演示了模式匹配的使用，示例代码如下所示：

```
1.  //这里变量定义使用了模式匹配
2.  scala> val(it1,it2) = it.duplicate
3.  it1:Iterator[Int] = non-empty iterator
4.  it2:Iterator[Int] = non-empty iterator
5.
6.  //同时打印各个迭代器的元素
7.  //注意:分号的作用
8.  scala> it1 foreach println;it2 foreach println
9.  1
10. 2
11. 3
12. 4
13. 5
14. 1
15. 2
16. 3
17. 4
18. 5
```

【例5-33】 映射操作的代码示例。

本示例为迭代器映射操作的代码，包含 collect、flatMap 等方法的代码，示例代码如下所示：

```
1.  scala> val it = Iterator(1 to 5 :_*)
2.  it:Iterator[Int] = non-empty iterator
3.
4.  //定义 collect 所需的偏函数,只取偶数
5.  val even:PartialFunction[Int,Int] = { case x if x % 2 ==0 => x }
6.  scala> even:PartialFunction[Int,Int] = <function1>
7.
8.  scala> it collect even
9.  res39:Iterator[String] = non-empty iterator
10.
11. //简化偏函数的定义
12. scala> val it = Iterator(1 to 5 :_*)
13. it:Iterator[Int] = non-empty iterator
14.
15. //所有这种形式的调用,对应链式调用,具体可以参考本书高级类型章节的相关内容
16. scala> it collect { case x if x % 2 ==0 => x } foreach println
```

```
17. 2
18. 4
19.
20. //flatMap 操作返回的也是一个迭代器
21. scala > val it = Iterator(1 to 5 :_*)
22. it:Iterator[Int] = non-empty iterator
23.
24. //这里为了记录每个元素转换成迭代器值的元素
25. //在转换函数 f 中添加了打印函数
26. //对应需要注意的是,在 flatMap 是生成一个迭代器,对应的打印输出命令只有在
27. //触发新的迭代器遍历元素时,才会去执行
28. //对应刚转换时就输出 Elem :i 信息,以及打印信息的错位问题
29. //和 foreach 代码的遍历方式有关,不过一般也不建议在函数 f 中添加 print 语句
30. //也就是说,一般不添加副作用
31. scala > val nit = itflatMap { x => print(s"Elem :${"i" * x}");Iterator("i" * x :_*) }
32. Elem :init:Iterator[Char] = non-empty iterator
33.
34. scala > nit foreachprintln
35. i
36. Elem :iii
37. i
38. Elem :iiii
39. i
40. i
41. Elem :iiiii
42. i
43. i
44. i
45. Elem :iiiiii
46. i
47. i
48. i
49. i
```

【例 5-34】 检索元素操作的代码示例。

本示例为迭代器元素检索操作的代码,包含 find、indexOf 等方法的代码,示例代码如下所示:

```
1. //对迭代器的元素检索,注意返回类型,如果是 Some 或 None,则对应 Option
2. scala > Iterator(1 to 5 :_*) find(_ % 2 ==0)
3. res0:Option[Int] = Some(2)
4.
```

第5章 Scala 集合

```
5.  //1,2,3,4,5:索引从0开始
6.  //查找第一个值为4的元素对应的索引值,得到3
7.  //如果找不到该值,返回-1
8.  scala > Iterator(1 to 5 :_*) indexOf 4
9.  res4:Int = 3
10.
11. scala > Iterator(1 to 5 :_*) indexOf 6
12. res7:Int = -1
13.
14. //查找第一个值满足模2为零的元素对应的索引值,得到的索引值为1,对应值是2
15. //如果找不到满足条件的元素,返回-1
16. scala > Iterator(1 to 5 :_*) indexWhere(_ % 2 ==0)
17. res5:Int = 1
18.
19. scala > Iterator(1 to 5 :_*) indexWhere(_ % 6 ==0)
20. res9:Int = -1
```

【例5-35】获取子集合操作的代码示例。

本示例为获取迭代器的子集合操作的代码,包含 take、drop 等方法的代码,示例代码如下所示:

```
1.  //刚开始可以直接调用,然后通过反馈信息查看返回类型
2.  scala > Iterator(1 to 5 :_*) take 2
3.  res16:Iterator[Int] = non-empty iterator
4.
5.  //迭代器在 for 表达式中的使用是非常普遍的
6.  //这里迭代地将迭代器(对应称为枚举器)中的各个元素赋值到 e 中
7.  //take 2 后返回的迭代器中只包含原迭代器的前两个元素
8.  scala > for(e <- (Iterator(1 to 5 :_*) take 2)) println(e)
9.  1
10. 2
11.
12. //take 的最大个数,不会超过迭代器中的元素个数
13. //这里的 warning 信息应该是 size 方法的调用导致的
14. //对于不带参数的方法,不建议使用运算符操作的方式调用。可以根据提示进一步查看
15. scala > Iterator(1 to 5 :_*) take 5 size
16. warning:there were 1 feature warning(s);re-run with -feature for details
17. res26:Int = 5
18. scala > Iterator(1 to 5 :_*) take 6 size
19. warning:there were 1 feature warning(s);re-run with -feature for details
20. res27:Int = 5
21.
```

22. //以"."调用 size 方法,去除警告信息
23. scala > (Iterator(1 to 5 :_*) take 6).size
24. res29:Int = 5
25.
26. //通过对比方法结合 take 学习
27. //drop 2 丢弃原迭代器的前两个元素,返回包含剩下元素的迭代器
28. scala > for(e <-(Iterator(1 to 5 :_*) drop 2))println(e)
29. 3
30. 4
31. 5
32.
33. //丢弃的元素个数最多也就是迭代器的元素个数
34. scala > Iterator(1 to 5 :_*) drop 5
35. res22:Iterator[Int] = empty iterator
36. scala > Iterator(1 to 5 :_*) drop 6
37. res23:Iterator[Int] = empty iterator
38.
39. //注意是左闭右开[m,n),因此 slice(1,3)时,索引为 1 的包含,为 3 的不包含
40. //对应就是索引为 1 和 2 的元素,也就是 2 和 3
41. scala > for(e <-(Iterator(1 to 5 :_*) slice(1,3)))println(e)
42. 2
43. 3
44.
45. //下面是 slice 两个参数可能的取值形式
46. //1. 一种是超出有效索引范围
47. scala > for(e <-(Iterator(1 to 5 :_*) slice(-1,7)))println(e)
48. 1
49. 2
50. 3
51. 4
52. 5
53.
54. //2. 一种是 m > n 的索引区间
55. scala > for(e <-(Iterator(1 to 5 :_*) slice(4,3)))println(e)
56.
57. //从下面的例子中理解:从第一个开始判断,获取满足条件的连续的最多元素
58. scala > for(e <-(Iterator(1 to 5 :_*) takeWhile(_==1)))println(e)
59. 51
60.
61. scala > for(e <-(Iterator(1 to 5 :_*) takeWhile(_>=1)))println(e)
62. 1
63. 2

64. 3
65. 4
66. 5
67.
68. //第一个元素就不满足
69. scala > for(e <- (Iterator(1 to 5 :_*)   takeWhile(_ >1)))println(e)

剩下几种获取子集合的操作可以参考集合的操作实例部分内容，和上面几种操作类似。

【例 5-36】拉链（Zippers）操作的代码示例。

本示例为迭代器拉链操作的代码，包含 zip、zipAll 等方法的代码，示例代码如下所示：

1. //注意返回类型：对应 zip 操作，返回的结果是二元组
2. scala > val nit = Iterator(1 to 5 :_*) zip Iterator(1 to 5 :_*)
3. nit:Iterator[(Int,Int)] = non - empty iterator
4.
5. scala > for(e <- nit)println(e)
6. (1,1)
7. (2,2)
8. (3,3)
9. (4,4)
10. (5,5)
11.
12. //注意 zip 操作左右参数的元素个数不同时的两种情况
13. //实际上就是能配对(pair)的元素保留,剩下单个的去除
14. scala > val nit = Iterator(1 to 5 :_*) zip Iterator(1 to 4 :_*)
15. nit:Iterator[(Int,Int)] = non - empty iterator
16.
17. scala > for(e <- nit)println(e)
18. (1,1)
19. (2,2)
20. (3,3)
21. (4,4)
22.
23. scala > val nit = Iterator(1 to 4 :_*) zip Iterator(1 to 5 :_*)
24. nit:Iterator[(Int,Int)] = non - empty iterator
25.
26. scala > for(e <- nit)println(e)
27. (1,1)
28. (2,2)
29. (3,3)

30. (4,4)
31.
32. //zipAll 和 zip 类似,唯一的差异就是,当两边参数的个数不同时
33. //在配对的时候会使用指定的默认值
34. //其中,zipAll 的第二个参数对应左边迭代器的元素默认值
35. //第三个参数对应右边迭代器的元素默认值
36. scala > val nit = Iterator(1 to 4 :_*) zipAll(Iterator(1 to 5 :_*), -1, 6)
37. nit: Iterator[(Int, Int)] = non-empty iterator
38.
39. scala > for(e <- nit) println(e)
40. (1,1)
41. (2,2)
42. (3,3)
43. (4,4)
44. (-1,5)
45.
46. scala > val nit = Iterator(1 to 5 :_*) zipAll(Iterator(1 to 5 :_*), -1, 6)
47. nit: Iterator[(Int, Int)] = non-empty iterator
48.
49. scala > for(e <- nit) println(e)
50. (1,1)
51. (2,2)
52. (3,3)
53. (4,4)
54. (5,5)
55.
56. scala > val nit = Iterator(1 to 5 :_*) zipAll(Iterator(1 to 4 :_*), -1, 6)
57. nit: Iterator[(Int, Int)] = non-empty iterator
58.
59. scala > for(e <- nit) println(e)
60. (1,1)
61. (2,2)
62. (3,3)
63. (4,4)
64. (5,6)
65.
66. //zipWithIndex:相当于以元素索引的迭代器作为 zip 的右参数
67. //然后和原迭代器进行拉链操作
68. //Pair 对的左边是元素值,右边是索引值(从下标 0 开始)
69. scala > Iterator(1 to 5 :_*).zipWithIndex foreach println
70. (1,0)
71. (2,1)

```
72.    (3,2)
73.    (4,3)
74.    (5,4)
75.
76.    //需要两边迭代器中的所有元素一一相同
77.    //即,一旦元素个数不同,必然返回 false
78.    scala > Iterator(1 to 5 :_ * ) sameElements   Iterator(1 to 5 :_ * )
79.    res60:Boolean = true
80.
81.    scala > Iterator(1 to 5 :_ * ) sameElements   Iterator(1 to 6 :_ * )
82.    res61:Boolean = false
83.
84.    scala > Iterator(1 to 5 :_ * ) sameElements   Iterator(1 to 4 :_ * )
85.    res62:Boolean = false
```

【例 5-37】 字符串相关操作的代码示例。

本示例为迭代器字符串相关操作的代码,包含 addString、mkString 方法的代码,示例代码如下所示:

```
1.    scala > val b = new StringBuilder( )
2.    b:StringBuilder =
3.
4.    //注意 addString 与 mkString 两种操作的返回类型
5.    scala > Iterator(1 to 5 :_ * ) addString(b,"{"," | ","}")
6.    res64:StringBuilder = {1|2|3|4|5}
7.
8.    scala > Iterator(1 to 5 :_ * ) mkString("{"," | ","}")
9.    res65:String = {1|2|3|4|5}
```

Section 5.7 集合的架构

Scala 的集合框架基于接口一致的理念对外提供相关接口。框架的设计原则是尽量避免重复(即代码重构时的要求:不重复代码,有且仅有一次的设计原则),对外提供统一的访问接口,以方便客户端的使用。设计中使用的方法是,在集合模板中实现大部分操作,然后由各个基类和具体实现子类来继承。

下面简单分析 Scala 集合框架的各个构造块及其支持的原则。

几乎所有的集合操作都是基于遍历器(traversals)和构造器(builders)来实现的。遍历器(traversals)由 Traversable 提供的 foreach 方法实现遍历,对应的,构建一个新的集合则是通过一个 Builder 实例来实现的。

下面是 Builder 特质的精简代码：

```
1.  package scala.collection.mutable
2.
3.  trait Builder[-Elem, +To] {
4.  //向构造器添加一个元素
5.  def +=(elem:Elem):this.type
6.
7.  //从已添加元素的构造器中生成一个集合
8.  def result():To
9.
10. //清除构造器中的内容，即重置构造器
11. def clear():Unit
12.
13. //通过将转换函数 f 作用于当前构造器的 results 上，来创建一个新的构造器
14. defmapResult[NewTo](f:To => NewTo):Builder[Elem,NewTo] = …
15. }
```

对应 mapResult 方法的简单使用的代码如下：

```
1.  scala > valbuf = new ArrayBuffer[Int]
2.  buf:scala.collection.mutable.ArrayBuffer[Int] = ArrayBuffer()
3.
4.  //下面代码演示如何从一个构造器实例，构造出新的构造器
5.  //在构造器实例上调用 mapResult，产生新的构造器
6.  //并且该构造器的结果集合类型为 Array[Int]
7.  scala > valbldr = buf mapResult(_.toArray)
8.  bldr:scala.collection.mutable.Builder[Int,Array[Int]]
9.   = ArrayBuffer()
```

类库重构时，是以构建自然类型、最大限度地实现代码共享为主要设计目标的，尤其是 Scala 类库设计，还同时遵循了"相同结果类型"的设计原则（只要可能，集合的转换操作会返回和集合类型相同的结果）。为了实现这两点，Scala 类库的设计通过在一个被称为实现特质（implementation traits，即具有实现代码的特质）上使用泛型的构造器和集合遍历器，即 TraversableLike 特质，该特质的精简代码如下所示：

```
1.  package scala.collection
2.
3.  traitTraversableLike[+Elem, +Repr] {
4.  defnewBuilder:Builder[Elem,Repr] //deferred
5.  def foreach[U](f:Elem => U):Unit //deferred
6.  …
7.  def filter(p:Elem => Boolean):Repr = {
```

```
8.      val b = newBuilder
9.      foreach{elem => if(p(elem))b += elem}
10.       b.result
11.    }
12.  }
```

和 Java 中以 Impl 为后缀来提供具体实现代码类似,只是在 Scala 使用 Like 作为后缀,例如,Scala 的 IndexedSeq 混入(mix-in)了 IndexedSeqLike 特质的具体实现,对应代码如下所示:

```
1.  traitIndexedSeq[+A] extends Seq[A]
2.                with GenericTraversableTemplate[A,IndexedSeq]
3.                withIndexedSeqLike[A,IndexedSeq[A]]{
4.    override def companion:GenericCompanion[IndexedSeq] = IndexedSeq
5.    override defseq:IndexedSeq[A] = this
6.  }
```

在 Scala 类库设计时遵循了"相同结果类型"的设计原则,下面基于 map 转换操作给出实现"相同结果类型"的简单分析,主要从两个方面进行说明。对应的 TraversableLike 中 Map 转换操作的代码如下所示:

```
1.  def map[B,That](f:Elem => B)
2.  (implicit bf:CanBuildFrom[Repr,B,That]):That = {
3.
4.    //构造器方式调用,对应 bf.apply(this)
5.    val b = bf(this)
6.    this.foreach(x => b += f(x))
7.    b.result
8.  }
```

(1)首先从静态(对应编译期)的角度去分析

Map 操作的第二个参数为 CanBuildFrom 类型的隐式值,并且在代码中,通过将集合自身传入该隐式值,来构造一个构造器变量 b,再使用遍历的 foreach 方法将转换函数 f 作用于各个元素,并且将结果添加到构造器实例中,最终,再使用构造器的 result 方法,构造一个新的集合作为返回值。

其中,CanBuildFrom 特质的精简代码如下所示:

```
1.  package scala.collection.generic
2.  //参数化类型:
3.  //1. From :为构建的原集合类型
4.  //2. Elem :为集合中的元素类型
5.  //3. To :为构建的结果集合类型
```

```
6.  traitCanBuildFrom[ - From, - Elem, + To ] {
7.  //构造一个新的构造器
8.  //该实例的结果集合类型对应 CanBuildFrom 的第三个参数化类型 To
9.  def apply(from:From):Builder[Elem,To]
10. }
```

由上可知，最终返回的新集合是由对应的构造器来决定的，而构造器又是从 CanBuildFrom 类型的隐式值中获取的。在 Scala 集合类库中，分别在不同集合中定义与集合相关的 CanBuildFrom 类型的隐式值，由隐式值查找的匹配规则来决定最终的隐式值。

例如 List 集合，在 List 的伴生对象中提供了如下定义的隐式值：

```
1.  object List extendsSeqFactory[List]
2.  import scala. collection. {Iterable,Seq,IndexedSeq}
3.     /** $genericCanBuildFromInfo */
4.  implicit defcanBuildFrom[A]:CanBuildFrom[Coll,A,List[A]] =
5.  ReusableCBF. asInstanceOf[GenericCanBuildFrom[A]]
6.  …
7.  }
```

获取 CanBuildFrom 实例后，对应的，集合自身也可以得到一个构造器实例，由第四行的隐式值的返回类型可知，CanBuildFrom 实例构建的 Builder 实例，其构建（通过 result 操作）的新的集合类型为 List[A]，符合"相同结果类型"设计原则。

（2）从动态（对应运行期）的角度去分析

以下面的实例进行分析：

```
1.  scala > val xs:Iterable[Int] = List(1,2,3)
2.  xs:Iterable[Int] = List(1,2,3)
3.
4.  scala > val ys = xs map(x =>x * x)
5.  ys:Iterable[Int] = List(1,4,9)
```

当基于面向接口编程进行开发时，在实例中，xs 在编译时的静态类型 Iterable [Int]，对应该类型的隐式值的定义代码如下所示：

```
1.  objectIterable extends TraversableFactory[Iterable] {
2.
3.  /** $genericCanBuildFromInfo */
4.  implicit defcanBuildFrom[A]:CanBuildFrom[Coll,A,Iterable[A]] = ReusableCBF. asInstanceOf
    [GenericCanBuildFrom[A]]
5.
6.      //此处对应默认构造集合类对应的默认构造器
7.  //默认构造的集合类,参考集合的操作实例中实例构建的代码部分的内容
```

```
8. defnewBuilder[A]:Builder[A,Iterable[A]] = immutable.Iterable.newBuilder[A]
   }
```

和前面的分析类似，可以看出 CanBuildFrom 的构建的结果集合的类型为 Iterable[A]，对应的，Builder 的结果集合的类型也为 Iterable[A]。但 xs 的实际类型为 List[Int]，如果此时对 xs 做 Map 操作后得到的新集合类型为 Iterable[A]，就破坏了"相同结果类型"的设计原则。

在 Scala 中，为了解决上面破坏设计原则的问题，利用了抽象类型中的动态绑定机制，由具体集合类型自身提供构建构造器的方法，即 newBuilder 方法。Xs 在运行期的类型实际是 List[Int]，由于动态绑定，实际调用的是 List 的 newBuilder 方法。在 List 中该方法的定义如下所示：

```
1. object List extendsSeqFactory[List] {
2. …
3. defnewBuilder[A]:Builder[A,List[A]] = new ListBuffer[A]
4. …
5. }
```

可以看到，List 的 newBuilder 方法中指定了 List[A]，也就是这里的 List[Int]，作为构造器的结果集合类型，因此最终也遵循了"相同结果类型"的设计原则。

Section 5.8 小结

本章参考官网内容，在介绍各类集合的基础上，详细描述了各集合所提供的操作，包括可变集合与不可变集合、序列、列表、集、映射等内容，最后基于各个操作的使用实例及其分析，来加深对 Scala 集合类库的理解。

高级篇

本篇在前述 Scala 语法的基础之上，逐步深入，引导读者进一步学习领悟 Scala 的高级语法特性及其应用，以提高读者的编程开发技能，更好地应用 Scala 的高级特性及功能，进而帮助读者更好地理解后续分布式框架篇章的内容。在 Scala 高级篇中，详细介绍了 Scala 类型参数、高级类型和隐式转换，并配以实例及 Spark 源码的形式进行分析详解。在本篇最后，详细解析了 Scala 语言原生支持的 Actor 模型，引入 Scala 并发编程的介绍，以此衔接并引导读者进入下一篇 Scala 分布式框架的探索。

第6章　Scala 类型参数

本章将解释 Scala 类型参数化的相关细节，包括泛型、类型界定与约束、类型系统，以及类型的型变等内容，并针对各个内容给出实例及其解析。在内容描述及实例分析的过程中，根据知识点的难易程度，适当地引入相关的 Scala 类库中的源码，在结合源码的基础上深入分析各个知识点背后的原理。

6.1　泛型

6.1.1　泛型的概述

Java 泛型是 Java 5 的新特性，泛型的本质是参数化类型，也就是说所操作的数据类型被指定为一个参数。这种参数类型可以用在类、接口和方法的创建中，分别称为泛型类、泛型接口和泛型方法。

和 Java 5 一样，Scala 也内置支持类型的参数化，为了基于 JVM 运行，Scala 也采用了 Java 的泛型擦除模式（erasure），即类型是编译期的，在运行时会被"擦拭"掉，也就是运行时看不到类型参数。

Java 为了保证向后兼容性，导致在某些方面存在不足，而 Scala 则没有这些包袱，因此 Scala 在泛型上走得更远，超越了 Java，具体体现在以下几个方面（在此引用 Scala 创始人 Martin Odersky 对 Scala 泛型这方面的描述）：

首先是 Arrays。Scala 中的 Array 可以取泛型参数（parameterized types）及类型变量（type variables）来做其元素的类型。

第二，对基本类型（primitive types）的支持。

第三，声明地点可变性（declaration site variance）。

第四，对于上下界的支持（lower bound & upper bound），以及将多个上界（multiple upper bonds）作为复合类型（compound type）模式的支持。

在 Scala 中，类、特质及函数都可以带类型参数，类型参数使用方括号来定义，对应参考泛型在 Scala 类库中的定义如下：

1. //类型参数在类中的使用
2. //类型 Stack 中的 A 在定义时是没有指明具体类型的
3. //在使用的时候才去指明具体的类型（或由 Scala 的类型推断自动推导出具体类型）

```
4.  //另外 A 前面的 + 对应型变的内容,具体参考型变章节
5.  class Stack[ + A] protected( protected valelems:List[ A] )…
6.
7.  //类型参数在特质中的使用
8.  traitSeq[ + A] extends PartialFunction[ Int,A]…
9.
10. //类型参数在函数中的使用
11. defnewBuilder[ A]:Builder[ A,Seq[ A] ] = immutable. Seq. newBuilder[ A]
```

6.1.2 泛型的操作示例

通过对泛型概念的理解,定义了包含 3 个类型参数的 Triple 类,同时采用了不同的类型参数来实例化 Triple 类;此外,还定义了带一个泛型参数的 getData 方法,演示了泛型函数的相关定义与操作方法;最后针对 Scala 类库提供的泛型集合类 Queue,给出了部分操作实例。对应的泛型类和泛型函数实例代码如例 6-1 所示。

【例 6-1】泛型的操作示例。

本示例通过常见的 Triple（三元组）的泛型类定义,给出泛型类的使用说明,示例代码如下所示:

```
1.  import scala. collection. immutable. Queue
2.
3.  //定义 Triple(三元组)泛型类
4.  //通过类型参数化,可以避免为特定类型重复写代码[m1]
5.  //对应的 3 个参数的类型为 Triple 类中的参数化类型 F、S、T
6.  class Triple[ F,S,T] ( val first:F,val second:S,val third:T)
7.
8.  object Hello_Type_Parameterization {
9.
10. def main( args:Array[ String] ) {
11. //两种类型参数列表构建 Triple 类的实例
12. //Scala 支持类型推断,可以推断出各参数的类型
13. //推断后,对应 F 为 String 类型,S 为 Int 类型,T 为 Double 类型
14. val triple = new Triple( "Spark" ,3,3. 1415)
15.
16. //明确指定 Triple 类的 3 个参数化类型
17. val bigData = new Triple[ String,String,Char] ( "Spark" ,"Hadoop" ,'R' )
18.
19. //定义带一个泛型参数 T 的 getData 方法
20. def getData[ T] ( list :List[ T] ) = list( list. length / 2)
21. println( getData( List( "Spark" ,"Hadoop" ,'R' ) ) )
```

第6章 Scala 类型参数

```
22.
23.    //下面的定义语句对应偏应用函数,即部分参数未指定
24.    //这里属于特殊情况,即全部(当前仅一个)参数未指定
25.    val f = getData[Int] _
26.    println(f(List(1,2,3,4,5,6)))
27.
28.    //使用 Scala 类库的泛型集合类 Queue 来演示泛型的相关操作
29.    val queue = Queue(1,2,3,4,5)
30.    val queue_appended = queue enqueue 6
31.    println("queue :" + queue + " " + "queue_appended :" + queue_appended)
32.
33. }
34.
```

对于带有参数化类型的类,比如本例中的 Triple 类,在指定了具体的参数类型后就可以构造新的类型,对应地,指定的参数类型不同就有了不同的类型(比如实例代码中包含的 Triple[String,Int,Double] 与 Triple[String,String,Char],对应了两个具体类型),因此参数化类型的泛型类,对应了类型的家族,该家族包含不同的具体参数化类型后的类型。

泛型类的新类型构建与单纯传统的(plain-old)构造器的实例构建对比:

1)泛型类的新类型构建:为参数化的类型,指定具体的类型。

2)单纯传统的(plain-old)构造器的实例构建:为具体类型的参数,指定具体的值。即各自具体化在定义时所参数化的对象。

6.2 界定

在描述 Scala 的类型界定时,会涉及隐式转换与隐式值相关的内容,这里不做详细描述,具体信息请查阅本书的相关章节。

在 Java 泛型中,也有类型的上下界定,定义形式如表 6-1 所示。

表 6-1 类型变量的上、下界定义语法

界定类型	语 法	说 明
类型上界	< A extends T > 或 < ? extends T >	类型上界,表示参数化类型可能是 T 或是 T 的子类
类型下界	< A super T > 或 < ? super T >	类型下界(Java Core 中叫超类型限定),表示参数化类型是此类型的超类型(父类型),直至 Object

其中,A 表示某个参数化类型,? 为表示类型的通配符。

相比 Java 的上下界界定,在 Scala 泛型中,类型界定的种类更加丰富,应用也更加灵活,而且通过不同类型的界定,可以让编译器帮忙做更多的编译器检查,降低客户端代码使用的难度。

6.2.1 上下界界定

Scala 中类型变量的界定有两种，类型变量的上界（upper bound）和下界（lower bound），对应的定义形式如表 6-2 所示。

表 6-2　类型变量的上、下界的定义语法

界定类型	语　　法	说　　明
类型上界	T :< U	定义了 U 为 T 的上界，即 T 必须是 U 的子类
类型下界	T >: L	定义了 L 为 T 的下界，即 T 必须是 L 的超类

6.2.2 视图界定

上下界界定（T :< U 或 T >: L）要求参数类型 T 必须是指定类型（U 或 L）的子类或超类。对应的视图界定（View Bounds）则比上下界界定的边界要弱，没有强制要求类具有父子关系，而仅仅要求存在一个类型间的隐式转换，对应的语法如表 6-3 所示。

表 6-3　视图界定的定义语法

界定类型	语　　法	说　　明
视图界定	T <% V	表示参数化类型 T 可以被隐式转换（implicit conversion）成类型 V，即要求必须存在一个从 T 到 V 的隐式转换

6.2.3 上下文界定

上一节中的视图界定 T <% V 要求必须存在一个从 T 到 V 的隐式转换，即存在类型的隐式转换。对应的上下文界定（Context Bounds），也类似地存在一个隐式值的概念，其语法如表 6-4 所示。

表 6-4　上下文界定的定义语法

界定类型	语　　法	说　　明
上下文界定	T:M	表示参数化类型 T 存在一个 M[T] 的隐式值

即视图界定要求存在一个类型的隐式转换，上下文界定则要求存在一个隐式值。而隐式值比隐式转换会更加灵活。

6.2.4 多重界定

Java 中也可以实现多重界定，具体语法如表 6-5 所示。

表 6-5　Java 中多重界定的定义语法

界定类型	语　　法	说　　明
多重界定	< T extends A & B >	T 同时是 A 和 B 的子类，称为 multiple bounds

第6章 Scala 类型参数

而对于 lower bounds，在 Java 里则不支持 multiple bounds 的形式。

Scala 里上界和下界不能有多个，不过变通的做法是使用复合类型（compound type），在 Scala 中，对于 A with B 相当于（A with B），具体内容请参考本书 7.7 复合类型内容，具体语法如表 6-6 所示。

表 6-6 使用复合类型实现多重界定的定义语法

界定类型	语　　法	说　　明
实现多重上界界定	[T <: A with B]	T 同时是 A 和 B 的子类
实现多重下界界定	[T >: A with B]	T 同时是 A 和 B 的超类

在 Scala 中支持的多重界定有几种，对应的具体语法如表 6-7 所示。

表 6-7 Scala 中支持的多重界定的定义语法

界定类型	语　　法	说　　明
同时上下界界定	T >: L <: U	表示类型变量 T 同时有上界 U 和下界 L
多个视图界定	T <% V1[T] <% V2[T]	T 同时可以隐式转换为 V1[T] 和 V2[T] 类型
多个上下文界定	T : U : ClassTag	T 同时存在到 U 和 ClassTag 的隐式值

6.2.5　界定的操作示例

下面根据前几个小节所列的各个界定种类，分别给出具体的操作示例及其解析。

【例 6-2】上下界界定的操作示例。

本示例包含边界的上界界定与下界界定，示例代码如下所示：

```
1.  //通过对类型 T 进行上界界定,即指定 T 是 Comparable[T]的子类
2.  //由于子类继承了父类的接口
3.  //因此在后续代码中才能使用超类 Comparable[T]的特定方法:compareTo
4.  //如果不加上界界定,则无法识别 compareTo 方法
5.  //class Pair[T](val first :T,val second :T)
6.  class Pair[T <: Comparable[T]](val first :T,val second :T){
7.      def bigger = if(first.compareTo(second) >0)first else second
8.  }
9.
10. class Pair_Lower_Bound[T](val first:T,val second:T){
11. //在函数的参数类型中使用了类型变量的下界界定
12. //这里涉及面向接口编程的思想
13. //或里氏替换原则(Liskov substitution principle,LSP)
14. //replaceFirst 方法在 Pair_Lower_Bound 类中,对应的参数化类型 T 可以转换为超类
15. //因此方法指明了下界界定,指明 R 为 T 的超类
16. //最终可以把 Pair_Lower_Bound 类中的 T 类型的实例转换为超类 R 类型
```

```
17.    //最后返回的是构建的元素类型为超类 R 的 Pair_Lower_Bound 实例
18.    //比如 T 为 Student,R 为 Person
19.    //此时如果将 Pair_Lower_Bound[Student]实例的第一个元素 student_1
20.    //替换(replaceFirst)为 person_1,对应返回的结果为 Pair_Lower_Bound[Person]
21.    //原 Pair_Lower_Bound[Student]中的各个元素 student_2,…,student_n
22.    //都是可以转换为超类 Person 类型的,反之,超类 Person 转具体子类
23.    //会违背里氏替换原则的设计原则
24.        def replaceFirst[R > :T](newFirst:R) = new Pair_Lower_Bound[R](newFirst,second)
25.    }
26.
27.    object Typy_Variables_Bounds {
28.        def main(args:Array[String]){
29.    //类型推断得到 T 为 String 类型,对应的超类为 Comparable[String]
30.        val pair = new Pair("Spark","Hadoop")
31.            println(pair.bigger)
32.        }
33.    }
```

查看 Java 类库的 String 类,可以看到 String 确实是 Comparable[String]的子类,并且实现了 compareTo 方法,对应代码如下:

```
1.    public final class String
2.        implements java.io.Serializable,Comparable<String>,CharSequence {
3.        / ** The value is used for character storage. */
4.        private final char value[];
5.        …
6.        public int compareTo(String anotherString){
7.        …
8.        }
9.    }
```

【例 6-3】视图界定的操作示例。

本示例给出视图界定的应用实例并与上界界定进行比较,突出视图界定的限制条件,示例代码如下所示:

```
1.    //此处为上界界定:声明参数化的类型 T 必须是 Comparable[T]的子类
2.    //class Pair_NotPerfect[T <: Comparable[T]](val first :T,val second :T){
3.    //    def bigger = if(first.compareTo(second) >0)first else second
4.    //}
5.
6.    //此处为视图界定:声明参数化的类型 T 存在一个到类型 Comparable[T]的隐式转换
```

```
7.  //此时没有强制要求类型 T 必须是 Comparable[T]的子类
8.  class Pair_NotPerfect[T<% Comparable[T]](val first :T,val second :T){
9.      def bigger = if(first. compareTo(second) >0)first else second
10. }
11.
12. //此处为视图界定:声明参数化的类型 T 存在一个到类型 Ordered[T]的隐式转换
13. class Pair_Better[T<% Ordered[T]](val first :T,val second :T){
14.     def bigger = if(first > second)first else second
15. }
16.
17. object View_Bounds {
18.     def main(args :Array[String]){
19. //类型推断出 T 为 String
20. //1. 当 Pair_NotPerfect 类的参数化类型定义为:T<:Comparable[T]:时
21. //要求 String 为 Comparable[String]的子类型,通过本章内容
22. //已经知道 String 满足该条件
23. //2. 当 Pair_NotPerfect 类的参数化类型定义为:T<% Comparable[T]:时
24. //对应 String 的分析和下面的 Int 相同,由于 T 为 Int 时,第一种定义方式编译失败
25. //因此下面以 Int 为例进行详细分析
26.     val pair = new Pair_NotPerfect("Spark","Hadoop")
27.     println(pair. bigger)
28. //类型推断出 T 为 Int
29. //1. 当 Pair_NotPerfect 类的参数化类型定义为:T<:Comparable[T]:时
30. //要求 Int 为 Comparable[Int]的子类型,而该条件不满足
31. //因此,此时编译器会报错,提示类型不匹配的错误
32. //2. 当 Pair_NotPerfect 类的参数化类型定义为:T<% Comparable[T]:时
33. //视图界定的相关代码分析比较复杂,因此在下面专门给出详细分析
34.     val pairInt = new Pair_NotPerfect(3,5)//Int -> RichInt
35.     println(pairInt. bigger)
36.
37. //参数化类型定义为 T<% Ordered[T]的分析同前面 T 为 Int 时的分析
38.     val pair_Better_String = new Pair_Better("Java","Scala")//String -> RichString
39.     println(pair_Better_String. bigger)
40.     val pair_Better_Int = new Pair_Better(20,12)
41.     println(pair_Better_Int. bigger)
42.     }
43. }
```

下面针对以下代码开始分析视图界定（要求存在类型间的隐式转换），相对应，当 T 为 Int 时，查找存在的 Int 到 Comparable [Int] 的隐式转换函数，同时通过该分析，进一步详细解析视图界定内部的工作原理，针对本例中的代码：

```
1.  class Pair_NotPerfect[T <% Comparable[T]](val first :T,val second :T){
2.      def bigger = if(first. compareTo(second) >0)first else second
3.  }
4.  valpairInt = new Pair_NotPerfect(3,5)//Int -> RichInt
5.  println(pairInt. bigger)
```

1）首先，由代码 first. compareTo(second)可知，当前在 Int 上调用了 compareTo 操作，因此可能需要一个隐式转换，对应 Int 的隐式转换，在预先导入的 objectPredef 中，能够查到 Int 可以隐式转换为 RichInt 类型，相关代码如下：

```
1.  object Predef extends LowPriorityImplicits {
2.  …
```

进一步查看 LowPriorityImplicits 代码：

```
1.  …
2.  @ inline implicit def byteWrapper(x:Byte)       = new runtime. RichByte(x)
3.  @ inline implicit def shortWrapper(x:Short)     = new runtime. RichShort(x)
4.  @ inline implicit def intWrapper(x:Int)         = new runtime. RichInt(x)
5.  @ inline implicit def charWrapper(c:Char)       = new runtime. RichChar(c)
    @ inline implicit def longWrapper(x:Long)       = new runtime. RichLong(x)
6.  @ inline implicit def floatWrapper(x:Float)     = new runtime. RichFloat(x)
7.  @ inline implicit def doubleWrapper(x:Double)   = new runtime. RichDouble(x)
8.  @ inline implicit def booleanWrapper(x:Boolean) = new runtime. RichBoolean(x)
9.  …
```

其中，第 4 行代码定义了 Int 到 RichInt 的隐式转换函数，因此可以转换。

2）分析 RichInt 中是否有需要调用的 compareTo 方法（这一步分析也可以放到最前面），通过对 RichInt 类型的继承层次的分析，可得相关类图，如图 6-1 所示。

从图 6-1 中可以看出，RichInt 继承了 Comparable 的 compareTo 方法，因此 Int 到 RichInt 的隐式转换在此有效，即 first. compareTo(second)代码最终调用了 RichInt 继承下来的 compareTo 方法。

由 Comparable 的 compareTo 方法的实现可知，最终调用了 compare 方法，而同时在继承的子类 OrderedProxy 中也实现了 compare 的方法，具体代码如下所示：

```
1.  traitOrderedProxy[T] extends Any with Ordered[T] with Typed[T] {
2.      protected def ord:Ordering[T]
3.      def compare(y:T) = ord. compare(self,y)
4.  }
```

最终调用了类型为 Ordering[T]的 ord 成员变量的 compare 方法，通过查看 RichInt 类的源码，可以看到 ord 被定义为 scala. math. Ordering. Int，代码如下所示：

第6章 Scala 类型参数

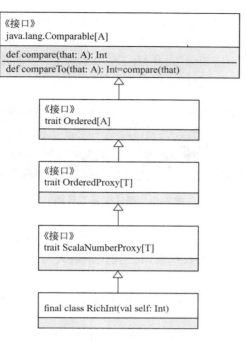

图 6-1　RichInt 类型的继承类图

```
1.  final class RichInt(val self: Int) extends AnyVal with ScalaNumberProxy[Int] with RangedProxy
    [Int] {
2.      protected def num = scala.math.Numeric.IntIsIntegral
3.      protected def ord = scala.math.Ordering.Int
4.      type ResultWithoutStep = Range
5.      ...
6.  }
```

对应的 scala.math.Ordering.Int，实际上是一个继承并实现 compare 方法的 Ordering[Int] 类型的一个隐式值，也就是最终调用了该隐式对象，实现了 Int 的比较，对应的隐式值对象定义如下：

```
1.  trait IntOrdering extends Ordering[Int] {
2.      def compare(x: Int, y: Int) =
3.          if(x < y) -1
4.          else if(x == y) 0
5.          else 1
6.  }
7.  implicit object Int extends IntOrdering
8.  ...
```

至此，已经成功得到 T 为 Int 类型的比较，同时也证明了确实存在 Int 到 Comparable[Int] 的隐式转换函数（参考 RichInt 类图）。

- 代码分析技巧：将以上代码复制到 IDE（此处以 IntelliJ IDEA 为例）中，在代码 val pairInt = new Pair_NotPerfect(3,5)//Int -> RichInt 处设置断点，启动 Debug，当到达该断点时，多次使用 Force Step Into（Alt + Shift + F7），强制跟踪代码的调用细节，对应强制进入的按钮在调试工具栏中的位置如图 6-2 所示。

图 6-2　调试按钮工具栏

- 补充说明：上面分析中没有给出各个类的具体路径，可以在对应的 IntelliJ IDEA 中通过 Ctrl + N 组合键打开类型查找窗口，查找指定类型。

【例 6-4】上下文界定的操作示例。

注意本例中上下文界定与视图界定之间的差异所在，示例代码如下所示：

```
1.  //参数化类型的定义 T :Ordering 指明了存在一个类型为 Ordering[T]的隐式值
2.  class Pair_Ordering[T :Ordering](val first :T, val second :T){
3.    //在 bigger 函数中使用了一个类型为 Ordering[T]的隐式值
4.    //由于前面参数化类型的定义已经保证了存在这么一个隐式值
5.    //因此在未明确指定 bigger 参数的情况下,bigger 函数将会使用该隐式值作为参数
6.    //由于该隐式值的类型为 Ordering[T],因此可以调用 Ordering[T]提供的接口 compare
7.    def bigger(implicit ordered:Ordering[T]) = {
8.      if(ordered.compare(first,second) >0)first else second
9.    }
10. }
11.
12. object Context_Bounds {
13.   def main(args:Array[String]){
14. //由类型推断可得 T 类型为 String
15.     val pair = new Pair_Ordering("Spark","Hadoop")
16. //在未明确指定 bigger 参数的情况下
17. //bigger 函数将会使用类型为 Ordering[String]的隐式值
18.     println(pair.bigger)
19. //由类型推断可得 T 类型为 Int,具体分析同上
20.     val pairInt = new Pair_Ordering(3,5)
21.     println(pairInt.bigger)
22.   }
23. }
```

通过查看 Scala 类库中 Ordering 的定义，可以看到其中已经提供了许多 Ordering[T]类型

第6章 Scala 类型参数

的隐式值，比如 Ordering[String]隐式值的定义代码如下所示：

```
1.  …
2.  //从 Ordering 的定义可以看到,Ordering[T]继承了 Comparator[T]接口
3.  //因此 Ordering[T]的实例(即该隐式值)也继承了 Comparator[T]提供的 compare 方法
4.  trait StringOrdering extends Ordering[String] {
5.  //前面 bigger 函数调用了 Ordering[String]的 compare 方法进行比较
6.  //对应的 StringOrdering 实现了该方法
7.  //因此下面的隐式值(implicit object String)也继承了该方法
        def compare(x:String,y:String) = x.compareTo(y)
    }
    implicit object String extends StringOrdering
8.  …
```

另外，在 Ordering 中已经定义了许多常见类型 T 的 Ordering[T]隐式值。

补充说明：这里的 Ordering 不需要导入，对应在 Scala 中的 package object scala 已经给出了类型别名，因此可以直接使用，对应代码如下所示：

```
1.  package object scala extends scala.AnyRef {
2.  …
3.  type Ordering[T] = scala.math.Ordering[T]
    val Ordering = scala.math.Ordering
4.  …
```

【例 6-5】多重界定的操作示例。

本示例以多重上下文界定为例给出多重界定的使用说明，示例代码如下所示：

```
1.  class M_A[T]
2.  class M_B[T]
3.  object Multiple_Bounds {
4.    def main(args:Array[String]) {
5.      implicit val a = new M_A[Int]
6.      implicit val b = new M_B[Int]
7.
8.      //多重上下文界定,要求存在 T 到 M_A 和 M_B 的隐式值
9.      def foo[ T :M_A :M_B ](i:T) = println("OK")
10.     //此时 T 类型为 Int,存在 Int 到 M_A[Int]的隐式值 a、到 M_B[Int]的隐式值 b
11.     foo(2)
12.   }
13. }
```

6.3 类型约束

6.3.1 类型约束的概述

类型约束提供了另一种限定类型的方式，类型约束是 Scala 类库提供的特性。在 Scala 中有 3 种约束关系具体语法如表 6-8 所示。

表6-8 约束关系的定义语法

界 定 类 型	语　　法	说　　明
类型等同约束	T =:= U	测试 T 类型是否等同于 U 类型
子类型约束	T <:< U	测试 T 类型是否为 U 类型的子类
视图（隐式）转换约束	T <% <U	测试 T 类型能否被视图（隐式）转换为 U 类型

但视图（隐式）转换约束在 Scala 2.10 版本中已经被废弃（有兴趣的读者可以查看 Scala 2.8 版本的源码），本章基于 Scala 2.10 类库查找约束的定义，对应代码如下所示：

```
1.  //类型约束 -------------------------------------------------
2.  …
3.  @implicitNotFound(msg = "Cannot prove that ${From} <:< ${To}.")
4.  //<:<[-From,+To]类继承了类型为 From => To 的 Function1 特质
5.  //对应了 From 类型为 To 类型的子类
6.  //(从对应的 apply 方法定义去理解,同时由于是定义,因此是在编译期间生效)
7.  //说明
8.  //1. From 逆变位置,对应输入的类型为 From 的父类
9.  //2. To 协变位置,对应输出的类型为 To 的子类
10. //在 From => To 的输入输出转换中,对应了 From 父类可以转换为 To 的子类
11. //对应地,From 编译时需要就满足是 To 的子类的条件
    sealed abstract class <:<[-From,+To] extends (From => To) with Serializable
12. //定义了一个继承<:<抽象类的匿名类的实例 singleton_<:<
13. private[this] final val singleton_<:< = new <:<[Any,Any] { def apply(x:Any):Any = x }
14. //not in the <:< companion object because it is also
15. //intended to subsume identity (which is no longer implicit)
16. //定义了一个隐式转换,其中 A <:< A 是个中缀类型
17. implicit def conforms[A]: A <:< A = singleton_<:<.asInstanceOf[A <:< A]
18. …
19. //分析与<:<类似
20. //差异点在于<:<[-From,+To]:From 类型处于逆变,To 处于协变位置
21. //而 =:= [From,To]:From 和 To 类型都使用了默认的型变
22. @implicitNotFound(msg = "Cannot prove that ${From} =:= ${To}.")
```

```
23.    sealed abstract class =:=[From,To] extends (From => To) with Serializable
24.    private[this] final val singleton_=:== new =:=[Any,Any] { def apply(x:Any):Any = x }
25.    object =:= {
26.        implicit def tpEquals[A]:A =:= A = singleton_=:=.asInstanceOf[A =:= A]
27.    }
```

6.3.2 类型约束的操作示例

【例6-6】类型约束的操作示例。

本示例介绍当前两种类型约束的应用，示例代码如下所示：

```
1.  object Type_Contraints {
2.      def main(args:Array[String]) {
3.          //A =:= B   //表示 A 类型等同于 B 类型
4.          //A <:< B   //表示 A 类型是 B 类型的子类型
5.          def rocky[T](i:T)(implicit ev:T <:< java.io.Serializable) {
6.              print("Life is short,you need spark!") }
7.          rocky("Spark")
8.
9.          //当以下代码导致测试失败时,编译时的错误提示如下
10.         //Error:(15,10) Cannot prove that Int <:< java.io.Serializable.   …
11.         //对应源码中注释@ implicitNotFound,在隐式未找到时的 msg 提示信息
12.         //由此可见,Scala 的约束关系是在编译期间有效的,即在编译时会帮忙检查
13.         //类型是否满足约束条件
14.         //rocky(1)
15.     }
16. }
```

6.4 类型系统

6.4.1 类型系统的概述

在 Java 里，一直到 JDK1.5 之前，一个对象的类型（type）都与它的 class 是一一映射的，通过获取它们的 class 对象，比如 String.class、int.class、obj.getClass() 等，就可以判断它们的类型（type）是不是一致的。

而到了 JDK1.5 之后，因为引入了泛型的概念，类型系统变得复杂了，并且因为 JVM 选

择了在运行时采用类型擦拭的做法（兼容性考虑），类型已经不能单纯用 class 来区分了，比如 List<String> 和 List<Integer> 的 class 都是 Class<List>，然而两者的类型（type）却是不同的。泛型类型的信息要通过反射的技巧来获取，同时 Java 里增加了 Type 接口来表达更泛的类型，这样对于 List<String> 这样由类型构造器和类型参数组成的类型，可以通过 Type 来描述；它和 List<Integer> 类型对应的 Type 对象是完全不同的。

和 Java 的类型系统相比，Scala 的类型系统虽然也是静态类型系统，但由于具备类型推断等，在实际使用上是非常灵活的，对应的 Java 的静态类型系统则不太灵活，使用起来比较困难；其次，Scala 带有模式匹配，可以非常灵活地恢复类型信息。虽然 Scala 的类型系统在使用上更加灵活，而且相比 Java 的类型系统也更加丰富（部分类型信息可以参考本书的第 7 章高级类型的内容）。同时 Scala 没有直接用 Java 里的 Type 接口，而是自己提供了一个 scala.reflect.runtime.universe.Type（2.10 后）。虽然如此，在 Scala 中仍然存在类型擦除相关的问题。

Scala 中提供了 ClassTag 特质，该特质用于存储被擦除的 T 类型的类信息，极大地方便了在编译期时对象的实例化。ClassTag 相比 TypeTag 是比较弱的，ClassTag 包含了 T 运行时的类信息（class），对应在 TypeTag 中则包含了 T 的所有静态类型信息。

需要注意的是，类型擦除通常用类来翻译 Class，用 Type 来翻译类型信息。

6.4.2　类型系统的操作示例

下面介绍一个使用 ClassTag 特质的示例。

【例 6-7】 ClassTag 类的操作示例。

本示例介绍了 ClassTag 在类型擦除中的应用，示例代码如下所示：

```
1.  class A[T]
2.
3.  object Manifest_ClassTag {
4.
5.    def main(args:Array[String]){
6.
7.  //已经被 scala.reflect.ClassTag 所取代
8.    def arrayMake[T :Manifest](first :T,second :T) = {
9.        val r = new Array[T](2); r(0) = first; r(1) = second; r
10.      }
11.   arrayMake(1,2).foreach(println)
12.
13.  //用于编译期实例化 Array 对象时,需要用到被擦除的类信息
14.   def mkArray[T :ClassTag](elems:T * ) = Array[T](elems:_ * )
15.   mkArray(42,13).foreach(println)
16.   mkArray("Japan","Brazil","Germany").foreach(println)
17.
```

第6章 Scala 类型参数

```
18.        def manif[T](x:List[T])(implicit m:Manifest[T]) = {
19.            if(m <:< manifest[String])
20.                println("List strings")
21.            else
22.                println("Some other type")
23.        }
24.        manif(List("Spark","Hadoop"))
25.        manif(List(1,2))
26.        manif(List("Scala",3))
27.        val m = manifest[A[String]]
28.        println(m)
29.        val cm = classManifest[A[String]]
30.        println(cm)
31.    }
32. }
```

Section 6.5 型变 Variance

Scala 型变注释（也称变化型注释）是在定义类型抽象的时候就指定的；而对应的，在 Java 5 中，型变注释则是在客户端使用类型抽象的时候指定的。

泛型与子类型化（subtyping）带了一些有趣的问题，如泛型类、特质的继承关系与对应的参数化类型的继承关系直接的变化关系。这种变化关系存在 3 种关系，即协变（covariant）、逆变（contravariant）及不变（invariant），这 3 种关系称为 Scala 的型变（注：有些书上也称为变化型）。

（1）型变的分类

假设当前存在类 D 和 B，其中 D 类为 B 类的子类，对应存在一个泛型类 A[T]，那么对应的 3 种关系，以及其在 Scala 中的语法表示如表 6-9 所示。

表 6-9　型变的 3 种情况

型变类型	语法	说　　明
协变	A[+T]	A[D]是 A[B]的子类，即 A[T]继承层次中的父子关系与参数化类型 T 的父子关系一致，或者说泛型与它的类型参数保持协变（或有弹性的）的子类型化
逆变	A[-T]	A[B]是 A[D]的子类，即 A[T]继承层次中的父子关系与参数化类型 T 的父子关系相反，或者说泛型与它的类型参数是逆变的（或非协变的、严谨的）子类型化
不变	A[T]	A[B]和 A[D]之间没有父子继承关系（注：当且仅当 B=:=D 时，A[B]是 A[D]子类）

其中，类型参数前面的 + 号和 - 号被称为型变注意。

（2）型变的位置

在实际开发过程中，编译器会帮忙检查型变的使用是否正确，而对于检查的规则如下：

- +T 注释：声明类型 T 只能用于协变的位置。

- -T 注释：声明类型 T 只能用于逆变的位置。

6.5.1　协变

对于不变类型参数，由于没有类继承关系，因此限制了在类抽象上的复用。为了尽量保持复用代码、使用多态性等特性，实现面向接口编程，建议采用协变或逆变的子类型型变方式。

比较常用的型变注释是协变，在 Scala 类库中大量使用了协变注释，比如 List 集合类的定义等。

通常在纯函数式中，许多类型都是自然协变的。即在不存在可变数据时，通常泛型与它的类型参数保持协变（或有弹性的）子类型化。

当用户希望子类型化是型变注释（复用代码，利用类型抽象的动态绑定），同时又需要在逆变的位置使用该类型参数时，需要使用一个小技巧，即通过一个下界类型界定的方法，可以实现一个方法，在该方法中可以把协变的参数类型置于逆变的位置。

6.5.2　逆变

从协变部分的实例可以看到，其中的 push 方法的定义如下：

```
1.    def push[B >: A](elem:B):Stack[B] = new Stack[B]
2.    …
```

从类型限定 B >: A 可以看到，传进去的参数要么是和 A 类型一致的，要么是 A 的父类。把 Stack 类定义扩展到其他类似设计的类上，基于面向对象编程，通常会有一些方法，在这些方法中，需要满足里氏替换原则，也就是以具体子类替换超类，而对应的超类，就是这里的参数化类型 A，如果应用时指定的都是接口（或抽象类等），那么此时，这些方法就需要传入这些接口的具体子类，这样才能调用具体的实现代码的方法。而不能像上面的协变那样，传入超类。

在这种情况下，协变就不再适应了，所以在 Scala 中也引入了逆变注释，便于以具体的子类来替换超类，以便正确地调用带有具体实现的方法。

6.5.3　协变与逆变的操作示例

【例 6-8】协变的操作示例。

通常在讲解协变的时候会以 Scala 类库中的类为例，这里也一样，本示例为以 Stack 类为例，参考官网，通过协变时所使用的小技巧的代码进行分析说明。示例代码如下所示：

```
1.    class Stack[+A] {
2.        //添加下界类型限定,使协变参数可以出现在逆变的位置
3.        //通过下界类型界定加以限定,同时让返回结果对应的元素类型为超类
4.        def push[B >: A](elem:B):Stack[B] = new Stack[B] {
```

第6章 Scala 类型参数

```
5.      override def top:B = elem
6.      override def pop:Stack[B] = Stack.this
7.      override def toString() = elem.toString() + " " + Stack.this.toString()
8.    }
9.    def top:A = sys.error("no element on stack")
10.   def pop:Stack[A] = sys.error("no element on stack")
11.   override def toString() = ""
12. }
```

其中，参数化类型为 +A 注释，因此只能用于协变的位置，而 push 函数的参数化类型的对应位置为负，因此不能直接像下面这样使用：

```
1.  def push[A]…
```

为了既能使用协变（充分利用抽象系统，即动态性），又能在负的位置使用该参数化类型，可以通过下界类型界定加以限定，同时让返回结果对应的元素类型为超类。

【例 6-9】Stack 的操作示例。

本示例为 Stack 的操作实例，在讲解型变时，通常会引用 Scala 类库中的集合类进行说明，其中 Stack 也是常用的集合类。具体代码如下所示：

```
1.  objectVariancesTest extends App {
2.    //在 Stack 实例中添加不同类型的元素
3.    var s:Stack[Any] = new Stack().push("hello")
4.    s = s.push(new Object())
5.    s = s.push(7)
6.    println(s)
7.  }
```

【例 6-10】逆变的操作示例。

以下代码是通过构建一个具有继承层次的类结构来分析逆变的应用实例的代码，具体如下所示：

```
1.  //这里简单地构建一个继承层次,包括 Person 及其子类 Student
2.  trait Person {
3.    defmakeFriend(p:Person):Unit
4.  }
5.
6.  class Student extends Person {
7.    defmakeFriend(p:Person):Unit = {
8.    println("hello hello")
9.    }
10. }
11.
```

```
12.    //定义了一个逆变的泛型,此时 FriendMaker[Student]是 FriendMaker[Person]的超类
13.    classFriendMaker[ - T] {
14.        //T 为逆变,因此对应在方法中的参数是 T 类型的具体子类
15.        //只有具体子类才实现了具体方法
16.        //为了调用 makeFriend 方法,添加上界限制
17.        defmakeFriend[ T < :Person ]( a:T,b:T) = {
18.            amakeFriend b
19.        }
20.    }
21.
22.    object Variance {
23.        def main( args:Array[String]) {
24.            val value :FriendMaker[Student] = new FriendMaker[Person]
25.            value. makeFriend( new Student,new Student)
26.        }
27.    }
```

6.6 结合 Spark 源码说明 Scala 类型参数的使用

本小节结合 Spark 计算框架的源码,分别针对本章前几节描述的 Scala 参数类型内容,详细解析这些内容在实际框架中的应用实例。

1. 泛型在 Spark 源码中的使用

比如 Spark 源码中 RDD 类的定义,代码如下所示:

```
1.    //在 RDD 中,T 类型为参数化的类型,实际使用时对应不同的具体类型
2.    //需要注意的是,由于 Scala 也采用了运行期类型擦除的设计
3.    //因此当在运行期需要知道具体类型时
4.    //定义的参数化类型 T 需要添加 ClassTag 的类型说明
5.    abstract class RDD[ T:ClassTag](
6.        @ transient private var _sc:SparkContext,
7.        @ transient private vardeps:Seq[Dependency[_]]
8.    ) extendsSerializable with Logging {
9.        if( classOf[ RDD[_]]. isAssignableFrom( elementClassTag. runtimeClass)) {
10.           //This is a warning instead of an exception in order to avoid breaking user programs that
11.           //might have defined nestedRDDs without running jobs with them.
12.           logWarning( "Spark does not support nested RDDs( see SPARK - 5063)")
13.       }
```

又如 Spark 源码中 RDD 子类的定义,代码如下所示:

第6章　Scala 类型参数

1. //类型 MapPartitionsRDD 的参数化类型 U 和 T,可以在类定义后继续使用
2. //比如在参数中的使用:RDD[T]和 Iterator[T]等
3. //以及 MapPartitionsRDD 所继承的父 RDD 中使用:extends RDD[U]
4. private[spark] classMapPartitionsRDD[U:ClassTag,T:ClassTag](prev:RDD[T],f:(TaskContext,Int,Iterator[T])=>Iterator[U],   //(TaskContext,partition index,iterator) preservesPartitioning:Boolean = false)
5. 　　extends RDD[U](prev){
6. //下面是参数化类型 T 在子类构造体内的使用:firstParent[T]
7. 　　override val partitioner = if(preservesPartitioning)firstParent[T].partitioner else None

2. 类型变量上、下界界定在 Spark 源码中的使用

1. //这里,参数化类型 F 必须是 InputFormat[K,V]的子类
2. //InputFormat 是分布式文件存储系统 HDFS 输入文件的接口
3. //所以具体的输入都需要继承该接口
4. //这里通过上界界定,表示 F 类型必须符合 HDFS 要求的接口
5. defhadoopFile[K,V,F<:InputFormat[K,V]]
　　(path:String,minPartitions:Int)
　　(implicit km:ClassTag[K],vm:ClassTag[V],fm:ClassTag[F]):RDD[(K,V)] = withScope {
　　hadoopFile(path,
6. …
7. }

3. 上、下文界定在 Spark 源码中的使用

1. //RDD 类中的源码
2.
3. //K :Ordering 表示存在一个隐式值 Ordering[K]
4. //对应 ClassTag 的声明部分,则表示 def 方法定义中需要在运行时识别 K 和 V 类型
5. //比如下面的 new 部分代码
6. implicit def rddToOrderedRDDFunctions[K:Ordering :ClassTag,V:ClassTag](rdd:RDD[(K,V)])
7. 　　:OrderedRDDFunctions[K,V,(K,V)] = {
8. 　　newOrderedRDDFunctions[K,V,(K,V)](rdd)
9. }
10. //RDD 的元素类型为 T,此处函数定义时,指明了存在一个 Ordering[T]的隐式值
11. //补充:声明为隐式的参数也可以通过明确指定一个具体的实例作为参数来替换隐式值
12. def top(num:Int)(implicit ord:Ordering[T]):Array[T] = withScope {
13. 　　takeOrdered(num)(ord.reverse)
14. }

6.7 小结

　　本章详细分析了 Scala 的类型参数,包括泛型的概念,以及各种类型的界定、约束等内容。最后从 Scala 的类型系统出发,详细分析了 Scala 中的型变内容。在各个概念的基础上,通过操作实例的代码及其解析,以及这些知识点在 Spark 源码中的应用与解析来加深对 Scala 类型参数的理解。

第7章　Scala 高级类型

　　Scala 语言有着非常丰富的类型系统，在编写小规模的 Scala 应用程序时，类型的重要性可能不突出，但当程序规模较大时，强大的类型系统能够简化程序设计，Scala 语言中的高级类型属于语法糖。语法糖（Syntactic Sugar），也叫糖衣语法，是英国计算机科学家彼得·约翰·兰达（Peter J. Landin）发明的一个术语。指的是在计算机语言中添加某种语法，这种语法能使程序员更方便地使用语言开发程序，同时增强程序代码的可读性，避免出错；但是这种语法对语言的功能并没有影响。例如，泛型就是一种语法糖，即使不用泛型，也能开发出同等功能的程序，例如排序算法，可以分别实现 Double、Int 等类型的排序算法，但是在使用泛型之后，可以大大简化程序设计，减少重复代码的编写，代码可读性也有所增加。本章重点介绍 Scala 最为常用的 10 种高级类型，包括单例类型、类型别名、自身类型、中置类型、类型投影、结构类型、复合类型、存在类型、函数类型及抽象类型。

7.1　单例类型

7.1.1　单例类型概述

　　单例类型（singleton type）是所有对象引用都存在的一种类型，其使用方式是 x.type，具体如例 7-1 所示。该例利用 scala.reflect.runtime.universe.typeOf 说明单例类型的特点与使用。

【例 7-1】单例类型的使用示例。

```
1.   scala > class Person
2.   defined class Person
3.
4.   scala > val p = new Person
5.   p: Person = Person@14c4af3
6.   //typeOf 用于判断类的类型
7.   scala > import scala.reflect.runtime.universe.typeOf
8.   import scala.reflect.runtime.universe.typeOf
9.   //p.type 同后面的 Person 类一样都是一种类型
10.  //唯一不同的是,p.type 是单类型的,即它的实例只有一个,就是 p
11.  scala > typeOf[ p.type ]
12.  res15: reflect.runtime.universe.Type = p.type
```

```
13.
14.  scala > val p2:p.type = p
15.  p2:p.type = Person@14c4af3
16.
17.  scala > typeOf[Person]
18.  res17:reflect.runtime.universe.Type = Person
```

例 7-1 的第 11 行代码、第 17 行代码的运行结果表明 p.type 同 Person 类一样都是一种类型，只不过 p.type 是单例类型，它只有一个实例，该实例就是 p，第 14 行代码对此进行了验证，这意味着单例类型 p.type 也是 Person 类的子类，下面的代码就是证明：

```
scala > typeOf[p.type] <:< typeOf[Person]
res20:Boolean = true
```

7.1.2　单例类型示例

这种单例类型有什么用呢？最常用的应用场景就是方法的链式调用，先来看一下如果没有单例类型会有什么情况发生。如例 7-2 所示，当不涉及继承时，程序代码在进行方法链式调用时能够正常运行。该例中的 Person 类定义了两个方法，分别是 setName、setAge 代码中使用链式调用行后进行 setName 和 setAge 方法的调用。

【例 7-2】无继承时的方法链式调用示例。

```
1.  class Person{
2.    private var name:String = null
3.    private var age:Int = 0
4.    def setName(name:String) = {
5.      this.name = name
6.      //返回对象本身,Scala 类型推断为 Person
7.      this
8.    }
9.    def setAge(age:Int) = {
10.     this.age = age
11.     //返回对象本身,Scala 类型推断为 Person
12.     this
13.   }
14.   override def toString() = "name:" + name + " age:" + age
15. }
16.
17. object SingletonType extends App{
18.   //链式调用
19.   println(new Person().setAge(27).setName("张三"))
20. }
```

第7章 Scala 高级类型

代码执行结果如下:

```
name:张三 age:27
```

如结果所示,例 7-2 第 19 行代码在执行 setAge 方法后,返回的是对象本身的引用,其类型为 Person,然后继续调用对象的 setName 方法,执行结果后返回的仍然是对象本身,最后打印时调用 toString 方法将结果输出。但当涉及继承时,便会产生问题,如例 7-3 所示。该例是存在继承关系时的链式调用,父类 Person 中有两个方法分别是 setName 和 setAge,子类 Student 继承自 Person,并在类中定义了 setStudentNo 方法,在使用子类 Student 时采用链式调用。

【例 7-3】带继承时的方法链式调用示例。

```
1.   class Person{
2.     private var name:String = null
3.     private var age:Int = 0
4.     defsetName(name:String) = {
5.       this.name = name
6.       //返回对象本身,Scala 类型推断为 Person
7.       this
8.     }
9.     defsetAge(age:Int) = {
10.      this.age = age
11.      //返回对象本身,Scala 类型推断为 Person
12.      this
13.    }
14.    override def toString() = "name:" + name + " age:" + age
15.  }
16.
17.  class Student extends Person{
18.    private varstudentNo:String = null
19.    //返回对象本身,Scala 类型推断为 Student
20.    defsetStudentNo(no:String) = {
21.      this.studentNo = no
22.      this
23.    }
24.    override def toString() = super.toString() + " studetNo:" + studentNo
25.  }
26.  object SingletonType extends App{
27.    //下面的这条语句不能运行,会报错
28.    //value setStudentNo is not a member of Person
29.    println(new Student().setName("john").setAge(22).setStudentNo("2014"))
30.    //下面的语句能够正常运行
31.    println(new Student().setStudentNo("2014").setName("john").setAge(22))
32.  }
```

例7-3中的第29行会报错，错误提示为"value setStudentNo is not a member of Person"，这是因为Student对象调用完setName方法后已经变成了父类型，再调用setAge方法也不会有问题，但当调用setStudentNo方法时因为父类中不存在该方法，因此会报错。第31行代码之所以能够顺利运行，原因在于其先调用Sudent类中的setStudentNo方法，完成后再调用父类Person中的setName、setAge方法。这就引出了下面要讲的问题，在实际进行程序开发时方法的调用顺序不应该影响程序的正常运行，单例类型可以解决这一问题，如例7-4所示。与例7-3所不同的是，例7-4中的setName、setAge方法的返回值类型为this.type，也即其返回结果的类型为单例类型。

【例7-4】单例类型实现的方法链式调用示例。

```
1.    class Person{
2.        private var name:String = null
3.        private var age:Int = 0
4.        //返回类型设置为this.type,返回实际调用该方法对应实例的单例类型
5.        def setName(name:String):this.type = {
6.            this.name = name
7.            this
8.        }
9.        //返回类型设置为this.type,返回实际调用该方法对应实例的单例类型
10.       def setAge(age:Int):this.type = {
11.           this.age = age
12.           this
13.       }
14.       override def toString() = "name:" + name + " age:" + age
15.   }
16.
17.   class Student extends Person{
18.       private var studentNo:String = null
19.       def setStudentNo(no:String) = {
20.           this.studentNo = no
21.           this
22.       }
23.       override def toString() = super.toString() + " studetNo:" + studentNo
24.   }
25.
26.   object SingletonType extends App{
27.       //下面两行代码都能正常运行
28.       println(new Student().setName("john").setAge(22).setStudentNo("2014"))
29.       println(new Student().setStudentNo("2014").setName("john").setAge(22))
30.   }
```

代码执行结果如下。

```
name:john age:22 studentNo:2014
name:john age:22 studentNo:2014
```

如结果所示，例 7-4 第 5 行、第 10 行的 setName、setAge 方法与例 7-4 第 4 行、第 9 行的 setName、setAge 方法，不同之处在于方法最后的返回值类型为 this.type，它返回的是实际调用该方法的类型，这样例 7-4 中的第 28 行、第 29 行代码都能正常运行，Student 对象在调用 setName、setAge 方法后返回的实际类型是 Student 类型，这样再调用 setStudentNo 方法时便不会编译出错。

7.2 类型别名

7.2.1 类型别名概述

类型别名，顾名思义就是为类型创建一个别名，其目的是简化程序设计，其语法格式如下：

```
type 类型别名 = 待取别名的类型
```

给类型取了别名后，便可以使用该别名替代原有类型，从而达到增加程序可读性、减少代码量等目的。

7.2.2 类型别名示例

例 7-5 是类型别名使用的实例。该例使用 type TeachingCourses = scala.collection.mutable.HashMap[String,String] 为 scala.collection.mutable.HashMap[String,String] 取了个别名，在代码中通过 TeachingCourses 简化程序设计。

【例 7-5】 类型别名使用示例。

```
1.  class Teacher{
2.    //type 关键字定义类型别名,这样做的好处是在程序其他地方重复使用时
3.    //不但可以少敲很多代码,简化程序设计,也使程序的可读性增强
4.    type TeachingCourses = scala.collection.mutable.HashMap[String,String]
5.    //使用类型别名
6.    private var teachingCourses = new TeachingCourses
7.    def addCourse(courseName:String,courseTime:String) = {
8.      teachingCourses.put(courseName,courseTime)
9.    }
10.   def getCourses() = teachingCourses
11. }
```

```
12.    objectTypeAlias extends App{
13.        val t = new Teacher
14.        t.addCourse("Spark","60 课时")
15.        t.addCourse("Hadoop","80 课时")
16.        t.addCourse("Hive","10 课时")
17.        println(t.getCourses())
18.    }
```

代码执行结果如下：

Map(Hadoop -> 80 课时,Spark -> 60 课时,Hive -> 10 课时)

例 7-5 中的第 4 行代码演示了类型别名的使用，其语法为：type 类型别名 = 待取别名的类型，一旦定义了类型别名，在其作用域范围内可以像普通的类一样被重复使用，第 6 行代码给出了如何利用类型别名初始化类成员变量。从代码中不难看出类型别名 TeachingCourses 可以替代 scala.collection.mutable.HashMap[String,String]，这样在程序中如果被多次使用，可以在简化程序代码的同时增强程序的可读性。

7.3 自身类型

7.3.1 自身类型概述

《Programming In Scala》[1]给出的自身类型定义为：任何混入该特质的具体类必须确保它的类型符合特质的自身类型。这个定义有点抽象，这里举一个具体的例子来说明，如例 7-6 所示。

【例 7-6】自身类型定义。

```
trait X{
}
class B{
  //self:X => 要求 B 在实例化时或定义 B 的子类时
  //必须混入指定的 X 类型,这个 X 类型也可以指定为当前类型
  self:X =>
}
```

自身类型的存在相当于让当前类变得更加抽象，例 7-6 中定义了一个特质 X，类 B 中通过 self:x => 引入了自身类型，如此在扩展类 B 时，其子类必须混入特质 X，要求当前对象也符合 X 类型。

第7章 Scala高级类型

7.3.2 自身类型示例

例7-7给出了自身类型使用示例。该例代码在类B中加入 self:X =>，以进行自身类型的定义。

【例7-7】自身类型使用示例。

```
1.  trait X{
2.    def foo()
3.  }
4.  class B{
5.    self:X =>
6.  }
7.  //类C扩展B的时候必须混入trait X
8.  //否则的话会报错
9.  class C extends B with X{
10.   def foo() = println("self type demo")
11. }
12. object SelfTypeDemo extends App{
13.   new C().foo
14. }
```

例7-7中第9行代码演示了自身类型的使用，类C扩展类B时必须混入特质X，否则会报错。之所以说自身类型让当前类变得更加抽象，是因为子类在扩展父类时，如果父类中存在自身类型，则子类必须混入自身类型对应的类。

7.4 中置类型

7.4.1 中置类型概述

Scala语言中存在着中置操作符（如+、*等），在执行 1*2、1+2 等操作时，其后面的结果是通过方法调用实现的，即通过 1.+(2)、1.+(2) 实现。类似地，当某个类的构造器参数有且仅有两个时，它可以用中置类型（Infix Type）表示，其语法定义如下：

类型1 实际类类型2

7.4.2 中置类型示例

中置类型在实际应用中有两种应用场景，分别是变量定义和模式匹配。例7-8给出的是中置类型在变量定义中的应用。

【例7-8】中置类型示例。

```
1.  class Person[T,S](val name:S,val age:T)
2.  object InfixType extends App {
3.    //下面的代码是一种中置表达方法,相当于
4.    //val p:Person[String,Int] = null
5.    val p:String Person Int = null
6.  }
```

例7-8第1行代码给出了Person类的定义,该类具有两个类型参数：T和S,对应name和age成员。因为只有两个参数,在对变量进行赋值时可以采用中置表示法,即第4行、第5行代码是等价的,只不过是表达形式不一样而已。

除变量初始化时可以使用中置表示法之外,在模式匹配时也可以使用中置表达法,代码如例7-9所示。该例使用val p:String Person Int = Person("张三",18)进行类型定义,使用case "张三" Person 19 => println("matching is ok") 及 case name Person age => println("name:" + name + "age = " + age)将中置类型应用于模式匹配。

【例7-9】中置类型在模式匹配中的使用示例。

```
1.   //定义Person类,两个泛型参数,分别是S,T,因此
2.   //它是可以用中置表达式进行变量定义的
3.   case class Person[S,T](val name:S,val age:T)
4.
5.   objectInfixType extends App {
6.     //下面的代码是一种中置表达方法,相当于
7.     //val p:Person[String,Int] = Person("张三",18)
8.     val p:String Person Int = Person("张三",18)
9.
10.    //中置表达式的模式匹配用法
11.    //模式匹配时可以直接用常量,也可以直接用变量
12.    p match {
13.      case "张三" Person 19 => println("matching is ok")
14.      case name Person age => println("name:" + name + "  age = " + age)
15.    }
16.  }
```

代码执行结果如下：

```
matching is ok
```

例7-9中的第7~8行代码演示了中置类型在变量定义时的使用,第12~14行演示了中置类型如何应用到模式匹配当中,可以看到中置类型的模式匹配的使用方式同变量赋值类似。中置类型的使用更符合人的思维习惯,但它只能在参数只有两个的情况下使用。

7.5 类型投影

7.5.1 类型投影概述

Scala 中存在内部类，内部类与外部类的成员变量、成员方法并没有太大的区别，唯一的区别在于它是一个类，在使用内部类时需要注意的问题，是两个不同外部类的实例对应的内部类是不同的类。类型投影（Type Project）的目的就是解决这一问题。

7.5.2 类型投影实例

为说明类型投影的作用，先看一个 Scala 内部类的使用示例。该例演示的是 Scala 内部类的使用，在外部类 Outter 中定义内部类 Inner，然后通过 val outter1 = new Outter、val inner = new outter1.Inner 进行内部类的使用。

【例 7-10】Scala 内部类示例。

```
1.  classOutter{
2.      var x:Int = 0
3.      //内部类 Inner
4.      class Inner{
5.          def test() = x
6.      }
7.  }
8.  objectTypeProject extends App{
9.      valoutter1 = new Outter
10.     valoutter2 = new Outter
11.     //创建内部类的方式,同访问正常的成员变量一样
12.     val inner = newoutter1.Inner
13.     println(inner.test())
14. }
```

例 7-10 演示了 Scala 内部类的使用，从第 12 行代码可以看到，Scala 访问内部类的方式同外部类的其他类成员一样，只不过它是一个内部类。众所周知，实例化后的不同外部类对象的成员变量是不一样的，也就是说 outter1.x 与 outter2.x 是两个不同的成员变量，其物理存储地址不同。类似地，不同 Outter 类的实例对应的内部类也是不一样的，下面的代码就是证明。该例的外部类中定义了 def print(i:Inner) = i 方法，该方法只能接受同一外部类对象引用所创建的内部类对象作为参数，而不能接受不同外部类对象创建的内部类对象作为参数。

【例 7-11】不同 Outter 类的实例对应的内部类说明示例。

```
1.   import scala.reflect.runtime.universe.typeOf
2.   class Outer{
3.     private var x:Int = 0
4.     def print(i:Inner) = i
5.     class Inner{
6.       def test() = x
7.     }
8.   }
9.   object TypeProject extends App{
10.    val outter1 = new Outer
11.    val inner1 = new outter1.Inner
12.
13.    val outter2 = new Outer
14.    val inner2 = new outter2.Inner
15.
16.    //下面的代码编译会失败
17.    //outter1.print(inner2)
18.    //这是因为不同 outter 对象对应的内部类成员类型是不一样的
19.    //这就跟两个类成员的实例它们内存地址不一样类似
20.
21.    //下面的类型判断会输出 false
22.    //这也进一步说明了它们类型是不一样的
23.    println( typeOf[ outter.Inner ] == typeOf[ outter2.Inner ] )
24.  }
```

例 7-11 第 10 行、第 11 行代码创建了一个外部类的对象及对应的内部类对象,第 13 行、第 14 行代码创建了另外一个外部类对象及对应的内部类对象,第 17 行代码编译会出错,这是因为 outter.Inner 类与 outter2.Inner 类是不同的类,第 23 行代码说明了这一点。具体来讲,Outter 类中 def print(i:Inner) = i 成员方法中的参数类型 Inner 其实相当于 def print(i:this.Inner) = i 或 def print(i:Outter.this.Inner) = i,它依赖于外部类,构成了一条路径,因为也称为路径依赖类型。

类型投影的目的是将外部类 Outter 中定义的方法 def print(i:Inner) = i,它可以接受做任意外部类对象中的 Inner 类,也就是使例 7-11 中 outter 与 outter2 中的 Inner 类型具有共同的父类,具体实现方式是将 def print(i:Inner) = i 改写为 def print(i:Outter#Inner) = i,Outter#Inner 称为类型投影,其原理如图 7-1 所示,完整代码如例 7-12 所示。该例通过类型投影即将 def print(i:Inner) = i 方法改为 def print(i:Outter#Inner) = i 解决例 7-1 中的问题。

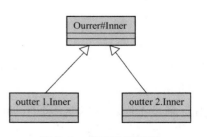

图 7-1 类型投影说明

【例 7-12】类型投影使用示例。

第7章 Scala 高级类型

```
1.   import scala.reflect.runtime.universe.typeOf
2.   class Outter{
3.     private var x:Int = 0
4.     private var i:Inner = new Outter.this.Inner
5.     //Outter#Inner 类型投影的写法
6.     //可以接受任何 outter 对象中的 Inner 类型对象
7.     def print(i:Outter#Inner) = i
8.     class Inner{
9.       def test() = x
10.    }
11.  }
12.
13.  object TypeProject extends App{
14.    val outter1 = new Outter
15.    val inner1 = new outter1.Inner
16.
17.    val outter2 = new Outter
18.    val inner2 = new outter2.Inner
19.    //定义了类型投影后,下面的这个语句可以成功执行
20.    outter1.print(inner2)
21.    //注意,下面的这条语句返回的仍然是 false
22.    //只是对 print 方法中的参数进行类型投影,并没有改变 outter.Inner 与 outter2.Inner
23.    //是不同类的事实
24.    println(typeOf[outter1.Inner] == typeOf[outter2.Inner])
25.  }
```

例 7-12 第 7 行代码说明了类型投影的实现方式,第 20 行代码说明了类型投影的作用,通过类型投影,print 方法可以接受任意 outter 实例的 Inner 类对象,但需要注意是代码第 24 行输出的结果仍然是 false,这是因为类型投影并没有改变 outter.Inner 类与 outter2.Inner 类是不同类的事实,它只是改变了 print 方法的行为。

Section 7.6 结构类型

7.6.1 结构类型概述

结构类型(Struture Type)通过利用反射机制为静态语言添加动态特性,从而使得参数类型不受限于某个已命名的类型。结构体类型通过花括号 {} 进行定义,花括号中给出方法标签(抽象方法),在使用时给出具体实现。

7.6.2 结构类型示例

例7-13给出了结构体类型使用示例。该例使用res:{def close():Unit}结构体类型作为releaseMemory方法的参数。

【例7-13】结构体类型示例。

```
1.   objectStructureType {
2.     //releaseMemory 中的方法参数是一个结构体类型
3.     //它定义了一个抽象方法,对 close 方法的规格进行了说明
4.     defreleaseMemory(res:{
5.       def close():Unit
6.       //结构体类型中的方法不能有具体实现
7.       //defcloseAll():Unit = {println("close all")}
8.     }){
9.       res.close()
10.    }
11.
12.    def main(args:Array[String]):Unit = {
13.      //结构体使用方式
14.      releaseMemory(new {def close() = println("Memory Releaseed")})
15.    }
16.  }
```

代码执行结果:

```
Memory Released
```

例7-13第4~10行代码定义了一个方法releaseMemory,该方法的参数是一个结构体类型。

```
{
    def close():Unit
    //结构体类型中的方法不能有具体实现
    //defcloseAll():Unit = {println("close all")}
}
```

第14行代码给出了结构体类型的使用,通过new关键字,然后用大括号给出结构体类型中定义的抽象方法的具体实现。

结构体类型还可以用type关键字进行声明,例7-14给出了其使用示例。该例使用type关键字进行结构体类型声明,它适用于结构体类型存在重用的情况,以简化程序设计。

【例7-14】type关键字声明的结构体类型示例。

第7章 Scala 高级类型

```
1.   objectStructureType{
2.     defreleaseMemory(res:{def close():Unit}){
3.       res.close()
4.     }
5.     //采用关键字进行结构体类型声明
6.     type X = {def close():Unit}
7.     //结构体类型 X 作为类型参数,定义函数 releaseMemory2
8.     defreleaseMemory2(x:X) = x.close()
9.
10.    def main(args:Array[String]):Unit = {
11.      releaseMemory(new {def close() = println("closed")})
12.      //函数使用同 releaseMemory
13.      releaseMemory2(new {def close() = println("closed")})
14.    }
15.  }
```

例 7-14 第 6 行代码通过 type 关键字对结构体类型进行声明,如果把结构体类型看作是一个类的话(实际上结构体类型与类之间没有太大差别,这点在后面会讲),可以看作是为结构体类型取了一个别名,代码第 8 行给出了其使用方法,在定义 releaseMemory2 方法时,直接使用 X,替代{def close():Unit},这样做的好处是当结构体类型较复杂且在程序中多次使用时,可以使代码更简洁易读。

从前面的结构体类型使用示例来看,如例 7-14 中的第 11、12 行,通过 new 的方式对结构体类型中的抽象方法进行实现,这有点像创建匿名类,其实 releaseMemory 方法不仅可以通过第 11 行、第 12 行代码的方式传参,它还可以接受类的实例或单例对象作为参数,只要该类或单例对象中的方法标签与结构体类型中声明的方法一致,具体代码如例 7-15 所示。该例通过将普通类对象 File 和单对象 File 作为带结构体类型的函数参数,演示结构体类型与普通类、单例对象之间的联系与区别。

【例 7-15】普通类对象或单例对象作为结构体类型参数使用示例。

```
1.   //定义一个普通的 scala 类,其中包含 close 成员方法
2.   class File{
3.     def close():Unit = println("File Closed")
4.   }
5.   //定义一个单例对象,其中也包含 close 成员方法
6.   object File{
7.     def close():Unit = println("object File closed")
8.   }
9.
10.  objectStructureType{
11.    defreleaseMemory(res:{def close():Unit}){
12.      res.close()
```

225

```
13.     }
14.
15.     def main(args:Array[String]):Unit = {
16.         releaseMemory(new {def close() = println("closed")})
17.
18.         //对于普通的 scala 类,直接创建对象传入即可使用前述的方法
19.         releaseMemory(new File())
20.         //对于单例对象,直接传入单例对象即可
21.         releaseMemory(File)
22.     }
23. }
```

代码执行结果：

```
closed
File Closed
object File closed
```

通过例 7-15 第 19 行、第 21 行代码可以看出，虽然 releaseMemory 方法中的参数是一个结构体类型，但也可以传入普通类对象和单例对象，只要该对象或类中具有结构体类型中声明的方法即可。这说明结构体类型可以看作是类，只是表现形式与类有所区别而已。

Section 7.7 复合类型

7.7.1 复合类型概述

复合类型其实很简单，指的是形如 A with Cloneable 的类型，将整体看作一种类型，这种类型被称为复合类型。

7.7.2 复合类型示例

例 7-16 给出了复合类型的使用示例。该例通过 type X = A with Cloneable 声明复合类型，并将该复合类型作为函数 def test(x:X) = println("test ok") 的参数。

【例 7-16】复合类型使用示例。

```
1.  class A
2.  class B extends A with Cloneable
```

```
3.
4.    objectCompoundType {
5.      //利用关键字 type 声明一个复合类型
6.      type X = A with Cloneable
7.      def test(x:X) = println("test ok")
8.      def main(args:Array[String]):Unit = {
9.        test(new B)
10.     }
11.   }
```

代码执行结果如下:

test ok

例 7-16 第 2 行代码定义了一类 B，该类扩展类 A 并混入了 Cloneable 接口，从复合类型的角度来看，B 是复合类型 A with Cloneable 的子类。第 6 行代码使用 type 关键字声明了一个复合类型 X，第 7 行代码定义了 test 方法，该方法接受的参数类型为复合类型 X，第 9 行代码传入的对象类型为 B，因为 B 是复合类型 A with Cloneable 的子类，从而它是合法的。

7.8 存在类型

7.8.1 存在类型概述

Java 泛型中有通配符类型，例如 ArrayList<? extends Serializable>，意思是 ArrayList 的泛型参数为所有实现了 Serializable 的类及子类。Scala 语言提供了类似的语法，在 Scala 语言中被称之为存在类型（Existential Types）。其语法格式为 C[T] forSome {type T}，C 表示泛型类，例如 ArrayList[T] for Some {type T} 表示 Array 的泛型参数可以是任何类型，存在类型也可以进行语法简化，ArrayList[T] for Some {type T} 简化后的写法为 Array[_]，这种通配符也可以像 Java 语言中的通配符类型一样使用，ArrayList<? extends Serializable> 用 Scala 语言实现的话其代码为 ArrayList[_ <:Serializable]。

7.8.2 存在类型示例

在看一些 scala 语言实现的框架或别人写的程序时，常常会发现下列形式定义的变量或方法参数，如例 7-17 所示。该例演示的是 Array[T] forSome {type T} 未简化的存在类型及简化后的存在类型 Array[_] 的使用。

【例7-17】 存在类型使用示例1。

```
1.  objectExisitType extends App{
2.    //下面的Array[_]是一种存在类型,虽然用的是类型通配符
3.    //但它本质上等同于
4.    //def print2(x:Array[T]forSome {type T}) = println(x)
5.    //即Array[_]中的类型通匹符也是一种语法糖,用于简化设计
6.    def print(x:Array[_]) = println(x)
7.  }
```

例7-17第6行代码中的print方法参数Array[_]其实是一种存在类型,def print(x:Array[_]) = println(x)等同于def print2(x:Array[T] forSome {type T}) = println(x)。再看例7-18所示的代码。该例是多个存在类型参数的使用及其简化写法的使用。

【例7-18】 存在类型使用示例2。

```
1.  objectExisitType extends App{
2.
3.    def print(x:Array[_]) = for(i <- x) Console. print(i + " ")
4.
5.    def print2(x:Array[T]forSome {type T}) = for(i <- x) Console. print(i + " ")
6.
7.    //Map[_,_]相当于Map[T,U] forSome {type T;type U}
8.    def print3(x:Map[_,_]) = println(x)
9.
10.   print(Array("Hadoop","Hive"))
11.   Console. println()
12.   print2(Array("Hive","Spark"))
13.   Console. println()
14.   print3(Map("Spark" -> "1. 5. 1"))
15. }
```

代码执行结果如下:

```
Hadoop Hive
Hive Spark
Map(Spark -> 1. 5. 1)
```

结果可见,代码能够正常输出数组内容。例7-18第8行代码给出了Map存在类型的使用方式,Map[_,_]等同于Map[T,U] forSome {type T;type U}。

第7章 Scala高级类型

7.9 函数类型

7.9.1 函数类型概述

Scala 语言中函数也是有类型的，函数类型的语法格式为 (T1, T2, ···, TN) => R，N 的最大值为 22，即定义的函数输入参数最多为 22 个，R 为函数的返回值类型。限制输入参数最多为 22 个其背后的原因是如果函数输入参数数量超过 22 个，很有可能是代码设计有问题。

7.9.2 函数类型示例

函数类型使用示例见例 7-19 所示。该例通过 val max2 = new Function2[Int, Int, Int] { def apply(x: Int, y: Int): Int = if (x < y) y else x } 创建函数及通过 val max = (x: Int, y: Int) => if (x < y) y else x 创建函数之间的联系，以说明函数类型的使用。

【例 7-19】函数类型使用示例。

```
1.  //max 与 anonfun2 是等价的,它们定义的都是输入参数,是两个 Int 类型
2.  //返回值也是 Int 类型的函数
3.  scala > val max = (x: Int, y: Int) => if (x < y) y else x
4.  max: (Int, Int) => Int = <function2>
5.  //通过 Funtion2 定义一个输入参数为整型
6.  //返回类型为 Int 的函数,这里通过 new 创建函数
7.  //而这个类正是 Function2,它是函数类型类
8.  scala > val max2 = new Function2[Int, Int, Int] {
9.       def apply(x: Int, y: Int): Int = if (x < y) y else x
10.      }
11. max2: (Int, Int) => Int = <function2>
12.
13. scala > println(max(0,1) == max2(0,1))
14. true
```

例 7-19 第 3 行代码定义了一个函数，函数类型是 (Int, Int) => Int，其输入参数是整型，返回值也是整型，它实际上是函数类型 Function2 的子类，第 8 行代码通过 Function2 类直接 new 一个对象 max2，从第 11 行代码的返回结果来看，max2 也是一个函数，函数类型也是 (Int, Int) => Int，这与 max 函数是一样的。很明显，Scala 中的函数也是有类型的。

7.10 抽象类型

7.10.1 抽象类型概述

抽象类型是指在类或特质中利用 type 关键字定义一个没有确定类型的标识,该标识的具体类型在子类中被确定,称这种类型为抽象类型。

7.10.2 抽象类型实例

抽象类型的使用示例见例 7-20。该例在 Person 类中使用 type IdentityType 声明抽象类型,然后分别在子类 Student、Teacher 中使用 type IdentityType = String、type IdentityType = Int 对抽象类型进行具体化,以说明抽象类型的使用。

【例 7-20】抽象类型使用示例。

```
1.  abstract class Person{
2.    // type 关键字声明了一个抽象类型 IdentityType
3.    type IdentityType
4.    //方法的返回值类型被声明为抽象类型
5.    def getIdentityNo():IdentityType
6.  }
7.  //在子类中,对抽象类型进行具体化
8.  class Student extends Person{
9.    //将抽象类型具体化为 String 类型
10.   type IdentityType = String
11.   def getIdentityNo() = "123"
12. }
13. class Teacher extends Person{
14.   //将抽象类型具体化为 Int 类型
15.   type IdentityType = Int
16.   def getIdentityNo() = 123
17. }
18. object AbstractType {
19.   def main(args:Array[String]):Unit = {
20.     //返回的是 String 类型
21.     println(new Student().getIdentityNo())
22.   }
23. }
```

例 7-20 第 3 行代码使用 type 关键字定义了一个抽象类型 IdentityType,第 4 行代码定义

第7章 Scala 高级类型

了一个方法 def getIdentityNo( ):IdentityType，方法的返回类型为抽象类型 IdentityType，然后根据子类的需要对抽象类型进行具体化，本例中 Student 子类将抽象类型 IdentityType 具体化为 String 类型（代码第 10 行），Teacher 子类将抽象类型具体化为 Int 类型（代码第 15 行），在实际使用时返回的是对应具体化后的类型（代码第 21 行）。抽象类型可以用泛型来进行替代实现，如例 7-21 所示。

【例 7-21】泛型替代抽象类型使用示例。

```
1.   //使用范型参数将方法的返回值定义为抽象类型
2.   abstract class Person[T]{
3.     defgetIdentityNo( ):T
4.   }
5.   //子类带具体的类型 String
6.   class Student extends Person[String]{
7.     defgetIdentityNo( ):String = "123"
8.   }
9.   //子类带具体的类型 Int
10.  class Teacher extends Person[Int]{
11.    defgetIdentityNo( ):Int = 123
12.  }
13.  objectAbstractType {
14.    def main(args:Array[String]):Unit = {
15.      //同样返回 String 类型
16.      println(new Student( ).getIdentityNo( ))
17.    }
18.  }
```

例 7-21 演示了如何利用泛型来替代抽象类型实现子类类型的具体化。在实际应用中可以根据具体情况来决定是使用泛型还是抽象类型，例如经常需要用到 new Person[String,Int]("nyz",18) 这种创建对象的方式，使用泛型更为方便；如果类型是在子类型中才被确定，则推荐使用抽象类型。

Section 7.11 Spark 源码中的高级类型使用

1. 单例类型

下面的代码来源于 org.apache.spark.rdd.RDD.scala，弹性分布式数据集（Resilient Distributed Dataset，RDD）是 Spark 的基石，它是一种高度受限的内存共享模型，用于对分布式内存进行抽象。RDD 类中提供了一个 persisit 方法，用于将 RDD 进行持久化到内存，以备后续重用，加速代码的执行。Persist 方法代码如下：

//persist 方法使用了单例类型,方法的返回值为 this.type,如此不同类型的 RDD 调用该方法后
//返回的就是调用该方法的 RDD

```
def persist(newLevel: StorageLevel): this.type = {
    // TODO: Handle changes ofStorageLevel
    if (storageLevel != StorageLevel.NONE && newLevel != storageLevel) {
        throw new UnsupportedOperationException(
    "Cannot change storage level of an RDD after it was already assigned a level")
    }
    sc.persistRDD(this)
    // Register the RDD with theContextCleaner for automatic GC-based cleanup
    sc.cleaner.foreach(_.registerRDDForCleanup(this))
    storageLevel = newLevel
    this
}
```

2. 存在类型

下面的代码来源于 org.apache.spark.graphx.EdgeRDD.scala。EdgeRDD 是一个抽象类，它扩展自 RDD[Edge[ED]]，对各个 partition 以列的格式存储图的边，同时还会存储与边关联的顶点信息。

```
abstract classEdgeRDD[ED](
    @transient sc: SparkContext,
    @transient deps: Seq[Dependency[_]]) extends RDD[Edge[ED]](sc, deps) {
    //存在类型的使用,VD
    private[graphx] defpartitionsRDD: RDD[(PartitionID, EdgePartition[ED, VD])] forSome { type VD }
    //……其他成员方法……
}
```

3. 类型别名

下面的代码来源于 org.apache.spark.shuffle.ShuffleBlockResolver.scala。它是一个 trait，为不同的 shuffle 操作提供获取数据的方法接口。

```
trait ShuffleBlockResolver {
    //类型别名,给 Int 取别名为 ShuffleId
    typeShuffleId = Int
    defgetBlockData(blockId: ShuffleBlockId): ManagedBuffer
    def stop(): Unit
}
```

7.12 小结

本章对 Scala 中 10 种常见的高级类型进行了详细介绍，包括单例类型、类型别名、自身类型、中置类型、类型投影、结构类型、复合类型、存在类型、函数类型及抽象类型，这些 Scala 高级类型都属于语法糖的范畴，在编写大规模应用程序时使用这些高级类型能够简化程序设计。在这些高级类型当中，重点应该掌握单例类型、类型别名、自身类型、存在类型及抽象类型的使用。在本章最后还给出了 Spark 源码中高级类型的使用，旨在说明高级类型在实际大型项目中的重要性。

第 8 章　Scala 隐式转换

在 Scala 语言当中，隐式转换是一项强大的程序语言功能，它不仅能够简化程序设计，也能够使程序具有很强的灵活性。要想更进一步地掌握 Scala 语言，了解隐式转换的作用与原理是很有必要的，否则很难得心应手地处理日常开发中遇到的问题。在 Scala 语言中，隐式转换无处不在，只不过 Scala 语言隐藏了相应的细节，例如，Int 类型在必要的情况下自动转换为 RichInt 类型，如图 8-1 所示。

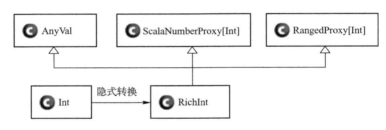

图 8-1　Int 类型到 RichInt 的隐式转换

不但如此，Scala 语言中的视图界定、上下文界定背后的原理都是通过隐式转换来完成的。在本章中，会详细地对 Scala 中的隐式转换相关内容进行介绍。

8.1　隐式转换函数

8.1.1　隐式转换函数的定义

隐式转换背后实现的深层机制便是隐式转换函数（implicit conversion method）。隐式转换函数的作用是在无须显式调用的情况下，自动地将一个类型转换成另一个类型。在 Scala 语言中，将一个 Double 类型赋值给 Int 类型是非法的，例如：

```
scala > val x:Int = 1.55
<Console>:10: error: type mismatch;
 found    : Double(1.55)
 required: Int
       val x:Int = 1.55
                   ^
```

第8章　Scala隐式转换

但如果给定一个隐式转换函数，上面的代码便能够顺利执行，隐式转换函数同一般函数的区别在于隐式转换函数前面需要加 implicit 关键字，例如：

```
//定义一个隐式函数 double2Int,将输入的参数从 Double 类型转换成 Int 类型
scala > implicit def double2Int(x:Double) = x.toInt
double2Int: (x: Double)Int
//编译器遇到类型不匹配时,会自动查找相应的隐式转换函数并调用
scala > val x:Int = 1.55
x: Int = 1
```

在上述代码中，implicit def double2Int(x:Double) = x.toInt 便是隐式转换函数，该函数的输入类型是 Double 类型，返回值类型是 Int 类型，可以看到隐式转换函数与一般函数定义的唯一区别在于函数前面加了个关键字 implicit，变量定义 val x:Int = 1.55 本身是不合法的，但因为隐式转换函数的存在，编译器会自动查找一个输入类型是 Double、返回值类型是 Int 的隐式转换函数，从而使变量定义 val x:Int = 1.55 顺利执行。需要注意的是隐式函数与函数的标签有关，即与输入输出类型相关，与函数名称无关，上述函数名为 double2Int 的隐式转换函数可以是任意合法的函数名，如：

```
//隐式转换函数与其输入输出参数相关,与函数名称无关,可以是任意合法的函数名
scala > implicit def d2i(x:Double) = x.toInt
d2i: (x: Double)Int

scala > val x:Int = 1.55
x: Int = 1
```

虽然函数名称可以是任意的，但推荐使用一些与隐式转换函数功能一致的函数名称，例如 double2Int，这种隐式转换函数让人见名知意，可以增强程序的可读性。

8.1.2　隐式转换函数的功能

隐式转换函数可以快速地扩展类的功能，如例 8-1 所示。该例演示如何通过隐式转换快速扩展 Person 类的功能，Person 类中并未定义 fly 方法，而是通过隐式转换调用 SuperMan 的 fly 方法。

【例 8-1】隐式转换快速扩展类的功能。

```
1.  //SuperMan,定义了一个成员方法 fly
2.  class SuperMan{
3.      def fly() = println("Superman flying")
4.  }
5.  //Person 类,没有定义任何成员变量和成员方法
6.  class Person
7.  objectImplicitFunction extends App{
```

```
 8.    //定义一个隐式转换,将 Person 转换成 SuperMan
 9.    implicit def person2Superman(p:Person) = new SuperMan
10.
11.    val p = new Person
12.    //经过隐式转换调用 SuperMan 的 fly 方法
13.    p.fly()
14. }
```

代码执行结果如下:

```
Superman flying
```

通过代码结果可以看到,最终输出的是 SuperMan 的 fly 方法打印得到的结果。例 8-1 中第 2~4 行代码定义了 SuperMan 类,该类中定义了一个成员方法 fly,第 6 行定义了一个 Person 类,该类没有任何成员变量和成员方法,第 9 行代码定义了一个隐式转换函数 person2Superman,该函数可以隐式地将 Person 转换成 SuperMan,然后在第 13 行代码直接调用 SuperMan 中的 fly 方法。通过这个例子可以看到,Person 不通过继承关系就可以直接使用 SuperMan 类中的方法,从而达到快速扩展 Person 类功能的目的。

8.2 隐式类与隐式对象

8.2.1 隐式类

在 Scala 语言中,隐式转换的普遍性也体现在 Scala 语言提供隐式类(implicit classes)。例 8-1 中的代码可以利用隐式类进行进一步简化,隐式类的定义同普通的类相似,只不过需要在 class 关键字前面加上 implicit 关键字,具体使用如例 8-2 所示。该例通过隐式类扩展 Person 类的功能。与通过隐式转换函数扩展不同,通过隐式类可以使代码更简洁。

【例 8-2】 隐式类扩展类的功能。

```
 1. class Person
 2. objectImplicitClass extends App{
 3.    //定义一个隐式类,该类的主构造器参数为待转换的类,隐式类类名为转换后的类
 4.    implicit class SuperMan(p: Person) {
 5.       def fly() = println("Superman flying")
 6.    }
 7.    val p = new Person
 8.    p.fly()
 9. }
```

代码执行结果如下:

Superman flying

例 8-2 第 4 行代码定义了一个隐式类 SuperMan，可以看到隐式类的定义同普通类的区别在于前面的 implicit 关键字，隐式类主构造器参数为待转换的类，隐式类类名为转换后的类，代码第 7~8 行给出了隐式类的使用，在 Person 类中并没有定义成员方法 fly，这后面的实现机制便是隐式转换，将 Person 类对象自动转换成 SuperMan 类对象。隐式类的作用机制同例 8-1，也就是说隐式类最终被解析成的普通类和隐式转换函数。

8.2.2 隐式参数与隐式值

除隐式转换函数、隐式类外，Scala 语言中还存在隐式参数和隐式值，隐式参数在定义函数时通过 implict 关键字指定，隐式值的定义与一般变量的定义类似，只不过需要在最前面加个关键字 implicit，具体使用如例 8-3 所示。

【例 8-3】隐式参数与隐式值。

```
1.  //下面定义的 sum 函数中包含了隐式参数,隐式参数通过 implict 关键字指定
2.  //需要注意的是,implict 关键字作用于整个函数参数,即参数 x、y 都为隐式参数
3.  scala > def sum( implicit x: Int, y: Int) = x + y
4.  sum: ( implicit x: Int, implicit y: Int)Int
5.  //下面的变量 x 为隐式值
6.  scala > implicit val x: Int = 5
7.  x: Int = 5
8.  //函数 sum 因为有隐式参数,因此在使用时可以不指定具体的参数
9.  //编译器会自动在相应的作用域中查找对应的隐式值
10.     scala > sum
11.     res0: Int = 10
```

例 8-3 第 3 行代码给出了隐式参数的使用，该行代码定义了一个函数 sum，函数参数为隐式参数，通过 implicit 关键字指定，需要注意的是，implict 关键字的作用域是整个函数参数列表，也就是说参数 x、y 都为隐式参数。第 6 行代码定义的是一个隐式值，该变量的作用是当使用函数 sum 时不传递任何参数，编译器会自动查找到该隐式值作为函数的参数。第 10 行代码能够顺利执行正是这个原因，由于函数 sum 没有指定参数，编译器便会查找对应类型的隐式值，在本例中是隐式值 x、y 作为函数 sum 的两个参数，即第 10 行代码的 sum 调用方式相当于调用 sum(x = 5, y = 5)。

隐式参数在实际开发中非常常见，但隐式参数的使用有几个值得注意的地方。

1) implicit 关键字在函数参数中只能出现一次。

```
//函数参数列表中只能出现一次 implicit 关键字
scala > def sum( implicit x: Int, implicit y: Int) = x + y
< Console > :1: error: identifier expected but 'implicit' found.
        def sum( implicit x: Int, implicit y: Int) = x + y
```

2）implicit 关键字的作用域是整个函数参数。

def sum(implicit x：Int,y：Int) = x + y 中的 implicit 关键字使得 x、y 都为隐式参数，如果只指定一个隐式参数，函数需要柯里化。

```
//函数柯里化可以指定某一函数参数为隐式参数
scala > def sum(x：Int)(implicit y：Int) = x + y
sum：(x：Int)(implicit y：Int)Int
//相当于调用 sum(10)(5)
scala > sum(10)
res2：Int = 15
```

因为 implicit 关键字在函数参数中只能出现一次，所以下面的代码也是非法的：

```
scala > def sum(implicit x：Int)(implicit y：Int) = x + y
< Console > :1：error：'='expected but'('found.
        def sum(implicit x：Int)(implicit y：Int) = x + y
```

另外，还需要注意的是柯里化后的函数 implict 关键字只能放在最后一个柯里化函数参数中，例如：

```
//下面的代码是非法的,因为 implicit 关键字只能放在最后一个柯里化函数参数中
scala > def sum(x：Int)(implicit y：Int)(z：Int) = x + y + z
< Console > :1：error：'='expected but'('found.
        def sum(x：Int)(implicit y：Int)(z：Int) = x + y + z
                                      ^
//下面的代码是合法的,implicit 关键字被放置在最后一个柯里化函数参数中
scala > def sum(x：Int)(y：Int)(implicit z：Int) = x + y + z
sum：(x：Int)(y：Int)(implicit z：Int)Int
```

3）匿名函数不能使用隐式参数。

```
//正常定义的匿名函数 sum
scala > val sum = (x：Int,y：Int) => x + y
sum：(Int,Int) => Int = < function2 >
//下面定义的匿名函数是非法的,因为匿名函数中出现了 implicit 关键字
scala > val sum = (implicit x：Int,y：Int) => x + y
< Console > :1：error：' =>'expected but ','found.
        val sum = (implicit x：Int,y：Int) => x + y
                           ^
```

4）如果函数带有隐式参数，则不能使用其部分应用函数（Partial Applied Function）。

```
def sum(x：Int)(implicit y：Int) = x + y
//不能定义 sum 的部分应用函数,因为它带有隐式参数
//错误提示信息：could not find implicit value for parameter y：
```

```
//Int not enough arguments for method sum:
// (implicit y:Int)Int. Unspecified value parameter y.
  def sum2 = sum _
```

8.3 类型证明中的隐式转换

8.3.1 类型证明的定义

类型证明，也称为类型约束，其作用是进行类型测试，Scala 语言目前支持两种类型证明：

```
T =:= U    //用于判断 T 是否等于 U
T <:< U    //用于判断 T 是否为 U 的子类
```

=:=、<:<很像一个操作符，但其实它是 scala 语言中的类，它们被定义在 Predef 当中：

```
@implicitNotFound(msg = "Cannot prove that ${From} <:< ${To}.")
sealed abstract class <:<[-From, +To] extends (From => To) withSerializable
private[this] final val singleton_<:< = new <:<[Any,Any] { def apply(x:Any):Any = x }
// not in the <:< companion object because it is also
// intended to subsume identity (which is no longer implicit)
implicit def conforms[A]: A <:< A = singleton_<:<.asInstanceOf[A <:< A]

@implicitNotFound(msg = "Cannot prove that ${From} =:= ${To}.")
sealed abstract class =:=[From,To] extends (From => To) withSerializable
private[this] final val singleton_=:= = new =:=[Any,Any] { def apply(x:Any):Any = x }
object =:= {
    implicit def tpEquals[A]: A =:= A = singleton_=:=.asInstanceOf[A =:= A]
}
```

8.3.2 类型证明使用实例

类型证明中的隐匿参数具体使用示例如例 8-4 所示。本例通过在 def test[T](name:T)(implicit ev:T <:< java.io.Serializable)方法中加入隐式参数 ev 并将隐式参数类型声明为 T <:< java.io.Serializable，从而达到对参数的类型进行证明的目的。

【例 8-4】类型证明中的隐式参数使用示例。

```
1.    objectTypeConstraint extends App{
2.        //定义一个函数,该函数存在一个隐式参数,用于对传入的参数类型进行证明
```

```
3.    def test[T](name:T)(implicit ev:T <:< java.io.Serializable) = { name }
4.    //编译通过,因为String类型实现了Serializable接口,属于Serializable的子类
5.    println(test("张三"))
6.    //编译出错,因为Int类型没有实现Serializable接口,不属于Seriablizable的子类
7.    //println(test(134))
8. }
```

例8-4 第3行代码定义了一个泛型函数,函数有个隐式参数,该隐式参数使用类型证明对泛型参数进行约束,要求泛型参数T必须是java.io.Serializable的子类,第5行代码能够顺利运行的原因是String类型实现了java.io.Serializable接口,满足类型证明条件,而第7行代码编译出错则是因为Int类型不是java.io.Serializable的子类。第3行代码的test函数有个隐式参数,但在使用时并没有指定相应的隐式值,为什么这样也是合法的呢?这是因为Predef中的conforms方法会产生一个隐式值。

类型证明 <:< 与类型变量界定 <: 有什么区别呢[2]?从下面的代码来看:

```
def test1[T <: java.io.Serializable](name:T) = { name }
//编译通过,符合类型变量界定的条件
println(test1("张三"))
//编译通不过,不符合类型变量界定的条件
println(test1(134))
```

看上去两者之间并没有什么具体的区别,但其实它们之间还是有很大差异的,下面的代码给出的是其在一般函数使用上的差别:

```
1.  scala > def foo[A,B <: A](a:A,b:B) = (a,b)
2.  foo:[A,B <: A](a:A,b:B)(A,B)
3.
4.  //类型不匹配时,通过类型推断采用父类进行匹配
5.  scala > foo(1,List(1,2,3))
6.  res0:(Any,List[Int]) = (1,List(1,2,3))
7.
8.  scala >    def bar[A,B](a:A,b:B)(implicit ev:B <:< A) = (a,b)
9.  bar:[A,B](a:A,b:B)(implicit ev: <:<[B,A])(A,B)
10.
11. //严格匹配,不会采用父类进行匹配
12. scala >     bar(1,List(1,2,3))
13. <Console>:9:error:Cannot prove that List[Int] <:< Int.
14.                  bar(1,List(1,2,3))
```

第5行、第12行代码展示了 <:、<:< 之间的区别,类型变量界定 <: 在类型不匹配时会采用父类进行匹配,而类型证明 <:< 会严格匹配。下面的代码给出的是其在隐式转换使用上的差别:

第8章 Scala隐式转换

```
1.  scala > def foo[B, A <: B] (a:A, b:B) = print("OK")
2.  foo:[B, A <: B](a:A, b:B)Unit
3.
4.  scala > class A; class B;
5.  defined class A
6.  defined class B
7.
8.  scala > implicit def a2b(a:A) = new B
9.  warning:there were 1 feature warning(s); re-run with -feature for details
10. a2b:(a:A)B
11. //经过隐式转换后,满足要求
12. scala > foo(new A, new B)
13. OK
14. scala >   def bar[A, B](a:A, b:B)(implicit ev:A <:< B) = print("OK")
15. bar:[A, B](a:A, b:B)(implicit ev: <:<[A, B])Unit
16. //可以看到,隐式转换在 <:< 类型约束中不管用
17. scala > bar(new A, new B)
18. <Console>:12:error:Cannot prove that A <:< B.
19.                bar(new A, new B)
```

第12行、第17行代码给出了 <: 、 <:< 在隐式转换上时使用的区别,类型变量界定 <:在不匹配时会通过隐式转换来进行匹配,而类型证明 <:< 则不会。

Section 8.4 上下文界定、视图界定中的隐式转换

8.4.1 Ordering 与 Ordered 特质

为方便后期理解上下文界定、视图界定中的隐式转换,这里先对 Scala 语言中的 Ordering 与 Ordered 特质做一个简要介绍。如图 8-2、图 8-3 所示分别是 trait Ordering、trait Ordered 的继承层次结构。

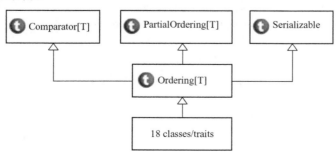

图 8-2 trait Ordering 继承层次结构

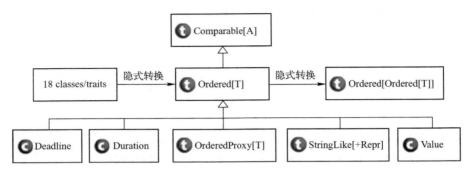

图 8-3　trait Ordered 继承层次结构

从图 8-2、图 8-3 中可以看到，Ordering 混入了 Java 中的 Comparator 接口，而 Ordered 混入了 Java 的 Comparable 接口。Java 中的 Comparator 是一个外部比较器，而 Comparable 则是一个内部比较器。Comparator 接口用于两个对象比较的使用方式如例 8-5 所示，Comparable 接口用于两个对象的比较使用方式如例 8-6 所示。

【例 8-5】Java Comparator 接口的使用示例。

本例是 Comparator 作外部比较器的使用，比较时涉及到 3 个对象，分别是 PersonCompartor 对象、两个 Person 类对象。

```
1.  //下面是定义的 Person 类(Java)
2.  public class Person {
3.    private String name;
4.    public String getName() {
5.      return name;
6.    }
7.    public void setName(String name) {
8.      this.name = name;
9.    }
10.   Person(String name) {
11.     this.name = name;
12.   }
13. }
14. //Comparator 接口,注意它是在 java.util 包中的
15. public class PersonCompartor implements Comparator<Person> {
16.   @Override
17.   public int compare(Person o1, Person o2) {
18.     if (o1.getName().equalsIgnoreCase(o2.getName())) {
19.       return 1;
20.     } else {
21.       return -1;
22.     }
23.   }
```

```
24.    public static void main(String[ ] args){
25.        PersonCompartor pc = new PersonCompartor();
26.        Person p1 = new Person("张三");
27.        Person p2 = new Person("张三2");
28.        //下面是它的对象比较使用方式
29.        //可以看出这是通过外部对象进行方法调用的
30.        if(pc.compare(p1,p2)>0){
31.            System.out.println(p1);
32.        }else{
33.            System.out.println(p2);
34.        }
35.    }
36. }
```

【例8-6】Java Comparable 接口的使用示例。

本例是 Comparable 作内部比较器的使用，使用时只涉及到两个 Person 类对象，这是它与 Comparator 接口在使用时的最大区别。

```
1.  public class Person implements Comparable<Person>{
2.      private String name;
3.      public String getName(){
4.          return name;
5.      }
6.      public void setName(String name){
7.          this.name = name;
8.      }
9.      Person(String name){
10.         this.name = name;
11.     }
12.     @Override
13.     public int compareTo(Person o){
14.         if(this.getName().equalsIgnoreCase(o.getName())){
15.             return 1;
16.         }else{
17.             return -1;
18.         }
19.     }
20. }
21.
22. public class PersonComparable{
23.
```

```
24.         public static void main(String[] args){
25.             Person p1 = new Person("张三");
26.             Person p2 = new Person("张三2");
27.             //对象自身与其他对象比较,而不需要借助第三者
28.             if(p1.compareTo(p2) > 0){
29.                 System.out.println(p1);
30.             }else{
31.                 System.out.println(p2);
32.             }
33.         }
34.     }
```

从例 8-5、例 8-6 中可以了解 Comparable 与 Comparator 接口两者的本质不同,使用 Comparator 进行比较时涉及到 3 个对象,分别是 PersonCompartor pc = new PersonCompartor()、Person p1 = new Person("张三")、Person p2 = new Person("张三2"),而使用 Comparable 接口进行对象比较时,只涉及到两个对象 Person p1 = new Person("张三")、Person p2 = new Person("张三2")。Scala 中的 Ordering 混入了 Comparator,Ordered 混入了 Comparable,因此 Ordered 与 Ordering 之间的区别和 Comparable 与 Comparator 间的区别是相同的,也即 Ordered 为内部比较器,在进行比较时涉及到的对象只有两个,而 Ordering 为外部比较器,在进行对象比较时需要 3 个对象,除待比较的两个对象外还需要第三方对象才能完成比较。在此给出 Ordered 在 scala 中的用法,至于 Ordering 的用法,可以参考 Comparator。

【例 8-7】Scala Ordered Trait 使用示例。

本例是类型变量界定中的 Ordered 使用,由于 Ordered 为内部比较器,所以可以直接使用 first < second 这种方式进行对象间的比较。

```
1.  case class Student(val name:String) extends Ordered[Student]{
2.      override def compare(that:Student):Int = {
3.          if(this.name == that.name)
4.              1
5.          else
6.              -1
7.      }
8.  }
9.
10. //将类型参数定义为 T <:Ordered[T],它是类型变量界定(Type Variable Bound)
11. class PairComparable[T <:Ordered[T]](val first:T,val second:T){
12.     //比较的时候直接使用<符号进行对象之间的比较
13.     def smaller() = {
14.         if(first < second)
15.             first
16.         else
```

第8章 Scala隐式转换

```
17.         second
18.       }
19.   }
20.
21.   objectOrderedViewBound extends App{
22.     val p = new  PairComparable(Student("张三"),Student("张三2"))
23.     println(p.smaller)
24.   }
```

代码运行结果如下。

Student(张三)

例8-7第1行代码定义的 Student 类继承 Ordered，然后重写了父类的 compare 方法（见代码第2~7行），类 PairComparable[T <: Ordered[T]]中的类型参数为类型变量界定（Type Variable Bound）T <: Ordered[T]，表示 T 必须为 Ordered 的子类，因此在类中定义的 smaller 方法中可以直接使用 first < second 进行对象比较。

8.4.2 视图界定中的隐式转换

视图界定（View Bound）在泛型的基础上，对泛型的范围进行进一步限定，相比于类型变量界定建立在类继承层次结构的基础上，视图界定可以跨越类继承层次结构，其作用原理便是隐式转换。

【例8-8】视图界定中的隐式转换示例。

```
1.   //利用 <% 符号对泛型 S 进行限定,它的意思是 S 可以是 Comparable 类继承层次结构中实
         现了 Comparable 接口的类
2.   //也可以是能够经过隐式转换得到的类,该类实现了 Comparable 接口
3.   case class Student[T,S <% Comparable[S]](var name:T,var height:S)
4.
5.   objectViewBound extends App{
6.     val s = Student("john","170")
7.     //下面这条语句在视图界定中是合法的,因为 Int 类型此时会隐式转换为 RichInt 类
8.     //而 RichInt 类属于 Comparable 类继承层次结构
9.     val s2 = Student("john",170)
10.    println(s2)
11.  }
```

运行结果如下。

Student(john,170)

可以看到，即使 age 为 Int 类型也是合法的。例8-8第9行代码之所以能够编译通过，

原因在于第 3 行 Student 类的类型参数 S 通过视图界定进行了限定，这意味着类型参数 S 不仅可以是 Comparable 类层次结构上的类，也可以是能够经过隐式转换后的类，只要该类实现了 Comparable 接口，第 9 行代码的参数是 Int 类型，它会自动转换成 RichInt 类对象，而 RichInt 类混入了 Comparable 接口。查看 RichInt Scala API 文档可以看到如图 8-1 所示的 RichInt 类继承层次结构，RichInt 类并没有直接混入 Comparable 接口，而是通过 ScalaNumberProxy 类将 Comparable 中的方法继承过来，ScalaNumberProxy 类继承层次结构如图 8-4 所示，ScalaNumberProxy 混入了 OrderedProxy，而 OrderedProxy 混入了特质 Ordered，trait Ordered 混入了 Comparable 接口。也就是说 Int 转换成 RichInt 后，由于 RichInt 属于 Comparable 的子类，因此满足视图界定的要求。

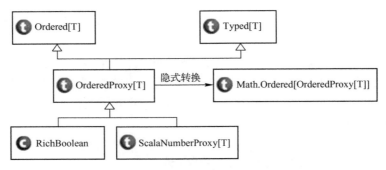

图 8-4　ScalaNumberProxy 类继承层次结构

8.4.3　上下文界定中的隐式转换

同视图界定一样，上下文界定（Context Bound）后面的实现原理同样是通过隐式转换来实现的，只不过上下文界定采用隐式值来实现，上下文界定的类型参数形式为 T：M 的形式，其中 M 是一个泛型，这种形式要求存在一个 M[T] 类型的隐式值。如例 8-9 所示。该例是上下文界定中的隐式转换使用，PersonOrdering 继承 Ordering[Person]，类 class PairComparator[T：Ordering]（val first：T, val second：T）中的类型参数为[T：Ordering]，它表明当前作用域中必须存在一个 Ordering[T] 的隐式值，而 PersonOrdering 继承自 Ordering[Person]，在使用时定义这样一个隐式对象即可。

【例 8-9】上下文界定中的隐式转换示例。

```
1.  //PersonOrdering 混入了 Ordering,它与实现了 Comparator 接口的类的功能一致
2.  classPersonOrdering extends Ordering[Person]{
3.    override def compare(x:Person,y:Person):Int = {
4.      if(x.name > y.name)
5.        1
6.      else
7.        -1
8.    }
9.  }
```

第8章 Scala隐式转换

```
10.     case class Person(val name:String){
11.       println("正在构造对象:" + name)
12.     }
13.     //下面的代码定义了一个上下文界定
14.     //它的意思是在对应的作用域中,必须存在一个类型为Ordering[T]的隐式值,该隐式值可
            以作用于内部的方法
15.     class PairComparator[T:Ordering](val first:T,val second:T){
16.       //smaller 方法中有一个隐式参数,该隐式参数类型为 Ordering[T]
17.       def smaller(implicit ord:Ordering[T]) = {
18.         if(ord.compare(first,second) < 0)
19.           first
20.         else
21.           second
22.       }
23.     }
24.
25.     object ConextBound extends App{
26.       //定义一个隐式值,它的类型为Ordering[Person]
27.       implicit val p1 = new PersonOrdering
28.       val p = new PairComparator(Person("123"),Person("456"))
29.       //不给函数指定参数,此时会查找一个隐式值,该隐式值类型为Ordering[Person],根据
            上下文界定的要求,该类型正好满足要求
30.       //因此它会作为 smaller 的隐式参数传入,从而调用 ord.compare(first,second)方法进行
            比较
31.       println(p.smaller)
32.     }
```

代码执行结果如下:

```
正在构造对象:123
正在构造对象:456
Person(123)
```

通过代码运行结果可以看到,执行 println(p.smaller)未给定参数,而是使用隐式值 println(p.smaller)作为隐式参数。第 2~9 行代码定义了一个类 PersonOrdering,该类扩展特质 Ordering,实现了自己的 compare 方法。第 15~22 行代码定义了用于对两个进行比较的 class PairComparator[T:Ordering](val first:T,val second:T)类,类的定义中使用了上下文界定 [T:Ordering](在本例中 T 为 Person 类),这意味着在相应的作用域中必须存在一个隐式值 Ordering[Person](第 27 行代码定义了该隐式值对象),该隐式值作用于第 17 行代码的 smaller 方法,作为方法的参数,从而实现了两个对象的比较。

8.5 隐式转换规则

隐式转换在 Scala 语言中无所不在，其重要程度不言而喻，要彻底掌握隐式转换，必须掌握隐式转换的相应规则，如此才能理解什么情况下会发生隐式转换、为什么会或不会发生隐式转换。先来看一下，在什么情况下下会发生隐式转换。

8.5.1 发生隐式转换的条件

1）隐式转换函数必须在有效的作用域范围内才能生效

【例 8-10】 隐式函数作用域范围示例。

```
1.  //定义子包 implicitConversion
2.  //然后在 object ImplicitConversion 中定义相关的隐式转换方法
3.  packageimplicitConversion{
4.    objectImplicitConversion{
5.      implicit def double2Int(x:Double) = x.toInt
6.      //……其他隐式方法……
7.    }
8.  }
9.  objectImplicitFunction extends App{
10.    //在使用时引入所有的隐式方法
11.    importimplicitConversion.ImplicitConversion._
12.
13.    var x:Int = 3.5
14.  }
```

第 3～8 行代码定义了包 implicitConversion，在该包定义了一个单例对象 ImplicitConversion，将所有相关的隐式转换函数放在 ImplicitConversion 中，如此它便可以在程序的任何地方使用，使用时将其引入到相应的作用域即可，第 11 行代码演示了使用方式。隐式转换函数的这种使用方式十分普遍，例如 Scala 语言在默认情况下会自动引入 Predef 对象中所有的方法，这里面包含了大量的隐式转换函数，在 Scala REPL 命令行中输入：implicits - v 命令可以得到如下内容：

```
scala > :implicits -v
/* 78 implicit members imported from scala.Predef */
  /* 48 inherited from scala.Predef */
  implicit def any2ArrowAssoc[A](x:A):ArrowAssoc[A]
  implicit def any2Ensuring[A](x:A):Ensuring[A]
  implicit def any2stringadd(x:Any):runtime.StringAdd
```

第8章 Scala隐式转换

```
implicit def any2stringfmt(x:Any):runtime.StringFormat
implicit def boolean2BooleanConflict(x:Boolean):Object
implicit def byte2ByteConflict(x:Byte):Object
implicit def char2CharacterConflict(x:Char):Object
implicit def double2DoubleConflict(x:Double):Object
implicit def float2FloatConflict(x:Float):Object
implicit def int2IntegerConflict(x:Int):Object
implicit def long2LongConflict(x:Long):Object
implicit def short2ShortConflict(x:Short):Object
//其他隐式转换函数……
```

Scala 通过这种方式将所有的隐式函数引入到当前作用域，只不过编译器默认已经自动进行了引入。

2）当方法中参数的类型与实际类型不一致时，编译器会尝试进行隐式转换。

```
def f(x:Int) = x
//方法中输入的参数类型与实际类型不一致,此时编译器会尝试进行隐式转换
//在当前作用域范围内查找一个 double 类型到 Int 类型的隐式转换函数,转换后再进行方法的
  执行
f(3.14)
```

上面的代码函数输入参数类型是 Int 类型，而调用时指定的类型是 Double 类型，编译器发现类型不匹配，此时编译器会尝试在当前作用域范围内查找一个输入类型是 Double、返回值类型是 Int 类型的隐式转换函数，如果有，则进行隐式转换，转换后再调用目标函数，如果没找到这样的隐式转换函数，则报错。

3）当调用类中不存在的方法或成员时，会自动将对象进行隐式转换。

当对象调用了某个类中不存在的方法时，编译器会在当前作用域内尝试进行隐式转换，如例 8-1 中的 Person 类并没有 fly 方法，但之所以能够顺利执行是因为编译器会自动将查找相应的隐式转换函数或隐式类，将 Person 类转换成 SuperMan，最终调用 SuperMan 中的 fly 方法。

8.5.2 不会发生隐式转换的条件

清楚了什么时候会发生隐式转换，现在再来看一下什么情况下不会发生隐式转换。
1）如果转换存在二义性，则不会发生隐式转换，见例 8-11。
【例 8-11】存在二义性时不会发生隐式转换示例。

```
1.    class SuperMan {
2.        def fly() = println("Superman flying")
3.    }
4.    class SuperMan2 {
```

```
5.     def fly() = println("Superman2 flying")
6.   }
7.   class Person
8.
9.   objectImplicitFunction extends App {
10.     //定义一个隐式转换函数,将 Person 转换成 SuperMan
11.     implicit def person2Superman(p:Person) = new SuperMan
12.     //定义一个隐式转换函数,将 Person 转换成 SuperMan2
13.     implicit def person2Superman2(p:Person) = new SuperMan2
14.     val p = new Person
15.     //存在二义性,编译报错
16.     //type mismatch;   found    :ImplicitFunction.p.type (with underlying type Person)
17.     //required:? {def fly:?}
18.     //Note that implicit conversions are not applicable because they are ambiguous:
19.     //both method person2Superman in objectImplicitFunction of type (p:Person)SuperMan
20.     // and method person2Superman2 in objectImplicitFunction of type (p:Person)SuperMan2
21.     // are possible conversion functions fromImplicitFunction.p.type to ? {def fly:?}
22.     p.fly()
23.   }
```

例 8-11 第 8 行、第 10 行代码定义了两个隐式转换函数,分别是 person2Superman、person2Superman2,这两个隐式转换函数输入类型都是 Person 类,输出类型都为 SuperMan 类,因此第 19 行代码 p.fly() 编译时会出错,编译器给出"Note that implicit conversions are not applicable because they are ambiguous…"提示。

2)隐式转换不会嵌套进行,示例代码见例 8-12。

【例 8-12】隐式转换不会嵌套进行示例。

```
1.   class SuperMan {
2.     def fly() = println("Superman flying")
3.   }
4.   classSuperSuperMan(s:SuperMan) {
5.     def fly2() = s.fly()
6.   }
7.   class Person
8.   object ImplicitFunctionNested extends App {
9.     //定义一个隐式转换函数,将 Person 转换成 SuperMan
10.     implicit def person2Superman(p:Person) = new SuperMan
11.     //定义了另外一个隐式转换函数,将 SuperMan 转换成 SuperSuperMan
12.     implicit def superMan2SuperSuperMan(s:SuperMan) = new SuperSuperMan(s)
13.     val p = new Person
14.     //编译通不过,因为隐式转换不会嵌套执行
```

第8章　Scala隐式转换

```
15.     //不要期望p会先转换成SuperMan类型,然后SuperMan类型再隐式转换到SuperSuperMan
            类型
16.     p.fly2()
17. }
```

例8-12第1~3行代码定义了SuperMan类，第4~6行代码定义了另外一个SuperSuperMan类，类中定义了一个fly2方法，其调用的是SuperMan类中的fly方法，第10行代码定义了一个Person到SuperMan的隐式转换函数，第12行代码又定义了一个SuperMan到SuperSuperMan的隐式转换函数，第16行代码p.fly2()期望的是Person类能够隐式转换成SuperMan，然后再进一步隐式转换成SuperSuperMan，最终调用SuperSuperMan的fly2方法，但事实上这是行不通的，Scala语言不允许嵌套隐式转换。之所以做这样的限制是有原因的，隐式转换如果可以嵌套，会使代码的行为难以控制，隐式转换可能无限地进行下去，严重降低编译和执行效率，甚至造成代码无法执行。

需要注意的是，隐式转换不会嵌套进行指的是从源类型到目标类型的隐式转换不会多次进行，也即源类型到目标类型的转换只会进行一次，这并不意味着程序中不会发生多次隐式转换，具体代码如例8-13所示。

【例8-13】多次隐式转换的示例。

```
1.  classClassA {
2.      override def toString() = "This is Class A"
3.  }
4.  classClassB {
5.      override def toString() = "This is Class B"
6.  }
7.  classClassC {
8.      override def toString() = "This isClassC"
9.      defprintC(c:ClassC) = println(c)
10. }
11. classClassD
12.
13. objectImplicitWhole extends App {
14.     implicit def B2C(b:ClassB) = {
15.         println("B2C")
16.         newClassC
17.     }
18.     implicit def D2C(d:ClassD) = {
19.         println("D2C")
20.         newClassC
21.     }
22.     //下面的代码会进行两次隐式转换,因为ClassD中并没有printC方法,因此它会隐式转换
            为ClassC(这是第一次,D2C)
```

```
23.    //然后调用printC方法,但是printC方法只接受ClassC类型的参数,然而传入的参数类型是
       ClassB,类型不匹配,
24.    //从而又发生了一次隐式转换(这是第二次,B2C),从而最终实现了方法的调用
25.    newClassD().printC(new ClassB)
26. }
```

代码执行结果如下:

```
D2C
B2C
This isClassC
```

例8-13第14~17行代码,定义了一个隐式转换函数 implicit def B2C(b:ClassB),该函数将 ClassB 隐式转换为 ClassC,第18~21行代码定义了一个隐式转换函数 implicit def D2C(d:ClassD),该函数将 ClassD 隐式转换成 ClassC,编译器遇到第25行代码时,发现 classD 对象调用的方法是 printC 方法,但 ClassD 类中并没有定义 printC 方法,因此尝试进行隐式转换,自动调用 D2C 隐式转换函数完成 ClassD 到 ClassC 的转换(第一次隐式转换)。在执行 printC 方法时,发现传入的参数类型为 ClassB,而 def printC(c:ClassC)方法接受的参数是 ClassC,类型不匹配,所以编译器又尝试进行隐式转换,自动调用 B2C 隐式转换函数,将 ClassB 转换成 ClassC(第二次隐式转换)。在完成这两次隐式转换后,程序得以顺利执行。

8.6 Spark 源码中的隐式转换使用

8.6.1 隐式转换函数

下面的代码来源于 SQLContext(org.apache.spark.sql.SQLContext.scala),SQLContext 通过 SparkContext 与集群进行交互,它是 Spark 处理结构化数据的入口,通过 SQLContext 可以创建 DataFrame 并执行 SQL 语句。SQLContext 中有一个 stringRddToDataFrameHolder 隐式转换函数,该隐式转换函数将 RDD[String]转换为单列的 DataFrame。

```
//隐式转换函数,该隐式转换函数将RDD[String]转换成单列的DataFrame
implicit def stringRddToDataFrameHolder(data:RDD[String]):DataFrameHolder = {
    val dataType = StringType
    val rows = data.mapPartitions {iter =>
        val row = newSpecificMutableRow(dataType ::Nil)
        iter.map {v =>
            row.update(0,UTF8String.fromString(v))
            row:InternalRow
        }
```

第8章 Scala隐式转换

```
            }
        DataFrameHolder(
            self.internalCreateDataFrame(rows,StructType(StructField("_1",dataType) ::Nil)))
    }
```

8.6.2 隐式类

下面的隐式类代码也来源于 SQLContext，其作用是将字符串转换成 SparkSQL 中的 Column 对象。

```
//将字符串转换成 SparkSQL 中的 Column 对象,代码中的 ColumnName 继承自 Column
    implicit class StringToColumn( val sc:StringContext) {
        def $(args:Any*):ColumnName = {
            new ColumnName(sc.s(args :_*))
        }
    }
```

8.6.3 隐式参数

下面的代码来源于 RDD（org.apache.spark.rdd.RDD.scala），单例对象 RDD 中有一个隐式转换参数 rddToPairRDDFunctions，函数参数中包含隐式参数，其作用是将键/值对 RDD [(K,V)] 转换成 PairRDDFunctions[K,V]，这样便可以调用 PairRDDFunctions 中的 reduceByKey 等方法。

```
//隐式转换函数 rddToPairRDDFunctions,将 RDD[(K,V)]隐式转换为 PairRDDFunctions[K,V]
//该隐式转换函数有 3 个隐式参数,分别是 kt、vt 及 ord
//在函数调用之前应该显式或隐式地提供对应类型的隐式对象
 implicit def rddToPairRDDFunctions[K,V](rdd:RDD[(K,V)])
        (implicit kt:ClassTag[K],vt:ClassTag[V],ord:Ordering[K] = null):PairRDDFunctions[K,
V] = {
        new PairRDDFunctions(rdd)
    }
```

8.7 小结

本章对 Scala 语言中的隐式转换进行了详细的介绍，通过本章的学习可以发现，隐式转

换在Scala语言中可谓无处不在，在实际项目中其应用也十分广泛，可以说隐式转换是学习Scala语言的必备技能。在本章中重点介绍了隐式转换函数、隐式类、隐式参数及隐式对象，同时对类型证明及上下文界定、视图界定的实现原理进行了分析。除此之外，还重点介绍了Scala语言的隐式转换规则，说明了什么时候会发生隐式转换，以及什么时候又不会发生隐式转换。在本章最后，也给出了Spark源码中隐式转换的使用，不难发现，在实际项目中隐式转换也可谓无处不在。

第 9 章　Scala 并发编程

　　尽管并发程序设计原理已经被提出了很长时间，但只有在多核处理器出现后的最近几年，它才获得了很多向前发展的推力。什么是并发程序？将一个程序视为同时执行并通过某种方式协调的一系列计算操作，称为并发程序。实现一个能够运行的并发程序比一个顺序运行的程序要困难得多。既然并发编程有如此多的困难，为什么还需要并发编程呢？

　　并发程序有很多优点。首先，并发处理任务可以提高程序的性能，整个程序不再由单个处理器执行，不同的计算操作可以由不同的独立的处理器执行，这样使程序运行得更快。随着多核处理器的发展，并发程序设计越来越受到关注。

　　其次，并发程序设计模型可以实现更快速的 I/O 操作。对于 I/O 密集型的操作来说，这可以提高吞吐量。并发编程可以在多任务处理中，以异步的方式并行执行，而不需要同步等待。例如网页设计中的 AJAX 技术等，这种技术使浏览网页更友好，提升用户体验。因此，并发编程技术能够切实地提高程序的交互操作性。

　　最后，并发编程可以将复杂的线性执行的任务，划分成更小的独立的任务，这些小任务独立执行，简化了程序实现的难度和维护工作的困难。并发编程已经变得越来越重要，因此对于每一位软件开发者来说，掌握并发程序设计非常重要。

　　相比传统的并发设计模型而言，Scala 通过实现 Actor 模型来进行并发编程。

　　本章会先介绍 Scala 原生的 Actor 模型（稍后的架构篇中会介绍基于 Scala Actor 模型实现的 Akka 框架）。Scala 语言提供了原生的 Actor 并发模型，并向用户给出了简单易用的用户接口。在 Java 中提供了对并发的支持，虽然这样的支持能够满足基本的并发需求，但在使用中发现，随着程序变得越来越大、越来越复杂，使用该模型变得越来越不容易。Scala 语言中增加了 Actor 并发模型，这无疑是对 Java 并发不足进行的补充，因为 Actor 提供了一种易于使用的并发模型，并且能够避免 Java 原生并发模型所遇到的困难。

　　Actor 模型在并发编程上面的优异表现，使其在并发编程中获得了广泛的运用，本章将会通过讲解 Scala 中的 Actor 模型，逐渐深入 Scala 中，以 Actor 模型为中心的并发编程。在本章的最后通过并发编程实例，讲解 Actor 并发编程模型。

　　请读者们注意，Scala 中的 Actor 模块在 Scala 2.10 版本中已经被标记为过时，在之后的版本中，Actor 模块已被移除，开发者如果使用的是 Scala 2.10 之后的版本，应该选择 Akka 框架中的 Actor。其实，Akka 框架是建立在 Scala Actor 模型之上的，和 Scala 中的 Actor 异曲同工。

Section 9.1 Scala 的 Actor 模型简介

Actor 模型在并发编程中是比较常见的一种模型,很多开发语言都提供了原生的 Actor 模型实现,例如 Erlang、Scala 等。Actor 可以看作是一个个独立的实体,它们之间是毫无关联的,但是它们可以通过消息来通信。一个 Actor 收到其他 Actor 的信息后,可以根据需要做出各种响应,消息的类型可以是任意的,消息的内容也可以是任意的,它只提供接口服务,而不必了解具体内容是如何实现的。一个 Actor 如何处理多个 Actor 的请求呢?它先建立一个消息队列,每次收到消息后,就放入队列,而它每次也从队列中取出消息体来处理。为了使这个操作持续下去,通常都使得这个过程是循环的,让 Actor 可以时刻处理发送来的消息。

Actor 模型提供了一种不共享任何数据、依赖消息传递的模型。Actor 是一个类似于线程的实体,它有一个用来接收消息的邮箱,类似于 Java 中的 Runnable 任务接口。在并发编程中,Actor 模型相对于使用共享数据和锁模型的实现来说,推断和使用都更加容易。

在共享数据和锁模型中编写多线程程序,程序中的每一点,都必须推断要修改或访问的数据是否可能会被其他线程修改或访问,以及在这一点上握有哪些锁,程序每一次运行都必须推断出它将要握有哪些锁,并且确定这样不会死锁。虽然从 Java 5 开始引入了 java.util.concurrent 并发工具包,但是该工具包依然是基于共享数据和锁模型的,没有从根本上解决使用这种模型潜在的困难。因此在设计并发软件时,Actor 模型是首选工具,因为它可以避开死锁和争用的状况,而这两种情形在使用共享数据和锁模型的时候是很容易遇到的。

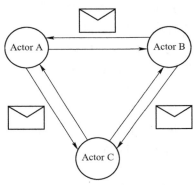

图 9-1 Actor 通信模型

Actor 模型在并发编程上面的优势,使其在并发编程中获得了广泛的运用。Actor 之间传递消息模型如图 9-1 所示。

Section 9.2 Scala Actor 的构建方式

在 Scala 中定义自己的 Actor 有很多不同的方式,最常用的方式是继承 Actor 类和使用 Actor 工具方法。本节将通过实例的方式讲解 Scala Actor 的几种构建方式。

9.2.1 继承 Actor 类

使用 Actor 最直接的方法是继承 Actor 类,并重写 act 方法。例 9-1 是一个直接通过继承 Actor 构建的简单示例。

【例 9-1】通过继承构建 Actor 示例。

第9章 Scala并发编程

```
1.  object Demo extends Actor {
2.    defact():Unit = {
3.      println("helloActor!")//Actor启动自动调用act方法,打印出"hello Actor"
4.    }
5.    def main(args:Array[String]):Unit = {
6.      Demo.start()
7.    }
8.  }
```

在这个示例中,通过在 main 方法中调用 Actor 的 start 方法来启动 Actor,这与线程启动方式类似。执行结果如图 9-2 所示。

```
"C:\Program Files\Java\jdk1.6.0_43\bin\java" ...
helloActor!
```

图 9-2 通过继承 Actor 对象并调用 start 方法执行结果

9.2.2 Actor 工具方法

除了通过继承来实现自己的 Actor,也可以通过使用 Actor 中提供的名为 actor 的工具方法来创建自己的 Actor,例 9-2 是一个简单的示例。

【例 9-2】通过 actor 工具方法构建 Actor 示例。

```
1.  import scala.actors.Actor._
2.  object Demo {
3.    def main(args:Array[String]):Unit = {
4.      val myActor = actor{
5.        println("hello Actor!")
6.      }
7.    }
8.  }
```

在这个示例中,通过 val 定义一个由执行 actor 工具方法产生的 Actor,该 actor 在定义后立即启动,无须调用 start 方法。执行结果如图 9-3 所示。

```
"C:\Program Files\Java\jdk1.6.0_43\bin\java"
hello Actor!
```

图 9-3 actor 方法创建 Actor 并自动启动

Actor 启动之后,都是独立运行的,如果想要多个 Actor 之间相互协作来完成一项复杂的任务,那么多个 Actor 之间如何协同工作呢?它们如何在不使用共享内存和锁的前提下通信呢?实际上 Actor 之间通过!方式发送消息,如:myActor!"hello",表示本 Actor 向名为

myActor 的 Actor 发送一条"hello"的消息，该消息一直保存在 myActor 的邮箱中，保持未读的状态。Actor 通信将在 9.4 一节中详细阐述。

9.3 Actor 的生命周期

Actor 是具有生命周期的对象，自 Actor 启动到 Actor 结束，它始终会在不同的状态之间切换。本小节将介绍 Actor 生命周期中的不同状态及回调函数。

9.3.1 start 方法的等幂性

在 Scala 的 Actor 体系中，Reactor 是所有 Actor trait 的父级 trait。扩展这个 trait 可以定义 Actor，其具有发送和接收消息的基本功能。Reactor 的行为通过实现其 act 方法来定义。一旦调用 start 方法启动 Reactor，这个 act 方法便会执行，start 方法返回 Reactor 对象本身。start 方法是具有等幂性的，也就是说，在一个已经启动了的 Actor 对象上调用它（start 方法）是没有作用的。例 9-3 是一个简单的例子，展示 start 方法的等幂性。

【例 9-3】 start 方法的等幂性示例。

```
1.   object Test extends Actor{
2.     def main(args:Array[String]):Unit = {
3.       println(Test.getState)
4.       Test.start()//调用 start 方法
5.       Test.start()//再次调用 start 方法
6.       Thread.sleep(5000)//线程睡眠 5S
7.       println(Test.getState)
8.     }
9.     def act():Unit = {
10.      println(Test.getState)
11.      println("act is excuted")
12.    }
13.  }
```

在例 9-3 中两次调用 Test 这个 Actor 的 start 方法，act 方法只被执行一次。在终端中输入上面的代码，运行结果如图 9-4 所示。

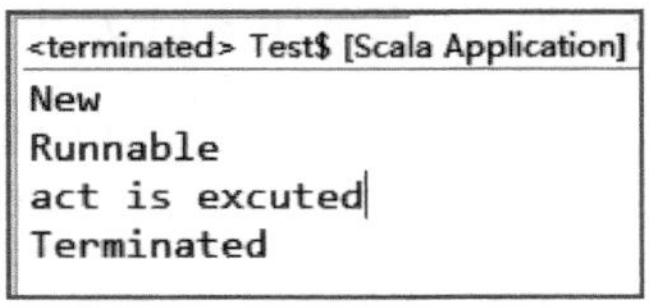

当 Reactor 的 act 方法完整执行后，Reactor 则随即终止执行。Reactor 也可以显式地使用 exit 方法来终止自身。exit 方法的返回值类型为 Nothing，因为它总是会抛出异常。这个异常仅在内部使用，且不会去捕捉这个异常。

```
<terminated> Test$ [Scala Application]
New
Runnable
act is excuted
Terminated
```

图 9-4　start 方法等幂性验证输出结果

一个已终止的 Reactor 可以通过它的 restart 方法使它重新启动。对一个未终止的 Reactor

第9章 Scala并发编程

调用 restart 方法，则会抛出 IllegalStateException 异常。重新启动一个已终止的 Actor，则会使它的 act 方法重新运行。

9.3.2 Actor 的不同状态

Reactor 定义了一个 getState 方法，这个方法可以将 Actor 当前的运行状态作为 Actor.State 枚举的一个成员返回。一个尚未运行的 Actor 处于 Actor.State.New 状态。一个能够运行并且不在等待消息的 Actor 处于 Actor.State.Runnable 状态。一个已挂起，并正在等待消息的 Actor 处于 Actor.State.Suspended 状态；一个已终止的 Actor 处于 Actor.State.Terminated 状态。例 9-4 演示 Actor 运行状态，并在终端上打印出来。

【例 9-4】 Actor 的运行状态示例。

```
1.  object Test extends Actor {
2.    def main(args:Array[String]):Unit = {
3.      println(Test.getState)//输出 Actor 的初始状态
4.      Test.start()//调用 start 方法
5.      Test.start()
6.      Thread.sleep(5000)//线程睡眠 5S
7.      println(Test.getState)//再次打印出 Actor 的状态
8.      Test.restart()//调用 Actor 的 restart 方法
9.    }
10.   def act():Unit = {
11.     println(Test.getState)//打印出 Actor 状态
12.     println("act is excuted")
13.   }
14. }
```

在终端中输入上面的程序，程序执行结果如图 9-5 所示。

从程序的执行结果可以看出，在调用 Actor 的 start 方法之前，Actor 是一个 New 状态，对应枚举 Actor.State.New 成员，当调用了 start 方法启动了 Actor 之后，Actor 状态变为 Runnable，对应枚举 Actor.State.Runnable 值，Actor 执行完 act 方法后自动退出，退出后打印出状态为 Terminated，该值对应枚举 Actor.State.Terminated 值，然后再次调用该 Actor 的 act 方法，可以看到程序再次执行了 act 方法。

```
<terminated> Test$ [Scala Application]
New
Runnable
act is excuted
Terminated
Runnable
act is excuted
```

图 9-5 Actor 程序状态输出结果

经过上面的测试，可以总结 Scala 中 Actor 的生命周期为：当调用 start 方法启动 Actor 时，start 调用 doStart 方法，在 doStart 方法中，程序调用 preAct 方法，紧接着调用 act 方法，而 act 方法是实现 Actor 时必须重写的方法。当执行完 act 方法后，Actor 自然退出，当然也可以调用 Actor 的 exit 方法，该方法总返回 Nothing。当 Actor 完全退出后，可以调用 restart 方法重新启动 Actor 运行。

9.4 Actor 之间的通信

9.4.1 Actor 之间发送消息

到目前为止所创建的 Actor 都是独立运行的，但是它们该如何协作工作呢？它们是如何在不使用共享内存和锁的前提下通信呢？其实，Actor 之间是通过相互发送消息的方式来通信的。可以使用！方法来发送消息，例如：helloActor！"hello"，将向 helloActor 的信箱中发送 "hello" 消息，helloActor 的 receive 方法通过 PartialFunction 偏函数来匹配收到的消息类型。对于邮箱中的每一个消息，receive 方法都会先调用传入的偏函数的 isDefinedAt 方法，来决定它是否与某个样本匹配，然后处理该消息。也可以使用！！方法来发送消息，其立即返回一个 Future 实例。Future 是 Future Trait 的一个实例，即获取到一个 Send–With–Future 消息的响应的句柄。

该 Send–With–Future 消息的发送方可以通过使用 Future 来等待返回的结果。例如，使用 val fut = a ! ! msg 语句发送消息，允许发送方等待 Future 的结果。可以将前面的 fut 赋值给一个常量：val res = fut()，这里的 res 是一个 Future 的实例，代表将来某个时刻可能返回的值。另外，一个 Future 可以在不阻塞的情况下，通过 isSet 方法来查询并获知其结果是否可用。Send–With–Future 的消息并不是获得 Future 的唯一方法。Future 也可以通过 future 方法计算获得。如下所示，future 计算体会被并行地启动运行，并返回一个 Future 实例作为其结果：

```
val fut = future { body }
fut( ) //等待 future
```

还有一种发送消息的方式是!?，使用这种方式，线程将阻塞直到结果返回。

9.4.2 Actor 接收消息

自定义的 Actor 能够通过基于 Actor 的标准接收操作（例如 receive 方法等）来取回 Future 的结果，使得 Future 实例在 Actor 上下文中变得特殊。此外，还可以通过使用基于事件的操作（react 方法和 reactWithin 方法），这使得一个 Actor 实例在等待一个 Future 实例结果时不用阻塞它的底层线程。

receive 方法将选定邮箱中第一个让 isDefiendAt 返回 true 的消息，将这个消息传递给偏函数的 apply 方法，apply 方法将具体处理这个消息。如果邮箱中没有让 isDefinedAt 方法返回 true 的消息，则被调用的 Actor 将会阻塞，直到收到匹配的消息。例 9-5 为通过！发送消息和通过 receive 接收匹配消息进行处理的示例。

【例 9-5】Actor 发送和接收消息示例。

第9章 Scala并发编程

```scala
1.  import actors._, Actor._
2.  object DealMessage {
3.    def main(args: Array[String]): Unit = {
4.      val caller = self
5.      val accumulator = actor {
6.        var continue = true
7.        var sum = 0
8.        loopWhile(continue) {   //loopWhile 代码块中代码循环执行
9.          reactWithin(10000) {   //reactWithin 方法,间隔时间 10s
10.           case number: Int => sum += number   //做累加
11.           case TIMEOUT =>   //超时,设置 continue 为 false
12.             continue = false
13.             caller ! sum   //向调用方发回计算结果
14.         }
15.       }
16.     }
17.     accumulator ! 2   //发送数字 2
18.     Thread.sleep(5000)   //线程睡眠 5s
19.     accumulator ! "hello"   //发送字符串 hello
20.     Thread.sleep(5000)   //线程睡眠 5s
21.     accumulator ! 9   //发送数字 9
22.     receiveWithin(60000) {   //receiveWithin 方法,设置超时时间为 60s
23.       case result => println("result is:" + result)
24.     }
25.   }
26. }
```

执行结果如图 9-6 所示。

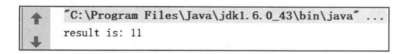

图 9-6 向 Actor 发送数字等待计算结果

在例 9-5 中,在 main 方法里使用 actor 工具方法构建了一个 Actor 实例,该实例在构建好的时候就立即执行 reactWithin 方法,reactWithin 将会在一定的 terminal 时间内查看自己的邮箱,匹配每一个 case 分支,然后进行相应的逻辑处理。

Actor 子系统会管理一个或多个原生线程供自己使用,只要使用 Actor,就不需要关心它们和线程之间的对应关系是怎样的。该子系统也支持反过来的情形:即每个原生线程也可以被当作 Actor 来使用,不过不能直接使用 Thread.current,因为它不具有必要的方法。应该使用 Actor.self 来将当前线程当作 Actor 来看待。

在例 9-5 中的 self 即代表当前的 main 线程,此时 main 线程被当成 Actor 来使用。self 向 accumulator 发送消息,accumulator 收到消息匹配样本进行计算,最后 receive 方法收到并打印出计算结果。由于 receive 在没有匹配到消息的时候将会阻塞，因此在这里使用 receive-Within 方法指定一个以毫秒记的超时时限。为了节约线程的创建和切换，Scala 提供了另外一个方法 react，用来提高性能。

9.5 使用 react 重用线程提升性能

在 9.4 一节中提到 receive 方法会一直阻塞，直到消息的到来。然而 Actor 是构建在普通的 Java 线程之上的，每一个 Actor 都要得到自己的线程，这样 act 方法才有机会执行。

Scala 的 Actor 系统同样提供了 react 方法。和 receive 方法一样，react 方法也是一个偏函数。不同的是 react 在找到并处理消息后并不返回。它的返回类型是 Nothing，由于 react 不需要返回，因此不需要保存当前线程的调用栈，而将线程的资源释放以供另一个 Actor 使用。如果程序中的每一个 Actor 都使用 react，而不是使用 receive 方法，理论上只需要一个线程就能满足程序全部 Actor 的需要。例 9-6 是一个使用 react 的示例。

【例 9-6】 react 的使用示例。

```
1.  object Demo extends Actor {
2.    def act():Unit = {//act 中调用 react
3.      react{
4.        case (num:Int,actor:Actor) => actor ! num * num//计算数字的平方,并返回结果
5.        case msg => println("not a Integer")
6.      }
7.    }
8.    def main(args:Array[String]):Unit = {
9.      Demo.start
10.     Demo!(7,self)
11.     self.receive{
12.       case msg => println("收到结果:" + msg)//打印收到的结果
13.     }
14.   }
15. }
```

运行效果如图 9-7 所示。

```
"C:\Program Files\Java\jdk1.6.0_43\bin\java"
7的平方为: 49
```

图 9-7 act 方法中调用 react 方法重用线程

程序中的 act 方法，在计算完成之后将退出，为了让 act 保持运行不退出可以使用 Loop，在 Actor 库中，Loop 用来重复执行一个代码块。为了看到 loop 代码块中的确是重复执行，并看清楚每次 react 方法执行完成之后释放线程，这里使用 println 打印出当前执行的线程的编号。重写后的代码如例 9-7 所示。重写后的代码如例 9-7 所示。

第9章 Scala并发编程

【例9-7】act 方法中使用 Loop 示例。

```
1.  import scala.actors.Actor
2.  class Demo extends Actor{
3.      def act(): Unit = {//act 中调用 react
4.          loop{//loop 代码段中的代码将重复执行
5.              println("ThreadId:" + Thread.currentThread().getId)
6.              react{
7.                  case (num:Int) => println(num + "的平方为:" + num * num)
8.                  case msg => println("not a Integer")
9.              }
10.         }
11.     }
12. }
13. object Demo{
14.     def main(args: Array[String]){
15.         val a = new Demo
16.         a.start()
17.         a!(7)
18.         a!"Demo"
19.     }
20. }
```

运行结果如图 9-8 所示。

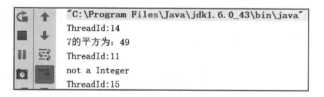

图 9-8　在 loop 块中运行代码

从执行的结果分析，Demo 启动时，执行 act 方法的线程编号是 14，当向 Demo 这个 Actor 发送数字"7"时，act 方法中的 react 偏函数接收并匹配打印出数字"7"的平方，这时执行的线程编号是 11。再次发送"Demo"字符串，打印出"not a Integer"信息，此时执行的线程编号是 15。从执行的结果可以验证，react 方法在执行完成之后会释放线程，供其他 Actor 使用，要再次执行，需重新获取线程，这是 react 方法复用线程以提升性能的关键。

9.6　Channel 通道

Channel 代表到某个实体的连接通道，例如，一个硬件设备、一个文件、一个网络 Socket 或者是一个程序组件。通过 Channel 可以执行不同的 I/O 操作，如文件的读写。

Channel 可以用来对发送到同一 Actor 的不同类型消息的处理进行简化。Channel 的层级被分为 OutputChannel 和 InputChannel。

9.6.1　OutputChannel

OutputChannel 用于发送消息，它支持以下操作：

1）out! msg。异步地向 out 方法发送 msg。当 msg 直接发送给一个 actor 时，一个发送中的 actor 的引用会被传递。

2）out forward msg。异步地转发 msg 给 out 方法。当 msg 被直接转发给一个 actor 时，发送中的 actor 会被确定。

3）out.receiver。返回唯一的 actor，其接收发送到 out channel（通道）的消息。

4）out.send（msg，from）。异步地发送 msg 到 out，并提供 from 作为消息的发送方。

9.6.2　InputChannel

Actor 能够从 InputChannel 接收消息，它支持下列操作：

1）in.receive {case Pat1 => …; case Patn => …}（以及类似的 in.receiveWithin）。从 in 接收一个消息。在一个输入 channel（通道）上调用 receive 方法和 actor 的标准 receive 操作具有相同的语义。唯一的区别是，作为参数被传递的偏函数具有 PartialFunction[Msg, R] 类型，此处 R 是 receive 方法的返回类型。

2）in.react {case Pat1 => …; casePatn => …}（以及类似的 in.reactWithin）。通过基于事件的 react 操作，从 in 方法接收一个消息。就像 actor 的 react 方法，返回类型是 Nothing。这意味着此方法的调用不会返回。就像之前的 receive 操作，作为参数传递的偏函数有一个更具体的类型：PartialFunction[Msg, Unit]。

9.6.3　创建和共享 channel

Channel 通过使用具体的 Channel 类创建。它同时扩展了 InputChannel 和 OutputChannel。使 Channel 在多个 Actor 的作用域（Scope）中可见，或者在消息中发送该 Channel，达到 Channel 的共享。例 9-8 是基于作用域共享的例子。

【例 9-8】在子 Actor 中使用外部的共享 Channel 传递消息的示例。

```
1.    import scala.actors.{Channel, OutputChannel}
2.    import scala.actors.Actor._
3.    object Demo {
4.      def main(args: Array[String]): Unit = {
5.        actor {
6.          var out: OutputChannel[String] = null
7.          val channel = new Channel[String]   //actor 中定义一个 channel
8.          out = channel
```

```
9.        val child = actor {
10.          //actor 工具方法返回一个 Actor 实例
11.          react {
12.            case msg: String => out!msg//向消息通道 channel 发送收到的 msg
13.          }
14.        }
15.        child!"hello world"//向 child 发送"hello world"消息
16.        channel.receive {
17.          case msg => println("msg.length:" + msg.length) //调用 channel 上的 receiver 方
                        法, 匹配并打印出收到的消息的长度
18.        }
19.      }
20.    }
21.  }
```

执行结果如图 9-9 所示。

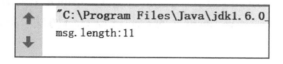

图 9-9 两个 Actor 通过共享 Channel 完成信息交换

注意：子 Actor 对 out（一个 OutputChannel[String]）具有唯一的访问权。而用于接收消息的 Channel 的引用则被隐藏了。然而，必须要注意的是，在子 Actor 向输出 Channel 发送消息之前，确保输出 Channel 被初始化到一个具体的 Channel。通过 Channel 发送"hello world"消息，当使用 channel.receive 从 Channel 接收消息时，因为消息是 String 类型的，可以使用它提供的 length 成员。

另一种共享 Channel 的可行的方法是在消息中发送。如例 9-9 所示。

【例 9-9】在两个不同 Actor 中，通过发送 Channel，达到共享 Channel 的目的的示例。

```
1.  import scala.actors._
2.  import scala.actors.Actor._
3.  object Demo4 {
4.    def main(args: Array[String]): Unit = {
5.      case class ReplyTo(out: OutputChannel[String])
6.      val child = actor {
7.        react {
8.          case ReplyTo(out) => out ! "hello world"//使用 channel 回发消息
9.        }
10.     }
11.     actor {
12.       val channel = new Channel[String]//定义 channel
```

```
13.            child ! ReplyTo(channel)//在消息中发送 channel
14.            channel.receive {//channel 的 receive 方法
15.              case msg => println("msg.length:" + msg.length)//打印出消息长度
16.            }
17.       }
18.    }
19. }
```

运行结果如图 9-10 所示。

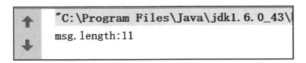

图 9-10　在不同 Actor 中，通过发送 Channel 达到共享目的

发送 Channel 来达到共享的方式，是向目标 Actor 发送消息，将回写的通道以消息的方式发送到目标 Actor，目标 Actor 得到回写通道，通过 Channel 上的方法向通道中发送消息，而持有该 Channel 的 Actor 通过该 Channel 的 receive 或 react 方法，得到回写的消息。

9.7　同步和 Future

在 Scala 的 Actor 体系中，向另外一个 Actor 发送消息有多种方式，最常见的是使用！、!?、!! 这几个方法。其中！方法发送完消息，就置之不管；!! 发送完消息，将立刻返回一个 Future 对象，表示对未来可能返回结果的一个占位符；!? 发送完消息将会一直等待返回信息。！和 !! 是典型的异步操作，而 !? 是典型的同步操作，因为这个方法会一直等待消息返回。

Future 是一个返回结果的只读占位符，不能被修改。当 future 代码块执行完毕的时候，会返回成功或者失败的结果填充到 Future 中。Future 提供了一个漂亮的方式提供并行执行代码的能力，高效且非阻塞。Future 可以并发地执行，提供更快、异步、非阻塞的并发代码。通常，future 和 promise 都是非阻塞地执行，可以通过回调函数来获得结果。但是，也可以通过阻塞地方式串行地执行 Future。

一个 Future 代表一次异步计算的操作。你可以把你的操作包装在一个 Future 里，当你需要结果的时候，只需要简单地调用一个阻塞的 get 方法即可。

9.8　Scala 并发编程实例

在本节中，通过两个实例讲解 Scala 中的并发编程。第一个实例通过 Scala Actor 模型编写一个并发程序，验证 Actor 运行于独立线程之上，并通过发送消息的方式从根本上杜绝共

第9章 Scala并发编程

享变量。第二个实例避开 Scala Actor 模型,使用 ExecutorService 的方式来进行并发编程。

9.8.1 Scala Actor 并发编程

在 scala 中,通过类似消息的发送和接收的队列的方式,来访问同一个共享数据,这样一来,当轮到一个操作来访问某个数据的时候,不会发生另一个操作也同时访问该数据的情况,这样就避免了资源争用的问题及死锁的发生。下面我们通过一个小小的实例来看看 scala 是怎样通过 Actor 来实现并发的。如例 9-10 所示,在 Actor 的 act 方法中打印出底层线程的名称,证明每一个 Actor 是独立的运行于线程之上的。

【例 9-10】使用 Scala Actor 进行并发编程示例。

```
1.  import scala.actors._
2.  import scala.actors.Actor._
3.  object ActorA extends Actor {//定义 actorA
4.    def act() {
5.      println(Thread.currentThread().getName) //打印第一个 Actor 线程名
6.      for (i <- 1 to 3) {
7.        println("One:" + i) //依次打印 1 到 3
8.        Thread.sleep(2000)
9.      }
10.   }
11. }
12. object ActorB extends Actor {//定义 actorB
13.   def act() {
14.     println(Thread.currentThread().getName) //打印第二个 Actor 线程名
15.     for (i <- 1 to 3) {
16.       println("Two:" + i) //依次打印 1 到 3
17.       Thread.sleep(2000)
18.     }
19.   }
20. }
21. object Test {
22.   def main(args: Array[String]) {
23.     ActorA.start() //启动第一个 ActorA
24.     ActorB.start() //启动第二个 ActorB
25.   }
26. }
```

执行结果如图 9-11 所示。

例 9-10 中,定义了两个 Actor,在主函数中分别调用 Actor 的 start 方法,调用之后将运行 Actor 的 act 方法,在 act 方法中打印出 Actor 工作的线程的名称,同时循环打印 1 到 10 个数字。由于每一个 Actor 都是在线程上独立工作的,并且 Actor 与 Actor 之间只通过发送不可

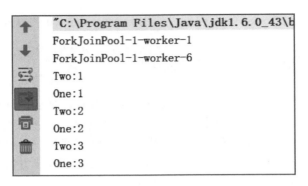

图 9-11　使用 Scala Actor 进行并发编程

变消息的形式来相互沟通，因此在根本上杜绝了线程共享变量的产生，也就避免了资源的争用及死锁的发生。

9.8.2　ExecutorService 并发编程

　　使用 Scala Actor 模型来编写并发程序，可以避开锁机制带来的麻烦，更加容易编写出强健的没有潜在死锁的程序。但是如果避开 Scala 中的 Actor 模型，也可以编写出并发的程序，因为抛开 Actor 模型来讲，Scala 开发并发程序就是建立在 Java 并发模型之上的。

　　在例 9-11 中，将讲解 Scala 中抛开 Actor 模型进行的并发编程。如下所示，创建一个 NetWorkService，等待客户端的连接请求，并为每一个连接请求开辟一个独立的线程，为了达到线程的复用，这里使用线程池。

　　【例 9-11】通过使用 NetWorkService 实现并发编程，在线程池中建立 Socket 连接示例。

```scala
import java.net.{Socket,ServerSocket}
import java.util.concurrent.{Executors,ExecutorService}
class NetworkService(port:Int,poolSize:Int) extends Runnable {//继承自 java Runnable
  val serverSocket = new ServerSocket(port)//创建 ServerSocket
  val pool:ExecutorService = Executors.newFixedThreadPool(poolSize)//创建线程池
  def run() {
    try {
      while (true) {
        //阻塞等待连接
        val socket = serverSocket.accept()
        pool.execute(new Handler(socket))//放入线程池执行
      }
    } finally {
      pool.shutdown()//关闭释放线程池
    }
  }
}
```

```
class Handler(socket:Socket) extends Runnable {
    def message = (Thread.currentThread.getName() + "\n").getBytes
    def run() {
        socket.getOutputStream.write(message)//得到socket的outputStream,并通过ouputStream写
        消息
        socket.getOutputStream.close()//关闭outputStream
    }
}
objectNetworkService {
    def main(args:Array[String]) {
        (newNetworkService(8888,5)).run//调用NetworkServive,线程池大小设置为5,ServerSocket
        端口为8888
    }
}
```

运行该程序,在 Linux 终端中使用 nc 服务测试程序。结果如下所示。

```
$nc localhost8888
pool-1-thread-1//线程池 1 号线程
$nc localhost8888
pool-1-thread-2//线程池 2 号线程
$nc localhost8888
pool-1-thread-3//线程池 3 号线程
$nc localhost8888
pool-1-thread-2//线程池 2 号线程,线程得到复用
```

从运行结果来看,在第 4 次请求时,线程池中处理的线程编号变成了 2,说明之前处理请求的 2 号线程处理完成任务之后,被放回线程池中,新的请求到达时,从线程池中取出线程再次执行,因此线程池中的线程得到复用。

Section 9.9 小结

Scala 原生实现的 Actor 模型是很多其他重要的框架实现的基础,例如 Akka 的设计就是以 Scala Actor 为模型来设计的。

Scala 基于 Actor 的并发编程所能带来的巨大好处是,它可以避开锁机制带来的死锁和资源争用的麻烦,并且大大简化代码,利用多个处理器并行处理。

本章首先介绍了什么是 Actor 模型。Actor 模型提供了一种不共享任何数据、依赖消息传递的模型。Actor 是一个类似于线程的实体,它有一个用来接收消息的邮箱,类似于 Java 中的 Runnable 任务接口。在并发编程中,Actor 模型相对于使用共享数据和锁模型的实现来说,推断和使用都更加容易。

在 9.2 节和 9.3 节中分别讲解了 Actor 的构建方式和生命周期。在 Scala 中创建 Actor 有

两种方式，第一种是继承 Actor 类，第二种是使用 Actor 工具方法。每一个 Actor 都是有生命周期的独立的对象，在不同的阶段会有不同的状态。

9.4 节讲解了 Actor 之间的通信及消息的接收。Actor 中有 3 种发送消息的方式。分别是!、!?、!!。其中!方法是典型的"fire and forget"类型，发送完消息就置之不管；!!方法立即返回一个 Future 对象，Future 代表将来某个时间点返回的消息的一个占位符；!?方法将会一直阻塞，直到消息返回。!和!!方法是异步操作，线程不会阻塞。而!?是同步操作，线程将一直阻塞直到消息返回。Actor 中通过 receive 或者 react 方法接收消息，receive 如果没有匹配到消息，底层线程将一直阻塞，为了提升性能引入了 react 方法，react 方法没有返回值，并且不会阻塞。

9.5 节中讲了使用 react 接收消息，react 会释放线程，达到重用线程提升性能的目的。9.6 节讲解了发送消息使用的 Channel，分别讲了 InputChannel 和 OutputChannel，以及怎样创建和共享 Channel。在 9.7 节讲了 Actor 中的同步和 Future。

9.8 小节通过两个并发编程实例，分析讲解如何使用 Scala Actor 进行并发编程。

分布式框架篇

为了深入理解 Scala 语言的优异特性，本书在 Scala 分布式框架篇中引入基于 Scala 语言的分布式框架 Akka 与 Kafka 作为扩展。

Akka 是用 Scala 编写的基于 Actor 模型的消息传递框架，用于简化编写容错的、高可伸缩性的 Java 和 Scala 的 Actor 模型应用。在第 10~12 章中，详细介绍了 Akka 架构，包括 Akka 的基本特性、常用的 API 使用、Akka 分布式环境的搭建、基于 Akka 模型实现的并行单词计数统计实例，以及 Akka 在 Spark 中的运用等内容。

第 13 章从设计理念与基本架构入手，让读者从整体上理解 Kafka 作为消息系统及各种类型的数据管道的首选系统，在大数据实时处理分析平台架构中的重要地位；第 14 章主要从核心组件及核心特性角度来详细分析 Kafka，以便读者能对 Kafka 的细枝末节了如指掌；第 15 章主要从实战编程的角度入手，使读者能灵活运用 Kafka 来解决实际业务问题。

第10章　Akka 的设计理念

Akka 是一个用 Scala 语言编写的库，用于简化编写容错的、高可伸缩性的 Java 和 Scala 的 Actor 模型应用。它分为开发库和运行环境，可以用于构建高并发、分布式、可容错、事件驱动的基于 JVM 的应用，使构建高并发的分布式应用更加容易。

Akka 有两种不同的使用方式：

- 以库的形式：在 Web 应用中使用，放到 Web – INF/lib 中或者作为一个普通的 Jar 包放进 classpath。
- 以微内核的形式：Akka 作为一个独立的微内核运行。微内核的目的是提供一个捆绑的机制，可以通过微内核启动一个应用。为了启动应用首先需要创建一个 Bootable 类，这个类中的 startup 和 shutdown 分别管理应用的启动和关闭。

Akka 在构建分布式高并发程序方面到底有什么优势呢？为什么要学 Akka？

在程序语言的发展和使用过程中，人们发现要正确地编写出具有容错性和可扩展性的并发程序是很困难的，究其主要原因是使用了错误的工具和错误的抽象级别。Akka 就是为了改变这种状况而生的。

Akka 通过使用 Actor 模型提升了抽象级别，为构建正确的可扩展并发应用提供了一个更好的平台。Akka 使程序员从易错、易产生死锁的锁模型中解脱出来，使程序员将主要精力放在业务逻辑的实现上。Akka 在容错性方面采取了 "Let It Crash"（让它崩溃模型，后面小节有介绍）模型，在容错上取得了较好的效果。现在人们已经将这种模型用在了电信行业，构建出"自愈合"的应用和永不停机的系统，取得了巨大成功。Akka 还为透明的分布式系统，以及真正的可扩展高容错应用的基础进行了抽象，使其具有以下特点：

- 系统中的所有事物都可以扮演一个 Actor。
- Actor 之间完全独立。
- 在收到消息时，Actor 所采取的所有动作都是并行的，在一个方法中的动作没有明确的顺序。
- Actor 有标识和当前行为描述。
- Actor 可能被分成原始（primitive）和非原始（non primitive）类别。
- 非原始 Actor 有由一个邮件地址表示的标识。
- 当前行为由一组知识（acquaintances）（实例变量或本地状态）和定义 Actor 在收到消息时将采取的动作组成。
- 消息传递是非阻塞和异步的，其机制是邮件队列（mail – queue）。
- 所有消息发送都是并行的。

本章将深入介绍 Akka 框架模型、Actor 的不同创建方式和 Actor API 的使用。

Section 10.1 Akka 框架模型

Akka 框架的灵感来自 Erlang，它能更轻松地开发可扩展性，实现线程的安全应用。虽然大多数流行语言的并发基于多线程之间的共享内存，使用同步方法防止写争夺，但 Akka 提供的则是基于 Actor 的并发模型。

Akka 框架实现了 Actor 模型，使用 Akka 框架能够编写出高容错性、高可伸缩性的 Actor 模型应用。在 Akka 框架中，所有 Actor 都彼此独立，通过邮件队列的机制，实现消息的非阻塞和异步处理。Akka 可提供：

1）对并发/并行程序的简单的、高级别的抽象。
2）异步、非阻塞、高性能的事件驱动编程模型。
3）非常轻量的事件驱动处理（1GB 内存可容纳约 270 万个 Actor）。

在 Akka 框架中，Akka 为程序员提供了简单的编程接口，使用户将主要精力放在业务问题的解决上，而将复杂的 Actor 通信、Actor 注册、查找进行了封装。用户在写自己的 Actor 时需要实现 akka.actor.Actor 这个接口。详细的 Actor 编程，将在稍后的章节进行讲解。如图 10-1 所示是 Akka 消息通信模型。

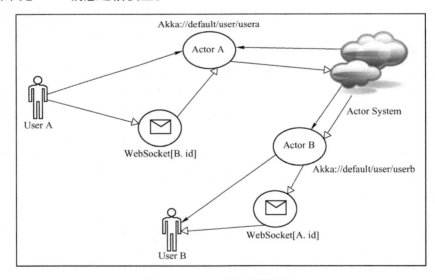

图 10-1　Akka 消息通信模型

借助 Akka 框架，不需要再关心 Actor 注册和查找的细节，只需要写相应的 Actor 实现业务逻辑即可。现在 ActorA 想要与 ActorB 通信，只需要关心发送消息和消息反馈的处理，而不再关心 Actor 之间通信的细节。在 ActorA 中向 ActorB 发送消息，只需要简单地使用 ActorB！Message 即可完成消息的发送。

在 Akka 框架中是如何查找到 Actor 的呢？实际上在 Akka 框架中，每一个 Actor 都有一个唯一的 URL，该 URL 的定义格式和万维网地址的定义格式非常相似。每一个 Actor 通过 ActorSystem 和 Context 初始化的时候，都会得到自己唯一的路径，路径格式如：akka.tcp://

第10章 Akka的设计理念

systemName@ip:port/user/topActorName/otherActorName，并且可以通过 actorSelection(path) 方法查找对应路径的 Actor 对象，该方法返回该 Actor 的引用。如图 10-2 所示是 Akka 中 Actor 路径命名格式。

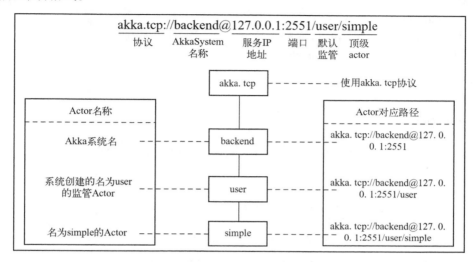

图 10-2 Actor 命名格式

在得到 Actor 引用之后，就可以发送消息了。下面将讲解 Actor 的几种创建方式。

Section 10.2 创建 Actor

Akka 是一个异步消息处理框架，提供了简单方便的消息发送和接收接口。在本节中，将介绍 Akka 中 Actor 的几种创建方式。

10.2.1 通过实现 akka.actor.Actor 来创建 Actor 类

要定义自己的 Actor 类，需要继承 Actor 并实现 receive 方法。receive 方法需要定义一系列 case 语句（类型为 PartialFunction[Any, Unit]），来描述 Actor 能够处理哪些消息（使用标准的 Scala 模式匹配），以及实现对消息如何进行处理的代码。例 10-1 是一个简单的 Akka Actor 示例，该示例中通过继承 akka.actor.Actor 来构建 Actor，Test 继承自 Actor，在其 receive 方法中匹配并打印信息。

【例 10-1】实现 Actor Trait 编写 Actor 程序示例。

```
1.  object Test{
2.    def main(args:Array[String]){
3.      val _system = ActorSystem("HelloAkka")
4.      val test = _system.actorOf(Props[Test],name = "test")//缺省构造方法创建 Actor
5.      test!"just to do it !"
```

```
          _system.shutdown()
  6.    }
  7.  }
  8.  class Test extends Actor{
  9.    override def receive:Receive = {
 10.      case str:String => println(str)
 11.      case _ =>
 12.  }
```

运行结果如图 10-3 所示。

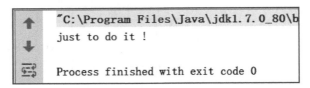

图 10-3　通过继承 Actor 实现 Actor

请注意，Akka Actor receive 消息循环是"无穷尽的（exhaustive）"，这与 Erlang 和 Scala 的 Actor 行为不同。在 receive 方法中，需要提供一个对它能够接受消息的匹配规则，如果希望处理未知的消息，需要像上例一样提供一个缺省的 case 分支，否则会有 akka.actor.UnhandledMessage（message，sender，recipient）被发布到 Actor 系统（ActorSystem）的事件（EventStream）中。

在上面的例子中，actorOf 的调用将返回一个实例的引用，这个引用是 Actor 的访问句柄，可以用它来与实际的 Actor 进行交互。ActorRef 是不可变量，与它所代表的 Actor 之间是一对一的关系。ActorRef 还是可序列化的（serializable），并且携带网络信息。这意味着可以在将它序列化以后，通过网络进行传送，在远程主机上它仍然代表原结点上的同一个 Actor。

在上面的例子中，Actor 是从系统创建的。也可以在其他的 Actor 中，使用 Actor 上下文（context）来创建，其中的区别在于监管树的组织方式。使用上下文时当前 Actor 将成为其创建子 Actor 的监管者。而使用系统创建的 Actor 将成为顶级 Actor，它由系统（内部监管 Actor）来监管。

例 10-2 使用 Actor 的 context 创建 Actor 例子，其实现和例 10-1 类似的功能，区别在于此处构建了两个 Actor，分别是 FirstActor 和 Test，其中 FirstActor 由 ActorSystem 创建，而 Test 则是在 FirstActor 内部创建的，此时 FirstActor 是 Test 的监管者。FirstActor 将向 Test 发送消息，Test 接收匹配并打印出消息。完整代码如下所示。

【例 10-2】使用 Actor 的 context 创建 Actor 示例。

```
 1.  import akka.actor.{Actor, Props, ActorSystem}
 2.  object Test2 {
 3.    def main(args:Array[String]) {
 4.      //创建名为 HelloAkka 的 ActorSystem
 5.      val _system = ActorSystem("HelloAkka")
```

```
6.      //使用 ActorSystem 的 actorOf 创建 FirstActor
7.      val first = _system.actorOf(Props[FirstActor], name = "firstActor")
8.      first ! "just to do it!"
9.      println("First Actor's monitor:" + first.path.parent.getElements.toString)
10.   }
11. }
12. class Test extends Actor {
13.   override def receive: Receive = {
14.     //打印出接收到的消息
15.     case str: String => println("testActor receive msg:" + str)
16.     case _ =>
17.   }
18. }
19. class FirstActor extends Actor {
20.   //context 方法创建 Actor
21.   val testActor = context.actorOf(Props[Test], "test")
22.   //输出监管目录
23.   println("test Actor's monitor:" + testActor.path.parent.getElements.toString)
24.   //Actor 启动,preStart 方法自动调用
25.   override def preStart(): Unit = {
26.     println("FirstActor's preStart Method was called!")
27.   }
28.   override def receive: Actor.Receive = {
29.     case msg => testActor ! msg
30.     case _ =>
31.   }
32. }
```

Actor 在创建后将自动异步地启动。当创建 Actor 时它会自动调用 Actor trait 的 preStart 回调方法,这是一个非常好的用来添加 Actor 初始化代码的位置。

10.2.2 使用非缺省构造方法创建 Actor

如果 Actor 的构造方法带参数,那么不能使用 actorOf(Props[TYPE])来创建。这时可以用 actorOf 的非缺省构造方法,这样可以用任意方式来创建 Actor,例 10-4 是使用非缺省构造方法创建 Actor 的示例。

例 10-3 中,有个名为 Test 的 Actor,其主构造函数中带有一个 name 参数,此时不能以 actorOf(Props[TYPE])方式构建 Actor,必须使用 actorOf 的非缺省构造方法。此例的目的是展示使用非缺省构造方法创建 Actor,并向其发送"just do it"消息,Test Actor 收到并打印消息。完整代码如下所示。

【例 10-3】非缺省构造方法创建 Actor 示例。

```
1.  import akka.actor.{Actor, Props, ActorSystem}
2.  object Test3 {
3.    def main(args: Array[String]) {
4.      //创建名为 HelloAkka 的 ActorSystem
5.      val _system = ActorSystem("HelloAkka")
6.      //非缺省构造方法创建,在 Props 中 new 一个 Test,并传入参数"regan"
7.      val test = _system.actorOf(Props(new Test("Regan")), name = "test")
8.      //发送消息
9.      test ! "just to do it !"
10.   }
11. }
12. class Test(name: String) extends Actor {
13.   override def preStart = {
14.     //Actor 启动,自动调用 preStart 方法
15.     println("preStart was called")
16.   }
17.   override def receive: Receive = {
18.     //匹配打印消息
19.     case str: String => println("actor'name:" + name + " testActor receive msg:" + str)
20.     case _ => //非字符数据不做处理
21.   }
22. }
```

运行结果如图 10-4 所示。

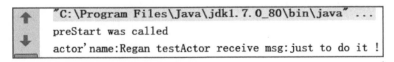

图 10-4　非缺省构造方法创建 Actor

10.2.3　创建匿名 Actor

在从某个 Actor 中派生新的 Actor 来完成特定的子任务时,可能使用匿名类来包含将要执行的代码会更方便。

例 10-4 中,首先创建出一个名为 Test4 的 Actor,并在 Test4 Actor 的内部创建一个匿名的 Actor,并借助匿名 Actor 打印出 Test4 Actor 接收到的字符信息。完整代码如下所示。

【例 10-4】创建匿名 Actor 示例。

```
1.  import akka.actor.{Actor, Props, ActorSystem}
2.  object Test4 {
3.    def main(args: Array[String]) {
4.      //创建名为 HelloAkka 的 ActorSystem
```

第10章 Akka的设计理念

```
5.      val _system = ActorSystem("HelloAkka")
6.      //使用 ActorSystem 的 actorOf 工厂方法创建 Test Actor
7.      val test = _system.actorOf(Props[Test4], name = "test")
8.      //向 Test Actor 发送消息
9.      test ! "just to do it!"
10.   }
11. }
12. class Test4 extends Actor {
13.   override def preStart = {
14.     //Actor 启动自动调用 preStart 方法
15.     println("preStart was called")
16.   }
17.   override def receive: Receive = {
18.     case str: String =>
19.       //使用 context 的 actorOf 方法创建 Actor
20.       context.actorOf(Props(new Actor {
21.         //创建匿名 Actor
22.         def receive = {
23.           case msg: String =>
24.             //打印出接收到的消息
25.             println("receive msg:" + msg)
26.             context.stop(self) //停止匿名 Actor
27.         }
28.       })).forward(str) //将收到的 str 消息,转发给创建的匿名 Actor
29.     case _ => //不做操作
30.   }
31. }
```

上面代码中的在 Test4 Actor 的 receive 方法中,匹配字符消息,并使用 context 的 actorOf 工厂方法创建了一个匿名 Actor。actorOf 方法返回创建的匿名 Actor 的引用 ActorRef,因此可以使用该 ActorRef 上的 forward 方法向其转发消息,这里直接将 Test4 Actor 接收到的消息转发给创建的匿名 Actor。在匿名 Actor 中打印出转发过来的消息,然后调用 context 的 stop 方法停止匿名 Actor 自己。运行结果如图 10-5 所示。

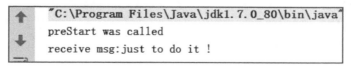

图 10-5　在 Actor 内部创建匿名 Actor

采用这种方式时,需要小心地避免捕捉外层 Actor 的引用,不要在匿名的 Actor 类中调用外层 Actor 的方法。这会破坏 Actor 的封装,可能会引入同步 bug 和资源竞争,因为其他的 Actor 可能会与外层 Actor 同时进行调度,目前还没有一种方法能够在编译阶段发现这种非法访问,因此需要特别注意。

10.3 Actor API

Akka 中的 Actor 对外提供了大量接口，通过这些接口，可以快速方便地编写出基于 Actor 消息传递的应用程序。

10.3.1 Actor trait 基本接口

上一小节中，我们已经讲到 Actor 中的 Receive 方法，它用来实现 Actor 的行为，如果当前 Actor 的行为与收到的消息不匹配，则会调用 unhandled，它的缺省实现是向 Actor 系统的事件流中发布 akka. actor. UnhandledMessage（message，sender，recipient）。unhandled 代码片段如下所示。

```
1.    def unhandled(message:Any):Unit = {
2.        message match {
3.            case Terminated(dead) ⇒ throw newDeathPactException(dead)
4.            case _  ⇒ context. system. eventStream. publish(UnhandledMessage(message,sender(),
                self))//向 eventStream 中发布 UnhandledMessge 消息
5.        }
6.    }
```

在 Actor trait 中还包括下列成员或方法：
1）成员变量 self：代表本 Actor 的 ActorRef。
2）成员变量 sender：代表最近收到的消息的发送 Actor。
3）成员方法 supervisorStrategy：用户可重写它来定义对子 Actor 的监管策略。
4）隐式成员变量 context 暴露 Actor 和当前消息的上下文信息，如：
- 用于创建子 Actor 的工厂方法（actorOf）。
- Actor 所属的系统。
- 父监管者。
- 所监管的子 Actor。
- 生命周期监控。
- hotswap 行为栈。

其余生命周期调用的回调函数如下所示：

```
1.    defpreStart() {}//在启动 Actor 之前调用
2.    defpreRestart(reason:Throwable,message:Option[Any]) {//在重启之前调用
3.        context. children foreach (context. stop(_))//递归停止子 Actor
4.        postStop()//调用 postStop 方法释放资源
5.    }
```

第10章 Akka的设计理念

6. def postRestart(reason:Throwable){preStart()}//在重启之后调用,调用 preStart 方法做启动准备
7. def postStop(){}//在 Actor 停止之后调用,清理释放暂用资源

10.3.2 使用 DeathWatch 进行生命周期监控

每个 Actor 需要同其他 Actor 协同工作,因此需要对协同工作的 Actor 的状态有所了解,怎样知道其他 Actor 的状态呢?为了在其他 Actor 结束时收到通知,Actor 可以将自己注册为其他 Actor 在终止时所发布的 Terminated 消息的接收者。这个服务是由 Actor 系统的 DeathWatch 组件提供的。注册一个监控器很简单,在例 10−5 中,WatchActor 继承自 Actor,在 WatchActor 内部使用 context 的 actorOf 工厂方法,创建一个 child Actor,并通过 context 的 watch 方法将 WatchActor 注册到 child Actor,完成对 child Actor 的监控注册。这样当 child Actor 终止时,WatchActor 将收到 child Actor 发出的 Terminated 消息,并作相应的处理。在 Test5 中,创建 watchActor,并向其发送"kill"消息,watchActor 收到"kill"消息之后,将会调用 context 的 stop 方法终止 child Actor,由于 watchActor 中通过 watch 方法对 child 进行了监控,因此在 child Actor 终止后,watchActor 会收到 child Actor 发出的 Terminated 消息。示例代码如例 10−5 所示。

【例 10−5】DeathWatch 生命周期监控示例。

```
1.   import akka.actor._
2.   object Test5 {
3.     def main(args:Array[String]) {
4.       //创建名为 HelloAkka 的 ActorSystem
5.       val _system = ActorSystem("HelloAkka")
6.       //使用 ActorSystem 的 actorOf 工厂方法创建 Test Actor
7.       val watchActor = _system.actorOf(Props[WatchActor], name = "WatchActor")
8.       //向 Test Actor 发送消息
9.       watchActor ! "kill"
10.    }
11.  }
12.  class WatchActor extends Actor {
13.    val child = context.actorOf(Props.empty, "child")
14.    context.watch(child) // <-- 这是注册所需要的唯一调用
15.    var lastSender = context.system.deadLetters
16.    println(lastSender)
17.    def receive = {
18.      case "kill"            ⇒context.stop(child);//停止 child
19.        println("child stopped")//打印出 child stopped
20.        lastSender = sender
21.      case Terminated('child') ⇒//收到监控 child 发出的 Terminated 消息
22.        println("receive child Terminated message")//打印出 receive child Terminated 消息
```

```
23.              lastSender！"finished"
24.          }
25.      }
```

运行结果如图 10-6 所示。

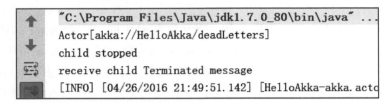

图 10-6　使用 context.watch 进行状态监控

使用 context 的 watch 方法可以注册监控，那不想监控的时候如何取消呢？可以使用 context.unwatch(targetActor)来停止对一个 Actor 的生存状态的监控，但很明显这不能保证不会接收到 Terminated 消息因为该消息可能已经进入了队列。

10.3.3　Hook 函数的调用

1. 启动 Hook

启动 Actor 后，它的 preStart 会被立即执行。可以在 preStart 方法中做相应的准备工作，或注册启动其他的 Actor，preStart 方法如例 10-6 所示。

【例 10-6】preStart Hook 方法。

```
1.  override defpreStart(){
2.      //注册其他 Actor
3.      //为启动 Actor 做准备工作
4.      someService！Register(self)
5.  }
```

2. 重启 Hook

所有的 Actor 都是被监管的，并且以某种失败处理策略与另一个 Actor 连接在一起。如果在处理一个消息的时候抛出异常，Actor 将被重启。这个重启过程包括上面提到的 Hook。

1）要被重启的 Actor 的 preRestart 被调用，携带着导致重启的异常，以及触发异常的消息；如果重启并不是因为消息的处理而发生的，所携带的消息为 None，例如，当一个监管者没有处理某个异常继而被它自己的监管者重启时。这个方法是用来完成清理、准备移交给新的 Actor 实例的最佳位置。它的缺省实现是终止所有的子 Actor 并调用 postStop。

2）调用 actorOf 工厂方法创建新的实例。

3）新的 Actor 的 postRestart 方法被调用，携带着导致重启的异常信息。Actor 的重启会替换掉原来的 Actor 对象；重启不影响邮箱的内容，所以对消息的处理将在 postRestart 回调函数返回后继续，触发异常的消息不会被重新接收。在 Actor 重启过程中所有发送到该 Actor

的消息将像平常一样被放进邮箱队列中。

3. 终止 Hook

一个 Actor 终止后,它的 postStop 回调函数将被调用,这可以用来取消该 Actor 在其他服务中的注册。这个回调函数保证在该 Actor 的消息队列被禁止后才运行,之后发给该 Actor 的消息将被重定向到 ActorSystem 的 deadLetters 中。

10.3.4　查找 Actor

每个 Actor 拥有一个唯一的逻辑路径,此路径是从 Actor 系统的根开始的父子链构成的。它还拥有一个物理路径,如果监管链包含远程监管者,那么此路径可能会与逻辑路径不同。这些路径用来在系统中查找 Actor,例如,当收到一个远程消息时查找收件者。它们更直接的用处在于:Actor 可以通过指定绝对或相对路径(逻辑的或物理的)来查找其他的 Actor 并随结果获取 ActorRef。

```
1.  context.actorFor("/user/serviceA/aggregator")   // 查找绝对路径
2.  context.actorFor("../joe")                      // 查找同一父监管者下的兄弟
```

其中指定的路径被解释为一个 java.net.URI,它以"/"分隔成路径段。如果路径以"/"开始,表示一个绝对路径,从根监管者("/user"的父亲)开始查找,否则会从当前 Actor 开始。如果某一个路径段为"..",会找到当前所遍历到的 Actor 的上一级,否则会向下一级寻找具有该名字的子 Actor。必须注意的是 Actor 路径中的".."总是表示逻辑结构,也就是其监管者。如果要查找的路径不存在,会返回一个特殊的 Actor 引用,它的行为与 Actor 系统的死信队列类似,但是保留其身份。如果开启了远程调用,则远程 Actor 地址也可以被查找。如寻找远程 Actor:

```
context.actorFor("akka://app@otherhost:9999/user/service")
```

10.3.5　消息的不可变性

消息可以是任何类型的对象,但必须是不可变的。目前,Scala 还无法强制不可变性,所以这一点必须作为约定。String、Int、Boolean 这些原始类型总是不可变的。除了它们以外,推荐的做法是使用 Scala case class,它们是不可变的,并与接收方的模式匹配配合得非常好。其他适合做消息的类型包括 scala.Tuple2、scala.List、scala.Map 它们都是不可变的,可以很好地进行模式匹配。

10.3.6　发送消息

向 Actor 发送消息时使用下列方法之一:

1)!意思是"fire – and – forget",异步发送一个消息并立即返回,也称为 tell。

2）? 异步发送一条消息并返回一个 Future 代表一个可能的回应，也称为 ask。
每一个消息发送者分别保证自己消息的次序。

- tell：这是发送消息的推荐方式，不会阻塞等待消息，拥有最好的并发性和可扩展性。如果是在一个 Actor 中调用，那么发送方的 Actor 引用会被隐式地作为消息的 sender：ActorRef 成员一起发送，目的 Actor 可以用它向原 Actor 发送回应，使用 sender！replyMsg。如果不是从 Actor 实例发送的，sender 成员默认为 deadLetters Actor 的引用。
- ask：模式既包含 Actor 也包含 Future，所以它是作为一种使用模式，而不是 ActorRef 的方法。

为了说明 ask 方法的使用，在例 10-7 中创建 6 个 Actor，分别是 MasterActor、TestActor、ActorA、ActorB、ActorC、ActorD，在 MasterActor 中向 TestActor 发送"go"消息，TestActor 接收并打印字符消息，并调用 f 函数，f 函数中分别向 ActorA、ActorB、ActorC 发送 Request 消息，ActorA 收到 Request 消息之后返回整数 25，ActorB 收到 Request 消息之后返回字符串 "regan"，ActorC 收到 Request 消息之后返回浮点类型 7500.0。f 函数中根据这些返回值通过 yield 关键字，产生新的 Result 对象并存在 Future 对象中，在 TestActor 中使用 f 函数返回的 Future 对象上的 pipeTo 方法，将消息转发到 ActorD，ActorD 中收到消息并打印出 Result 中的信息。下面是完整的示例代码。

【例 10-7】 ask 方法调用示例。

```
1.  import java.util.concurrent.TimeUnit
2.  import akka.actor._
3.  import akka.util.Timeout
4.  import scala.concurrent.Future
5.  import akka.pattern.{ask, pipe}
6.  import scala.concurrent.ExecutionContext.Implicits.global
7.  case class Result(x: Int, s: String, d: Double)
8.  case object Request
9.  class TestActor extends Actor {
10.     //创建 ActorA
11.     val actorA = context.actorOf(Props[ActorA], "ActorA")
12.     //创建 actorB
13.     val actorB = context.actorOf(Props[ActorB], "ActorB")
14.     //创建 actorC
15.     val actorC = context.actorOf(Props[ActorC], "ActorC")
16.     //创建 actorD
17.     val actorD = context.actorOf(Props[ActorD], "ActorD")
18.     //隐式参数, '?'操作会用到
19.     implicit val timeout = Timeout(10, TimeUnit.SECONDS)
20.     def f(): Future[Result] =
21.       for {
22.         x <- ask(actorA, Request) mapTo manifest[Int]   //直接调用
23.         s <- actorB ask Request mapTo manifest[String]  //隐式转换调用
24.         d <- actorC ? Request mapTo manifest[Double]    //通过符号名称调用,用到超时隐式参数
```

```
25.        } yield Result(x, s, d) //yield 产生新的 Result 对象
26.
27.     override def receive: Actor.Receive = {
28.       case msg => {
29.         println("receive msg:" + msg)
30.         f pipeTo actorD //调用 f 方法,f 方法返回 Future,调用 pipeTo 方法,将消息转到 actorD
31.       }
32.     }
33.  }
34.  class ActorA extends Actor {
35.     override def receive: Actor.Receive = {
36.       case Request => println("actorA")
37.         sender ! 25 //给发送者返回整数 25
38.     }
39.  }
40.  class ActorB extends Actor {
41.     override def receive: Actor.Receive = {
42.       case Request => println("actorB")
43.         sender!"regan" //给发送者返回字符串"regan"
44.     }
45.  }
46.  class ActorC extends Actor {
47.     override def receive: Actor.Receive = {
48.       case Request => println("actorC")
49.         sender ! 7500.0 //给发送者返回浮点类型值 7500.0
50.     }
51.  }
52.  class ActorD extends Actor {
53.     override def receive: Actor.Receive = {
54.       case msg => println("actorD")
55.         println("Request -->" + msg.toString) //打印出 actor 收到的消息
56.     }
57.  }
58.  class masterActor extends Actor {
59.     val testActor = context.actorOf(Props[TestActor], "TestActor")
60.     testActor!"go"
61.     override def receive: Actor.Receive = {
62.       case msg => println("masterActor receive msg:" + msg)
63.     }
64.  }
65.  object test {
66.     def main(args: Array[String]) {
```

```
67.    val _system = ActorSystem("pipe")
68.    val masterActor = _system.actorOf(Props[masterActor], "masterActor")    //创建 masterActor
69.    Thread.sleep(60000)    //主线程睡眠 60s,等待计算结束后退出
70.    _system.shutdown()    //关闭 ActorSystem
71.  }
72. }
```

运行结果如图 10-7 所示。

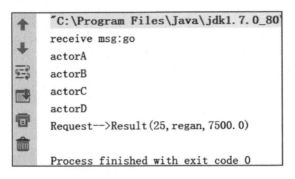

图 10-7　ask 方法与 Future 的 pipeTo 模式使用

上面的例子展示了将 ask 与 Future 上的 pipeTo 模式一起使用,这是一种非常常用的组合。请注意上面所有的调用都是完全非阻塞和异步的,ask 产生 Future,3 个 Future 通过 for 语法组合成一个新的 Future,然后用 pipeTo 在 Future 上安装一个 onComplete 处理器来完成将收集到的 Result 发送到其他 Actor 的动作。

使用 ask 会像 tell 一样发送消息给接收方,接收方必须通过 sender!reply 发送回应来为返回的 Future 填充数据。ask 操作包括创建一个内部 Actor 来处理回应,必须为这个内部 Actor 指定一个超时期限,过了超时期限,内部 Actor 将被销毁以防止内存泄露。如果要以异常来填充 Future,需要发送一个 Failure 消息给发送方。这个操作不会在 Actor 处理消息发生异常时自动完成。例 10-11 展示了处理请求异常的情况。在 try – catch 语句块中,若发生了异常,将被 case e:Exception 匹配到,匹配到异常消息之后,通过 sender 的"!"方法,发送 akka.actor.Status.Failuer(e)消息,并使用 throw e 将异常抛出。

【例 10-8】try – catch 语句块中处理请求异常示例。

```
1. try{
2.     val result = operation()
3.     sender! result
4. } catch {
5.     case e:Exception =>
6.         sender ! akka.actor.Status.Failure(e)
7.         throw e
8. }
```

如果一个 Actor 没有完成 Future,它会在超时时限到来时过期,以 AskTimeoutException

第10章 Akka的设计理念

来结束。超时的时限是按下面的顺序和位置来获取的：
- 指定超时代码如下：

```
1.    importakka. util. duration. _
2.    importakka. pattern. ask
3.    val future = myActor. ask("hello")(5 seconds)//指定超时时间
```

- 提供 akka. util. Timeout 的隐式参数代码如下：

```
1.    importakka. util. duration. _
2.    importakka. util. Timeout
3.    importakka. pattern. ask
4.    implicit val timeout = Timeout(5 seconds)//请求超时的隐式参数
5.    val future = myActor ? "hello"
```

Future 的 onComplete、onResult 或 onTimeout 方法可以用来注册一个回调，以便在 Future 完成时得到通知，从而提供一种避免阻塞的方法。

10.3.7 转发消息

可以将消息从一个 Actor 转发给另一个。虽然经过了一个"中转"，但最初的发送者的地址和引用将保持不变。当实现功能类似路由器、负载均衡器、备份等的 Actor 时会很有用，用法是：oneActor. forward(message)，该代码的意思是将 message 消息转发给 oneActor。

10.3.8 接收消息

Actor 必须实现 receive 方法来接收消息，以下是 receive 方法的定义：

```
protected def receive:PartialFunction[Any,Unit]
```

注意：Akka 为 PartialFunction[Any,Unit] 取了一个别名，叫作 Receive（akka. actor. Actor. Receive），为了使代码清晰，可以使用这个类型，但大多数情况下并不需要写它。

10.3.9 回应消息

当收到消息之后，如何向消息发送者回馈信息呢？可以使用 sender，它代表消息的发送方，当 Actor 通过 ask 或 tell 方法发送消息的时候，将自己作为一个隐式参数，发送到消息接收方，sender 在消息接收方即代表消息发送者，因此可以用 sender！replyMsg 给消息发送者回应消息。当然也可以将这个 sender 引用保存起来将来再做回应。如果没有 sender（不是从 Actor 发送的消息或者没有 Future 上下文），那么 sender 默认为"死信" Actor 的引用。

```
1.    case request =>
2.      val result = process(request)
3.      sender! result            //默认为死信 actor
```

在接收消息时，如果在一段时间内没有收到消息，可以使用超时机制。要检测这种超时必须设置 receiveTimeout 属性，并声明一个处理 ReceiveTimeout 对象的匹配分支。例 10-8 通过 context 的 setReceiveTimeout 方法设置超时时间为 5 s，若操作 5 s 还未收到消息，receive 方法中的 case ReceiveTimeout 分支将会被匹配到，若被匹配到，将抛出一个 RuntimeException 异常，代码如下所示。

【例 10-9】使用 context 设置超时时间示例。

```
1.  import akka.actor.ReceiveTimeout
2.  import akka.util.duration._
3.  class MyActor extends Actor {
4.    context.setReceiveTimeout(30 milliseconds)//context 设置超时时间
5.    def receive = {
6.      case "Hello"          => println("hello")
7.      case ReceiveTimeout => throw new RuntimeException("received timeout")
8.    }
9.  }
```

执行结果如图 10-8 所示。

```
                     1
                     2
                     3
                     4
                     5
lefault-dispatcher-4] [akka://HelloAkka/user/myActor] received timeout
```

图 10-8　在 receive 中设置超时时间

10.3.10　终止 Actor

在某些情况下，需要终止 Actor 并重新启动，以使 Actor 状态一致。可以通过调用 ActorRefFactory 或 ActorContext 或 ActorSystem 的 stop 方法来终止一个 Actor。通常 context 用来终止子 Actor，而 system 用来终止顶级 Actor。实际的终止操作是异步执行的，因此 stop 可能在 Actor 被终止之前返回。如果当前有正在处理的消息，对该消息的处理将在 Actor 被终止之前完成，邮箱中的后续消息将不会被处理，默认情况下这些消息会被送到 ActorSystem 的死信中，但这也取决于邮箱的实现。

Actor 的终止分为两步：第一步，Actor 停止对邮箱的处理，向所有子 Actor 发送终止命令，然后处理子 Actor 的终止消息，直到所有的子 Actor 都完成终止。第二步，终止自己

第10章 Akka的设计理念

（调用 postStop，销毁邮箱，向 DeathWatch 发布 Terminated，通知其监管者）。这个过程保证 Actor 系统中的子树以一种有序的方式终止，将终止命令传播到叶子结点并收集它们回送的确认消息。如果其中某个 Actor 没有响应（例如，由于处理消息用了太长时间，以至于没有收到终止命令），整个过程将会被阻塞。

ActorSystem.shutdown 被调用时，系统根监管 Actor 会被终止，以上过程将保证整个系统的正确终止。postStop 回调函数是在 Actor 被完全终止以后调用的，以释放占用的资源。

除了使用 stop 方法终止 Actor 外，还可以向 Actor 发送 akka.actor.PoisonPill 消息，这个消息处理完成后 Actor 会被终止。PoisonPill 与普通消息一样被放进队列，因此会在已经进入队列的其他消息之后被执行。

10.3.11 Become/Unbecome

Akka 支持在运行时对 Actor 消息循环进行实时替换，即消息处理的 HotSwap。其实现原理是通过 become 和 unbecome 在运行时动态替换消息处理的代码。become 要求用一个 PartialFunction［Any，Unit］参数作为新的消息处理实现，被替换的代码被存在一个栈中，可以通过 push 和 pop 替换。例 10-9 是一个 become 和 unbecome 使用的例子，该例子中使用 become/unbecome 对处理消息的代码进行替换，HotSwapper 收到第一个 HotSwap 消息后，打印出 "Hi"，然后调用 become，当 HotSwapper 第二次收到 HotSwap 消息，将执行 bocome 中的代码，打印出 "Ho"，打印出 "Ho" 消息后，调用 unbecome，使处理消息的代码回到初始，打印出 "Hi"。详细代码如下所示。

【例10-10】使用 become/unbecome 对消息循环进行实时替换的示例。

```
1.    import akka.actor.{Props,ActorSystem,Actor}
2.    import akka.event.Logging
3.    case object HotSwap
4.    class HotSwapper extends Actor {
5.      import context._
6.      val log = Logging(system, this)
7.      def receive = {
8.        case HotSwap⇒
9.          log.info("Hi") //打印 Hi
10.         become {
11.           //调用 become,此时处理邮箱中处理消息的代码变成 become 块中的代码
12.           case HotSwap⇒
13.             log.info("Ho") //打印 Ho
14.             unbecome() //调用 unbecome,此时处理邮箱中处理消息的代码变成 become 块
                          外面的代码
15.        }
16.      }
17.    }
18.    object HotSwapper extends App {
19.      val system = ActorSystem("HotSwapperSystem")
```

289

```
20.    val swap = system.actorOf(Props[HotSwapper], name = "HotSwapper")
21.    swap ! HotSwap  // 打印 Hi
22.    swap ! HotSwap  // 打印 Ho
23.    swap ! HotSwap  // 打印 Hi
24.    swap ! HotSwap  // 打印 Ho
25. }
```

执行结果如图 10-9 所示。

```
va"...
stem-akka.actor.default-dispatcher-3] [akka://HotSwapperSystem/user/HotSwapper] Hi
stem-akka.actor.default-dispatcher-3] [akka://HotSwapperSystem/user/HotSwapper] Ho
stem-akka.actor.default-dispatcher-3] [akka://HotSwapperSystem/user/HotSwapper] Hi
stem-akka.actor.default-dispatcher-3] [akka://HotSwapperSystem/user/HotSwapper] Ho
```

图 10-9　become/unbecome 更新消息处理代码

10.3.12　杀死 Actor

可以通过发送 Kill 消息来杀死 Actor，这将会使用正规的监管语义杀死 Actor。使用示例：myActor ! Kill。那么 Kill 与 stop 或 PoisonPill 直接有什么区别呢？

首先，stop 方法和 PoisonPill 消息都会终止 Actor 的执行，并且停止消息队列。Stop 和 PoisonPill 操作会向子 Actor 发送终止消息，并等待它们的终止反馈，待所有的子 Actor 都终止后，调用回调函数 postStop 清除资源。Stop 和 PoisonPill 之间的区别是，调用 stop 方法会等待正在处理的消息处理完成，之后的消息则置之不管；而发送 PoisonPill 消息，该消息将会以普通消息的形式进入消息队列，等待处理，在消息队列中，PoisonPill 消息之前的消息将会得到处理。

其次，Kill 消息将会使 Actor 抛出 ActorKilledExecption 异常，而处理该异常将会使用到监管机制，因此这里的处理完全依赖于定义的监管策略。在默认情况下，会停止 Actor，并保存消息队列，待 Actor 重启之时，除了引发异常的消息之外，其余消息将得到恢复。

10.4　不同类型的 Actor

Akka 中的 Actor 分为有类型 Actor 和普通 Actor。Akka 中的有类型 Actor 是 Active Objects 模式的一种实现。Smalltalk 诞生之时，就已经默认地将方法调用从同步操作改为异步派发。

有类型 Actor 由两部分组成：一个公开的接口和一个实现，"企业级" Java 开发者对此应该非常熟悉。对普通 Actor 来说，拥有一个外部 API（公开接口的实例）来将方法调用异步地委托给其实现的私有实例。

有类型 Actor 相对于普通 Actor 的优势在于：有类型 Actor 拥有静态的契约，不需要定义自己的消息，它的劣势在于对能做什么和不能做什么进行了一些限制，例如不能使用 become/unbecome。

有类型 Actor 是使用 JDK Proxies 实现的，JDK Proxies 提供了非常简单的 API 来拦截方法调用。在10.2 一节中重点介绍了普通 Actor，因此在本节中不再赘述，本节将重点放在有类型 Actor 上。

有类型 Actor 是 Active Object 模式的一种实现。Active Object 这种模式的主要思想是将方法的调用和执行分离，使 Actor 的实现更清晰、更简洁。在这种设计模式中，为了将方法的执行从方法的调用中分离，必须将方法的执行和方法的调用放置到隔离的线程中去，有了调用和执行相互隔离的线程，在 Actor 实现的时候，就可以并行、异步地获取对象状态。

怎样分离方法的调用和方法的执行呢？Active Object 模式为了实现这一点，使用了代理模式，将接口和实现进行分离，思想就是在相互隔离的线程中分别运行代理和实现。原理如图 10-10 所示。

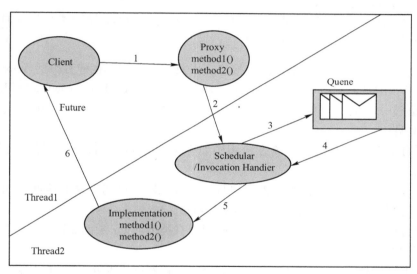

图 10-10　代理模型

1）运行时，Client 调用 Proxy 对象并执行方法。

2）Proxy 将方法调用转换成成对的 Scheduler 或者 Invocation Handler 的请求。Scheduler 或 Invocation Handler 将会拦截请求。

3）Scheduler 或者 Invacation Handler 将方法请求放入队列。

4）监控队列，执行可执行的方法。

5）Scheduler 或者 Invocation Handler 分发请求到具体实现方法的对象上执行。

6）具体对象执行方法，给 Client 端返回 Future 结果。

在了解 Typed Actor 实现的基本思想之后，下面将创建 Typed Actor。

在创建第一个有类型的 Actor 之前，先来了解一下手上可供使用的工具，它位于 akka.actor.TypedActor 中。这些可用的工具方法如下所示。

1. importakka.actor.TypedActor
2. //返回有类型 actor 扩展

```
3.  val extension = TypedActor(system) //system 是一个 Actor 系统实例
4.  //判断一个引用是否是有类型 actor 代理
5.  TypedActor(system).isTypedActor(someReference)
6.  //返回一个外部有类型 actor 代理所代表的 Akka actor
7.  TypedActor(system).getActorRefFor(someReference)
8.  //返回当前的 ActorContext
9.  //此方法仅在一个 TypedActor 实现的方法中有效
10. val c:ActorContext = TypedActor.context
11. //返回当前有类型 actor 的外部代理
12. //此方法仅在一个 TypedActor 实现的方法中有效
13. val s:Squarer = TypedActor.self[Squarer]
14. //返回一个有类型 Actor 扩展的上下文实例
15. //这意味着如果用它创建其他的有类型 Actor,它们会成为当前有类型 Actor 的子 Actor
16. TypedActor(TypedActor.context)
```

要创建有类型 Actor 需要一个或多个接口，以及一个实现。创建有类型 Actor 最简单的方法是：val myTypedActor :Trait = TypedActor(system).typedActorOf（TypedProps[Impl]()）。例 10-15 将通过一个例子来实际使用 TypedActor。在实现 Typed Actor 之前，关于接口方法有几点需要说明：

1）如果方法返回 void 类型，该方法调用如有类型 Actor 中的 tell 一样，属于"fire and forget"类型。

2）如果方法返回 Option 类型，该方法将会一直阻塞，直到结果的返回，如果在设置的超时时间内还没有返回，方法将停止并返回"None"。

3）如果方法返回 Future 类型，该方法调用跟有类型 Actor 中的 ask 一样，不会阻塞，会立即返回一个 Future。

4）方法返回其他类型，该方法将会一直阻塞，直到结果返回，一直到超时。

接下来将通过一个实际的例子，展示 TypedActor 的使用，在例 10-10 中定义了一个 Cal 接口，该接口中有 add、multi 两个抽象方法，分别用于求和与求积。Calculate 继承 Cal 接口并实现 add、multi 两个抽象方法。在 LearnTypedActor 对象中，使用 TypedActor 的 typedActorOf 工厂方法，实例化出 Calculate 对象，调用 Calculate 对象的 add 和 multi 方法，打印出返回值。完整代码如下所示。

【例 10-11】实际使用 TypedActor 示例。

```
1.  import scala.concurrent.Future
2.  import akka.actor._
3.  import scala.concurrent.duration._
4.  import scala.concurrent.Await
5.  //定义接口
6.  trait Cal {
7.    //求和
8.    def add(x:Int, y:Int):Unit
```

第10章 Akka的设计理念

```
9.      //求积
10.     def multi: Future[Int]
11.   }
12.   class Calculate(var length: Int, var width: Int) extends Cal {
13.     //实现接口
14.     def add(x: Int, y: Int): Unit = {
15.       //没有返回值,这种方法相当于tell调用
16.       this.length + x + this.width + y
17.     }
18.     def multi: Future[Int] = {
19.       //返回值为Future,这种方法相当于ask调用
20.       println("wait before multi")
21.       Thread.sleep(2000)
22.       Future.successful(length * width)
23.     }
24.   }
25.   object LearnTypedActor {
26.     def main(vars: Array[String]) {
27.       val system = ActorSystem("myActorSystem") //创建ActorSystem
28.       val calculator: Cal = TypedActor(system).typedActorOf(TypedProps(classOf[Cal], new Calculate(10, 20))) //实例化TypedActor
29.       //Fire and forget,类似tell
30.       val future01 = calculator.add(1, 2)
31.       println(future01)
32.       //Send and receive,类似ask
33.       val future02 = calculator.multi
34.       val result02 = Await.result(future02, 5 second)
35.       println(result02)
36.       system.shutdown()
37.     }
38.   }
```

输出结果如图10-11所示。

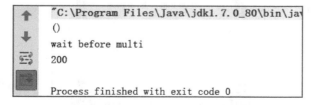

图10-11 使用TypedActor

在上述例子中,定义了一个Cal的Trait,Calculate实现Cal这个Trait,在main方法中通过val calculator: Cal = TypedActor(system).typedActorOf (TypedProps (classOf[Cal], new Calculate (10,20)))产生的TypedActor,通过调用calculator实例上的add和multi方法来测试。

TypedActorOf 方法的调用，返回一个 Calculate 动态代理实例。

Akka 中的有类型 Actor，将异步的调用和执行封装在方法中，在代码层面保证了的顺序执行思维。Active Objects 设计模式包含 6 种元素：

1）代理：提供了面向客户端的带有公开方法的接口。
2）接口：定义了到 active object 的请求方法（业务代码提供）。
3）来自客户端的序列等待请求。
4）调度器：决定接下来执行哪个请求。
5）active object 方法的实现类（业务代码提供）。
6）一个回调或变量，以让客户端接收结果。

10.4.1　方法派发语义

Akka 在派发返回类型为 void 的方法时，Unit 工具会以 Fire – And – Forget 语义进行派发，与 ActorRef.tell 完全一致。

返回类型为 akka.dispatch.Future[_] 的方法，会以 Send – Request – Reply 语义进行派发，与 ActorRef.ask 完全一致。

返回类型为 scala.Option[_] 和 akka.japi.Option <？> 的方法，会以 Send – Request – Reply 语义派发，会阻塞等待应答。如果在超时时限内没有应答，则返回 None；否则，返回包含结果的 scala.Some 或 akka.japi.Some。在这个调用中发生的异常将被重新抛出。

任何其他类型的值将以 Send – Request – Reply 语义进行派发，会阻塞地等待应答。如果超时，会抛出 java.util.concurrent.TimeoutException；如果发生异常，则将异常重新抛出。

如图 10–12 所示是 Typed Actor 消息派发的 3 种方式。

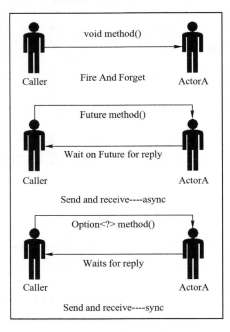

图 10–12　Typed Actor 方法的派发方式

10.4.2　终止有类型 Actor

由于有类型 Actor 底层还是 Akka Actor，所以在不需要的时候要终止它，以释放资源。通常有两种终止方法：

1) TypedActor(system).stop(mySquarer)。

2) TypedActor(system).poisonPill(otherSquarer)：异步终止与指定的代理关联的有类型 Actor。

10.5　小结

本章主要讲解 Akka 的设计理念及 Akka 基本 API 使用。在 10.1 一节中，讲解了 Akka 框架的模型。Akka 框架是基于 Scala Actor 模式的一种实现。

在 10.2 一节中，讲解了 Akka 中 Actor 的不同创建方式，例如，可以通过继承 akka.actor.Actor 接口；可以使用非缺省构造方法；还可以使用匿名类创建等多种创建方式。

10.3 一节中，讲解了 Akka 的 API，以及 Actor 中不同回调函数的使用。

10.4 一节中，介绍了 Typed Actor 的实现原理及语意派发。通过调用 stop 或者 poisonPill 方法终止 TypedActor。

通过本章的学习，读者朋友能够明白 Akka 框架的基于消息传递的模型，能够使用 Akka API 创建 Actor，来发送和接收消息。

第 11 章 Akka 核心组件及核心特性剖析

Akka 中的 Dispatcher 是维持 Akka Actor 运作的核心组件，是整个 Akka 框架的引擎，它是基于 Java 的 Executor 框架实现的。Dispatcher 控制和协调消息并将其分发给运行在底层线程上的 Actor，由它来负责调度资源的优化，并保证任务以最快的速度执行。Router 是 Akka 中一种特殊的 Actor，它将收到的消息通过不同的算法转发给其他 Actor，来达到路由器的效果。

Akka 的高稳定性是建立在"Let It Crash"模型之上的，该模型是基于 Supervision 和 Monitoring 实现的。通过定义 Supervision 和监管策略，实现系统异常处理。

Akka 中为了保证事务的一致性，引入了 STM 的概念。STM 中使用的是"乐观锁"，执行临界区代码后，会检测是否产生冲突，如果产生冲突，将回滚修改，重新执行临界区代码。本章将对 Akka 中的 Dispatcher 和 Router 工作原理进行详细讲解，11.2 一节会对 Supervision 和 Monitoring 工作机制进行深入剖析。在 11.3 一节的 Akka 事务中，将详细讲解 Akka 事务的实现原理。

11.1 Dispatchers 和 Routers

Akka Message Dispatcher 是维持 Akka Actor "运作"的部分，可以说它是整个 Akka 框架的引擎。所有的 Message Dispatcher 同时实现一个 Execution Context，这意味着它们可以用来执行任何代码。

在 Akka 中，Dispatcher 基于 Java Executor 框架来实现，提供了异步执行任务的能力。

Executor 是基于生产者—消费者模型来构建的，这就意味着任务的提交和任务的执行是在不同的线程中隔离执行的，即提交任务的线程与执行任务的线程是不同的。Executor 框架的两个重要实现是：

- ThreadPoolExecutor：该实现从预定义的线程池中选取线程来执行任务。
- ForkJoinPool：使用相同的线程池模型，提供了工作窃取的支持。

在 Akka 中，Dispatcher 控制和协调消息并将其分发给运行在底层线程上的 Actor，由它来负责调度资源的优化，并保证任务以最快的速度执行。Akka 提供了多种 Dispatcher 类型，用户可以根据自己的硬件资源及应用类型选择合适的 Dispatcher 类型。

Dispatcher 运行在线程之上，负责分发其邮箱里面的 Actors 和 Messages 到 executor 中的线程上运行。在 Akka 中，提供了 4 种类型的 Dispatcher：

- Dispatcher。
- Pinned Dispatcher。

- Balancing Dispatcher。
- Calling Thread Dispatcher。

对应的，也有默认的 4 种邮箱的实现：
- Unbounded mailbox。
- Bounded mailbox。
- Unbounded priority mailbox。
- Bounded priority mailbox。

Akka 提供了这么多默认的实现，在程序中要如何使用呢？以及如何为 Actor 指定派发器呢？

11.1.1　为 Actor 指定派发器

如果希望为 Actor 设置非缺省的派发器，需要做两件事。

1）在实例化 Actor 的时候，指定派发器，如下所示：

```
import akka.actor.Props
val myActor = context.actorOf(Props[MyActor].withDispatcher("my-dispatcher"),"myactor1")
```

2）创建 Actor 的时候，使用 withDispatcher 指定派发器为 my-dispathcer，然后在 application.conf 配置文件中配置派发器。

```
1.  my-dispatcher {
2.    # Dispatcher 是基于事件的派发器的名称
3.    type = Dispatcher
4.    #使用何种 ExecutionService
5.    executor = "fork-join-executor"
6.    #配置 fork join 池
7.    fork-join-executor {
8.      #容纳基于倍数的并行数量的线程数下限
9.      parallelism-min = 2
10.     #并行数(线程)(可用 CPU 数 * 倍数)
11.     parallelism-factor = 2.0
12.     #容纳基于倍数的并行数量的线程数上限
13.     parallelism-max = 10
14.   }
15.   # Throughput 定义了线程切换到另一个 Actor 之前处理的消息数上限
16.   #设置成 1 表示尽可能公平
17.   throughput = 100
18. }
```

在接下来的小节中，将分别对不同的派发器进行介绍。

11.1.2 派发器的类型

下面将对 4 种 Dispatcher 分别介绍。

1. Dispatcher

Dispatcher 是 Akka 中默认的派发器，这是一种基于事件的分发器，该派发器绑定一组 Actor 到线程池中，下面是 Dispatcher 的一些特性。

- 每一个 Actor 都有自己的邮箱。
- 该 Dispatcher 可以被任意数量的 Actor 共享。
- 该 Dispatcher 可以由 ThreadPoolExecutor 或 ForkJoinPool 提供支持。
- 该 Dispatcher 是非阻塞的。

默认 Dispatcher 的工作原理如图 11-1 所示。

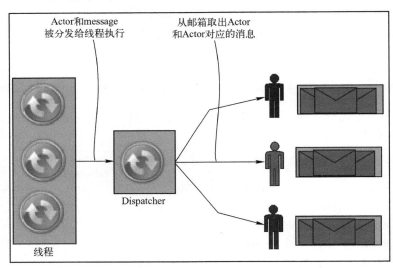

图 11-1　Dispatcher 工作原理图

2. Pinned Dispatcher

这种类型的 Dispatcher 为每一个 Actor 提供一个单一的、专用的线程。这种做法在 I/O 操作或者长时间运行的计算中是非常有用的，下面是 Pinned Dispatcher 的特点。

- 每一个 Actor 都有自己的邮箱。
- 每一个 Actor 都有专用的线程，该线程不能和其他 Actor 共享。
- 这种 Dispatcher 有一个 Executor 线程池。
- 这种 Dispatcher 在阻塞操作上进行了优化。例如，如果程序正在进行 I/O 操作，那么这个 Actor 将会等到任务执行完成。这种阻塞型的操作在性能上要比默认的 Dispatcher 好。

Pinned Dispatcher 工作原理如图 11-2 所示。

3. Balancing Dispatcher

这是一种基于事件的 Dispatcher，它会将任务比较多的 Actor 的任务重新分发到比较闲的

第11章 Akka核心组件及核心特性剖析

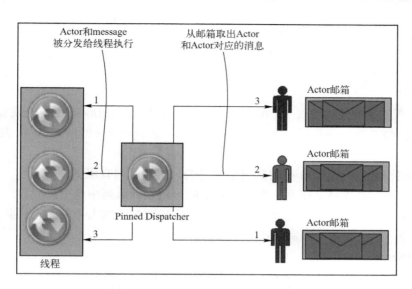

图 11-2 Pinned Dispatcher 工作原理

Actor 上运行。下面是 Balancing Dispatcher 的特点。

- 所有 Actor 共用一个邮箱。
- 该 Dispatcher 只能被同一种类型的 Actor 共享。
- 该 Dispatcher 可以由 ThreadPoolExecutor 或 ForkJoinPool 提供支持。

Balancing Dispatcher 原理如图 11-3 所示。

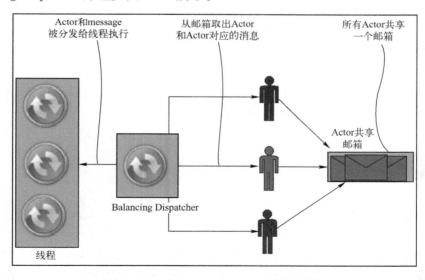

图 11-3 Balancing Dispatcher 工作原理图

4. Calling Thread Dispatcher

这种类型的 Dispatcher 主要用于测试，并且在当前线程中运行任务，不会创建新的线程。主要有以下特点：

- 每一个 Actor 都有自己的邮箱。
- 该 Dispatcher 可以被任意数量的 Actor 共享。

- 该 Dispatcher 由调用线程支持。

11.1.3 邮箱

邮箱用于保存接收的消息，在 Akka 中除了使用 BalancingDispatcher 分发器的 Actor 以外，每个 Actor 拥有自己的邮箱。使用同一个 BalancingDispatcher 的所有 Actor 共享同一个邮箱实例。

邮箱是基于 Java concurrent 中的队列来实现的，这种队列有以下特点：

1）阻塞队列：队列将会阻塞，直到队列空间可用或者队列中有可用元素。

2）有界队列：队列的大小是被限制的，不能添加超过队列大小的元素到队列中。

Akka 自带一些缺省的邮箱实现：

- UnboundedMailbox。

底层是一个 java.util.concurrent.ConcurrentLinkedQueue。

阻塞：否。

有界：否。

- BoundedMailbox。

底层是一个 java.util.concurrent.LinkedBlockingQueue。

阻塞：是。

有界：是。

- UnboundedPriorityMailbox。

底层是一个 java.util.concurrent.PriorityBlockingQueue。

阻塞：是。

有界：否。

- BoundedPriorityMailbox。

底层是一个 java.util.PriorityBlockingQueue。

阻塞：是。

有界：是。

- 持久邮箱。

11.1.4 Routers

Router 也是一种特殊的 Actor，它将收到的消息转发给其他的 Actor。当大量的 Actor 并行处理流入的消息的时候，路由 Actor 将消息发送给它所管理的被称为"routers"的 Actor，信息在 Router 上得到处理。Akka 自带一些定义好的路由 Actor：

- 轮转路由器：akka.routing.RoundRobinRouter，它将传入的消息按照轮转的顺序发送给 routers。
- 随机路由器：akka.routing.RandomRouter，随机选择一个 router 并将消息路由到这个 router 上。
- 最小邮箱路由器：akka.routing.SmallestMailboxRouter，该路由器将会在 routers 中选择

邮箱里信息最少的 router，并向该 router 发送消息。
- 广播路由器：akka.routing.BroadcastRouter，将相同的消息广播到所有 routers 中。
- 敏捷路由器：akka.routing.ScatterGatherFirstCompletedRouter，Router 先将消息广播到所有 routers，返回最先完成任务的 router 的结果给调用者。

Router 的工作原理如图 11-4 所示。

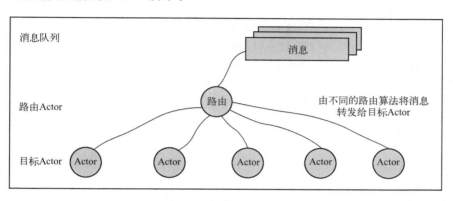

图 11-4　路由原理图

在图 11-4 的路由原理图中，我们看到路由 Actor 所处的特殊位置，路由 Actor 将收到的输入信息，通过不同的路由算法分配到所属的 routers 中进行处理。

11.1.5　路由的使用

要使用路由，首先要创建路由，创建路由有两种方式：通过配置文件和通过代码。下面将演示两种创建路由的方法。

使用配置的方式创建路由，首先在配置文件中配置路由，配置文件默认加载项目根目录下的 application.conf 文件，文件配置如例 11-1 所示。

【例 11-1】路由配置示例。

```
1.  akka.actor.deployment {
2.    router {
3.      router = round-robin//轮转路由器
4.      nr-of-instances = 5//routers 个数为 5 个
5.    }
6.  }
```

在配置文件中，配置 Router 的类型是 round-robin 轮转路由器，路由 routers 实例个数为 5 个。配置文件中配置好了 router，只需要在代码中引用配置好的 router 即可：

```
1.  val router = system.actorOf(Props[ExampleActor].withRouter(FromConfig()),"router")
```

第二种方式是使用代码来创建路由，并限制能创建的 routers 的数量：

```
1.  val router1 = system.actorOf(Props[ExampleActor1].withRouter(
2.  RoundRobinRouter(nrOfInstances = 5)))
```

也可以在创建路由 Actor 的时候，给定 routers：

```
1.  val actor1 = system.actorOf(Props[ExampleActor1])
2.  val actor2 = system.actorOf(Props[ExampleActor1])
3.  val actor3 = system.actorOf(Props[ExampleActor1])
4.  val routees = Vector[ActorRef](actor1, actor2, actor3)
5.  val router2 = system.actorOf(Props[ExampleActor1].withRouter(
6.  RoundRobinRouter(routees = routees)))
```

一旦有了路由 Actor，就可以像使用普通 Actor 一样使用了：

```
router ! MyMsg
```

路由 Actor 将发挥路由的作用，将收到的消息转发给 routers。

11.1.6 远程部署 router

除了可以将查找到的远程 Actor 作为 router，也可以让路由 Actor 将自己创建的子 Actor 部署到一组远程主机上，这种部署以 round-robin 的方式执行。要完成这个工作，要将配置包裹在 RemoteRouterConfig 中，并附上作为部署目标的结点的远程地址。要使用远程地址，需要在 classpath 中包括 akka-remote 模块，远程部署 router 示例如例 11-2 所示。

【例 11-2】 远程部署 router 示例

```
1.  importakka.actor.{Address,AddressFromURIString}
2.  val addresses = Seq(
3.  Address("akka","remotesys","otherhost",1234),//Address 设置,参数分别是协议、远程
    ActorSystem 系统名称、IP 地址、端口号
4.  AddressFromURIString("akka://othersys@anotherhost:1234"))
5.  valrouterRemote = system.actorOf(Props[ExampleActor1].withRouter(
6.  RemoteRouterConfig(RoundRobinRouter(5),addresses)))//远程部署带路由的 ExampleActor
```

11.2 Supervision 和 Monitoring

11.2.1 Supervision

监管描述的是 Actor 之间的关系：监管者将任务委托给下属并对下属的失败状况进行响

第11章 Akka核心组件及核心特性剖析

应。当一个下属出现了失败（如：抛出一个异常）时，它会将自己和自己所有的下属挂起，然后向自己的监管者发送一个提示失败的消息。取决于所监管的工作性质和失败的性质，监管者可以有4种基本选择：

1) 让下属继续执行，保持下属当前的内部状态。
2) 重启下属，清除下属的内部状态。
3) 永久地终止下属。
4) 将失败沿监管树向上传递。

在 Actor 的监管体系中，始终把每一个 Actor 视为整个监管树形体系中的一部分，这解释了第4种选择存在的意义（因为一个监管者同时也是其上方监管者的下属），并且隐含在前3种选择中，让 Actor 继续执行的同时也会继续执行它的下属，重启一个 Actor 也必须重启它的下属，相似地，终止一个 Actor，会终止它所有的下属。需要强调的是一个 Actor 的默认行为是在重启前终止它的所有下属，但这种行为可以用 Actor 类的 preRestart 回调函数来重写，对所有子 Actor 的递归重启操作在这个回调函数之后执行。

每个监管者都配置了一个函数，它将所有可能的失败原因（如：Exception）翻译成以上4种选择之一。但值得注意的是，这个函数并不将失败 Actor 本身作为输入。或许你很快会发现在有些结构中这种方式看起来不够灵活，因为试图在某一个层次做太多事情，这个层次会变得复杂难以理解，这时推荐的方法是增加一个监管层次。因此应对不同的下属采取不同的策略。在这个问题上要理解的一点是，监管是为了组建一个递归的失败处理结构。

Akka 实现的是一种类似于"父监管"的策略。Actor 只能由其他的 Actor 创建，而顶部的 Actor 是由库来提供的，每一个创建出来的 Actor 都由它的"父亲"所监管。这种限制使得 Actor 的树形层次拥有明确的形式。这也同时保证了 Actor 不会成为孤儿或者拥有在系统外界的监管者（被外界意外捕获）。还有，这样就产生了一种对 Actor 应用（或其中子树）自然又干净的管理过程。

在 Actor System 启动的时候至少会启动3个 Actor，如图11-5所示。

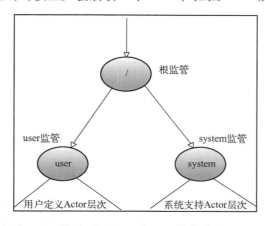

图 11-5 Actor System 的启动

在路径树的最顶部是根监管者，所有的 Actor 都可以通过它来找到。在第二个层上是以下这些：

- "/user" 是所有由用户创建的顶级 Actor 的监管者，用 ActorSystem.actorOf 创建的 Ac-

tor 在其下一个层次。
- "/system" 是所有由系统创建的顶级 Actor（如日志监听器或由配置指定在 Actor 系统启动时自动部署的 Actor）的监管者。
- "/deadLetters" 是死信 Actor，所有发往已经终止或不存在的 Actor 的消息会被送到这里。
- "/temp" 是所有系统创建的短时 Actor（例如那些用在 ActorRef.ask 的实现中的 Actor）的监管者。
- "/remote" 是一个人造的路径，用来存放所有其监管者是远程 Actor 引用的 Actor。

在 Akka 中，使用了"Let It Crash"模型，那么使用这种模型，怎样管理众多的 Actor 呢？其实在 Akka 中，使用了监管策略。有两种监管策略，分别是：One - For - One 和 All - For - One。

当一个 Actor 崩溃或者抛出异常的时候，谁去监管处理异常呢？一种方式是，确保每一个 Actor 都知道去处理失败，并且在编写程序的时候要预防可能出现的异常，因此每一个 Actor 中必须增加异常处理代码，以便对各种各样的异常进行处理，随着异常的增加，代码将变得越来越庞大，维护起来也越来越困难。

为了让 Actor 适合大规模的编程，必须让 Actor 之间相互协作，将任务分步处理，但是问题随之而来，如果一个 Actor 发生了异常导致处理失败，该怎么做？另外的 Actor 如何感知到其中一个 Actor 发生了异常？所有协作的 Actor 如何保证数据的一致性？

为了使 Actor 计算单元保持最小并且仍然提供一种机制处理失败，Akka 将 Actor 模型优化成一种树状的层次模型。Actor 是一个纯粹的计算单元，Actor 模型的目的就是将大的任务划分成小的任务，直到该任务可以在一个 Actor 中被处理。为了管理这些特殊的 Actor，必须使用监控——Supervision。Actor 的监控树形层次如图 11-6 所示。

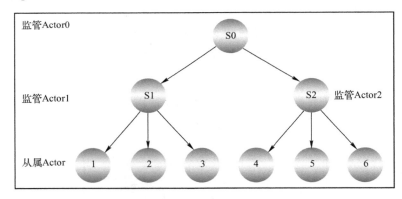

图 11-6　Supervisor 监控层次

在树形层次的 Actor 系统结构中，每一个 Actor 都知道自己要处理哪种类型的数据，知道重新运行失败的数据。当 Actor 不知道怎么去处理一个特殊的消息或者遇到非正常的运行状态时，它将会向 Supervisor 发送消息寻求帮助，这种递归的层次结构允许问题以冒泡的方式向上传送，直到问题可以被解决为止。需要注意的是，每一个 Actor 有且只有一个 Supervisor。

Akka 的容错机制正是建立在这种树形的层次结构和 Supervisor 之上的。Akka 提供了一

第11章 Akka核心组件及核心特性剖析

个默认的Supervisor——"user"，它是所有用户创建Actor的根Supervisor。

Supervisor提供了不同Actor之间的依赖关系，Supervisor的使命是分配任务给监控的Actors，这些Actors称为Subordinates，并且要管理下属的生命周期。当管理的下属发生异常时，Supervisor将会收到通知，并且处理失败。当Supervisor收到下属失败通知的时候，可能会采取以下操作：

- Restart 下属 Actor：杀死当前的 Actor 实例，并且重新实例化一个 Actor。
- Resume 下属 Actor：当前的 Actor 将会保持当前的状态，就跟什么都没有发生过一样。
- Terminate 下属 Actor：永久地终止下属 Actor。
- Escalate：将失败继续上抛至自己的 Supervisor。

如图11-7所示。

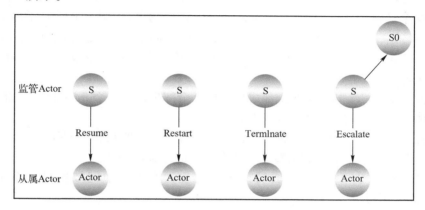

图11-7 Supervisor的几种处理

当Subordinate发生异常的时候，Supervisor有4种不同的处理方式。Akka提供了两种监管策略。分别是：One-For-One-Strategy 和 All-For-One-Strategy。

监管策略提供了当子Actor处理失败或者发生异常的时候怎样去处理的实现。One-For-One-Strategy意味着监管策略只作用在失败的子Actor上，All-For-One-Strategy意味着监管策略作用在所有的子Actor上。

All-For-One-Strategy监管策略适用于紧密相互依存的Subordinate中。例如，你正在操作库存信息，这些操作分为几步，当其中一步发生异常时，必将导致其他Actor状态的异常，在这种情况下，重启所有的Actor才能够保证状态的一致性。当你的Actor层次结构中使用这种监管策略的时候，一个Actor发生异常导致失败后，Supervisor将会发送命令停止并重启Actor，但这并不意味着所有兄弟姐妹Actor都将重启，这由Supervisor所管理和决定。

11.2.2 Monitoring

生命周期监控是向监控Actor发送Terminated消息。如果没有处理，默认抛出一个DeathpactException。Monitoring对于监控器要结束子Actor但是又不能够简单地重启Actor这种场景特别有用。

11.3 Akka 中的事务

虽然 Akka 中的 Actor 基于 "Let It Crash" 的原理和 supervisor 监管的模型，并且基于这种原理和监管模型的 Actor 可以很好地工作，但是当一个 Actor 要处理一个请求的几个任务的时候，这种 "Let It Crash" 的模型很可能会使结果偏离初衷。例如，从一个账户转钱到另外一个账户，为了完成这个任务，要做两个动作。首先要从一个账户取出金额，然后存入另外一个账户，但是如果在存入账户正确完成之前，发生了不可预知的异常且允许 "Let It Crash"，那么这样做就会使一个账户丢失，而另一个账户却没有存入钱。为了解决这个问题必须确保这两个动作要么全部成功，要么全部失败。为此，Akka 中引入了事务（transaction）的概念。在一个 transaction 中，可以包含多个 action，并且从整体来看，它们一起的表现就跟一个 action 的表现一样，要么全部成功，要么全部失败，这就是 transaction 的概念。一个 transaction 必须具有以下特点：

- 原子性：所有的 action 要么全部成功，要么全部失败。一个 transaction 中的所有 action 在整体上的表现就跟一个 action 的表现一样。
- 一致性：在 transaction 结束后，系统必须保持一致性的状态。例如银行转款，在转款前两个账户的总金额应该和转款后两个账户的总金额一样。
- 隔离性：在一个 transaction 成功或失败之前，产生的中间数据对于系统中的其他 transaction 不可见。
- 持久性：transaction 操作的结果持久化保存。

事务的这些特点被称为事务的 ACID 特性，事务的目的是保持共享状态的一致性。Akka 中的 Agent 和 Actor 为了保证共享状态的一致性也需要实现事务，为了实现这样的功能，Akka 使用了 STM（Software Transactional Memory）软件事务内存的概念。STM 实现了 ACID 中的原子性、一致性和隔离性三个特性，并且提供了比传统锁机制更好的性能。下面就来看看 Akka 中的 STM。

11.3.1 STM

STM（Software Transactional Memory）软件事务内存，是一种多线程之间数据共享的同步机制。对于并行计算编程而言，只要将线程中需要访问共享内存的关键逻辑部分划分出来封装到一个事务中即可，编程人员不再需要关心相关的同步一致性问题，全部交由事务内存系统来出处理。事务内存系统要求保证操作的原子性和独立性。原子性要求事务必须被完整执行或不被执行，独立性则要求在事务递交前，外部不能得知事务内部的状态，即中间不稳定态。

这里举一个事务应用的现实情景，例如有一个售票网站，正好有两个人在买票，当第一个人选中某个座位，在下单买走它之前，另外一个人正好也选中了这个座位，那么问题就发生了，同一位置的票被卖了两次，显然在现实生活中这是不容许发生的，因为这产生了冲突。如何解决这种冲突呢？必须提供某种手段去阻止这种事情的发生，STM 正是为此而生，

第11章 Akka核心组件及核心特性剖析

它会保护共享数据,并提供与传统的锁机制不同的实现,以提升性能。

传统的保护共享数据的方法是,当一个线程去访问共享数据的时候,会阻塞其它所有欲访问该数据的线程进入临界区,这种机制被称为"锁"。传统的这种"锁"机制,在 Java 或 Scala 语言中以 synchronized 同步代码块的形式来表现。例 11-3 是 Scala 中创建临界区的例子。

【例 11-3】Scala 中创建 synchronized 同步代码块示例。

```
1.    val reservedSeat = seats. synchronized {    //seats 的 synchronied 构建临界区
2.        head = seats. head                      //取出第一个元素
3.        seats = seats. tail                     //seats 重新赋值为第一个元素之后的所有元素
4.        head
5.    }
```

Synchronized 保证同时只有一个线程进入临界区执行。当一个线程获得了 seats 上面的锁之后,只有这个线程可以进入 seats 的 synchronized 块中执行,执行完毕之后会释放 seats 上面的锁,之后其他线程才能够获得 seats 上的锁并进入 synchronized 中执行。因此所有的线程在 synchronized 块上面是依次串行执行的,保证了在同一时刻只有一个线程访问共享变量,确保了共享变量的一致性。但是这种锁机制也存在一个问题,如果线程只是想去读共享变量,当遇到 synchronized 的时候也必须要等待,这就降低了系统的整体性能,并且在大多数时候没有线程使用共享变量也会产生锁,这样的锁称为"悲观锁",因为其假设在任何时候都可能会有线程访问并修改共享变量。与"悲观锁"对应的是"乐观锁",其认为在访问和修改共享变量的时候不会产生任何问题,因此执行代码的时候不会有任何锁。在"乐观锁"的实现中,当线程离开临界区域的时候,系统会检测可能的更新冲突,如果这里没有更新冲突,那么直接提交事务,如果检测到有冲突发生,那么所有的改变都会回滚并尝试重新执行临界区代码。

在 STM 中使用的就是"乐观锁",STM 能防止因多线程访问共享变量造成的数据不一致性问题,其关键就是要知道共享数据在事务中是否已经被改变,为了检测这种改变,Akka 中的做法是将共享变量包装到 STM 的引用中,如例 11-4 所示。

【例 11-4】STM 包装共享变量。

```
1.    import concurrent. stm. Ref
2.    val seats = Ref( Seq[ Seat ] ( ) )
```

现在要想获得或者更新共享变量,只需要简单地使用 seats ( ) 即可。更新 seats 如例 11-5 所示。

【例 11-5】更新共享变量示例。

```
seats ( ) = seats ( ). tail
```

上面处于 Ref 包装中的 seats 变量,只能够在 atomic 块中使用(这是 Scala 实现 STM 的语法规定),在 atomic 块中写的代码将被视为一个原子命令被执行,并且在编译的时候 atomic 里需要一个隐式变量来为 Ref 中的冲突做检测。如例 11-6 所示为在 atomic 块中使用 Ref 变量。

【例11-6】 在 atomic 块中使用 Ref 变量示例。

```
1.  import concurrent.stm._
2.  val seats = Ref(seats)              //使用 Ref 包裹变量
3.  val getSeat = atomic{impliclit txt => {
4.      val head = seats().head         //取出第一个值
5.      seats() = seats().tail          //重新赋值
6.      head
7.  }
8.  }
```

上面的代码跟 synchronized 做的是同样的事情，但是锁工作的机制完全不相同，因为 STM 使用的是"乐观锁"，而 synchronized 使用的是"悲观锁"。使用 synchronized 临界区只会执行一次，但是使用 STM 的 atomic 块执行相同的逻辑，临界区代码可能会执行多次，这是因为在 atomic 块执行完成之后，有一个检查操作将会执行，这个操作会去检查是否有冲突发生。

在 STM 中使用"乐观锁"实现了 ACID 的前 3 个特性，没有实现"持久化"特性，因为 STM 都发生在内存中，内存中的事务永远都不会持久化。

11.3.2　使用 STM 事务

在上一个小节中，简述了 STM 的基本功能和实现原理，需要在 atomic 块中引用共享变量。但是当用户只是想简单的读取一个共享变量，按照上面的描述，需要创建一个 atomic 块，这就意味着执行一个简单的读取操作需要写大量的代码。有没有更简单一点的方法呢？在这里可以使用视图，通过使用 Ref.View，可以使书写的代码量最小化并且有益于提高性能。使用"single"方法得到一个 Ref 的 View，然后使用 View 的 get 方法返回 View 的值。例如，要得到当前可用的座位，可以使用下述方式。

```
seats.single.get    //single 方法返回类型为 Ref.View，再调用 View 上的 get 方法获取值
```

single 方法的返回类型时 Ref.View，通过 single 得到 seats 的视图。使用视图的好处是代码不必放在 atomic 代码块中。

既然可以通过视图获得共享变量的值，当然也可以使用视图更新共享变量的值。如下所示。

```
val myseat = seats.single.getAndTransform(_.tail).head//seats 此时是 Ref 类型，调用 Ref 上的 single 方法得到视图 View，然后调用 View 上的 getAndTransform(_.tail)方法更新 seats 的值，更新后的值为 seats 中除了第一个元素以外的所有元素。最后调用 head 方法，返回原 seats 的第一个元素。
```

使用 Ref.view 使代码更加紧凑，并且使临界区更小，更小的临界区意味着更低的冲突产生的可能性，有利于提高系统的整体性能。

至此，介绍了 STM 中的部分特性，STM 唯一可能需要考虑的缺点是临界区代码可能会

第11章 Akka核心组件及核心特性剖析

执行多次。所有的共享变量都可以被包装成 STM 引用。

11.3.3 读取 Agent 事务中的数据

Akka 中的 Agent 和 Actor 都是基于 STM 来处理事务的。这里先简单介绍一下 Akka 中的 Agent。顾名思义，Agent 是代理的意思，使用代理模式实现。Akka 中的 Agent 提供了一个独立于位置的异步的操作，所有对 Agent 的操作都是异步操作。要使用 Akka Agent，需要在项目中添加 Akka Agent 模块，可以到 http://mvnrepository.com/tags/maven 搜索 Akka Agent，找到对应版本的 Akka Agent 并下载 Jar 包，将下载的 Jar 添加到工程中；若你新建的项目是 SBT 项目，可以直接在 SBT 项目中的 build.sbt 中添加：libraryDependencies += "com.typesafe.akka" % "akka-agent_2.10" % "2.3.14"，SBT 工具将自动下载对应的 Jar 包。先来了解一下 Agent 中的一些基本的操作。

1）创建 Agent。创建 Agent 很简单，首先需要引入一个隐式变量，Agent 对象的 apply 方法要用到该隐式变量，然后需要引入 Agent 对应的包，Agent 创建如下所示。

```
1.  import scala.concurrent.ExecutionContext.Implicits.global   //引入隐式变量
2.  import akka.agent.Agent                                      //引入 Agent 的包
3.  val agent = Agent(50)                                        //创建 Agent
```

2）读取 Agent。读取 Agent 中的值有两种方法，第一种是直接使用 agent.get 方法，第二种是使用 agent()，其实查看源代码可以知道，agent() 会调用 apply 方法，apply 方法中仍然是调用的 get 方法。

3）更新 Agent 更新 Agent 的值，可以使用 send 或者 alter 方法。

使用 send 有如下方式：

```
1.  agent send 60              //直接将 agent 值更改为 60
2.  agent send (_+10)          //发送一个函数,agent 将执行该函数,执行完成之后 agent 的值为 60
3.  agent sendOff()            //sendOff 方法,发送一个可执行的线程到 agent 中
```

使用 alter 如如下的方式：

```
1.  val future1:Future[Int] = agent alter 60           //直接将 agent 值改为 60,立即返回一个 Future
2.  val future2:Future[Int] = agent alter (_+10)       //发送函数,agent 执行该函数,立即返回一个 Future
3.  val future3:Future[Int] = agent sendOff()          //发送一个可执行的线程到 agent 中,立即返回一个 Future
```

接下来，将详细介绍 Akka 的 Agent 和 Actor 事务中数据的操作。

从 Agent 事务中读取数据，不涉及对数据的更新，因此没有必要将共享变量包装到一个 STM 的引用中。例 11-7 中，Demo 类里面定义了 run 方法，run 方法中使用 yield 关键字产生出 20 个座位并存放到 seats 中，在 Future 块中移除 seats 列表的前面 10 个元素，并调用 Thread.sleep 方法使线程睡眠 50ms。定义一个变量 nrRuns，用于记录临界区代码执行次数，

在 atomic 中将检测冲突并触发临界区代码重新执行。通过此例展示 Agent 中数据的读取，并验证临界区中的代码在发生冲突的情况下将会执行多次。

【例 11-7】读取 Agent 事务中的数据示例。

```
1.   import java.util.concurrent.TimeUnit
2.   import akka.agent.Agent
3.   import scala.concurrent.duration.Duration
4.   import scala.concurrent.stm._
5.   import scala.concurrent.{Await, Future}
6.   import scala.concurrent.ExecutionContext.Implicits.global
7.   case class Seat(seatNumber: Int) {}           //定义座位类
8.   class Demo {
9.     def run(): Unit = {
10.      val seats = for (i <- 0 until 20) yield Seat(i)
11.      //yield 产生 20 个可用座位
12.      val seatsAgent = Agent(seats)
13.      //使用 Agent 产生座位的代理
14.      val future = Future {
15.        for (i <- 0 until 10)                   //移除 10 个座位
16.        {
17.          seatsAgent send (_.tail)
18.        }
19.        Thread.sleep(50)                        //线程睡眠 50ms
20.      }
21.      var nrRuns = 0                            //运行次数
22.      val mySeats = atomic { implicit txn =>
23.        nrRuns += 1                             //次数加 1
24.        val currentList = seatsAgent.get        //得到当前可用座位数
25.        Thread.sleep(100)                       //线程睡眠 100ms
26.        seatsAgent.get.head                     //触发检查
27.      }
28.     }
29.     Await.ready(future, Duration.create(1, TimeUnit.SECONDS))
30.     println("mySeats:" + mySeats + "  nrRums:" + nrRuns)
31.    }
32.  }
33.  object Demo {
34.    def main(args: Array[String]) {
35.      val demo = new Demo
36.      demo.run()
37.    }
38.  }
```

例 11-7 中，在 atomic 块中首先通过 seatsAgent.get 得到当前的座位列表，然后 Thread.sleep(100) 使线程睡眠 100 ms，最后通过 seatsAgent.get.head 获得可用座位列表的 firstSeat。在 Await.ready(future,Duration.create(1,TimeUnit.SECONDS)) 执行的时候，future 线程先将可用座位减了 10 个。当 atomic 块中的睡眠 100 ms 之后，seatsAgent.get.head 将会触发检查，发现 seatsAgent 状态已经改变，因此会重新执行临界区代码，nrRuns 将会加 1，临界区代码第二次执行检测到 seatsAgent 没有发生改变，因此直接结束执行 atomic。所以程序结束后 nrRuns 一定是大于 1 的，firstSeats 的座位编号也是 10。执行结果如图 11-8 所示。

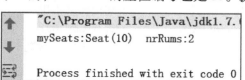

图 11-8　读取 Agent 中的数据，验证临界区中的代码可能执行多次

Agent 事务中数据的更新和读取是有差别的，因为涉及到对数据状态的改变，接下来看看 Agent 事务中数据的更新。

11.3.4　更新 Agent 事务中的数据

更新数据与读取数据稍有不同，当在一个事务中使用 Agent 的时候，Agent 的更新操作可能和预期的有所不同，因为更新数据时可能遇到邻区代码检测到冲突，当临界区检查到更新冲突的时候，不会向 Agent 中提交事务，因此即使临界区代码执行多次，Agent 中的值只会更新一次。在例 11-8 中，使用两个变量 updates 和 count，count 变量用于触发临界区代码的重新执行，被包裹在 STM 引用中，updates 变量用于记录 Agent 的更新次数。例 11-8 代码如下所示。

【例 11-8】更新 Agent 事务中的数据示例。

```
1.  import java.util.concurrent.TimeUnit
2.  import akka.agent.Agent
3.  import scala.concurrent.duration.Duration
4.  import scala.concurrent.stm._
5.  import scala.concurrent.{Await, Future}
6.  import scala.concurrent.ExecutionContext.Implicits.global
7.  class Update_Agent {
8.    def run():Unit = {
9.      val updates = Agent(0)            //用于记录 Agent 更新的次数
10.     val count = Ref(0)                //STM 引用,用于触发临界区代码重新执行
11.     val future = Future {             //Future 块中使 count 的值变成 10
12.       for (i <- 0 until 10) {
13.         atomic { implicit txt =>
14.           count() = count() + 1
15.         }
```

```
16.         }
17.         Thread.sleep(50)              //线程睡眠 50 ms
18.       }
19.       var nrRuns = 0                   //用于记录临界区代码执行次数
20.       val num = atomic { implicit txt => {
21.         nrRuns += 1                    //次数加 1
22.         updates send (_ + 1)           //向 Agent 发送更新
23.         val value = count()            //得到 STM 引用
24.         Thread.sleep(100)              //线程睡眠 100 ms
25.         count()        //得到 STM 引用,检查更新,发现不同,触发 atomic 临界区代码重试
26.       }
27.       }
28.       // nrRuns 运行次数一定大于 1
29.       //num 取得票数一定为 10
30.       //update.get 一定为 1,Agent 只更新一次
31.       Await.ready(updates.future(), Duration.apply(1, TimeUnit.SECONDS))
32.       println("nrRuns:" + nrRuns + " \tnum:" + num + " \tupdates:" + updates.get())
33.     }
34.   }
35.   object Update_Agent {
36.     def main(args: Array[String]) {
37.       val demo = new Update_Agent
38.       demo.run
39.     }
40.   }
```

在例 11-8 中,定义了一个名为 updates 的 Agent 事务,用于记录更新的次数。定义了一个名为 count 的 STM 引用,用于触发写冲突,该冲突将会导致事务的重新执行。atomic 块将会执行至少两次,但是 Agent 事务只会更新一次,因为更新操作只有在事务成功提交的时候才会被发送出去。更新操作是在另外一个线程中进行的,如若有多个相同的事务提交,那么将会有多个更新操作发送到 Agent 事务中,可能会造成 Agent 事务负担过重。事实上在 STM 事务中的 Agent 事务是不能够解决 Agent 事务负担过重的问题的,为了解决这个问题,需要在不同线程中使用相互协作的 atomic 块,Akka 中可以通过协作事务和 transactor 来处理,这部分内容将在稍后介绍。

运行结果如图 11-9 所示。

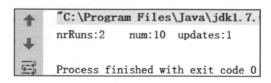

图 11-9　更新 Agent 事务中的数据

接下来将介绍 Akka Actor 中的事务。

11.3.5　Actor 中的事务

在这一小节中，将介绍 Actor 中的事务，Actor 中要完成事务有两种方法，第一种方法是使用协作事务，顾名思义，协作事务是经过多方协作共同完成事务，其思路是将事务分发到每一个 Actor 中，每个 Actor 完成事务的一部分。另外一种方法就是使用 transactor。为了说明协作事务和 transactor 的使用，这里借助账户间转账案例来说明。

为了完成转账，需要从一个账户中取出钱，然后将钱存入另外一个账户。如果这其中的任何一步出现问题，都应该放弃之前的操作，只有所有操作都成功，才提交事务。在 Akka 中，为了完成这样的操作，需要使用协作事务。它的原理是：创建一个原子事务，并将他们分发到多个 Actor 上，所有的 Actor 都将同时开始并完成事务，这使得它在整体上看起来就像一个大的原子块，每一个 Actor 上的事务都会提交，如果有一个 Actor 上的事务失败，整体失败。

这里我们借助 Coordinated 类来完成协作事务。这里我们分步描述。

步骤一：创建 Coordinated

创建 Coordinated 需要引入 akka.transactor.Coordinated 类，创建代码如下所示。

```
1.  importakka.transactor.Coordinated
2.  import scala.concurrent.duration._
3.  importakka.util.Timeout
4.  implicit val timeout = Timeout(5 Second)    //设置隐式参数
5.  val transaction = Coordinated()             //创建 coordinated
```

要创建协作事务，需要将协作消息发送到每一个 Actor 上，通过把协作事务发送到每一个 Actor，使得参与事务的每一个 Actor 自动包含到这个协作事务中来。

步骤二：创建 Account 账户

Account 继承自 Actor 类，在 receive 方法中根据消息类型，处理存钱和取钱的操作。同时定义了三个消息样本类，GetoutMoney 类表示取钱操作，PutinMoney 表示存钱操作，GetBalance 表示查询余额。代码如下所示。

```
1.  case classGetoutMoney(amount:Int)                    //取钱
2.  case class PutinMoney(amount:Int)                    //存钱
3.  objectGetBalance                                     //查询余额
4.  class Error(msg:String) extends Exception(msg)       //定义异常消息
5.  class Account() extends Actor {
6.    val balance = Ref(0)                               //STM 引用         ①
7.    def receive = {
8.      case coordinated @ Coordinated(GetoutMoney(amount)) {          ②
9.        coordinated atomic { implicit t                              ③
10.       valcurrentBalance = balance()
```

```
11.        if (currentBalance < amount) {
12.          throw new Error(
13.          "余额不足")
14.        }
15.        balance() = currentBalance - amount                                        ④
16.      }}
17.      case coordinated @ Coordinated(PutinMoney(amount)) {                         ⑤
18.        coordinated atomic { implicit t
19.        balance() = balance() + amount
20.      }}
21.      case GetBalance => sender ! balance.single.get                               ⑥
22.    }
23.    override def preRestart(reason: Throwable, message: Option[Any]) {
24.      self ! Coordinated(
25.        PutinMoney(balance.single.get))(Timeout(5 seconds))    //发送 Coordinated 消息
26.      super.preRestart(reason, message)
27.    }}
```

上述的代码中，序号的解释如下：

① balance 账户必须被 STM 引用包装起来。

② 匹配协作事务中的取款消息。

③ 事务原子块的开始。

④ 在原子块中更新账户。

⑤ 匹配协作事务中的存款消息。

⑥ 查询账户余额信息，并将余额信息返回给 sender。

账户信息是一个共享变量，因为要在该变量上面进行读和写操作，因此使用 STM 的 Ref 包装。在 receive 方法中，匹配消息，这些消息要么是 Coordinated(GetoutMoney(amont)) 类型，要么是 Coordinated(PutinMoney(amont)) 类型，由于这些消息类型都很长，于是使用 @ 符号给它们取了别名，取别名的好处是名称短小且易记。

在 Coordinated(GetoutMoney(amont)) 和 Coordinated(PutinMoney(amont)) 两种类型消息对应的 case 分支中，都有 atomic 原子块，在 Coordinated(GetoutMoney(amont)) 分支的 atomic 原子块中，首先检查账户余额是否满足取款要求，如果余额不足，抛出一个 Error 的异常，这将导致事务的失败，事务失败将会导致 Actor 的重启，以恢复 Actor 内部的一致性。Actor 在重启之前，自动调用 preRestart 方法，在 preRestart 方法中，将失败的原因及账户的余额发送给查询方。

Account 中会处理协作事务，那协作事务是从哪里发送出去的呢？协作事务就是一个被视为整体的任务的集合，从整体上看就跟一个指令一样，既然有指令，那谁发送指令呢？当然要单独实现，下面就实现发送协作事务到 Account Actor 完成存款。

步骤三：发送协作事务到 Account Actor，完成存款操作

发送协作事务到 Account，Account 是一个 Actor，因此在向它发送消息之前，需要启动

Account Actor，并得到 Account Actor 的引用。下面是向 Account 发送协作事务，完成存款的代码。

```
1.   val account1 = system.actorOf(Props[Account])     //启动 Account Actor
2.   implicit val timeout = new Timeout(1 second)      //设置超时的隐式变量
3.   val transaction = Coordinated()                   //创建 Coordinated 对象
4.   transaction atomic { implicit t =>
5.     account1 ! transaction(PutinMoney(amount = 100)) //在 atomic 块中发送协作事务
6.   }
```

上面代码中，通过 Coordinated 类，创建 transaction 对象，在 transaction 的 actomic 原子块中，向 account1 发送 transaction(PutinMoney(amount = 100))，发送的 transaction(PutinMoney(amount = 100))消息在 Account Actor 的 receive 方法中匹配，并且匹配到 case coordinated @ Coordinated(PutinMoney(amount))分支，在该分支中，balance() = balance() + amount，账户余额变成 balance()的值加上存入的值 amount，完成存款操作。

因为发送消息的操作本来就是原子性的，因此可以省略上面代码中的 atomic 原子块，上面的代码可以改成如下所示，以使代码看起来更简洁、可读。

```
1.   val account1 = system.actorOf(Props[Account])
2.   implicit val timeout = new Timeout(1 second)
3.   account1 ! Coordinated(PutinMoney(amount = 100))   //直接发送协作事务
```

另外的不同就是，由于发送事务没有放入 atomic 原子块，因此线程不需要等待事务完成之后才执行，这提高了调用线程的性能。

现在已经可以创建协作消息，也能够分发协作事务。接下来专门创建一个名为 Transfer 的 Actor 去从一个账户转账到另外一个账户，最后给请求返回消息。

步骤四：创建 Transfer Actor 负责转账处理

创建 Transfer 的目的是使存款、取款和转账操作得到统一的处理，而不需要单独分开编写代码。首先需要定义一个 TransferMoney 的样本类，该类中有转账账户 from：ActorRef，目标账户 to：ActorRef 和每次发生转移的金额 3 个属性。

Transfer 也是一个 Actor，因此必须继承 Actor，在其 receive 方法中，匹配消息，若收到的消息为 TransferMoney(amount,from,to)消息，则完成转账任务。代码如下所示。

```
1.   case class TransferMoney(amount:Int,from:ActorRef,to:ActorRef)
2.   class Transfer() extends Actor {
3.     implicit val timeout = new Timeout(1 second)
4.     override def preRestart(reason:Throwable, message:Option[Any]) {
5.       message.foreach(_ => sender ! "处理失败")
6.       super.preRestart(reason, message)
7.     }
8.     def receive = {
9.       caseTransferMoney(amount, from, to) =>
```

```
10.     val transaction = Coordinated()                    //创建 coordinated
11.     transaction atomic { implicit t =>
12.       from ！transaction(GetoutMoney(amount))           //from 账户扣除 amount
13.       to ！transaction(PutinMoney(amount))              //to 账户存入 amount
14.     }
15.     sender ！"成功"
16.   }
17. }}
```

创建的 Transfer 继承自 Actor，提供了一个通用的转账的方法。当账户里面有足够的钱时，可以得到下面的结果。

```
1.  transfer ！TransferMoney(amount = 50, from = account1, to = account2)
2.  expectMsg("成功")
```

当账户中没有足够的余额时，得到如下结果。

```
1.  transfer ！TransferMoney(amount = 50, from = account1, to = account2)
2.  expectMsg("处理失败")
```

从上面的示例中可以看到，需要在不同地方的代码中处理协作事务，但是大多数时候，这些处理的结构都是相似的，因此可以使用一个设计模式来避免代码的重复。Akka 中的 Transactor 就可解决这个问题，提供了一个统一的方式来处理协作事务。接下来就看看 Akka 中的 Transactor。

11.3.6　创建 Transactor

Transactor 是一种特别的 Actor，它包含了协作事务。Transactor 中有很多的方法可以使用，可以重写必要的方法，而不需要关心 Coordinated 类，这样就可以将精力放到业务逻辑处理上来，而不需要花费额外的精力去创建和维护 Coordinated 类了。

下面使用 Transactor 完成 11.3.5 小节中相同的转账功能。首先创建一个 MoneyTransactor 继承自 Transactor，在 MoneyTransactor 中定义一个使用 Ref 包裹 STM 变量，该变量是一个共享变量，表示账户余额。

在 atomically 代码块中，处理存钱取钱逻辑，代码如下所示。

```
1.  import akka.transactor.Transactor
2.  class MoneyTransactor() extends Transactor {           //继承 Transactor
3.      val balance = Ref(0)                                //STM 引用
4.      def atomically = implicit txt => {                  //atomically 代码块
5.          case GetoutMoney(amount) => {
6.              val currentBalance = balance()              //得到当前账户余额
7.              if(currentBalance < amount)                 //判断当前账户
```

```
8.              throw new Error("当前账户余额小于取款金额,取款失败,余额:" + currentBalance)
9.              balance() = currentBalance - amount          //如果余额充足,更新当前账户
10.            }
11.         casePutinMoney(amount) => {
12.              balance() = balance() + amount              //账户增加 amount
13.            }
14.       }
15.       override def normally = {                          //normally 代码块
16.          caseGetBalance => sender ! balance.single.get
17.       }
18.       override defpreRestart(reason: Throwable, message: Option[Any]) {
19.          self ! Coordinated(
20.             PutinMoney(balance.single.get))(Timeout(5 seconds))   //存钱
21.          super.preRestart(reason, message)
22.       }
23.    }
```

使用 Transactor, 需要继承 Akka 中的 Transactor, 不需要实现 receive 方法, 但是要实现一个叫 atomically 的方法, 在这个方法中要实现取款和存款逻辑。atomically 中的方法都是在协作事务中执行的, 但是所有协作的代码都被隐藏了。前面实现的 GetBalance 不是事务的一部分, 因此可以把这部分代码放入 nomally 方法中。在 nomally 方法中的代码不会传递给 atomically 方法, 因此在这个方法中, 可以实现普通 Actor 的行为, 当然在 nomally 方法中也可以使用普通 STM 原子块实现本地事务。

Transactor 继承自 Actor, 有 preRestart 方法, 因此可以重用这个方法。现在, 可以在事务中像使用协作 Actor 那样使用 Transactor 了。如下代码, 首先初始化两个账户 account1、account2, 从 account1 账户取出 50 存入 account2 中, 完成转账功能。

```
1. val account1 = system.actorOf(Props[MoneyTransactor])   //账户1
2. val account2 = system.actorOf(Props[MoneyTransactor])   //账户2
3. val transaction = Coordinated()
4. transaction atomic { implicit t
5.    account1 ! transaction(GetoutMoney(amount = 50))      //账户1 取出 50
6.    account2 ! transaction(PutinMoney(amount = 50))       //账户2 存入 50
7. }
```

当 Transactor 收到协作事务之外的消息, 它会产生一个新的事务并执行消息。例如, 当向一个账户存入一些钱, 这个操作不需要在协作事务中处理。因此可以使用如下的操作。

```
1. account1 ! Coordinated(PutinMoney(amount = 100))         //存入 100
2. account1 ! PutinMoney(amount = 100)                      //存入 100
```

这两行代码和上面 atomic 块中的代码都是等效的。接下来, 将实现 Tranfer Actor 并让它

作为一个 Transactor。在 Transfer Actor 需要将两个账户包含到协作事务中。为了实现这个，需要实现 coordinate 方法。下面是 coordinate 方法代码。

```
1.  override def coordinate = {           //coordinate 方法
2.  caseTransferMoney(amount, from, to) =>
3.  sendTo(from -> GetoutMoney(amount), to -> PutinMoney(amount))
4.  }
```

在上面代码中，需要将消息发送到两个 Actor，发送"取款"消息到"from"Actor，发送"存款"消息到"to"Actor。要这样，需要包含两个 Actor 到 Transactor 中。当需要将收到的消息发送其他 Actor 时，可以使用 include 方法，如下所示。

```
1.  override def coordinate = {
2.  case msg:Message => include(actor1, actor2, actor3)//include 方法将收到的消息发送给
       actor1,actor2,actor3
3.  }
```

上面代码将收到的消息发送给其他 3 个 Actor。在 atomically 方法执行前，会先执行 before 方法，执行之后会执行 after 方法。在这里，当事务执行成功时，使用 after 方法发送"成功"消息。after 代码如下所示。

```
1.  override def after = {
2.  caseTransferMoney(amount, from, to) => sender！"成功"
3.  }
```

至此，Transactor 所有的讲解基本上结束。使用 Transactor 可以隐藏使用协作事务，并且可以减少代码量。在 Transactor 中可以增加 Actor 到事务中，也可以实现普通的行为，通过重写 before 和 after 方法或者使用 normally 方法，可以完全跳过事务。

Section 11.4 小结

本章主要讲解了 Akka 中的核心组件，在 11.1 一节讲解了 Akka 中的 Dispatchers 和 Routers。该节详细讲解了为 Actor 指定派发器、派发器的类型、邮箱、Routers、路由的使用等内容。

在 11.2 一节讲解了 Akka 中的监管机制及策略 Supervision 和 Monitoring。11.3 一节通过银行转账讲解了 Akka 中事务的管理，可以在 Agents 中实现事务，也可以在 Actor 中实现事务。Akka 提供了 Transactor，用于简化事务代码的编写。

通过本章的学习，读者朋友可以掌握 Akka 核心组件及 Akka 中事务的管理实现机制。

第 12 章　Akka 程序设计实践

在本章中，将会详细讲解 Akka 的配置、日志及部署，并讲解若干 Akka 程序设计实例，还会讲解 Akka 分布式环境的搭建，从而帮助读者掌握 Akka 的使用。

首先，在 12.1 一节，详细介绍 Akka 的配置文件，体会使用配置文件给程序编写带来的灵活性和扩展性。

在 12.2 一节中，使用 Akka Actor 实现一个单词计数程序，通过实现该程序，使读者朋友们进一步掌握使用 Akka 编写非阻塞的、异步的、并发程序。

在 12.3 一节中，通过搭建 Akka 分布式环境，让读者朋友们学会使用 Akka 搭建分布式环境，编写出自己的第一个迷你版本的分布式系统。

在 12.4 和 12.5 一节中，分别介绍 Akka 框架在 Spark 中的运用和使用 Akka 提供的微内核进行程序的部署。

Section 12.1　Akka 的配置、日志及部署

在 Akka 框架中，配置文件的读取采用 Typesafe 配置库来完成。Typesafe 使用非常简单，并且支持不同格式的配置文件，例如 properties、.json、.conf 等格式的配置文件。使用配置文件的好处是可以很方便地在代码外面修改代码中引用的变量，这大大提高了程序部署的灵活性。

当然每一个应用都会有记录日志的功能，通过记录日志保存一些必要的运行信息，以便于对问题的跟踪和排查，使问题的追踪具有回溯性。在 Akka 中使用日志也是非常容易的，Akka 实现了一个 Adapter，用来适配几乎所有的日志框架，因此在 Akka 中使用日志，可以自由地选择熟悉的日志框架。

本节还将简要探讨 Akka 的几种部署方式及应用场景。

12.1.1　Akka 中配置文件的读写

Akka 中使用 Typesafe 配置库读写配置文件，Typesafe 库支持多种格式的配置文件，目前支持 properties、json、conf 三种格式的配置文件。

- application.properties：该类型的文件配置格式和 Java 中 properties 配置文件格式一样。用于配置键值对形式的变量和值，格式如 key = value。
- application.json：该类型的配置文件书写格式遵循 JSON 格式规范。
- application.conf：该文件中书写 HOCON 格式的配置，HOCON 格式类似于 Json，但比

Json 更易读。

Typesafe 库是一个非常实用的工具库，它不依赖其他任何的库。要在项目中使用 Typesafe 库来读取配置文件，只需要在项目中引入该库即可。使用 IntelliJ IDEA 开发工具，新建 SBT 项目，并在 build.sbt 文件中配置好 Typesafe 依赖，SBT（英文全称叫 Simple Build Tool，是一款 IntelliJ IDEA 集成好的工具，类似于 Maven）工具将会自动到对应的仓库中下载 Typesafe 库。例 12-1 是 SBT 项目中 build.sbt 配置文件内容。

【例 12-1】在 SBT 项目中的 build.sbt 文件中引入 Typesafe 库配置示例。

```
1.   resolvers += "Typesafe Repository" at "http://repo.typesafe.com/typesafe/releases/"
2.   libraryDependencies ++= {
3.     Seq(
4.     "com.typesafe" % "config" % "1.3.0"
5.     )
6.   }
```

在 build.sbt 中配置好库依赖之后保存，SBT 工具将自动下载 Typesafe 的依赖 Jar 包到工程中。引入 Typesafe 库后，便可使用 Typesafe 库提供的便捷的 API 来读取配置文件了。Typesafe 配置库会默认加载工程根目录中的 application.properties、application.conf、application.json 配置文件。

在下面的案例中，使用结构与 Json 类似的 HOCON 格式的配置文件，体会 Typesafe 库的使用，例 12-2 所示为 application.conf 的配置文件，在该配置文件中配置操作数据库的一些属性。database 表示数据库的配置，dbname 表示数据库名称，dbversion 表示数据库的版本号。database 中嵌套定义一个 connect 对象，该对象中定义了连接数据库的三个属性和值，分别是 url、username、password，对应数据库连接地址、数据库用户名称、登录数据库的密码。

【例 12-2】application.conf 配置文件应用示例。

```
1.   database{
2.     dbname = oracle
3.     dbversion = 11.0
4.     connect{
5.       url = "jdbc:oracle:thin:@192.168.1.115:1521:orcl"
6.       username = "root"
7.       password = "root"
8.     }
9.   }
```

application.conf 配置文件的书写跟 .json 很相似，并且比 .json 更易读，表达更清晰，特别适合配置属性的分组描述。上述配置文件中的 database 表示一个配置对象，大括号里面是 database 的属性，并且在大括号里面支持嵌套的定义，如 application.conf 中嵌套定义了 connect。

为了得到 application.conf 中的配置，需要用 Typesafe 库中的 ConfigFactory。使用 Config-

Factory 的 load 方法将会默认加载工程根目录下的 application.conf 配置文件。例 12-3 是 ConfigFactory 的使用示例。

【例 12-3】ConfigFactory 的使用。

```
val config = ConfigFactory.load()
```

ConfigFactory 将会找到默认的配置文件,这些默认的配置文件可以有多种格式。可以是上文提到的 application.{properties、conf、json}、reference.conf 中的一个或多个。这里只添加 application.conf 配置文件。ConfigFactory 将会找到并加载 application.conf 配置文件。ConfigFactory 的 load 方法将会返回一个 Config 对象,通过该对象提供的方法,就能取出配置文件中的内容。

要得到配置文件中的配置,Config 提供了多个方法,例如,要得到 dbname 可以使用 config.getString("dbname"),使用 config.getString("dbversion") 可以得到数据库的版本号,但是怎样得到嵌套的内容呢?可以使用 "." 来分隔路径,例如要得到 url,可以使用 config.getString("database.connect.url"),也可以通过 val subConfig = config.getConfig("database.connect") 得到 subConfig,然后通过 subConfig.getString("url") 方法得到想要的内容。使用这种方式时不必写属性的全路径,只需要写出 subConfig 子树下面的路径即可。例 12-4 是 ConfigFactory 使用的一些方法示例。

【例 12-4】读取配置文件并打印控制台。

```
1.  import com.typesafe.config.ConfigFactory
2.  object AkkaConfig {
3.    def main(args: Array[String]) {
4.      val config = ConfigFactory.load()                              //装载默认的配置文件
5.      println(config.getString("database.dbname"))                   //打印 database.dbname
6.      println(config.getString("database.dbversion"))                //打印 database.dbversion
7.      println(config.getString("database.connect.url"))              //打印 database.connect.url
8.      val subConf = config.getConfig("database.connect")             //得到 database.connect 子配置对象
9.      println(subConf.getString("url"))                              //通过子配置对象打印 url
10.     println(subConf.getString("username"))
11.     println(subConf.getString("password"))
12.   }
13. }
```

在配置文件中,如果一个配置属性出现多次,并且该属配置要发生变动,那就不得不冒着风险更改配置文件中所有的这个属性。有没有更好的方法解决这个问题呢?幸运的是强大的 Typesafe 库解决了这个问题。通过在配置文件中定义变量,配置文件中其他地方需要这个配置只需要通过 ${name} 引用该变量即可。这样有一个最大的好处,就是如果配置中多处使用了该变量,要更改变量的值,只需要更改定义的变量的值即可。application.conf 配置文件还可以写成例 12-5 所示的代码。

【例 12-5】配置文件中使用变量。

```
1.  serverip = 192.168.1.115        //变量
2.  serverport = 1521               //变量
3.  database{
4.      dbname = oracle
5.      dbversion = 11.0
6.      connect{
7.          url = "jdbc:oracle:thin:@"${serverip}":"${serverport}":orcl"   //通过${}引用变量
8.          username = "root"
9.          password = "root"
10.     }
11. }
```

在例 12-5 中，定义了两个变量 serverip 和 serverport，并且在 database 中通过 ${serverip}、${serverport} 引用了两个变量。

Typesafe 的强大不止于此，在配置文件中可以通过 ${? variable} 的方式获得操作系统中配置的环境变量的值。例如系统中配置了 JAVA_HOME 环境变量，可以通 MY_JAVA_HOME = ${? JAVA_HOME} 来获取配置的 JAVA_HOME 环境变量，并赋值给变量 MY_JAVA_HOME，在配置文件中就可以通过 ${MY_JAVA_HOME} 引用环境变量了。

在上面的讲述中，ConfigFactory 加载默认的 application.{conf、properties、json}，如果这些配置文件中都配置了同一个属性，那么哪一个文件中的配置会实际生效呢？这里有一个属性的优先级，如图 12-1 所示。

从上到下依次是系统属性、application.conf、application.json、application.properties、reference.conf。越往下优先级越低。即如果 System properties、application.conf 和 reference.conf 中都配置有同一个属性，那么按照这个优先级规则，实际生效的是 System properties 中的属性。

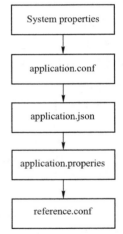

图 12-1 属性优先级

如果要加载其他名称的配置文件该怎么办呢？这里可以使用 ConfigFactory 的重载方法，通过 ConfigFactory.load("configname") 的方式来加载 configname.{conf、properties、json} 配置文件。

至此，熟悉了 Typesafe 库的使用，那么 Akka 中是如何应用 Typesafe 库来加载配置文件的呢？怎样覆盖 Akka 默认的配置呢？如果有多个 ActorSystem，如何保证每一个 ActorSystem 实例化的时候都加载自己的配置文件呢？

在 Akka 中，如果没有创建配置文件，系统会使用默认的配置，但是也可以使用自己的配置，通过 val config = ConfigFactory.load("your config") 装载自己的配置文件，然后在实例化 ActorSystem 的时候，将 config 对象传入 ActorSystem 的构造函数即可，如：val sysa = ActorSystem("myactorsystem", config)。ActorSystem 中传入了自己的配置之后，可以通过 ActorSystem.setting.config 的方法得到相应的配置。例如，要得到传入的 dbname，可以通过例 12-6 得到。

【例 12-6】得到 ActorSystem 中的配置参数示例。

```
1.  val actorSystem = ActorSystem("myactorsystem")
2.  val config = actorSystem.settings.config      //得到 ActorSystem 设置中的配置对象
3.  val dbname = config.getString("database.dbname")   //取出配置属性
```

12.1.2 Akka 中日志配置

任何一个可靠的系统中都会有日志的配置，日志文件可以记录程序运行的各种信息。通过日志可以很快地定位和解决问题。Akka 中可以使用不同的日志框架来实现日志的记录，因为 Akka 的 toolkit 实现了一个日志适配器，能够支持几乎所有的日志框架并且达到最小的库依赖。在 Akka 中使用日志框架有两点值得关心：第一是如何调整日志的级别，第二是如何在一个 Akka 程序中使用自己熟悉的日志框架。下面将详细讲解 Akka 中日志的配置及使用。

在 Akka 中，日志适配器使用 eventStream 发送日志消息到 eventHandler。enventHandler 收到日志消息，并使用选用的日志框架去记录日志。由于 eventStream 是一个消息的订阅系统，因此 Akka 所有 actor 的日志都可以得到记录并且只有一个 actor 依赖于日志框架的实现。其中的 eventHandler 是可以配置的。记录日志就意味着有 I/O，而 I/O 往往是很慢的操作，特别是在一个高并发的系统中，高并发下情况更糟，因为必须要等待一个线程写完日志之后才能追加日志。使用 eventHandler 的一个好处就是，在高并发状态下，日志的写入不需要等待。Akka 中默认的日志框架是 SLF4J 日志框架，在 Akka 依赖中可以看到 akka-slf4j.jar 包。为了使用 SLF4J 日志记录框架，需要在 application.conf 中添加如下所示的配置语句。

1. Akka 使用 slf4j 的 eventHander

```
1.  akka{
2.      event-handlers = ["akka.event.slf4j.Slf4jEventHandler"]
3.  }
```

配置好了日志的 eventHandler，怎样去使用呢？有两种方法：第一种是直接在程序中使用，如定义一个 val logger = Logger()；另一种方法是使用 with 关键字混入 ActorLogging，之后即可直接使用 logger.{info、debug、warn}方法记录日志了。在打印日志的时候可以使用占位符，占位符是字符串"{}"，方法如下所示。

2. 在日志中使用"{}"占位符

```
log.debug("two parameters：{},{}","one","two")
```

调整 Akka 中日志的显示级别，可以在 applicaton.conf 中添加如下所示的配置语句，修改记录日志的级别。

3. 修改日志级别

```
1.  akka{
2.      # Options: ERROR,WARNING,INFO,DEBUG
3.      loglevel = "DEBUG"
4.  }
```

12.1.3 Akka 部署及应用场景

Akka 适合用于高吞吐率、低延迟的系统中。目前已经被众多行业的众多大企业成功使用，从投资到银行业务，从零售到社会媒体、仿真游戏、汽车和交通系统、数据分析等。

Akka 的使用及部署方式大致有 3 种：

1）直接使用 Akka 框架来实现并发编程，在 12.2 一节中使用 Akka 实现了一个并发的 Akka 单词计数程序。当然也可以使用 Akka 的分布式模块构建分布式的并发系统，在 12.3 一节中会讲到分布式 Akka 环境的搭建。

2）Akka 作为一个分布式的消息子系统在其他系统中使用，例如 Akka 在 Spark 系统中得到了广泛的应用。

3）Akka 框架运用到 Web 项目中，可以在 Web 项目中的 application 中启动 Akka 的 ActorSystem。

12.2 使用 Akka 框架实现单词统计

本节将介绍的是使用 Akka 框架实现单词统计（WordCount）的实例。Akka 框架中使用的 Actor 跟 Scala 中的 Actor 异曲同工，并且 Akka 也是使用 Scala 语言编写的。因此本实例直接以 Akka 中的 Actor 来编写 WordCount 代码。使用 Akka 首先要引入 Akka 的依赖包，Akka 依赖包可以到 Akka 官网或者到 mvnrepository.com/tags/maven 上搜索，下载对应版本的 JAR 包并导入项目中。

本例使用 MapActor 来对输入的语句进行切分计数，使用 ReduceActor 对 MapActor 切分后的单词个数进行化简统计，最后交由 AggregateActor 进行全局的统计。首先定义消息实体类。

1. 定义消息实体类

```
1.   import java.util.{ArrayList,HashMap}
2.   classWordInfo(val word:String,val count:Integer)
3.   case classGetResult()
4.   classMapInfo(val dataList:ArrayList[WordInfo])
5.   classReduceInfo(val reduceMap:HashMap[String,Integer])
```

定义传递的消息实体类，用于传递统计消息。WordInfo 类中有两个属性：Word 和该 Word 出现的次数 count。GetResult 样本类告诉 AggregateActor 返回统计结果，MapInfo 用于记录 MapActor 中的数据，ReduceInfo 用于记录 ReduceActor 中的记录。

程序中使用 MapActor 处理输入文本信息，并将文本按照空格切分，形成一个如 MapInfo 的对象，并将 MapInfo 传入 ReduceInfo 进行化简统计。

2. 使用 MapActor 处理输入文本信息

```
1.   classMapActor(val reduceActor:ActorRef) extends    Actor{
2.     val STOP_WORDS_LIST = List("stop","quit")
```

```
3.    override  def receive: Receive = {
4.      case message :String =>
5.        reduceActor ! calculation(message)
6.      case _ =>
7.    }
8.    def calculation(line:String):MapInfo = {//将收到消息字符串按照分隔符分成单词
9.      val dataList = new ArrayList[WordInfo]()
10.     val   parser :StringTokenizer = new StringTokenizer(line)
11.     val defaultCount:Integer = 1
12.     while (parser.hasMoreTokens) {
13.       val word:String = parser.nextToken().toLowerCase()
14.       if(! STOP_WORDS_LIST.contains(word)) {
15.         dataList.add(new WordInfo(word,defaultCount))
16.       }
17.     }
18.     return new MapInfo(dataList)
19.   }
20. }
```

MapActor 的 receive 方法中匹配收到的消息，如果消息是 String 类型，则执行 calculation (message)方法，并将该方法的返回值发送给 reduceActor。在 calculation 方法中，首先构造一个 dataList 数组，用于存放由 message 消息解析出的 WordInfo 对象。WordInfo 对象用于记录解析出的单词及单词对应的个数，此处每一个单词对应一个 WordInfo 对象，因此单词个数为 1，用 defaultCount 常量表示。方法中使用 StringTokenizer 工具解析每一个单词。对于解析出来的每一个单词，只要不是 STOP_WORDS_LIST 列表中的单词，都放入到 dataList 数组中。解析完成之后，使用解析出来的 dataList 构建一个 MapInfo 对象并返回。该 MapInfo 对象将通过"!"方法，发送给 reduceActor，reduceActor 将根据单词进行化简，求出相同单词的个数。对 MapInfo 中的元组数据化简的 ReduceActor 代码如下所示。

3. ReduceActor 进行化简

```
1.  import java.util
2.  import akka.actor.{ActorRef, Actor}
3.  import collection.JavaConversions._
4.  class ReduceActor(val aggregateActor:ActorRef) extends Actor {
5.    override def receive: Receive = {
6.      case message: MapInfo =>
7.        aggregateActor ! reduce(message.dataList)
8.      case _ =>
9.    }
10.   def reduce(dataList: util.ArrayList[WordInfo]):ReduceInfo = {
11.     //化简函数,对 dataList 进行化简
12.     val reduceMap = new util.HashMap[String, Integer]() //键是单词,值是单词出现的次数
```

```
13.        for ( wc : WordInfo <- dataList ) {
14.            //遍历数组
15.            val word : String = wc.word
16.            if ( reduceMap.containsKey( word ) ) {
17.                reduceMap.put( word, reduceMap.get( word ) + 1 ) //reduceMap 中存在该单词,则
                   单词个数加 1
18.            } else {
19.                reduceMap.put( word, 1 ) //reduceMap 中不存在该单词,则将该单词放入 re-
                   duceMap 中,并计数为 1
20.            }
21.        }
22.        return new ReduceInfo( reduceMap )     //使用 reduceMap 对象构建 ReduceInfo
23.    }
24. }
```

ReduceActor 的 receive 方法匹配到 case message:MapInfo 消息之后,将执行 reduce(message.dataList)方法,并将 reduce 方法的返回结果发送给 aggregateActor 进行最后的汇总处理。

reduce 方法中,首先定义一个 HashMap,键是单词,值是单词出现的次数。在 for 循环中,对 dataList 中的单词按单词统计计数并放入到 reduceMap 中,统计计数完成之后,使用 reduceMap 构建一个 ReduceInfo 对象并返回。

reduce 方法返回的 ReduceInfo 对象将会被发送给 AggregateActor 进行最后的汇总,代码如下所示。

4. AggregateActor 汇总结果

```
1.  import java.util
2.  import akka.actor.Actor
3.  import collection.JavaConversions._
4.  class AggregateActor extends Actor {
5.      var finalReduceMap = new util.HashMap[ String, Integer ]
6.      override def receive : Receive = {
7.          case message : ReduceInfo =>
8.              doAggregate( message.reduceMap ) //匹配到 ReduceInfo 消息,调用 doAggregate 进行统
                 计汇总
9.          case message : GetResult =>     //匹配到 GetResult,直接打印出 finalReduceMap 中的信息
10.             var i = 0
11.             for( key <- finalReduceMap.keySet( ) ) {
12.                 i = i + 1
13.                 if( i % 5 = = 0 )        //为了打印出个好看,每一行打印 5 个
14.                     println( )
15.                 print( key + ":" + finalReduceMap.get( key ) + " \t" )
16.             }
17.         }
```

```
18.    def doAggregate(reduceList: util.HashMap[String, Integer]): Unit = {
19.      //聚合函数,返回统计结果
20.      var count: Integer = 0
21.      for (key <- reduceList.keySet) {
22.        //遍历 reduceList
23.        if (finalReduceMap.containsKey(key)) {
24.          //如果 finalReduceMap 中包含该单词,则
25.          count = reduceList.get(key)          //从 reduceList 中取出该单词对应的频数
26.          count += finalReduceMap.get(key)//加上 finalReduceMap 中该单词对应的频数
27.          finalReduceMap.put(key, count)     //最后更新该单词出现的频数
28.        } else {
29.          finalReduceMap.put(key, reduceList.get(key)) //不包含该单词,则直接将该单词
                                                       及单词对应的频数放入 finalReduceMap 中
30.        }
31.      }
32.    }
33.  }
```

在 AggregateActor 中定义了一个 finalReduceMap,用于存放最终的单词统计结果,键是单词,值是单词的出现次数。

AggregateActor 的 receive 方法中,若匹配到 case message:ReduceInfo 消息,将调用 doAggregate(message.reduceMap)方法,将 reduce 阶段的结果汇入最终的结果集 finalReduceMap 中。

doAggregate 方法中,遍历 reduceMap,对于 reduceMap 中的每一个单词,若 finalReduceMap 中存在该单词,则取出 reduceMap 中该单词对应的数目和 finalReduceMap 中该单词对应的数目相加,用相加的结果更新 finalReduceMap 中该单词对应的数据。若 finalReduceMap 中不存在该单词,则直接把该单词和单词对应的个数放入 finalReduceMap 中。

每一次 doAggregate 方法的调用,都将更新 finalReduceMap 中记录的单词及单词个数。若 receive 方法收到的消息为 case message:GetResult,则调用 println 方法打印出 finalReduceMap 中的单词及单词对应的个数。

上面提到了 MapActor,ReduceActor,AggregateActor,那么这些 Actor 是如何协同工作的呢？这其实就跟一个公司组织结构差不多,公司有很多员工,每个员工做自己的事情,员工与员工要得到其他部门的帮助需要一个部门经理来协调,这样就使每一个员工专注于处理自己的事情而不因协调琐碎杂事分心。该程序设计中,使用 MasterActor 来协调管理。一个好的部门经理应该非常的知晓自己带领员工的能力及特长,以便于合理的分配任务和调度资源。MasterActor 在这里起协调、调度功能,因此它必须对自己的手下知根知底。其实 MapActor、ReduceActor、AggregateActor 的初始化,都是在 MasterActor 内部通过 context 对象初始化的,代码如下所示。

5. MasterActor 进行初始化

```
1.  import akka.actor.{Props, ActorRef, Actor}
2.  class MasterActor extends Actor {
```

```
3.    val aggregateActor：ActorRef = context.actorOf(Props[AggregateActor], name = "aggregate")
4.    //使用 context 的 actorOf 方法创建 AggregateActor
5.    val reduceActor：ActorRef = context.actorOf(Props(new ReduceActor(aggregateActor)), name
      = "reduce")
6.    //使用 context 的 actorOf 方法创建 ReduceActor,并将创建的 aggregateActor 通过构造函数传入
7.    val mapActor：ActorRef = context.actorOf(Props(new MapActor(reduceActor)), name = "map")
8.    //使用 context 的 actorOf 方法创建 MapActor,并将 reduceActor 通过构造函数传入
9.    override def receive：Receive = {
10.       case message：String =>     //匹配到输入的字符串消息
11.          mapActor ! message    //将消息发送给 mapActor 处理
12.       case message：GetResult =>   //匹配到 GetResult 消息
13.          aggregateActor ! message  //将 GetResult 消息发送给 aggregateActor,打印出单词汇总信息
14.       case _ =>
15.    }
16. }
```

MasterActor 是一个全局的管理者，要负责初始化 MapActor、ReduceActor、AggregateActor。因为 MapActor 中拆分出来的单词需要发送给 ReduceActor 处理，因此在创建 MapActor 的时候，要将 ReduceActor 传入，这样在 MapActor 中就可以通过传入的 ReduceActor 的引用向 ReduceActor 发送消息了。同样的 ReduceActor 中统计的单词信息需要发送给 AggregateActor 进行最后的汇总，因此在创建 ReduceActor 时，要将 AggregateActor 传入，这样在 ReduceActor 中就能向 AggregateActor 发送消息了。

所有条件都已经具备，现在只需要在 main 函数中通过 ActorSystem 启动 MasterActor，并向 MasterActor 发送消息即可驱动统计程序的运行。如下所示。

6. 在客户端程序中启动 ActorSystem，创建 MasterActor，开始单词统计

```
1.  object Boot {
2.    def main(args：Array[String]) {
3.      val _system = ActorSystem("sbt_akka")//ActorSystem
4.      val master = _system.actorOf(Props[MasterActor],name = "master")//构建 MasterActor
5.      master ! "have an aim in your life ,"                //发送消息给 master
6.      master ! "nor your energies will all be wasted"
7.      master ! "just to do it !"
8.      Thread.sleep(500)                                     //线程睡眠 500 ms
9.      master ! GetResult                                    //向 master 发送 GetResult,请求返回结果
10.     Thread.sleep(500)
11.     _system.shutdown()                                    //关闭 ActorSystem
12.   }
13. }
```

在上面的 Boot 程序中，创建了一个名为 sbt_akka 的 ActorSystem 对象，通过该对象的 actorOf 方法创建 MasterActor。有了 MasterActor 之后，就可以向其发送消息及指令进行单词的

第12章 Akka程序设计实践

统计及显示了。程序中发送了三条语句，调用 Thread.sleep 方法让线程睡眠 500 毫秒，目的是等待统计工作完成。然后向 master 发送 GetResult 消息，master 接收到该消息后将打印出单词的统计信息。最后调用 ActorSystem 的 shutdown 方法，关闭 ActorSystem。

运行结果如图 12-2 所示。

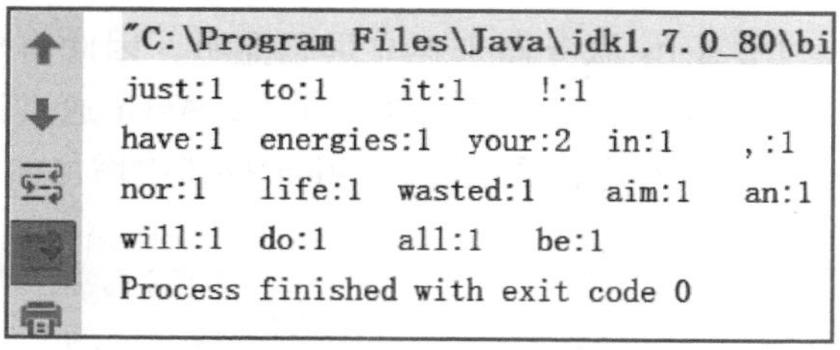

图 12-2　wordCount 运行结果

12.3 分布式 Akka 环境搭建

使用 Akka 的分布式模块，可以构建出不同物理节点的多机协同消息处理系统。本小节通过搭建 Akka 分布式环境，展示 Akka 在构建分布式系统上的灵活与方便。

这里通过构建两个物理节点，展示 Akka 分布式环境的搭建。这两个节点分别是 RemoteNode 和 LocalNode。LocalNode 节点的 Actor 向 RemoteNode 节点的 Actor 发送消息，并接收 RemoteNode 节点返回的结果。

环境的搭建遵循以下步骤如下。

1) 配置 Remote 节点。
2) 编写 RemoteNodeActor。
3) 编写 RemoteActorApplication，启动 RemoteNodeActor。
4) 配置 Local 节点。
5) 编写 LocalNodeActor。
6) 编写 LocalNodeActorApplication，启动 LocalNodeActor。

以下分步骤详细介绍。

1. 配置 Remote 节点

要使用 Akka 搭建分布式系统，首先要引入 Akka 的 Remote 模块。首先新建 SBT（Simple Build Tool）项目，在项目中的 build.sbt 配置文件中引入 Akka 的 Remote 模块。build.sbt 配置文件内容如下所示。

```
1.    name := "akka_remote"
2.    version := "1.0"
3.    scalaVersion := "2.10.4"
4.    resolvers += "Typesafe Repository" at "http://repo.typesafe.com/typesafe/releases/"
5.    libraryDependencies ++= Seq(
```

```
6.    "com.typesafe.akka" % "akka-actor_2.10" % "2.1.4",
7.    "com.typesafe.akka" % "akka-remote_2.10" % "2.1.4",
8.    "com.typesafe.akka" % "akka-kernel_2.10" % "2.1.4"
9.  )
```

Akka Remote 模块中利用 Netty 服务器来建立远程监听,因此搭建分布式环境,需要指定 Netty 服务器的 Ip 和监听的端口。为了完成这一任务,Akka 通过读取配置文件的方式来获得 Netty 服务器的 Ip 和端口。因此需要在 application.conf 中增加如下的配置。

```
1.  remoteNode {                                          //节点名称
2.    akka {                                              //akka 配置
3.      actor {
4.        provider = "akka.remote.RemoteActorRefProvider"
5.      }
6.      remote {
7.        transport = "akka.remote.netty.NettyRemoteTransport"
8.        netty {
9.          hostname = "192.168.1.12"                     //指定 Netty 服务器所在的 Ip
10.         port = 2554                                   //指定 Netty 服务器监听的端口
11.       }
12.     }
13.   }
14. }
```

2. 编写 RemoteNodeActor

在配置文件中指定了 Netty 服务器 hostname 和 port。接下来将通过实现 Actor Trait 书写 RemoteNodeActor。RemoteNodeActor 只做一件事情,通过 receive 方法接收信息,然后向发送方返回 message + " I'm remote Server"消息。RemoteNodeActor 实现如下所示。

```
1.  class RemoteNodeActor extends Actor {
2.    def receive: Receive = {
3.      case message: String =>
4.        sender.tell(message + " i'm remote Server", self)//使用 sender 的 tell 方法,返回消息
5.    }
6.  }
```

在该类中,通过 receive 方法匹配收到的消息,并向请求端返回 message + "i'm remote Server"的消息。

3. 编写 RemoteActorApplication,启动 RemoteNodeActor

在配置好 RemoteNodeActor 之后,最后需要编写 RemoteNodeApplication 启动 ActorSystem 和 RemoteNodeActor,RemoteNodeActor 启动之后,Netty 服务器开始监听 2554 端口了,等待远程的请求并建立连接。实现代码如下所示。

第12章 Akka程序设计实践

```
1.  object RemoteActorApplication {
2.    def main(args: Array[String]): Unit = {
3.      val system = ActorSystem("remoteNode", ConfigFactory.load().getConfig("remoteNo-
        de"))//使用ConfigFactory.load().getConfig("remoteNode")的方式初始化ActorSystem
4.      val remoteActor = system.actorOf(Props[RemoteNodeActor], name = "remoteActor")//启
        动RemoteNodeActor
5.    }
6.  }
```

在RemoteActorApplication的主函数中,通过指定配置初始化ActorSystem。ConfigFactory.load方法将默认加载工程根目录下的application.conf配置文件,并通过getConfig方法读取出配置的remoteNode信息。以上的Remote端就构建完毕了,接下来以同样的方法构建LocalActor。

4. 配置Local节点

同样新建一个SBT项目,为了使用Akka的Remote模块,同样需要在build.sbt配置文件中引入相关的依赖Jar包,SBT将自动到相应的仓库中下载,其配置同Remote节点的build.sbt配置文件。项目中Scala目录下,有LocalNodeActor和LocalNodeApplication两个文件,在resources目录中存放的application.conf配置文件,application.conf配置文件中,配置localActor,配置代码如下所示。

```
1.  LocalNode {              //配置名称为LocalNode
2.    akka {                 //akka的配置项
3.      actor {
4.        provider = "akka.remote.RemoteActorRefProvider"
5.      }
6.    }
7.  }
```

配置完成之后,接下来编写LocalNodeActor。

5. 编写LocalNodeActor

接下来通过实现Actor Trait的方式编写LocalNodeActor,代码如下所示。

```
1.   classLocalNodeActor extends Actor with ActorLogging {
2.     val remoteActor = context.actorFor("akka://remoteNode@192.168.1.12:2554/user/remote-
       Actor")//得到remoteActor的引用
3.     implicit val timeout = Timeout(5000)//设置隐式值,超时时间为5s
4.     def receive: Receive = {
5.       case message: String =>
6.         val future = (remoteActor ? message).mapTo[String]//使用异步方法"?"向remoteActor
           发送信息,该方法不会阻塞,立即返回代表将来可能返回值的Future对象
7.         val result = Await.result(future, timeout.duration)
8.         log.info("Message received from Server -> {}", result + " sender:" + sender)//打印出结果
9.     }
10.  }
```

在上面代码中，使用 context.actorFor(URL) 方法得到远程 Actor 的引用，跟使用本地 Actor 一样使用 remoteActor 的"?"方法发送 message 并通过立即返回的 Future 对象等待返回的结果，打印出 RemoteActor 响应信息。编写好 LocalNodeActor 之后，需要启动 LocalNodeActor，下面就编写 LocalNodeActorApplication，启动 LocalNodeActor。

6. 编写 LocalNodeActorApplication，启动 LocalNodeActor

最后编写 LocalNodeApplication 启动 NodeActor。代码如下所示。

```
1.  object LocalNodeApplication {
2.    def main(args: Array[String]): Unit = {
3.
4.      val config = ConfigFactory.load().getConfig("LocalNode")    //加载 LocalNode 配置
5.      val system = ActorSystem("LocalNodeApplication", config)    //使用配置构建 ActorSystem
6.      valclientActor = system.actorOf(Props[LocalNodeActor])      //构建 LocalNodeActor
7.      clientActor ! "Hello"                                       //发送消息
8.      Thread.sleep(4000)
9.      system.shutdown()                                           //关闭 ActorSystem
10.   }
11. }
```

上面代码中，通过 ConfigFactory.load 方法，加载工程根目录下的 application.conf 配置文件，通过 getConfig 方法读取出 LocalNode 配置。使用 application.conf 中的配置初始化 ActorSystem，并使用该 ActorSystem 的 actorOf 方法创建并启动 LocalNodeActor。

至此，简单的分布式 Akka 环境搭建完毕！运行 RemoteNodeApplication，后台打印出 RemoteServerStarted@akka://remoteNode@192.168.1.12:2554，其中 remoteNode 为配置中远程节点的名称，192.168.1.12 为远程 IP，2554 远程端口。结果如下所示。

```
1.  Connected to the target VM, address: '127.0.0.1:50373', transport: 'socket'
2.  [INFO] [08/13/2015 12:17:45.611] [main] [NettyRemoteTransport(akka://remoteNode@
    192.168.1.12:2554)] RemoteServerStarted@akka://remoteNode@192.168.1.12:2554
```

运行 LocalNodeApplication，控制台打印出 RemoteClientStarted 信息，远程 IP 是 192.168.1.12，端口是 2554。向远程 Actor 发送 Hello 消息，远程 Actor 返回"Hello I'm remote"，在控制台中打印出来。结果如下所示。

```
1.  Connected to the target VM, address: '127.0.0.1:56227', transport: 'socket'
2.  [INFO] [08/13/2015 11:51:38.919] [main] [NettyRemoteTransport(akka://LocalNodeAp-
    plication @ 192.168.1.12:2552)] RemoteServerStarted @ akka://LocalNodeApplication @
    192.168.1.12:2552
3.  [INFO] [08/13/2015 11:51:39.208] [LocalNodeApplication-akka.actor.default-dispatcher
    -3] [NettyRemoteTransport(akka://LocalNodeApplication@192.168.1.12:2552)] Remote-
    ClientStarted@akka://remoteNode@192.168.1.12:2554
```

第12章 Akka程序设计实践

4. [INFO] [08/13/2015 11:51:39.238] [LocalNodeApplication-akka.actor.default-dispatcher -3] [akka://LocalNodeApplication/user/$a] Message received from Server -> Hello i'm remote Server sender:Actor[akka://LocalNodeApplication/deadLetters]
5. Disconnected from the target VM, address: '127.0.0.1:56227', transport: 'socket'

12.4 使用 Akka 微内核部署应用

Akka 微内核是一个内置的微型服务器,其目的是提供一个绑定的机制,通过该机制可以发布一个单一负载的应用程序,而不需要通过运行 Java 服务器或者手动创建一个启动脚本。在 Akka 的下载包里面包含一个 Akka 的微内核。

要想使用 Akka 的微内核启动一个应用程序,首先需要创建一个 Bootable 类,这个类提供了启动和关闭应用的方法。

启动应用程序,首先需要将应用的 JAR 包放入 Akka 安装路径下的 deploy 目录下。如果运行应用程序时需要依赖其他的 JAR 包,将这些 JAR 包放入 lib 目录中,在运行时将自动加载这些依赖包。为了启动 Akka 微内核,需要进入到 Akka 安装目录的 bin 目录中,通过运行 Akka 命令启动微内核。需要将要启动的应用的 Boottable 类传给 Akka 命令。启动脚本将首先加载 config 目录中的配置文件,然后加载 lib/* 目录中的依赖包到类路径中。脚本将使用 akka.kernel.Main 运行通过参数传入的 Bootable 类。

在 UNIX/Linux 环境中,可以通过如下命令启动 Bootable:

```
/bin/akka sample.kernel.hello.HelloKernel
```

在 Windows 环境中,可以通过如下命令启动 Bootable:

```
/bin/akka.bat sample.kernel.hello.HelloKernel
```

例 12-7 是一个使用 Bootable 启动 AkkaSystem 的例子。通过启动 Bootable,创建 ActorSystem,并向 HelloActor 发送 Start 消息。HelloActor 接收到消息之后,向 WorldActor 发送"Hello"消息。

【例 12-7】Akka 微内核启动 Bootable。

```
package sample.kernel.hello
importakka.actor.{Actor,ActorSystem,Props}
importakka.kernel.Bootable
case object Start
classHelloActor extends Actor {
    valworldActor = context.actorOf(Props[WorldActor])    //在构造函数中创建 WorldActor
    def receive = {
        case Start => worldActor ! "Hello"                //向 worldActor 发送 Hello 消息
```

333

```
        case message: String =>
            println("收到消息:" + message)
    }
}
class WorldActor extends Actor {
    def receive = {
        case message: String => sender()!(message.toUpperCase + " world!")//向消息发送者返回消息
    }
}
class HelloKernel extends Bootable {
    val system = ActorSystem("hellokernel")        //启动 ActorSystem
    def startup = {                                //系统启动自动调用 startup 方法
        system.actorOf(Props[HelloActor])! Start   //创建 HelloActor, 并向其发送 Start 消息
    }
    def shutdown = {
        system.shutdown()                          //关闭系统时自动调用
    }
}
```

如例 12-7 中一样，可以通过 Akka 微内核启动任何 Java 应用和服务。在 Bootable 类中可以启动 Akka，也可以启动其他的应用，如在 Web 应用中可以启动 Servelet 拦截用户请求，也可以启动一个数据库服务程序，并通过该服务程序对外提供对数据库的增、删、改、查操作等。

Section 12.5 Akka 框架在 Spark 中的运用

Spark 是 UC Berkeley AMP lab 所开源的类 Hadoop MapReduce 的通用并行计算框架，Spark 拥有 Hadoop MapReduce 所具有的优点，但不同于 MapReduce 的是，Job 的中间输出结果可以保存在内存中，从而不再需要读写 HDFS，因此 Spark 能更好地适用于数据挖掘与机器学习等需要迭代的算法。

Spark 在很多模块之间的通信选择是 Akka，Spark 之所以选择 Akka，是因为 Akka 有以下 5 个特性：

1）易于构建并行和分布式应用（Simple Concurrency & Distribution）：Akka 在设计时采用了异步通信和分布式架构，并对上层进行抽象，如 Actors、Futures、STM 等。

2）可靠性（Resilient by Design）：系统具备自愈能力，在本地/远程都有监护。

3）高性能（High Performance）：在单机中每秒可发送 50 000 000 个消息。内存占用小，1 GB 内存中可保存 270 万个 Actors。

4）弹性，无中心（Elastic — Decentralized）：自适应的负责均衡、路由、分区、配置。

5）可扩展（Extensible）：可以使用 Akka 扩展包进行扩展。

在 Spark 中各个模块之间通过 Akka 来相互通信，可以说 Spark 的整个通信体系都是构建在 Akka 之上的，因此了解和学习 Akka 对于深入学习 Spark 架构、研究 Spark 的内核是有巨

第12章 Akka程序设计实践

大帮助的。下面将列举 Akka 在 Spark 中的应用，使用的 Spark 版本是 1.4.1。

Spark 中 Client、Master、Worker 之间的通信是用 Akka 框架来完成的。如图 12-3 所示是 Spark 集群通信架构图，从图中可以看到，客户端编写的程序在 Driver 端运行，Driver 端的 DAGScheduler 划分出不同的 Stage，并将 Stage 划分成一个 TaskSet 交给 TaskScheduler，TaskScheduler 将划分好的 Task 通过集群提交到不同的 Worker 节点进行计算，计算完成之后 Worker 将运行状态和结果通过集群返回 Master。

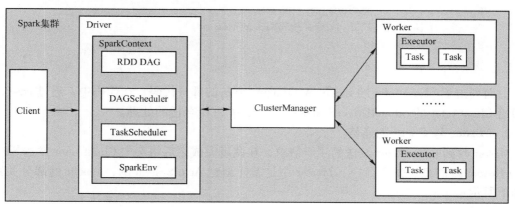

图 12-3　Spark 通信构架

- Client：负责提交作业到 Master。
- Master：接收 Client 提交的作业，管理 Worker，并命令 Worker 启动 Driver 和 Executor。
- Worker：负责管理本节点的资源，定期向 Master 汇报心跳，接收 Master 的命令，例如启动 Driver 和 Executor。

下面将通过源代码，了解 Akka 在 Spark 中的应用。

1. Client 与 Master 的通信

Client 代码：位于 org.apache.spark.deploy.Client。在 Client 中，会构建 ClientActor，ClientActor 在 preStart 方法中会向 MasterActor 发送 RequestSubmitDriver 消息，请求提交 Driver 程序。以下是 Client 的源代码：

```
1.    val (actorSystem,_) = AkkaUtils.createActorSystem(
2.        "driverClient",Utils.localHostName(),0,conf,new SecurityManager(conf))
3.    // VerifydriverArgs.master is a valid url so that we can use it in ClientActor safely
4.    for (m <- driverArgs.masters) {
5.        Master.toAkkaUrl(m,AkkaUtils.protocol(actorSystem))
6.    }
7.    //使用 ClientActor 初始化 actorSystem
8.    actorSystem.actorOf(Props(classOf[ClientActor],driverArgs,conf))
```

代码中，使用 AkkaUtils.createActorSystem() 创建了一个名为 "driverClient" 的 Akka System，actorSystem.actorOf(Props(classOf[ClientActor],dirverArgs,conf)) 这句代码的作用是创建 ClientActor。在 preStart 方法中向 MasterActor 发起 RequestSubmitDriver 提交请求，MasterActor 在收到该请求后，完成 Driver 程序的注册，并返回 SubmitDriverResponse 消息，ClientActor 将在

receiveWithLogging 函数中匹配并处理该消息。ClientActor 的 receiveWithLogging 代码如下所示：

```
1.  override defreceiveWithLogging: PartialFunction[Any, Unit] = {
2.    case SubmitDriverResponse(success, driverId, message) =>
3.      println(message)
4.      if (success) {
5.        activeMasterActor = context.actorSelection(sender.path)  //得到 ActiveMaster 的引用
6.        pollAndReportStatus(driverId.get)
7.      } else if (!Utils.responseFromBackup(message)) {
8.        System.exit(-1)
9.      }
```

上面列出了 ClientActor 的 receiveWithLoging 方法的部分代码，在代码中，通过 case 匹配返回给 ClientActor 的 SubmitDriverResponse 消息，并进行合适的处理。

2. Master 与 Client 的通信

Master 收到 ClientActor 发送的注册请求，在调度完成之后将会向 ClientActor 发送 SubmitDriverResponse 消息。先来看一下 Master 中是怎样创建 ActorSystem 的，Master 的部分关键代码如下所示：

```
1.  def main(argStrings: Array[String]) {
2.    SignalLogger.register(log)
3.    val conf = newSparkConf
4.    val args = newMasterArguments(argStrings, conf)
5.    val (actorSystem, _, _, _) = startSystemAndActor(args.host, args.port, args.webUiPort, conf)
6.    actorSystem.awaitTermination()
7.  }
```

在上面的代码中，可以看到调用了 startSystemAndActor 方法，该方法用于启动 ActorSystem。startSystemAndActor 方法代码如下所示：

```
1.  defstartSystemAndActor(
2.    host: String,
3.    port: Int,
4.    webUiPort: Int,
5.    conf: SparkConf): (ActorSystem, Int, Int, Option[Int]) = {
6.    valsecurityMgr = new SecurityManager(conf)
7.    val (actorSystem, boundPort) = AkkaUtils.createActorSystem(systemName, host, port, conf = conf,
8.      securityManager = securityMgr)  //创建 ActorSystem
9.    val actor = actorSystem.actorOf(  //得到 masterActor 引用
10.     Props(classOf[Master], host, boundPort, webUiPort, securityMgr, conf), actorName)
11.   val timeout = RpcUtils.askTimeout(conf)
12.   valportsRequest = actor.ask(BoundPortsRequest)(timeout)  //设置超时时间
13.   valportsResponse = Await.result(portsRequest, timeout).asInstanceOf[BoundPortsResponse]
14.   (actorSystem, boundPort, portsResponse.webUIPort, portsResponse.restPort)
15. }
```

第12章 Akka程序设计实践

源代码中调用了 AkkaUtils.createActorSystem，该方法建立了 sparkMaster 这个 ActorSystem，然后调用 actorSystem.actorOf 创建 MasterActor。在 Master 的 receiveWithLogging 方法中，接收到 RequestSubmitDriver 请求并完成调度之后，会向 ClientActor 发送 SubmitDriverResponse 消息，以完成 Master 和 Client 之间的通信。Master 中 receiveWithLogging 部分源代码如下所示：

```
1.   override defreceiveWithLogging: PartialFunction[Any,Unit] = {
2.       caseElectedLeader => {
3.       //被选为 Master,首先判断是否该 Master 原来为 active,如果是那么进行 Recovery
4.       }
5.       caseCompleteRecovery => completeRecovery() // 删除没有响应的 worker 和 app,并且为所
         有没有 worker 的 Driver 分配 worker
6.       caseRevokedLeadership => {
7.           // Master 将关闭
8.       }
9.       caseRegisterWorker(id,workerHost,workerPort,cores,memory,workerUiPort,publicAddress)
         =>
10.      {
11.          //如果该 Master 不是 active,不做任何操作,返回
12.          //如果注册过该 worker id,向 sender 返回错误
13.          sender! RegisterWorkerFailed("Duplicate worker ID")
14.          //注册 worker,如果 worker 注册成功则返回成功的消息并且进行调度
15.          sender! RegisteredWorker(masterUrl,masterWebUiUrl)
16.          schedule()
17.          //如果 worker 注册失败,发送消息到 sender
18.          sender! RegisterWorkerFailed("Attempted to re-register worker at same address: " + workerAddress)
19.      }
20.      caseRequestSubmitDriver(description) => {
21.          //如果 master 不是 active,返回错误
22.          sender! SubmitDriverResponse(false,None,msg)
23.          //否则创建 driver,返回成功的消息
24.          sender! SubmitDriverResponse(true,Some(driver.id),s"Driver successfully submitted as
             ${driver.id}")
25.      }
26.  }
```

3. Master 和 Worker 之间的通信

在 Worker 源代码中同样有一个 startSystemAndActor 方法,在该方法中,依然调用 AkkaUtil.createActorSystem 创建名为 sparkWorker 的 ActorSystem,并通过 ActorSystem 的 actorOf 方法创建 WorkerActor,通过 WorkerActor 向 Master 发送 RegisterWorker 消息,以完成注册。

12.6 小结

在本章中，讲解了 Akka 中使用 Typesafe 配置库读取配置文件及 Akka 中日志框架的选用及日志的配置。Typesafe 配置库默认会加载应用根目录下的 application.{conf,json,properties} 配置文件。不同的配置文件有不同的优先级，优先级从高到低如下：System properties –> application.conf –> application.json –> application.properties –> reference.conf。Akka 中默认使用 slf4j 日志框架，可以通过配置选用熟悉的日志记录框架。在 12.1.3 一节概述了 Akka 部署及应用的场景。

12.2 一节通过 Akka 框架实现了一个并行的单词统计应用，12.3 一节讲解了 Akka 分布式环境的搭建，12.4 一节讲解了使用 Akka 微内核运行应用，12.5 一节结合 Spark 源代码，探讨了 Akka 框架在 Spark 中的应用。通过本章的讲解，读者朋友们基本上掌握了 Akka 的使用，并能将 Akka 应用于不同的场景。

第 13 章　Kafka 设计理念与基本架构

Kafka 是用 Scala 语言实现的一个分布式消息队列系统，由于 Kafka 具有高吞吐量及可水平扩展的独特特性。目前很多公司将 Kafka 作为消息系统和多种类型的数据管道首选系统，现在如 Spark、Apache Storm、Cloudera Hadoop 这样的大数据开源分布式处理系统也支持 Kafka 集成。为何 Kafka 在大数据实时处理分析平台架构中如此受欢迎？如何在流数据平台中灵活驾驭 Kafka？怎样编写 Kafka 的应用程序来处理不同情景的业务？

为了回答这些问题，为了更好地将 Kafka 技术引入到自己的技术栈，本书将通过接下来的 3 章内容详细讲解 Kafka。第 13 章从设计理念与基本架构入手，让大家能从整体上理解 Kafka；第 14 章主要从核心组件及核心特性角度来详细分析 Kafka，让大家对 Kafka 的细枝末节了如指掌；第 15 章主要从实战编程的角度入手，让用户能灵活地运用 Kafka 解决实际业务问题。本章主要阐述 Kafka 的产生原因、Kafka 的特点及 Kafka 系统的应用场景、Kafka 的整体框架及设计理念理解、Kafka 的系统分析及优化、Kafka 未来的研究方向等。

13.1　Kafka 产生的背景

Kafka 是 LinkedIn 公司于 2010 年决定构建的一个系统，主要用来对各种数据系统机制的集成和相同的数据进行实时处理，专注于捕获数据流的设计思想，就是 Apache Kafka 的起源。那么为什么要设计一个系统来专门捕获数据流呢？

Confluent 联合创始人 Jay Kreps，结合自己过去 5 年中在 LinkedIn 构建 Apache Kafka 的经验描述中发现，他说当时面临着两个棘手的问题，第一，怎样在不同的数据系统中传递数据，而且这些数据系统还部署在不同的地理位置，其中的数据系统包括关系型数据库 OLTP、OLAP 数据库、衍生的键值数据库、Hadoop、Teradata、搜索引擎、监控系统等；第二，怎样用这些数据低延迟地进行更加丰富的数据分析处理，换句话说，就是现在所说的"流处理"。面对这些问题，他们起初的解决方案是，在数据系统和应用程序之间，通过可操纵的管道来实现数据的传输和异步处理。但是随着时间的推移，业务逻辑的不断复杂，应用程序不断增多，这种组织架构越来越复杂，以至于他们不得不终止这种通过建立数据管道，在不同数据系统中传递数据的方案。因此 Kafka 也在这种场景下应运而生。

在 LinkedIn 公司中，Kafka 主要用于运营数据处理管道和活动流数据处理。活动流数据处理主要指用户对网站内容的查看、网站页面的访问量、用户搜索记录等信息进行统计分析。但是现在 Kafka 已经被很多公司用来作为不同类型的数据管道和消息系统来使用，实际上 Kafka 是一个具有独特特性的分布式消息队列系统。

13.2 消息队列系统

13.2.1 概述

消息队列系统可以认为是一个用来进行消息传输、保存消息的容器，其中的消息即同一台服务器或者是不同服务器进程间传递的数据信息。消息队列系统最重要的设计思想就是生产者与消费者解耦，使系统中的依赖尽可能减少。换句话说，只要是消息数据格式不变，接收者的地理位置、接口甚至配置的更改，也不会给数据发送者带来任何改变，即消息接收者不需要知道消息发送者是谁，消息发送者不需要知道消息接收者是谁。知道了消息队列系统设计的核心思想，你也许会问，在实际使用中，为什么要用消息队列系统，消息队列系统给实际生产应用中的业务带来了什么样的优势呢？

为了让大家更好地理解消息队列系统的优势，先从实际情景的角度出发，以 BS（Browser – Server）通信模型和 Master – Worker 的分布式模型来回答这个问题。

第一，BS（Browser – Server）通信模型，在很多 BS 架构中，当用户通过浏览器向服务器发送请求后，会一直跟服务器保持连接，等待服务器的响应。但是由于网络等原因，很有可能会出现用户连接超时、服务器请求失败的情况，如果这种情况频繁发生，用户体验会受到很大的影响。如果在服务器和浏览器间添加一个消息队列系统，就能很好地解决上面的问题，用户通过浏览器向服务器发送请求后，服务器接到响应后立即向浏览器回应，不再需要浏览器一直保持这个连接，服务器直接将请求的完整结果信息发送到消息队列系统中。浏览器端可以用 AJAX 等技术循环请求消息队列系统，检查并获取最新的结果消息，并将结果渲染到浏览器界面上。这样引入消息队列则避免了传统进程通信模型的弊端，典型的 Invoke/Respond 模型如图 13-1 所示，典型的消息队列处理流程如图 13-2 所示。

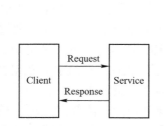

图 13-1 典型的 Invoke/Respond 模型

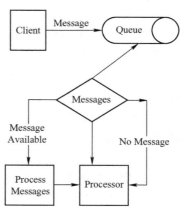

图 13-2 典型的消息队列处理流程

第二，Master – Worker 的分布式模型，只要稍微了解大数据架构，就会知道这种模型，比如 MapReduce 的设计思想，先来看看传统 Master – Worker 的分布式模型的处理方式，Mas-

第13章 Kafka 设计理念与基本架构

ter 要管理分配 Worker 的任务，主要通过 Worker 的心跳机制来完成。通过心跳机制，Master 知道哪些 Worker 处于空闲状态并能接受任务，通过调度均衡策略，Master 挑选一个 Worker 并建立连接，发送任务信息数据包，之后 Worker 收到数据信息包后进行解析执行，并通过协议向 Master 反馈信息。但是如果 Worker 许久没有反馈（这个一般通过配置文件进行阈值设置），Master 会通过自己已有的机制来判断该 Worker 的实际情况和状态，一旦判断这个 Worker 出现异常就会再挑选一个 Worker 来分配执行任务。

大家会发现这种方式会给 Master 节点带来很大的压力，实现过程也特别复杂。但是在 Master 节点和 Worker 节点之间加入消息队列系统，这种压力就会得到很好的缓解。这里可以用两个消息队列来做这个事情，一个用来处理 Master 下发任务的消息队列，Worker 周期性检查该队列来接收执行任务；另一个用来接收 Worker 节点执行结果信息反馈队列，Master 也周期性地检查该队列，汇总 Worker 节点的反馈结果，这样一个消息队列系统就可以解决这种一对多或者少对多的消息接收模型。

通过上面实际应用的分析，大家或许对消息队列系统有了一个初步的认识，但消息队列（Message Queue）产品很多，开源的也不少。为了让大家能更好地认识这些产品，灵活根据实际业务应用选择合适的消息队列系统，下一小节将进行详细阐述。

13.2.2 常用的消息队列系统对比

消息队列系统一个独特的设计特点就是生产者跟消费者松耦合特性，这种设计优势也仅只能用于单一业务的消息队列处理。换句话说，通用的消息队列系统对单一职责的消费者生产者模型比较适用，但是在实际的企业中，要进行多系统之间的消息通信，就会用到消息总线的概念。消息总线是在消息队列系统提供的技术支撑上，封装出来的更适合消息交互的实际业务场景。而消息队列系统则只提供一种消息通信的实现机制（消息的读写、消息的发送、消息缓存、数据压缩等）。因此，在公司生产中，工程师主要是基于已有的开源的消息队列系统来封装自己业务需求的消息总线。这样就省去了自己开发类似的消息队列或者 MessageBroker 的成本和工作量。为了更好地运用消息队列，大家对比一下常用的消息队列系统，如表 13-1 所示。

表 13-1　常用的消息队列（Message Queue）功能对比

	ActiveMQ	ZeroMQ	RabbitMQ	Kafka/Jafka
所属社区/公司	Apache	iMatix	Mozilla	Apache/LinkedIn
开发语言	Java	C++	Erlang	Scala/Java
支持协议	OpenWire、WS Notification、XMPP、AMQP、JMS	并发框架做的 socket 库	AMQP、XMPP、SMTP、STOMP	仿 AMQP
持久化	支持到文件或数据库	不支持	支持到文件	支持
事务	支持	不支持	不支持	不支持
集群	支持	不支持	支持	支持
负载均衡	支持	不支持	支持	支持
动态扩容	不支持	不支持	不支持	支持（Zookeeper）

以上都是开源的消息队列系统，其中 RabbitMQ 除了本身支持很多协议外，也是一个重量级开源消息队列，特别适合企业级开发，同时也实现了 Broker 架构，也就是说在发送消息给客户端的时候必须先在中心队列排队；ZeroMQ 号称最快的消息队列系统，特别适合吞吐量高的应用场景，开发工程师可以运用 ZeroMQ 来实现 RabbitMQ 不擅长的复杂/高级的队列，但是要组合多种技术架构，应用的复杂度也比较高。

其中，Twitter 的 Storm 0.9.0 以前的版本中默认使用 ZeroMQ 作为数据流的传输，Storm 0.9.0 之后的版本数据传输模块同时支持 Netty 和 ZeroMQ；ActiveMQ 既类似 ZeroMQ，也类似 RabbitMQ，可以用少量代码高效地实现高级应用场景；Kafka 的一个独特的特点就是支持动态扩容，如能在 O(1) 的系统开销下进行消息持久化，其中 Broker、Producer、Consumer 都原生自动支持分布式，自动实现负载均衡，支持 Hadoop 数据并行加载等。除性能好外，是一个工作良好的非常轻量级的分布式消息系统，Jafka 是在 Apache Kafka 之上孵化而来的，可以说是 Kafka 的一个升级版本。

13.2.3　Kafka 特点及特性

Kafka 是一个高性能、跨语言分布式发布/订阅消息队列系统，Kafka 支持分区、分布式，具有可扩展性强、高吞吐量、支持多客户端语言（Python、Java、C++）等特点。Kafka 的组成分为客户端和服务器端两个部分，其中客户端为 Producer 和 Consumer，提供 API，而服务器端为 Broker，客户端向 Broker 发送消息、消费消息，服务器端用来存储消息等功能，Kafka 的设计目标如下：

1）高效的消息持久化能力：Kafka 读取消息的时间复杂度为 O(1)，可以使消息持久化，即使是 TB 级别的数据也能保持常数级别的时间复杂度。

2）高吞吐量、低延迟：Kafka 充分利用磁盘的顺序读写，数据批量发送，数据压缩处理，即使在非常廉价的商用机器上也能做到单机支持每秒 100 KB + 的消息传输。

3）支持消息分区及分布式消费：Kafka Server 间能进行消息分区及分布式消费，可以保证每个 Partition 内的消息顺序传输，提高消息传输效率。

4）支持动态扩容：Kafka 通过 Zookeeper 来支持 Broker 节点的增加，只要新增的 Broker 向 Zookeeper 注册，Producer 及 Consumer 会根据 Zookeeper 上的 watcher 感知这些变化，并及时做出相应的调整。

5）同时支持实时数据处理和离线数据处理。

13.2.4　Kafka 系统应用场景

Kafka 是一个分布式的、多分区的、多副本（注意：多副本在 0.8.* 以上版本才支持）的消息队列系统，但是在做日志活动流数据分析时，Kafka 是一个不错的选择。因为通过 Kafka 集成可以将日志收集、ETL（Extraction – Transformation – Loading）、消息处理、流式处理等相关的工作统一在一个平台上。更值得关注的是，基于 Kafka 的集成可以构建一个拥有高吞吐量、低延时的实时、在线、离线分析系统。

活动流数据分析主要是指用户对网站内容的查看、网站页面的访问量、用户搜索记录、数据服务器运行情况（如 CPU、I/O、服务日志、请求时间等）等的信息进行统计分析，收集这些数据也有很多方法，这就需要大家灵活运用 Kafka 来搭建综合数据分析系统。Kafka 的运用场景汇总如下所示：

1）日志收集：可以基于 Kafka 来汇聚各种服务的日志信息，之后通过 Kafka 统一接口服务的方式将消息发送到不同的消费者，例如关系数据库、数据仓库、Hadoop、HBase、Solr 等。

2）用户活动跟踪：Kafka 经常被用于汇集用户活动信息，如浏览网页、搜索、点击等活动，这些活动信息被服务器发送到 Kafka 的 Topic 中，然后消费者订阅这些 Topic 来做实时的监控分析，或者做实时、在线、离线分析和挖掘。

3）运营指标/运行监控：Kafka 也经常用来汇集运营监控数据。这些数据包括各种分布式应用的数据，生产各种操作的集中反馈，比如报警和报告，以便发生故障时可以及时触发报警器。

4）安全领域：通过汇集相关的数据，基于 Kafka 集成可以设计一个能实时检测恶意访问的监控和预防系统，来防止站点中恶意的爬虫，并能及时限制其 API。

5）批处理/报表系统：通过 Kafka 汇集的数据，之后将这些数据导入到 Hadoop 系统或者数据仓库中，来进行离线分析和报表生成以便商业决策。

6）流式处理：比如 spark streaming 和 storm。

13.3 Kafka 设计理念

13.3.1 专业术语解析

Kafka 和其他的消息队列系统类似，但是表述的名称不同，下面将相关的概念和术语进行汇总，便于后文的阅读：

- 消息（Message）：是指在生产者、服务端和消费者之间传输数据。
- 消息代理/消息服务器（Message Broker）：通俗地说，就是指用来存储消息队列的服务器。
- 消息生产者（Message Producer）：负责发布消息到 Kafka Broker。
- 消息消费者（Message Consumer）：负责消息的消费，即将消息发送到哪里去，Kafka 中每个 Consumer 属于一个特定的 Consumer Group。使用 Consumer High Level API 时，同一个 Topic 的一条消息只能被同一个 Consumer Group 内的一个 Consumer 消费，但多个 Consumer Group 可同时消费这一消息。
- 消息的主题（Message Topic）：由用户定义并在 Broker 上配置。Producer 发送消息到某个 Topic 下，Consumer 从某个 Topic 下消费消息。不同的 Topic 在物理上是分开存储的，但是逻辑上的一个 Topic，可能存储在一个或者多个 Broker 上。使用时，用户只需指定消息的 Topic，生产者和消费者并不关心数据存储的位置。
- 主题的分区（Partition）：每个 Topic 包含一个或多个 Partition，每个分区是一个有序，是不可变的，顺序递增的 Commit Log，用户创建 Topic 时可指定 Partition 的数量，每个 Partition 对应于一个文件夹，该文件夹下存储该 Partition 的数据和索引文件。
- 消费者分组（Consumer Group）：由多个消费者组成，共同消费一个 Topic 下的消息，每个消费者消费部分消息。这些消费者就组成一个分组，拥有同一个分组名称，通常也称为消费者集群。
- 偏移量（Offset）：分区中的消息都有一个递增的 id，称为 offset。它唯一标识了分区中的消息。

13.3.2 消息存储与缓存设计

对消息进行存储和缓存时，Kafka 依赖于文件系统。随着计算机的快速发展，硬盘的吞吐量与磁盘的寻道时间严重不匹配，用磁盘进行数据持久化结构设计时，人们对这种结构设计的性能抱有很大的怀疑，始终认为"磁盘比较慢"。实际上，实验表明这主要取决于磁盘的使用方式，设计较好的磁盘结构往往可以和网络一样快。

比如，在一个由 6 个 7200rpm 的 SATA 硬盘组成的 RAID-5 磁盘阵列上，线性写入（Linear Write）的速度大约是 300 MB/s，但随机写入却只有 50 kB/s，其中的差别接近 10 000 倍。实际上，在某些情况下，顺序磁盘访问比随机内存访问还要快！所以现代的操作系统都会乐于将所有空闲内存转做磁盘缓存，但在需要回收这些内存的情况下，会付出一些性能方面的代价。再看看基于 JVM 的基础开发的系统，在内存的使用上要注意两点，第一，Java 对象的内存开销（overhead）非常大，往往是对象中存储数据所占内存的两倍（或更糟）；第二，Java 中的内存垃圾回收会随着堆内数据不断增长而变得越来越不明确，回收所花费的代价也会越来越大。

由于这些因素，使用文件系统并依赖于页面缓存要优于自己在内存中维护一个缓存结构，这就让人联想到一个非常简单的设计方案：不是在内存中保存尽可能多的数据，在需要时将这些数据刷新（Flush）到文件系统，而是要做完全相反的事情。所有数据都要立即写入文件系统的持久化日志中，但不进行刷新数据的任何调用。在实际中这么做，意味着数据被传输到 OS 内核的页面缓存中了，OS 随后会将这些数据刷新到磁盘中。此外这里添加了一条基于配置的刷新策略，允许用户控制把数据刷新到物理磁盘的频率（每当接收到 N 条消息或者每过 M 秒），从而可以在系统硬件崩溃时，对"处于危险之中"的数据在量上加个上限。因此，如果大家使用磁盘的方式更倾向于线性读取操作，那么随着每次磁盘的读取操作，预读就非常高效地将使用之后定能用得着的数据填充缓存。这也就是 offset 的递增顺序读取，能够大量提高读取 I/O 的性能。

13.3.3 消费者与生产者模型

生产者—消费者模型问题又被称为"有限缓冲区"问题，即至少一个生产者与至少一个消费者针对一个公用的初始大小固定的缓冲区进行操作。首先，缓冲区是公用的或者说是共享的。Producer 进程将消息放入缓冲区，Consumer 进程从缓冲区获得消息。这个缓冲区一般被实现为队列结构，比如基于共享内存队列结构。有了缓冲区后，大家来看看 Producer 进程和 Consumer 进程的配合使用情景。

1）通过进程间的互斥锁来对缓冲区进行互斥访问，以解决多个 Producer 进程和 Consumer 进程之间的配合问题。这种解决方案使得 Consumer 进程大多数时间在忙等待，空耗计算资源。

2）采用条件变量，Consumer 进程在条件变量上等待，Producer 进程生产出数据后，可采用特定逻辑去唤醒某个 Consumer 或者全部 Consumer 进程（Broadcast）。这种方案使得 Consumer 进程多数情况下都在挂起状态，在缓冲区没有数据的情况下也无法去做别的事情。

3）基于条件变量，不同的是在 Consumer 进程中创建了一个工作线程，并由该工作线程来做条件变量的等待。同时每个 Consumer 进程中工作线程和主线程通过 Pipe 的方式配合。Producer 进程主线程生成一条数据后，就会发起一个唤醒操作。被唤醒的 Consumer 进程的工作线程则通过 Pipe 告知主线程，主线程一般通过多路复用（select or poll）监听 Pipe 并及时获得通知去获取缓冲数据。这种解决方案的缺陷是，常出现工作线程无法退出的问题：当 Consumer 进程退出前，工作线程因无法从条件变量的阻塞状态下唤醒并退出，导致主线程在 Join 该工作线程时挂起而无法退出。

4）用可靠信号机制 + 进程内 Pipe 机制。Producer 进程在生产后数据发送 UNIX 可靠信号（＞SIGRTMIN）给所有注册的 Consumer 进程。Consumer 进程设置的可靠信号处理函数的逻辑较为简单，就是向 Pipe 写入一个字节数据，这样当信号中断处理完毕后，Consumer 进程就可以收到 Pipe 的 POLL_IN 事件了。

5）通过 UNIX FIFO 做 Producer、Consumer 进程间通知的机制。FIFO 机制简单、数据可靠，且在一定数据长度下的数据写入都是原子操作。FIFO 与缓冲区一道做初始化创建，要操作缓冲区的 Producer、Consumer 进程，都要事先打开 FIFO 以写入或读出数据。Producer 进程输出数据后，向 FIFO 写入数据以表示通知。某个 Consumer 进程从 FIFO 中读取通知并开始处理缓冲区数据，每个进程一般只从 FIFO 读取一个字节表示收到信号。

Kafka 的设计思想之一是高吞吐量、高扩展性，因而 Kafka 在 Producer 与 Consumer 模型之间的数据传送采用了独特的 Pull 与 push 机制。即 Producer 使用 push 模式将消息发布到 broker，Consumer 使用 pull 模式从 broker 订阅并消费消息。

13.3.4　Push 与 Pull 机制

作为一个消息系统，Kafka 遵循了传统的方式，选择由 Producer 向 Broker push 消息，并由 Consumer 从 Broker Pull 消息。一些 Logging – Centric 系统，比如 Facebook 的 Scribe 和 Cloudera 的 Flume，采用 Push 模式。事实上，Push 模式和 Pull 模式各有优劣。

Push 模式很难适应消费速率不同的消费者，因为消息发送速率是由 Broker 决定的。Push 模式的目标是尽可能以最快的速度传递消息，但是这样很容易造成 Consumer 来不及处理消息，典型的表现就是拒绝服务及网络拥塞。而 Pull 模式则可以根据 Consumer 的消费能力以适当的速率消费消息。

对于 Kafka 的 Consumer 而言，Pull 模式更合适。Pull 模式可简化 Broker 的设计，Consumer 可自主控制消费消息的速率，并且 Consumer 可以自己控制消费方式——既可批量消费，也可逐条消费，同时还能选择不同的提交方式，从而实现不同的传输语义。

13.3.5 镜像机制

需要注意的是，一个 Kafka 集群处理来自不同数据源的活动数据，这就为离线和在线消费者（Consumer）提供了一个单一的数据流水线，为在线活动和异步处理提供了一层缓存，还用 Kafka 来将数据复制到不同的数据仓库，以便离线处理。

很多公司不想让一个 Kafka 集群跨越所有的数据中心，但是 Kafka 是支持多数据中心的数据流拓扑结构。这可以通过在集群之间"镜像"或者"同步"来实现。这个特性非常简单，只要将镜像集群作为源集群的消费者即可。这就意味着可以将多个数据中心的数据集中到一个集群中来。Kafka 集群镜像拓扑结构如图 13-3 所示。

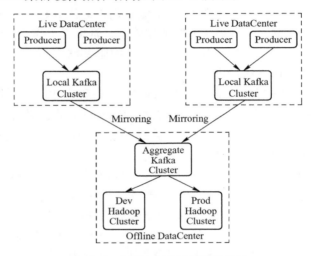

图 13-3　Kafka 集群镜像拓扑结构

注意：在这两个集群里，各个节点之间是没有对应关系的，两个集群的大小有可能不一样，包含的节点数也不一样，一个节点可以镜像任意数目的源集群。

13.4　Kafka 整体架构

13.4.1　Kafka 基本组成结构

在 Kafka 之前，在面对日益增长的数据量时，研发工程师需要开发各种数据管道来收集这些数据，LinkedIn 当时的情景也是如此。通过 LinkedIn 公布的文章了解到，他们当时的情景需要将数据批量发送给 Hadoop 工作流用于数据分析，需要让数据流入数据仓库，需要收集和汇总每个服务的日志信息等。但是随着网站的发展，这样的自定义管道越来越多。如果网站需要扩展，每个管道都需要扩展。因此，他们基于提交日志的概念开发了一个分布式的发布订阅消息平台 Kafka，作为通用的数据管道。该平台支持对任何数据源的准实时访问，有效地支撑了 Hadoop 作业和实时分析，极大地提升了站点监控和预警功能，使他们可以可视化和跟踪调用。现在，Kafka 每天处理超过 5000 亿事件。Kafka 架构基本组成结构如图 13-4 所示。

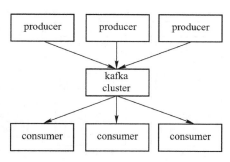

图 13-4　Kafka 架构基本组成结构

一个典型的 Kafka 集群包括 3 个部分：Producer、Broker、Consumer，其中的生产者（Producer）可以是 Web 前端视图页面、系统服务器日志、系统内存信息、系统 CPU 信息等；其中 Broker 集群接收从生产者发送过来的消息，Broker 集群数量越多，集群吞吐量就越高，这就是所谓的 Kafka 支持水平扩展。之后从 Broker 发送出去的信息，由消费者（Consumer）来进行各种分析处理；其中的 Broker、Consumer 由 Zookeeper 集群进行统一管理配置，比如选举 Leader 及 Rebalance 等。Producer 使用 Push 模式将消息发布到 Broker，Consumer 使用 Pull 模式从 Broker 订阅并消费消息。消息的 Push 与 Pull 机制已经在 Push 与 Pull 一节进行了详细阐述。

13.4.2　Kafka 工作流程

Kafka 集群包括 3 个部分：Producer、Broker、Consumer，Kafka 通过 Producer 将消息传输到 Broker，之后 Consumer 从 Broker 获取数据，进行消费。因此可以这样理解，Kafka 集群即 Broker 集群，通过 Kafka 的 Producer API 与 Consumer API 向外提供获取消息与消费消息的接口。这就是为什么 Kafka 被很多公司用来作为不同类型数据管道和消息系统的原因。

Kafka 的工作流程如图 13-5 所示，被分为 A、B、C、D 四个部分。其中 A 部分是消息的收集部分，该部分可以是不同应用数据和日志，如果要收集这些数据，用户只要实现 Kafka 提供的 Producer API，Producer 基于 Push 机制，就可以将消息传输到 B 部分；B 部分是 Broker 集群，即 Kafka 集群，从 Producer 传输来的消息，就存储在这里；C 部分是 Consumer，Consumer 通过 Pull 机制从 Broker 中消费数据（消息），Consumer 去向也是多种多样的，比如从 Broker 传输过来的数据（消息），可以存储到各种数据库中，可以存储到 Hadoop 集群上，还可以用这些数据（消息）进行实时分析和计算等，用户仅仅实现 Kafka 提供的 Consumer API 即可；D 部分是元数据存储与控制部分，该部分通过 Zookeeper 集群来实现，换句话说，数据（信息）从 Broker 传输到 Consumer 时，一些状态信息及元数据信息就是通过 Zookeeper 监控及存储的，因此 Zookeeper 集群要直接跟 Broker 和 Consumer 进行通信。为了便于理解，下面详细地记录了 Producer、Broker、Consumer 处理消息工作流程。

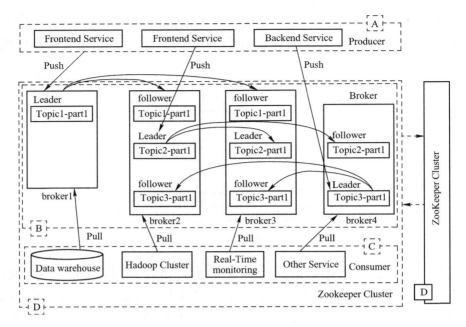

图 13-5　Kafka 的工作流程图

1）每个 Broker 都可以配置一个 Topic，一个 Topic 可以有多个分区，但是在 Producer 看来，一个 Topic 在所有 Broker 上的所有分区组成一个分区列表来使用。

2）在创建 Producer 的时候，Producer 会从 Zookeeper 上获取 Publish 的 Topic 对应的 Broker 和分区列表。Producer 在通过 Zookeeper 获取分区列表之后，会按照 BrokerId 和 Partition 的顺序排列组织成一个有序的分区列表，消息发送的时候按照从头到尾循环往复的方式选择一个分区来发送。

3）如果想实现自己的负载均衡策略，可以实现相应的负载均衡策略接口。

4）消息 Producer 发送消息后返回处理结果，结果分为成功、失败和超时。

5）Broker 在接收消息后，依次进行校验和检查，写入磁盘，向 Producer 返回处理结果。

6）Consumer 在每次消费消息时，首先把 offset 加 1，然后根据该偏移量，找到相应的消息，然后开始消费。只有在成功消费一条消息后，才会接着消费下一条。在消费某条消息失败（如异常）时，则会尝试重试消费这条消息，超过最大次数后仍然无法消费，则将消息存储在消费者的本地磁盘，由后台线程继续进行重试。而主线程继续往后走，消费后续的消息。

13.5　Kafka 性能分析及优化

Kafka 作为大数据时代下一代消息队列系统的新宠，其性能测试报告，可以参看相关的文献。虽然有很多不足，但是 Kafka 在提高效率等方面做了很多努力，比如，怎样解决线性读写对磁盘性能问题的影响、怎样使消息快速传递等。本节先对这些性能问题进行详细分析，之后从不同角度对 Kafka 的优化进行详细描述。前面分析 Kafka 的存储与缓存设计思想

第13章 Kafka 设计理念与基本架构

时表明，Kafka 使用线性读写磁盘，可以提高 Kafka 的吞吐量和读写效率。但是这又展现另外两个问题：太多琐碎的 I/O 操作和频繁的字节复制。其中的 I/O 问题既可以发生在客户端和服务端之间，也可以发生在服务器内部的持久化操作中。

为了解决上面的问题，Kafka 使用了"消息集（message set）"的概念，将消息聚集到一起，以消息集为单位处理消息，比单个的消息处理提升不少性能。Producer 把消息聚集到一块发送给服务端；服务端把消息集一次性地追加到日志文件中，这样减少了琐碎的 I/O 操作，Consumer 也可以一次性地请求一个消息集。那么怎样解决频繁的字节复制问题呢？在低负载时，这不会产生什么问题，但是在高负载的情况下，它对系统性能的影响还是很大的。为了避免这个问题，Kafka 使用了标准的二进制消息格式，这种格式可以在 Producer、Broker 和 Consumer 之间共享，而无须做任何改动。

Producer、Broker 和 Consumer 之间有了统一共享的数据格式，怎样将消息快速发送到网络上去，也是一个性能优化的地方，Kafka 就利用 sendfile 的零复制方法来优化了这个性能问题，大大提高了数据传输的效率。比如，在一个多 Consumers 的场景里，数据仅仅被复制到页面缓存一次，而不是每次消费消息的时候都重复进行复制，这样在磁盘层面几乎看不到任何读操作，这样消息会以近乎网络带宽的速率发送到网络上面去。

随着计算机的快速发展，在系统架构设计，特别是分布式系统架构设计中，网络带宽的限制已经远远超过了计算机本身的 CPU 或者硬盘的限制，因此在数据中心之间的数据传输中，网络带宽是性能提升的瓶颈。由于 Kafka 使用了"消息集（Message Set）"的概念，消息传输时，Kafka 采用了端到端的压缩策略，客户端的消息可以一起被压缩后送到服务端，并以压缩后的格式写入日志文件，以压缩的格式发送到 Consumer，消息从 Producer 发出到 Consumer 拿到的数据都是被压缩的，只有在 Consumer 使用的时候才被解压缩。

通过上面的系统分析，大家应该对磁盘读写、零复制、数据压缩等方面的性能优化问题有了一个全面的了解。除了这些性能优化策略，还可以从操作系统预读、TCP 参数等方面进行系统级别的 Kafka 优化。下面从 Kafka 本身的架构进行应用级别的性能优化分析。如图 13-6 到图 13-8 展示了 Kafka 的 Producer、Broker、Consumer 的网络请求处理流程，对于 Kafka 的 Producer 端，Topic 可以按照 Partition 分组批量发送消息到不同的 Broker 服务器上，在异步发送时，可以通过配置文件设置缓冲区的大小和 Commit Batch 的大小；然而对于 Kafka 的 Broker，可以利用 Log Index 机制，批量定量或者定时进行消息读取或者持久化操作，

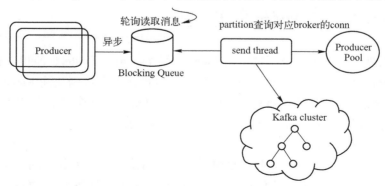

图 13-6　Kafka Network 请求处理流程（Producer）

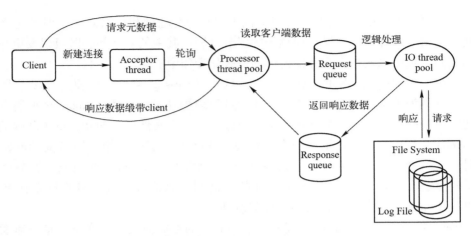

图 13-7　Kafka Network 请求处理流程（Broker）

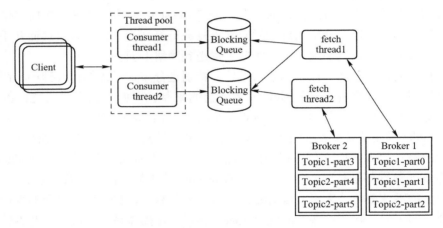

图 13-8　Kafka Network 请求处理流程（Consumer）

来提高 Kafka 的整体性能；对于 Kafka 的 Consumer 端，可以采用多线程消费消息、多线程拉取消息、多队列缓存消息来提高 Consumer 端的性能。

13.6　Kafka 未来研究方向

目前，越来越多的国内外公司在使用 Kafka，如 Yahoo！、Twitter、Netflix 和 Uber 等，所涉及的功能从数据分析到流式处理应用不一而足，这也让大家特别关注 Kafka 的发展。通过 LinkedIn 公布的相关文档表明，Kafka 的可靠性、使用成本、安全性、可用性及其他的相关基础指标，成为 Kafka 未来发展目标。下面对其做一些总结。

1. 特征一：限额分配

一般情况下，同一个 Kafka 集群同时被不同的应用使用，如果其中的一个应用滥用 Kafka 集群，这将对 Kafka 集群中其他应用产生性能和 SLA（服务等级协议，Service - level Agreement）等影响。比如由于某种原因，想重新处理整个数据库中的所有数据，数据库中

第13章　Kafka 设计理念与基本架构

的所有记录会迅速推送到 Kafka 上，即使再高的 Kafka 的性能，也比较容易出现网络饱和及磁盘的冲击。

为了解决这个问题，LinkedIn 的团队研发了一项特性，如果每秒钟的字节数超过了一个阈值，就会降低这些 Producer 和 Consumer 的速度。对于大多数应用来讲，这个默认的阈值都是可行的。但是有些用户会要求更高的带宽，于是他们引入了白名单机制。白名单中的用户能够使用更高数量的带宽。这种配置的变化不会对 Kafka Broker 的稳定性产生影响。这项特性运行良好，有望在下一版本的 Kafka 发布版中。

2. 特征二：开发新的不依赖 Zookeeper 的 Consumer

目前的 Kafka Consumer 客户端依赖于 ZooKeeper，这种依赖会产生一些大家所熟知的问题，包括 ZooKeeper 的使用缺乏安全性，以及 Consumer 实例之间可能会出现的脑裂现象（Split Brain）。因此，LinkedIn 与 Confluent，以及其他的开源社区合作开发了一个新的 Consumer。这个新的 Consumer 只依赖于 Kafka Broker，不再依赖于 ZooKeeper。这是一项很复杂的特性，因此需要很长的时间才能完全应用于生产环境中。

3. 特征三：提升 Kafka 的可用性和可靠性

Kafka 在可靠性方面的增强包括：跨集群同步方案、Mirror Maker 无损的数据传输、副本的延迟监控、实现新的 Producer、删除 Topic 等，下面对这些特征进行详细阐述。

Mirror Maker 无损的数据传输：Mirror Maker 是 Kafka 的一个组件，用来实现 Kafka 集群和 Kafka Topic 之间的数据转移。但是它在设计的时候存在一个缺陷，在传输时可能会丢失数据，尤其是在集群升级或机器重启的时候。为了保证所有的消息都能正常传输，Kafka 在设计上做了修改，确保只有消息成功到达目标 Topic 时，才会认为已经完全消费掉了。

副本的延迟监控：所有发布到 Kafka 上的消息都会复制副本，以提高持久性，这是 0.8.*版本推出的新功能。当副本无法"跟上"主版本（Master）时，就认为这个副本处于非健康的状态。在这里，"跟上"的标准指的是配置好的字节数延迟。这里的问题在于，如果发送内容很大的消息或消息数量不断增长的话，那么延迟可能会增加，系统就会认为副本是非健康的。为了解决这个问题，在 Kafka 的新版本中，将副本延迟的规则修改为基于时间的判断。

实现新的 Producer：实现新的 Producer，这个新的 Producer 允许将消息实现为管道（pipeline），来提升性能。目前该功能尚有部分缺陷，正在处于修复之中。

删除 Topic：作为如此成熟的产品，Kafka 在删除 Topic 的时候，会出现难以预料的后果或集群不稳定，这一点颇令人惊讶。该缺陷还在不断地测试和修改，到 Kafka 的下一个主版本时，就能安全地删除 Topic 了。

4. 特征四：安全性

在 Kafka 中，安全性是参与者最多的特性之一，众多的公司互相协作来解决这一问题。其成果就是加密、认证和权限等功能将会添加到 Kafka 中。

除了上面的特征外，很多公司还基于自己的实际业务开发出很实用的特性和工具，比如 LinkedIn 研发的 Simoorg 故障引导框架，它针对一些低级别的机器故障，如磁盘写失败、关机、杀死进程等。而应用延迟监控 Burrow 工具，能够监控 Consumer 消费消息的延迟，从而监控应用的健康状况。更多的新特征请关注 Apache Kafka 官方网站及 LinkedIn 最新动态。

13.7 小结

　　本章阐述了 Kafka 产生的背景，并与常用的消息队列进行了比较分析，从而引出 Kafka 的特点及特性和实际应用场景；之后对 Kafka 的设计理念及基本架构进行了详细的阐述，比如 Kafka 消息存储和缓存模型、Kafka 生产者和消费者模型、Kafka 的镜像机制、Push 和 pull 机制及 Kafka 的工作流程，还结合 Kafka 自身的设计特点，对 Kafka 的性能及优化进行了详细的分析和总结；最后结合 Kafka 官方网站及 LinkedIn 的动态，对 Kafka 的未来研究方向进行了分析和总结。

第14章 Kafka核心组件及核心特性剖析

Kafka是一种快速的、可扩展的、分布式的、分区的和冗余的提交日志服务，也称为分布式发布—订阅消息系统，具有消息系统常有的特征，比如解耦、冗余、可扩展性、灵活性、峰值处理能力、可恢复性、顺序保证、缓存、异步通信等。这里结合Kafka自身的设计详细剖析Kafka核心组件及核心特性，其中包括Producer、Topic和Partition、Replication和Leader、Consumer、Low Level Consumer、High Level Consumer、消息传送机制、High Level Consumer Rebalance、Kafka的可靠性、Kafka的高效性、Consumer Rewrite Design、Co – ordinator Rebalance等。

14.1 Kafka核心组件剖析

14.1.1 Producers

Producer通过Push的方式将消息发送到Broker时，Kafka会根据Partition机制选择将消息存储到哪一个Partition。如果Partition机制设置合理，所有消息可以均匀分布到不同的Partition里，这样就实现了负载均衡。如果一个Topic对应一个文件，那么这个文件所在的机器I/O将会成为这个Topic的性能瓶颈，而有了Partition后，不同的消息可以并行写入不同Broker的不同Partition里，极大地提高了吞吐率。Topic的Partition数量可以通过配置文件$KAFKA_HOME/config/server.properties中的配置项num.partitions来指定，默认参数为1。用户也可以通过参数指定的方式来创建Topic的Partition数量，同时也可以在Topic创建之后，通过Kafka提供的工具来修改Partition数量。

Producer发送一条消息时，可以指定这条消息的key，Producer根据这个key和Partition机制来判断应该将这条消息发送到哪个Partition。因此用户在编写自己的类时，只要实现kafka.producer.Partitioner接口即可。假设这条消息的key可以解析成整数，那么就可以将该数与Partition总数取余数，之后将消息发送到指定的Partition上去，其中Partition序列号从零开始。参考代码如下所示（只摘录实现的partition方法）：

```
1.    @Override
2.    publicint partition(Object key, int numPartitions) {
3.        try {
4.            int partitionNum = Integer.parseInt((String)key);
```

```
5.          return Math.abs(partitionNum % numPartitions);
6.      } catch (Exception e) {
7.          return Math.abs(key.hashCode() % numPartitions);
8.      }
9. }
```

通过自定义的类来实现 Partition 接口之后，就可以在程序中使用这个自定义类，为了更加理解 Partition 分区机制，这里用个实例来阐述，比如先指定一个主题 TopicA，该 TopicA 主题有 4 个分区，之后可以模拟 100 条消息，其中消息的 key 值分别为 0、1、2、3，最后通过程序调用 Consumer 并打印消息列表，大家可以发现，key 相同的消息会被发送并存储到同一个 Partition 里，而且 key 的序号正好和 Partition 序号相同。

Partition 机制设置合理，Producer 发送的所有消息可以均匀分布到不同的 Partition 里。先来分析一下 Kafka 支持的客户端的负载均衡机制，Kafka 支持消息生产者在客户端的负载均衡，或者利用专有的负载均衡器来均衡 TCP 连接。一个专用的四层均衡器通过将 TCP 连接均衡到 Kafka 的 Broker 上来工作。在这种配置下，所有的来自同一个生产者的消息被发送到一个 Borker 上。这种做法的优点是，一个生产者只需要一个 TCP 连接，而不需要与 Zookeeper 的连接。缺点是负载均衡只能在 TCP 连接的层面上来做。因此，负载均衡的性能不是很好。

基于 Zookeeper 的客户端的负载均衡可以解决这个问题。它允许生产者动态地发现新的 Broker，并且在每个请求上进行负载均衡。同样的，它允许生产者根据一些键将数据分开，而不是随机分，这可以增强与 Consumer 的黏性，如上面举的例子是根据用户 ID 来划分数据消费的情景。这种基于 Zookeeper 的负载均衡，主要通过 Zookeeper Watchers 注册机制来监控其动态。Zookeeper Watchers 注册的事件有：新的 Broker 启动、Broker 关闭、新注册的 Topic、Borker 注册一个已经存在的 Topic。该机制中生产者维护一个与 Borker 的弹性连接池，该连接池基于 Zookeeper Watchers 的回调函数来保持更新，以便与所有存活的 Broker 建立或者保持连接。当一个 Producer 对某一个 Topic 有请求时，该 Topic 的 Partition 信息被返回。连接池中的一个连接就可以将数据发送到前面所选的那个 Broker 分区中。

14.1.2 Consumers

Consumer 是 Kafka 最重要的组件，也是实现 Kafka 离线、在线实时处理的核心。因而设计优化和比较迅速，比如 Low Level Consumer、hight level Consumer、Consumer Rebalance、Consumer 重新设计、镜像机制等。为了让大家对 Kafka 的 Consumers 有一个全面、深入的理解，本节从这几个方面进行详细阐述与分析。

Kafka 中的 Consumer 是基于 Pull 的机制从 Broker 中获得消息的，换句话说，只要 Broker 有数据，Kafka 中的 Consumer 就可以获得 Broker 中的消息，从而很好地实现了在线实时的效果。但是这也面临一些问题，例如当消息通过网络传递给消费者时，此时如果消费者没有来得及处理 Broker 就宕机了，但是 Broker 却记录了该消息已被消费，那么该消息就丢失。为了避免出现这种情况，很多消息系统会增加一个 acknowledge 特性，标识该消息被成功消费。

然后消费者将 acknowledge 发送给 Broker，但是 Broker 不一定能够获得这个 acknowledge，进而导致消息被重复消费。这种方法的缺点是，由于服务器要维护这些消息的处理状态，所以该方法会产生额外的网络开销。

在 Kafka 系统中，Topic 是由多个 Partition 组成的。每个 Partition 在任意时刻只能被一个 Consumer 消费。这意味着，每个 Partition 里面的 Consumer 位置是整数，标识下一个被消费消息的 offset。还可以通过配置文件来配置定期的设置检查点。通过设置 offset 标记方式，就可以简单地维护 Consumer 被消费的消息。详细的 Partition 机制请参看前面 Topic、Partitions 部分。

与其他的消息队列相比，Kafka 的 Consumer 消费记录状态（offset），实际上被写入到了 Zookeeper 集群中，将 Consumer 消费记录状态（offset）放到另外一个地方，比如将其放置在处理结果所存放的数据中心，效率会更高。为什么这么说呢？还是用实际的实例来描述：在 Kafka 集群中，某 Consumer 只想简单地处理一些和计算，并将结果写到中心化的事务型 OLTP 数据库中。对于这种情景，消费者可以将状态信息写到同一个事务中，这就解决了分布式一致性问题。这种技巧还可以用在非事务性系统中，如基于 Kafka 的搜索系统中可以将消费者的状态存放在索引块中。虽然这些数据还不具有持久性，但这意味着索引可以和消费者状态保持同步，如果一个没有刷新的索引块在一次故障中丢失了，那么这些索引可以从最近的检查点偏移处开始重新消费。又如基于 Kafka 将数据并行加载到 Hadoop 集群中，每个 Mapper 在 Map 任务的最后，将偏移量写到 HDFS 中。如果一个加载任务失败了，每个 Mapper 可以简单地从存储在 HDFS 中的偏移量处重启消费。这个技巧还有另外一个好处，消费者可以重新消费已经消费过的数据。这违反了队列的性质，但是这样可以使多个消费者一起来消费。打个比方，如果一段 Consumer 代码出现了 Bug，在发现 Bug 之前这个 Consumer 消费了一堆数据，那么在 Bug 修复之后，Consumer 可以从指定的位置重新消费。

14.1.3 Low Level Consumer

Low Level Consumer 主要指用 Kafka 提供的 Low Level Consumer API，通常称之为低级消费 API。使用 Low Level Consumer（Simple Consumer）的主要原因是，用户可以更好地控制数据的消费，比如，同一条消息进行多次读取；有针对性地读取某个 Topic 的部分 Partition；从管理事务方面，可以确保每条消息被处理一次，且仅被处理一次。虽然 Low Level Consumer 定制化功能比较多，但是与 Consumer Group 相比，Low Level Consumer 要求用户做大量的额外工作，这些工作包括应用程序需要通过程序获知每个 Partition 的 Leader 是谁、应用程序需要通过程序获知每个 Partition 的 Leader 是谁，以及 Customer 客户端程序必须跟踪 offset，从而确定下一条消息被消费的位置。那么怎样通过 Low Level Consumer（Simple Consumer）API 来书写客户端程序呢？流程如下：

1）查找到一个"活着"的 Broker，并且找出每个 Partition 的 Leader。
2）找出每个 Partition 的 Follower。
3）定义好请求，该请求应该能描述应用程序需要哪些数据。
4）Fetch 数据。
5）识别 Leader 的变化，并对之做出必要的响应。

14.1.4　High Level Consumer

在某些应用场景，客户程序只是希望从 Kafka 读取数据，不太关心消息 offset 的处理。同时也希望提供一些语义，例如同一条消息只被某一个 Consumer 消费（单播）或被所有 Consumer 消费（广播）。因此，Kafka High Level Consumer 提供了一个从 Kafka 消费数据的高层抽象，从而屏蔽掉其中的细节并提供丰富的语义。High Level Consumer 就是基于这种情景产生的。在 High Level Consumer 机制中，消息消费是以 Consumer Group 为单位的，每个 Consumer Group 中可以有多个 Consumer，每个 Consumer 是一个线程，同一 Topic 的一条消息只能被同一个 Consumer Group 内的一个 Consumer 消费，但多个 Consumer Group 可同时消费这一消息。Consumer Group 对应的每个 Partition 都有一个最新的 offset 的值，存储在 Zookeeper 上，因而不会出现重复消费的情况，由于 Consumer 的 offerset 并不是实时地传送到 Zookeeper（Kafka 从 0.8.2 版本开始支持将 offset 存放在 Zookeeper 中，而以前 offset 存放在专用的 Kafka Topic 中）的，而是通过配置来设置更新周期的，所以 Consumer 如果突然 Crash，有可能会读取重复的信息。

上面提及在 High Level Consumer 机制中，消息消费是以 Consumer Group 为单位，那么 Consumer Group 是如何定义的呢？通过上面的分析知道，High Level Consumer 将从某个 Partition 读取的最后一条消息的 offset 存于 ZooKeeper 中，这个 offset 基于客户程序提供给 Kafka 的名字来保存，这个名字被称为 Consumer Group。Consumer Group 是整个 Kafka 集群全局的，而非某个 Topic 的。每一个 High Level Consumer 实例都属于一个 Consumer Group，若不指定则属于默认的 Group。这是 Kafka 用来实现一个 Topic 消息的广播（发给所有的 Consumer）和单播（发给某一个 Consumer）的手段。一个 Topic 可以对应多个 Consumer Group。如果需要实现广播，只要每个 Consumer 有一个独立的 Group 就可以了。要实现单播，只要所有的 Consumer 在同一个 Group 里。用 Consumer Group 还可以将 Consumer 进行自由分组，而不需要多次发送消息到不同的 Topic。

很多传统的 Message Queue 都会在消息被消费完后将消息删除，一方面避免重复消费，另一方面可以保证 Queue 的长度，提高效率。Kafka 并不删除已消费的消息，为了实现传统的 Message Queue 消息只被消费一次的语义，Kafka 保证每条消息在同一个 Consumer Group 里只会被某一个 Consumer 消费。与传统 Message Queue 不同的是，Kafka 还允许不同 Consumer Group 同时消费同一条消息，这一特性可以为消息的多元化处理提供支持。如图 14-1 所示的集群，该集群由两个机器组成，拥有 4 个分区（P0 ~ P3）两个 consumer 组，A 组有两个 consumer 组，B 组有 4 个。

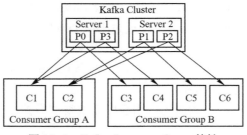

图 14-1　Kafka Consumer Group 特性

实际上，Kafka 的设计理念之一就是同时提供离线处理和实时处理。根据这一特性，可以使用 Storm 这种实时流式处理系统对消息进行实时在线处理，同时使用 Hadoop 这种批处理系统进行离线处理，还可以同时将数据实时备份到另一个数据中心，只需要保证这 3 个操作所使用的 Consumer 在不同的 Consumer Group 即可。

为了更清楚地理解 Kafka Consumer Group 的特性，这里用一个简单的实例来进行说明，比如在 Kafka 集群中，在 Broker 中只有一个 TopicA，该 TopicA 有 3 个 Partition，在 Customer 中，有一个属于 group1 的 Consumer 实例，有 3 个属于 group2 的 Consumer 实例，通过 Producer 向 TopicA 发送 key 分别为 1、2、3 的消息，结果会发现属于 group1 的 Consumer 收到了所有的这 3 条消息，同时 group2 中的 3 个 Consumer 分别收到了 key 为 1、2、3 的消息。

14.2 Kafka 核心特性剖析

14.2.1 Topic、Partitions

Topic 在逻辑上可以被认为是一个 queue，每条消费都必须指定它的 Topic，可以简单地理解为必须指明这条消息要放进哪个 queue 里。为了使得 Kafka 的吞吐率可以线性提高，物理上把 Topic 分成一个或多个 Partition，每个 Partition 在物理上对应一个文件夹，该文件夹下存储这个 Partition 的所有消息和索引文件，配置参数可以在 config/server.properties 文件中指定，其中的设置属性为 log.dir =｛Kafka 安装目录｝/kafkaLogs。比如现在有 Topic1 和 Topic2 两个 Topic，其中 Topic1 被分成 15 个 Partition，Topic2 被分成 18 个 Partition，那么整个集群上面会相应地生成 33 个文件夹。

Topic 中每个 Partition 对应一个逻辑日志。物理上，一个逻辑日志为相同大小的一组 Segment 文件。每次生产者发布消息到一个 Partition，代理就将消息追加到最后一个 Segment 文件中。当消息数量达到设定值或者经过一定的时间后，Segment 文件才真正写入磁盘中。写入完成后，消息才能被消费者订阅。Segment 文件达到一定的大小后将不会再往该 Segment 文件中写数据，Broker 会创建新的 Segment。

每个逻辑日志文件都是一个 log entries 序列，每个 log entry 包含一个 4 字节整型数值（值为 $N+5$），1 字节的"magic value"，4 字节的 CRC 校验码，其中 checksum 采用 CRC32 算法计算，其后跟 N 个字节的消息体。每条消息都有一个当前 Partition 下唯一的 64 字节的 offset，它指明了这条消息的起始位置。磁盘上存储的消息格式如下：

```
Message Length  : 4 bytes （value: 1 + 4 + n）
"Magic" Value   : 1 byte
CRC             : 4 bytes
Payload         : n bytes
```

这个 log entries 并非由一个文件构成，而是分成多个 Segment 文件，每个 Segment 文件以该 Segment 第一条消息的 offset 加 ".kafka" 后缀命名。而 Active Segment List 则是一个索引列表文件，它标明了每个 Segment 下包含的 log entry 的 offset 范围，如图 14-2 所示。

因为每条消息都被 append 到该 Partition 中，属于顺序写磁盘，因此效率非常高，经验证，顺序写磁盘效率比随机写内存还要高，这是 Kafka 高吞吐率的一个很重要的保证。

对于传统的 message queue 而言，一般会删除已经被消费的消息。而 Kafka 集群会保留所有的消息，无论其被消费与否。当然，因为磁盘限制，不可能永久保留所有数据。然而 Kafka 提供两种策略删除旧数据，一种是基于时间策略，另一种是基于 Partition 文件大小策略。用户在使用这个功能时，只要对 Kafka 配置文件 $KAFKA_HOME/config/server.properties 进行修改即可，比如实际应用需求要 Kafka 删除一周前的数据，并每隔 300000ms 检查一次 log segments，删除满足条件的数据。相关配置项如下：

```
log.retention.hours = 168                    #96 行
log.retention.check.interval.ms = 300000     #107 行
```

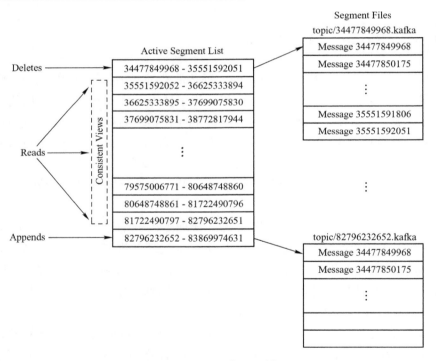

图 14-2　Kafka Log 实现机制原理图

这里要注意，因为 Kafka 读取特定消息的时间复杂度为 O(1)，即与文件大小无关，所以这里删除过期文件与提高 Kafka 性能无关。选择怎样的删除策略只与磁盘及具体的需求有关。另外，Kafka 会为每一个 Consumer Group 保留一些 metadata 信息，即当前消费的消息的 Position，也即 offset，这个 offset 由 Consumer 控制。正常情况下，Consumer 会在消费完一条消息后递增该 offset。当然，Consumer 也可将 offset 设置成一个较小的值，重新消费一些消息。因为 offet 由 Consumer 控制，所以 Kafka Broker 是无状态的，它不需要标记哪些消息被哪些消费过，也不需要通过 Broker 去保证同一个 Consumer Group 只有一个 Consumer 能消费某一条消息,因此也就不需要锁机制,这也为 Kafka 的高吞吐率提供了有力保障。

与传统的消息系统不同,Kafka 系统中存储的消息没有明确的消息 ID。消息通过日志中的逻辑偏移量(offset)来查找信息。这样就避免了维护配套密集寻址,用于映射消息 ID 到实际消息地址的随机存取索引结构的开销。消息 ID 是增量的,但不连续。要计算下一消息的 ID,可以在其逻辑偏移的基础上加上当前消息的长度。

消费者始终从特定分区顺序地获取消息,如果消费者知道特定消息的偏移量,也就说明消费者已经消费了之前的所有消息。消费者向代理发出异步请求,准备字节缓冲区用于消费。每个异步请求都包含要消费的消息偏移量。Kafka 利用 sendfile API 高效地从代理的日志 Segment 文件中分发字节给消费者。

14.2.2 Replication 和 Leader Election

Kafka 提供 Partition 级别的 Replication 是从 0.8.* 开始的,Replication 的数量参数可在 $KAFKA_HOME/config/server.properties 中进行配置]。由于 Replication 参数配置是 Topic 级别的配置项,进行配置时,需要在指定文件中添加,如添加 default.replication.factor = 3 信息(默认值为 1)。

Replication 与 Leader Election 配合提供了自动的 failover 机制。Replication 对 Kafka 的吞吐率是有一定影响的,但极大地增强了可用性。每个 Partition 都有一个唯一的 Leader,Producer 先通过 Push 方式将消费发送到 Broker 中的 Leader Partition 上,之后再通过异步的方式将消息 Replication 到 Follower 上。一般情况下,Partition 的数量大于等于 Broker 的数量,并且所有 Partition 的 Leader 均匀分布在 Broker 上。因此 Follower 上的日志和其 leader 上的完全一样,Kafka Replication 机制整体机构图如图 14-3 所示。

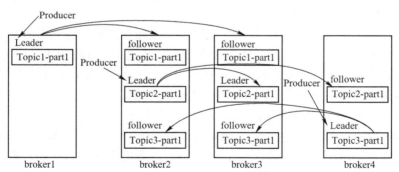

图 14-3 Kafka Replication 机制整体机构图

现在已经知道 Kafka 的 Replication 的大致情况,那么 Broker 中 Partition 中的 Leader 和 Follower 数据是怎样保持一致的呢?如果一个 Broker 宕机,怎样从其他的 Follower 中选取 Leader 呢?下面来分析这个问题。

和其他分布式消息系统一样,Kafka 也有一套机制来判断 Broker 的存活情况,目前主要通过以下两种情况来判断,第一,Broker 是否保证与 Zookeeper 通信(通过 Zookeeper 的 heartbeat 机制来实现);第二,Follower 必须及时将 Leader 的 writing 复制过来,不能"落后太多"。这样,大家可以从这两个方面入手,来分析理解上面的问题。

在 Broker 机制中，Leader 会追踪"in sync"的节点列表。如果一个 Follower 宕机，或者落后太多，Leader 将把它从"in sync"列表中移除。这里所描述的"落后太多"指 Follower 复制的消息落后于 Leader 的条数超过阈值，该值可通过 replica. lag. max. messages 和 replica. lag. time. max. ms 参数来配置，只需在配置文件 $KAFKA_HOME/config/server. properties 添加配置参数即可，如下所示：

```
replica. lag. max. messages = 4000
replica. lag. time. max. ms = 10000
```

需要注意的是，Kafka 只解决"fail/recover"，不处理"Byzantine"问题。一条消息只有被"in sync"列表里的所有 Follower 都从 Leader 复制过去才会被认为已提交。这样就避免了部分数据被写进了 Leader，还没来得及被任何 Follower 复制就宕机了，从而造成数据丢失，导致 Consumer 无法消费这些丢失的数据。对于 Producer 而言，它可以选择是否等待消息 Commit，这可以通过 request. required. acks 来设置。这种机制确保了只要"in sync"列表有一个或以上的 Follower，一条被 commit 的消息就不会丢失。

Kafka 的 Replication 复制机制采用"in sync"备份列表的方式，这种方式与人们常说的同步复制和异步复制有些区别。事实上，同步复制要求"活着的"Follower 都复制完，这条消息才会被认为成功复制完成，同步复制方式对吞吐率性能方面产生了极大的影响。而在异步复制方式中，Follower 从 Leader 复制数据是通过异步进行的，数据只要被 Leader 写入 Log 就被认为已经成功复制完成，这种异步方式进行数据同步的缺点是，如果 Follwer 由于网络等原因都落后 Leader，而 Leader 这时突然宕机，就会引起数据的丢失。而 Kafka 采用的"in sync"列表的方式就很好地、均衡地解决了同步复制方式和异步复制方式遇到的缺点，使得 Follower 可以批量从 Leader 中复制数据，并确保了数据不丢失，而且还具备较高的吞吐率。这极大地提高了 Replication 复制机制的复制性能。

理解 Kafka 的 Replication 复制机制后，另外一个很重要的问题是当 Leader 宕机后，怎样在 Follower 中选举出新的 Leader。一个基本原则就是，如果当前的 Leader 丢失了，新的 Leader 必须拥有原来的 Leader Commit 的所有消息。例如，如果 Leader 在标明一条消息被 Commit 前等待更多的 Follower 确认，这时突然 Leader 宕机，之后就有更多的 Follower 可以作为新的 Leader，但这会造成吞吐率的下降。Kafka 是怎样解决这个问题的呢？

常用的选举 Leader 的方式是少数服从多数（Majority Vote），但 Majority votes 算法劣势如下：比如，为了保证 Leader Election 的正常进行，它所能容忍的 Follower 丢失个数比较少。如果要容忍丢失 1 个 Follower，必须要有 3 个以上的备份，如果要容忍丢失两个 Follower，必须要有 5 个以上的备份。少数服从多数（Majority Vote）选择算法的优势主要体现在，系统的延迟只取决于延迟最少的几台服务器，也就是说，要延迟就取决于延迟最少的那个 Follower，而非最长的那个 Follower。例如这里有 $2f+1$ 个备份（其中含 Leader 和 Follower），那么在 Commit 之前必须保证有 $f+1$ 个备份复制完消息，为了保证正确选出新的 Leader，失败的备份数不能超过 f 个，因为在剩下的任意 $f+1$ 个备份里，至少有一个备份包含有最新的所有消息。换句话说，在生产环境中，为了确保较高的容错程度，需要大量的备份，但是大量的备份又会在大数据量下导致性能的显著下降，因此该算法更多地用在 Zookeeper 这种共享集群配置的系统中，而很少在需要存储大量数据的系统中使用。

实际上，基于 Leader 的选举算法非常多，比如 HDFS 的 HA Feature 是基于多数投票分类机制，但是它的数据存储并没有使用这种少数服从多数的方式。Zookeper 的 Zab、Raft 和 Viewstamped Replication。而 Kafka 所使用的 Leader Election 算法更像微软的 PacificA 算法。

Kafka 的 Leader 选举机制是，在 Zookeeper 中动态维护了一个 ISR（in-sync replicas）集合，这个集合里的所有备份都带上了 Leader 信息，只有 ISR 里的成员才能被选为 Leader。在这种模式下，对于 $f+1$ 个备份，一个 Kafka Topic 能在保证不丢失已经 Commit 的消息的前提下，容忍 f 个备份的失败。在大多数使用场景中，这种模式是非常有利的。事实上，为了容忍 f 个备份的失败，少数服从多数 Leader 选举机制和 ISR 在需要等待备份的数量 Commit 前是一样的，但是 ISR 需要的总的备份的数量几乎是 Majority Vote 的一半。

通过上面的分析，在一个 Follower 中，如果 ISR 至少有一个备份，那么 Kafka 就可以确保已经 Commit 的数据不丢失，但如果某一个 Partition 的所有备份都丢失了，那么就无法保证数据不丢失了。解决这个问题有两种可行的方案：

1）等待 ISR 集合中的任一个备份"活"过来，并且选它作为 Leader。
2）选择第一个"活"过来的备份（不一定在 ISR 集合中）作为 Leader。

下面分析这两种可行的解决方案，对于第一种方案，等待 ISR 集合中的任何一个备份"活"过来，不可用的时间将会比较长。当然，如果这个 ISR 集合中的所有备份都已经丢了，这个 partition 将永远不可用；对于第二种方案，选择一个"活"过来的备份作为 Leader，即使这个备份不在 ISR 集合中，也不保证已经包含了所有已 Commit 的消息，即出现数据一致性问题，这就需要在可用性和一致性中进行折衷，目前 Kafka0.8.*使用了第二种方式。

Kafka 集群需要管理成百上千个 Partition，Kafka 通过 round-robin 轮间调度算法来平衡 Partition，从而避免大量 Partition 集中在少数几个节点上。同时 Kafka 也需要平衡 Leader 的分布，尽可能地让所有 Partition 的 leader 均匀分布在不同的 Broker 上。另一方面，优化 Leadership Election 的过程也是很重要的。实际上，Kafka 选举一个 Broker 作为 Controller，这个 Controller 通过 Watch Zookeeper 检测所有的 Broker failure，并负责为所有受影响的 Partition 选举 Leader，再将相应的 Leader 调整命令发送至受影响的 Broker。这样做的好处是，可以批量地通知 Leadership 的变化，从而使得选举过程成本更低，尤其是对大量的 Partition 而言。如果 Controller 失败了，那么幸存的所有 Broker 都会尝试在 Zookeeper 中创建/controller -> {this broker id}，如果创建成功，则该 Broker 会成为 Controller，若不成功，则该 broker 会等待新 Controller 的命令。这种机制在未来将要发布的 0.9.*版本中实现，如果想深入了解，可以阅读 Kafka wiki 中的文档 Consumer Rewrite Design。

14.2.3　Consumer Rebalance

Consumer Rebalance 也叫消费者平衡机制，主要是指 Cusumer 消费者数量改变时，就会启动该平衡机制。Kafka 保证同一 Consumer Group 中只有一个 Consumer 会被消费某条消息。实际上，Kafka 保证的是稳定状态下每一个 Consumer 实例只会消费某个或多个特定 Partition 的数据，而某个 Partition 的数据只会被某个特定的 Consumer 实例所消费。也就是说，Kafka 对消息是以 Partition 为单位分配的，而非以每一条消息作为分配单元。这样设计的劣势是无法保证同一个 Consumer Group 里的 Consumer 均匀消费数据，优势是每个 Consumer 不需要和大量的 Broker 通信，减少通信开销，同时也降低了分配难度，实现也更简单。另外，因为同一个 Partition 里的数据是有序的，这种设计可以保证每个 Partition 里的数据可以被有序消费。如果某 Consumer Group 中 Consumer 数量少于 Partition 数量，则至少有一个 Consumer 会去消费多个 Partition 的数据；如果 Consumer 的数量与 Partition 数量相同，则正好一个 Consumer 消费一个 Partition 的数据；而如果 Consumer 的数量多于 Partition 的数量，会有部分 Consumer 无法消费该 Topic 下任何一条消息。

为了更清楚地理解上面几种情况，这里用一个简单的实例来说明，在 Broker 中有个一 TopicA，其中有 3 个 Partition（假设分别为 0、1、2）。在 Customer 中，当只有一个属于 group1 的 Consumer 实例（假设名称为 ConsumerA）时，此时 ConsumerA 可消费 TopicA 上 3 个 Partition 的数据；现在再增加一个 Consumer 实例（假设名称为 ConsumerB），这样，如果其中的一个 Customer（假设是 ConsumerA）可以消费两个 Partition（假设是 Partition 0 和 Partition 1）数据，另一个 Customer（假设是 ConsumerB）可以消费余下的 Partition（Partition 2）数据；现在继续增加一个 Consumer 实例（假设名称为 ConsumerC）。这时，每个 Consumer 可消费一个 Partition 的数据，ConsumerA 消费 partition0，ConsumerB 消费 partition1，ConsumerC 消费 partition2。现在继续再增加一个 Consumer 实例（假设名称为 ConsumerD），这时，其中 3 个 Consumer 可分别消费一个 Partition 的数据，另外一个 Consumer（假设是 ConsumerD）不能消费 topicA 的任何数据。再做个逆操作，看看 Customer 消费情况，先关闭 ConsumerA，其余 3 个 Consumer 可分别消费其中一个 Partition 的数据；接着关闭 ConsumerB，ConsumerC 可消费两个 Partition，ConsumerD 可消费一个 Partition；再关闭 ConsumerC，仅存的 ConsumerD 可同时消费 topicA 的 3 个 Partition。

理解了 Consumer 消费 Partition 关系之后，现在就比较容易了解 Consumer Rebalance 的算法了。下面大家来看看 Consumer Rebalance 算法流程：

1）将目标 Topic 下的所有 Partirtion 排序，存于 PT。
2）对某 Consumer Group 下的所有 Consumer 排序，存于 CG，第 i 个 Consumer 记为 Ci。
3）向上取整，计算 N 值，$N = \text{size}(PT)/\text{size}(CG)$。
4）解除 Ci 对原来分配的 Partition 的消费权（i 从 0 开始）。
5）将第 $i*N$ 到 $(i+1)*N-1$ 个 Partition 分配给 Ci。

目前，最新版（0.8.2.1）Kafka 的 Consumer Rebalance 的控制策略是由每一个 Consumer 通过在 Zookeeper 上注册 Watch 完成的。每个 Consumer 被创建时会触发 Consumer Group 的 Rebalance，具体启动流程如下：

1）High Level Consumer 启动时将其 ID 注册到其 Consumer Group 下，在 Zookeeper 上的路径为/consumers/［consumer group］/ids/［consumer id］。
2）在/consumers/［consumer group］/ids 上注册 Watch。
3）在/brokers/ids 上注册 Watch。
4）如果 Consumer 通过 Topic Filter 创建消息流，则它会同时在/brokers/topics 上也创建 Watch。
5）强制自己在其 Consumer Group 内启动 Rebalance 流程。

在这种策略下，每一个 Consumer 或者 Broker 的增加或者减少都会触发 Consumer Rebal-

第14章　Kafka核心组件及核心特性剖析

ance。因为每个 Consumer 只负责调整自己所消费的 Partition，为了保证整个 Consumer Group 的一致性，当一个 Consumer 触发了 Rebalance 时，该 Consumer Group 内的其他所有 Consumer 也应该同时触发 Rebalance。

上面这种策略，存在如下缺陷：

1）Herd Effect：任何 Broker 或者 Consumer 的增减都会触发所有的 Consumer 的 Rebalance。

2）Split Brain：每个 Consumer 分别单独通过 Zookeeper 判断哪些 Broker 和 Consumer 宕机了，那么不同 Consumer 在同一时刻从 Zookeeper"看"到的 View 就可能不一样，这是由 Zookeeper 的特性决定的，这就会造成不正确的 Reblance 尝试。

3）调整结果不可控：所有的 Consumer 都并不知道其他 Consumer 的 Rebalance 是否成功，这可能会导致 Kafka 工作在一个不正确的状态。

Kafka 作者正在考虑在未来的 0.9.* 版本中将使用中心协调器（Coordinator）——Consumer Rewrite Design，具体思想如下：从所有 Consumer Group 的子集选举出一个 Broker 作为 Coordinator，由它 Watch Zookeeper，从而判断是否有 Partition 或者 Consumer 的增减，然后生成 Rebalance 命令，并检查是否这些 Rebalance 在所有相关的 Consumer 中被执行成功，如果不成功则重试，若成功则认为此次 Rebalance 成功（这个过程跟 Replication Controller 非常类似）。

14.2.4　消息传送机制

在消息队列系统中，有如下几种可能的消息传递机制（delivery guarantee）：

1）At most once：消息可能会丢，但绝不会重复传输。

2）At least one：消息绝不会丢，但可能会重复传输。

3）Exactly once：每条消息肯定会被传输且仅传输一次，很多时候这是用户所想要的。

当 Producer 向 Broker 发送消息时，一旦这条消息被 Commit，因 Replication 机制的存在，消息就不会丢。但是如果 Producer 发送数据给 Broker，遇到网络问题而造成通信中断，那么 Producer 就无法判断该条消息是否已经 Commit。虽然 Kafka 无法确定网络故障期间发生了什么，但是 Producer 可以生成一种类似于主键的东西，在发生故障时，幂等性地重试，这样就做到了 Exactly once。到目前为止（Kafka 0.8.2.1 版本），这一 Feature 还并未实现，有希望在 Kafka 未来的版本中实现。目前，默认情况下一条消息从 Producer 到 Broker 确保了 At least once，可通过设置 Producer 异步发送实现 At most once。

接下来讨论的是消息从 Broker 到 Consumer High Level 的 delivery guarantee 语义。Consumer 在从 Broker 读取消息后，可以选择 Commit，该操作会在 Zookeeper 中保存该 Consumer 在该 Partition 中读取的消息的 offset。该 Consumer 下一次再读该 Partition 时会从下一条开始读取。如未 Commit，下一次读取的开始位置会跟上一次 Commit 之后的开始位置相同。当然可以将 Consumer 设置为 Autocommit，即 Consumer 一旦读到数据，立即自动 Commit。如果只讨论这一读取消息的过程，那么 Kafka 确实确保了 Exactly once。但实际使用中应用程序并非在 Consumer 读取完数据就结束了，而是要进行进一步处理，而数据处理与 Commit 的顺序在很大程度上决定了消息从 Broker 和 Consumer 的 delivery guarantee 语义。读完消息先 Commit 再处理。

在这种模式下，如果 Consumer 在 Commit 后还没来得及处理消息就宕机了，下次重新开始工作后就无法读到刚刚已提交而未处理的消息，这就对应于 At most once。读完消息先处理再 Commit，在这种模式下，如果在处理完消息之后 Commit，之前 Consumer 宕机了，下次重新开始工作时还会处理已提交未处理的消息，实际上该消息已经被处理过了，这就对应于 At least once。

在很多使用场景下，消息都有一个主键，所以消息的处理往往具有幂等性，即多次处理这一条消息，与仅处理一次是等效的，那就可以认为是 Exactly once。毕竟它不是 Kafka 本身提供的机制，主键本身也并不能完全保证操作的幂等性。而且实际上说 delivery guarantee 语义是讨论被处理多少次，而非处理结果怎样。因为处理方式多种多样，大家不应该把处理过程的一些特性——如是否具备幂等性，当成 Kafka 本身的 Feature。如果一定要做到 Exactly once，就需要协调 offset 和实际操作的输出。

精典的做法是引入两阶段提交，如果能让 offset 和操作输入存在同一个地方，会更简洁和通用。这种方式可能更好，因为许多输出系统可能不支持两阶段提交。比如，Consumer 拿到数据后可能把数据放到 HDFS，如果把最新的 offset 和数据本身一同写到 HDFS，那么就可以保证数据的输出和 offset 的更新或者都完成，或者都不完成，间接实现 Exactly once。目前就 high level API 而言，offset 是存于 Zookeeper 中的，无法存于 HDFS 中，而 low level API 的 offset 是由自己去维护的，可以将之存于 HDFS 中。

总之，Kafka 默认保证 At least once，并且允许通过设置 Producer 异步提交来实现 At most once。而 Exactly once 要求与外部存储系统协作，幸运的是，Kafka 提供的 offset 可以非常直接、非常容易地使用这种方式。

14.2.5　Kafka 的可靠性

Kafka 是一个分布式的、分区的、冗余的日志提交服务系统，自从 Kafka 从 0.8.* 开始提供 Partition 级别的 Replication 之后，Kafka 的可靠性显著提升，Kafka 的 Replication 复制机制既不是同步复制，也不是单纯的异步复制。因为数据的传输步骤还是 Producer 先将消息传输给 Broker 中 Leader 级别的 Partition，之后才将消息从 Leader 级别的 Partition 复制到 Follower 级别的 Partition。只是在写入 Log 后，什么时候被 Commit 有所出入，这就是刚好所说的 Kafka 的 Replication 复制机制既不是同步复制，也不是单纯的异步复制。Kafka 在这里还映入 "in sync" 列表这个概念，来均衡吞吐量与确保数据不被丢失。详细的细节请参考本书 Replications 和 Leaders 部分。

14.2.6　Kafka 的高效性

这里假设消息的数据量特别大，同时确保每一条被发送的消息至少可以被读一次，那么是什么原因导致数据低效传输呢？主要就是如下两个原因：第一，数据消息传输时，有过多的网络请求；第二，数据消息传输时，有过多的字节复制。

　　Kafka 为了提高效率，对这两个问题进行了优化，比如围绕消息集合的概念来构建 Kafka 的 API，即一次网络请求发送一个消息集合，而不是每次只发一条消息。如 Kafka 中 MessageSet 的实现本身是一个非常简单的 API，它将一个字节数组或者文件进行直接打包传输，对消息的处理并没有分开的序列化和反序列化步骤。由 Broker 保存的消息日志本身只是一个消息集合的目录，这些消息已经被写入磁盘。这种抽象允许单一一个字节可以被 Broker 和 Consumer 所分享。维护这样的通用格式可以对大多数重要的操作进行优化，持久日志数据块的网络传输等。现在的 UNIX 操作系统提供一种高优化的代码路径将数据从页缓存传到一个套接字（socket）；在 Linux 中，这可以通过调用 sendfile 系统来完成。Java 提供了访问这个系统调用的方法：FileChannel. transferTo。

　　为了理解 sendfile 的影响，需要理解一般的将数据从文件传到套接字的路径：
1）操作系统将数据从磁盘读到内核空间的页缓存中。
2）应用将数据从内核空间读到用户空间的缓存中。
3）应用将数据写回内存空间的套接字缓存中。
4）操作系统将数据从套接字缓存写到网卡缓存中，以便将数据通过网络发送出去。

　　这样做明显是低效的，这里有 4 次复制、两次系统调用。如果使用 sendfile，再次复制可以被避免：允许操作系统将数据直接从页缓存发送到网络上。所以在这个优化的路径中，只有最后一步将数据复制到网卡缓存中是需要的。

　　对于期望一个主题上有多个消费者是一种常见的应用场景。利用上述的零复制，数据只被复制到页缓存一次，然后就可以在每次消费时被重复利用，而不需要将数据存在内存中，然后在每次读的时候复制到内核空间中，这使得消息消费速度可以达到网络连接的速度。这种机制大大提高了 Kafka 的数据传输效率。

14.3　Kafka 即将发布版本核心组件及特性剖析

14.3.1　重新设计的 Consumer

　　最新版（0.8.2.1）Kafka 的 Consumer Rebalance 控制策略，用在基于 Kafka 目前的 Consumer 结构中，存在很多缺陷，原理已经在 Consumer Rebalance 控制策略中进行了详细的分析，这就迫使 Kafka 开发者实现另外一种解决方案，来解决上面的缺陷，这就是 Consumer 重新设计的原因，Kafka 开发者计划在未来的 0.9.＊中实现该功能，其核心思想是用中心协调器（Coordinator），本节将详细阐述重新设计的 Consumer。

　　新的 Cosumer 从很多地方进行了修改，如简化消费者客户端、中心调度器（Coordinator）、允许手工管理 offset、Rebalance 后触发用户指定的回调、非阻塞式 Consumer API 等。下面对这些新的设计功能进行总结。

　　简化消费者客户端：部分用户希望开发和使用 non－java 的客户端。现阶段使用 non－

java开发SimpleConsumer比较方便，但想开发High Level Consumer并不容易。因为High Level Consumer需要实现一些复杂但必不可少的失败探测和Rebalance。如果能将消费者客户端更精简，使依赖最小化，将会极大地方便non-java用户实现自己的Consumer。

中心调度器（Coordinator）：由于当前版本的High Level Consumer存在Herd Effect和Split Brain等问题。如果将失败探测和Rebalance的逻辑放到一个高可用的中心Coordinator，那么这两个问题即可解决。同时还可大大减少Zookeeper的负载，有利于Kafka Broker的水平扩展。

允许手工管理offset：一些系统希望以特定的时间间隔在自定义的数据库中管理Offset。这就要求Consumer能获取到每条消息的Metadata，例如Topic、Partition、Offset，同时还需要在Consumer启动时得到每个Partition的Offset。实现这些功能，需要提供新的Consumer API。同时有个问题不得不考虑，即是否允许Consumer手工管理部分Topic的Offset，而让Kafka自动通过Zookeeper管理其他Topic的Offset。一个可能的选项是让每个Consumer只能选取一种Offset管理机制，这可以极大地简化Consumer API的设计和实现。

Rebalance后触发用户指定的回调：一些应用可能会在内存中为每个Partition维护一些状态，Rebalance时，它们可能需要将该状态持久化。因此希望支持用户实现并指定一些可插拔的并在Rebalance时触发的回调。也就是说，如果用户希望使用Kafka提供的自动Offset管理，则需要Kafka提供该回调机制。

非阻塞式Consumer API：源于那些实现高层流处理操作，如filter by、group by、join等系统。现阶段的阻塞式Consumer几乎不可能实现Join操作。

14.3.2　Coordinator Rebalance

该功能在未来的0.9.*版本才展现，这里基于Wiki社区的文档进行一些介绍，通过High Level Consumer Rebalance分析可以知道，Rebalance成功的结果是，订阅的所有Topic的每一个Partition将会被Consumer Group内的一个（有且仅有一个）Consumer拥有。每一个Broker将被选举为某些Consumer Group的Coordinator。某个Cosnumer Group的Coordinator负责在该Consumer Group的成员变化或者所订阅的Topic的Partititon变化时协调Rebalance操作。

（1）Consumer执行机制

1）Consumer启动时，先向Broker列表中的任意一个Broker发送ConsumerMetadataRequest，并通过ConsumerMetadataResponse获取它所在Group的Coordinator信息。

2）Consumer连接到Coordinator并发送HeartbeatRequest，如果返回的HeartbeatResponse没有任何错误码，Consumer继续fetch数据。若其中包含IllegalGeneration错误码，即说明Coordinator已经发起了Rebalance操作，此时Consumer停止fetch数据，commit offset，并发送JoinGroupRequest给它的Coordinator，并在JoinGroupResponse中获得它应该拥有的所有Partition列表和它所属的Group的新的Generation ID。此时Rebalance完成，Consumer开始fetch数据。

Consumer状态机图如图14-4所示，下面对这些参数进行详细解析。

第14章 Kafka核心组件及核心特性剖析

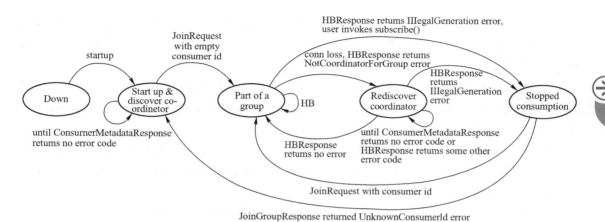

图 14-4 Consumer 状态机工作流程图

Down：Consumer 停止工作。

Start up & discover coordinator：Consumer 检测其所在 Group 的 Coordinator。一旦它检测到 Coordinator，即向其发送 JoinGroupRequest。

Part of a group：在该状态下，Consumer 已经是该 Group 的成员，并周期性地发送 HeartbeatRequest。如 HeartbeatResponse 包含 IllegalGeneration 错误码，则转换到 Stopped Consumption 状态。若连接丢失，HeartbeatResponse 包含 NotCoordinatorForGroup 错误码，则转换到 Rediscover coordinator 状态。

Rediscover coordinator：在该状态下，Consumer 不停止消费，而是尝试通过发送 ConsumerMetadataRequest 来探测新的 Coordinator，并且等待直到获得无错误码的响应。

Stopped consumption：在该状态下，Consumer 停止消费并提交 offset，直到它再次加入 Group。

（2）Consumer 故障检测机制

Consumer 成功加入 Group 后，Consumer 和相应的 Coordinator 同时开始故障探测程序。Consumer 向 Coordinator 发起周期性的 Heartbeat（HeartbeatRequest）并等待响应，该周期为 session.timeout.ms/heartbeat.frequency。若 Consumer 在 session.timeout.ms 内未收到 HeartbeatResponse，或者发现相应的 Socket channel 断开，它即认为 Coordinator 已宕机并启动 Coordinator 探测程序。若 Coordinator 在 session.timeout.ms 内没有收到一次 HeartbeatRequest，则它将该 Consumer 标记为宕机状态并为其所在 Group 触发一次 Rebalance 操作。Coordinator Failover 过程中，Consumer 可能会在新的 Coordinator 完成 Failover 过程之前或之后发现新的 Coordinator，并向其发送 HeatbeatRequest。对于后者，新的 Cooodinator 可能拒绝该请求，致使该 Consumer 重新探测 Coordinator 并发起新的连接请求。如果该 Consumer 向新的 Coordinator 发送连接请求太晚，新的 Coordinator 可能已经在此之前将其标记为宕机状态而将之视为新加入的 Consumer 并触发一次 Rebalance 操作。

（3）CoordinatorRebalance 执行机制

① 在稳定状态下，Coordinator 通过上述故障探测机制跟踪其所管理的每个 Group 下的每个 Consumer 的健康状态。

② 刚启动或者选举完成后，Coordinator 从 Zookeeper 读取它所管理的 Group 列表及这些 Group 的成员列表。如果没有获取到 Group 成员信息，它不会做任何事情，直到某个 Group 中有成员注册进来。

③ 在 Coordinator 完成加载其管理的 Group 列表及其相应的成员信息之前，Coordinator 将为 HeartbeatRequest、OffsetCommitRequest 和 JoinGroupRequests 返回 CoordinatorStartupNotComplete 错误码。此时，Consumer 会重新发送请求。

④ Coordinator 会跟踪被其所管理的任何 Consumer Group 注册的 Topic 的 Partition 的变化，并为该变化触发 Rebalance 操作。创建新的 Topic 也可能触发 Rebalance，因为 Consumer 可以在 Topic 被创建之前就已经订阅。

Coordinator 状态机图如图 14-5 所示，下面对这些参数进行详细解析。

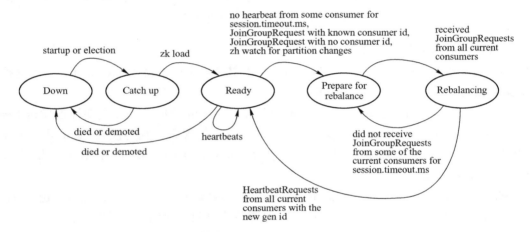

图 14-5　Coordinator 状态机工作流程图

Down：Coordinator 不再担任之前负责的 Consumer Group 的 Coordinator。

Catch up：在该状态下，Coordinator 竞选成功，但还未能做好服务相应请求的准备。

Ready：在该状态下，新竞选出来的 Coordinator 已经完成从 Zookeeper 中加载它所负责管理的所有 Group 的 Metadata，并可开始接收相应的请求。

Prepare for rebalance：在该状态下，Coordinator 在所有 HeartbeatResponse 中返回 IllegalGeneration 错误码，并等待所有 Consumer 向其发送 JoinGroupRequest 后转到 Rebalancing 状态。

Rebalancing：在该状态下，Coordinator 已经收到了 JoinGroupRequest 请求，并增加其 Group Generation ID，分配 Consumer ID，分配 Partition。Rebalance 成功后，它会等待接收包含新的 Consumer Generation ID 的 HeartbeatRequest，并转至 Ready 状态。

（4）Coordinator Failover 机制

通过上面的分析，是否对 Rebalance 执行步骤有全面的了解呢？这里还是先列举出 Rebalance 操作的几个阶段，之后再看 Rebalance 不同阶段中 Coordinator 的 Failover 处理方式。Rebalance 执行步骤如下：

① Topic/Partition 的改变或者新 Consumer 的加入或者已有 Consumer 停止，触发 Coordi-

第14章　Kafka核心组件及核心特性剖析

nator 注册在 Zookeeper 上的 watch，Coordinator 收到通知准备发起 Rebalance 操作。

② Coordinator 通过在 HeartbeatResponse 中返回 IllegalGeneration 错误码发起 Rebalance 操作。

③ Consumer 发送 JoinGroupRequest。

④ Coordinator 在 Zookeeper 中增加 Group 的 Generation ID 并将新的 Partition 分配情况写入 Zookeeper。

⑤ Coordinator 发送 JoinGroupResponse。

在 Rebalance 执行上面几个步骤中，Coordinator 都可能出现故障。那么，Coordinator 怎样解决这些可能的故障呢？下面给出 Rebalance 不同阶段中 Coordinator 的 Failover 处理方式。

1）如果 Coordinator 的故障发生在第一阶段（步骤①），即它收到 Notification 并未及时做出响应，则新的 Coordinator 将从 Zookeeper 读取 Group 的 Metadata，包含这些 Group 订阅的 Topic 列表与之前的 Partition 分配。如果某个 Group 所订阅的 Topic 数或者某个 Topic 的 Partition 数与之前的 Partition 分配不一致，或者某个 Group 连接到新的 Coordinator 的 Consumer 数与之前 Partition 分配中的不一致，新的 Coordinator 会发起 Rebalance 操作。

2）如果失败发生在第二阶段（步骤②），它可能对部分而非全部 Consumer 发出带错误码的 HeartbeatResponse。与第一种情况一样，新的 Coordinator 会检测 Rebalance 并发起一次 Rebalance 操作。如果 Rebalance 是由 Consumer 的失败所触发的，并且 Cosnumer 在 Coordinator 的 Failover 完成前恢复，新的 Coordinator 不会为此发起新的 Rebalance 操作。

3）如果 Failure 发生在第三阶段（步骤③），新的 Coordinator 可能只收到部分而非全部 Consumer 的 JoinGroupRequest。Failover 完成后，它可能收到部分 Consumer 的 HeartRequest 及另外部分 Consumer 的 JoinGroupRequest。与第一种情况一样，它将发起新一轮的 Rebalance 操作。

4）如果 Failure 发生在第四阶段（步骤④），即将新的 Group Generation ID 和 Group 成员信息写入 Zookeeper 后，那么新的 Generation ID 和 Group 成员信息以一个原子操作一次性写入 Zookeeper。Failover 完成后，Consumer 会发送 HeartbeatRequest 给新的 Coordinator，并包含旧的 Generation ID。此时新的 Coordinator 通过在 HeartbeatResponse 中返回 IllegalGeneration 错误码发起新的一轮 Rebalance。这也解释了为什么每次 HeartbeatRequest 中都需要包含 Generation ID 和 Consumer ID。

5）如果 Failure 发生在第五阶段（步骤⑤），旧的 Coordinator 可能只向 Group 中的部分 Consumer 发送了 JoinGroupResponse。收到 JoinGroupResponse 的 Consumer 时，发现在继续向已经失效的 Coordinator 发送 HeartbeatRequest 或者提交 Offset 时会检测到它已经失败。此时，它将检测新的 Coordinator 并向其发送带有新的 Generation ID 的 HeartbeatRequest。而未收到 JoinGroupResponse 的 Consumer 将检测新的 Coordinator 并向其发送 JoinGroupRequest，这将促使新的 Coordinator 发起新一轮的 Rebalance。

本节从 Consumer 重新设计后的 Consumer 执行机制、Consumer 状态机、Consumer 故障检测机制、Coordinator Rebalance 执行机制、Coordinator 状态机、Coordinator Failover 机制入手，对中心协调器（Coordinator）的 Rebalance 做了详细的分析和总结，这部分内容比较复杂，需要仔细研读。读者也可以结合 Kafka wiki 社区深入了解这些功能。

14.4 小结

　　本章详细讲解了 Kafka 的核心组件及核心特征，主要包括 Kafka 如何接收消息、如何处理消息、如何将消息进行容错、如何发送消息、如何通过调度机制实现节点上的数据平衡，并对 Kafka 本身的一些缺点进行剖析。通过对 Kafka 的核心组件的深入理解，大家可以结合自己的认识，从设计架构上、数据处理上进行全面思索，也可以结合 Kafka 的源代码来理解 Kafka 的精髓，还可以结合实际应用场景，灵活运用 Kafka 这些独特的特征和组件。当然，自己也可以试着针对实际应用场景设计和开发更优异的消息队列系统。

第15章　Kafka 应用实践

Kafka 是一个高性能跨语言分布式发布/订阅消息队列系统，前面两章已对 Kafka 的设计理念、基本架构、Kafka 核心组件和核心特性进行了详细剖析。相信读者已经对 Kafka 有了全面深入的了解，应该想知道怎样搭建 Kafka 集群、怎样将 Kafka 集群用于自己的数据流分析平台中、怎样编写 Kafka 程序来解决实际的业务逻辑问题了。本章就从这些方面入手，帮助读者成为 Kafka 理论与实战高手。本章分为如下几个部分：Kafka 开发环境的配置与 Kafka 集群的部署、构建 Kafka 数据流平台、Kafka 客户端开发、Spark 整合 Kafka 的实战实例分析。

15.1 Kafka 开发环境搭建及运行环境部署

15.1.1 Kafka 开发环境配置

Kafka 是用 Scala 语言编写，运行在 JVM 上的，为此大家在配置开发环境时，要保证机器具有 Java 基础开发包 JDK 和 Scala 语言库。开发 Java 或 Scala 比较好用的 IDE 有 Eclipse、IntelliJ IDEA 等，推荐使用 IntelliJ IDEA 开发 Scala 应用程序，用 Maven 工具来进行项目管理，搭建 Kafka 开发环境需要的软件及下载方式如表 15-1 所示。

表 15-1　搭建 Kafka 开发环境所需要的软件及下载地址

软件	下载网址	推荐版本
JDK	http://www.oracle.com/technetwork/java/javase/downloads/index.html	1.7 以上
Eclipse	http://scala-ide.org/download/sdk.html	4.2.0
Maven	http://maven.apache.org/download.cgi	3.0.2 以上
Scala	http://www.scala-lang.org/download/	2.11.*
Kafka	http://kafka.apache.org/downloads.html	0.8.2.1

注意：开发环境在 windows 7 64 位操作系统操作中，相应的软件也使用 64 位的。

有了上面的基本软件环境，大家就可以基于 Kafka 进行程序开发了，构建基于 Kafka 的开发项目有如下几种方法：第一，通过 Scala IDE 直接创建项目；第二，通过项目管理工具 Maven 来构建项目。这两种方法各有优缺点，用 Maven 构建项目，只要配置正确的 Pom.xml 文件、相应的依赖库即可，Maven 通过网络自动下载配置中的第三方依赖库。直接用 Scala IDE 构建项目的话,需要将 Kafka 依赖的 JAR 包,手动复制到自己创建的项目中,大家可以选择其中的一种方式来构建基于 Kafka 的开发项目,本节对这两种方法进行详细阐述。

1. 方法一:通过 Scala IDE 直接创建项目

1)打开 Scala IDE 集成开发环境。

2)创建 Scala 项目。

在 Eclipse 中,依次选择 File→New→Scala Project→填写 Project name→Finsh 命令。

3)导入 Kafka 第三方依赖包。

在刚创建的项目中,单击鼠标右键,创建一个文件夹(随便命名,这里命名为 lib),解压缩 Kafka 官方网站下载的(kafka_2.11-0.8.2.1.tgz),将安装目录\kafka_2.11-0.8.2.1\libs 下的所有 JAR 包,复制到在项目中创建的 lib 文件夹下。如图 15-1 所示。

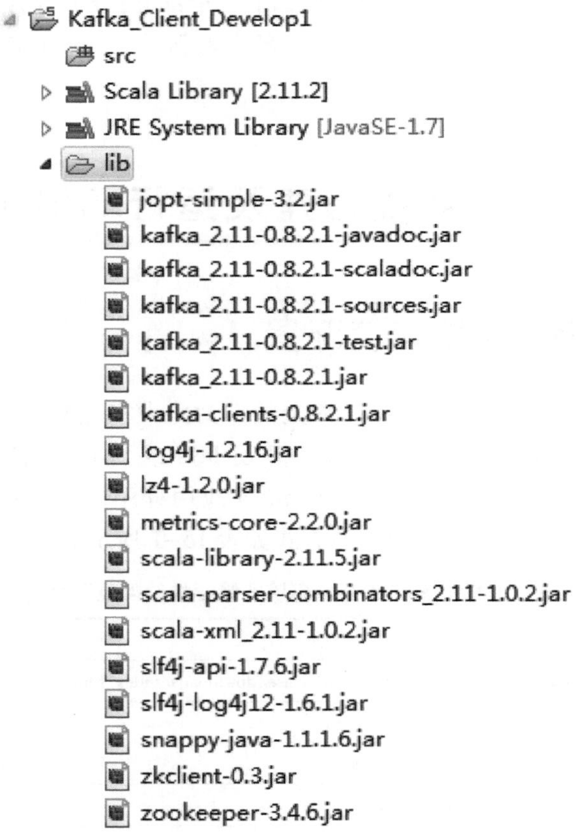

图 15-1 将 Kafka 依赖的开发包复制到项目

4)导入依赖的 Kafka JAR 包

在 Eclipse 中,依次执行如下操作:选择刚创建的项目,单击鼠标右键,选择 Build Path→Configure Build Path 命令,单击 Libraries,选择 Add JAR,找到刚创建的项目及 lib 文件夹,选择 lib 下的全部 JAR 包,两次单击 OK 按钮。相关的截图如图 15-2 和图 15-3 所示。

第15章 Kafka应用实践

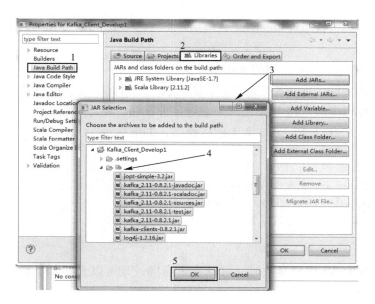

图 15-2 将 Kafka 依赖的开发包添加到 PATH 中

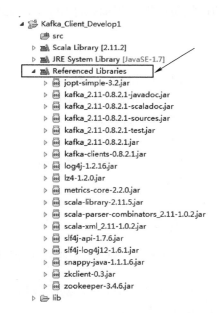

图 15-3 将 Kafka 依赖的开发包添加到 PATH 中后项目依赖库展现

通过上面几个步骤的操作，就可以在该项目中开发基于 Kafka 的 Producer 和 Consumer 程序了。

2. 方法二：通过项目管理工具 Maven 来构建项目

1）打开 Scala IDE 集成开发环境。

2）创建 Maven 项目。

在 Eclipse 中，执行如下操作：选择 File→New→Other 命令，选择 Maven Project，单击

Next 按钮，填写 Maven project Configure，包括：Artifact Group Id、Artifact Id、Version、Packaging，Finish 按钮。

3）修改刚创建的 Maven 工程的 pom.xml 文件。

打开 pom.xml 文件，填写相应的 Kafka 依赖包，然后保存（快捷键是 Ctrl + S），该项目自动从网络上下载相应的依赖 JAR 包（下载速度非常慢，要等一段时间）。

比如，填的是 Kafka2.10 - 0.8.2.1 的依赖项，如下所示：

```
< dependency >
    < groupId > org. apache. kafka </groupId >
        < artifactId > kafka_2. 10 </artifactId >
        < version > 0. 8. 2. 1 </version >
</dependency >
```

注意：在填写 kafka 依赖参数时，可以参考官网，也可以参考如下网址：http://mvnrepository.com/。

4）用 Maven 构建 Kafka 的开发工程，创建完成后，包的组织结构如图 15 - 4 所示。修改 pom.xml 文件之后，相关的依赖包也加入到依赖库中，Kafka_Client_Develop2 项目组织结构如图 15 - 5 所示。

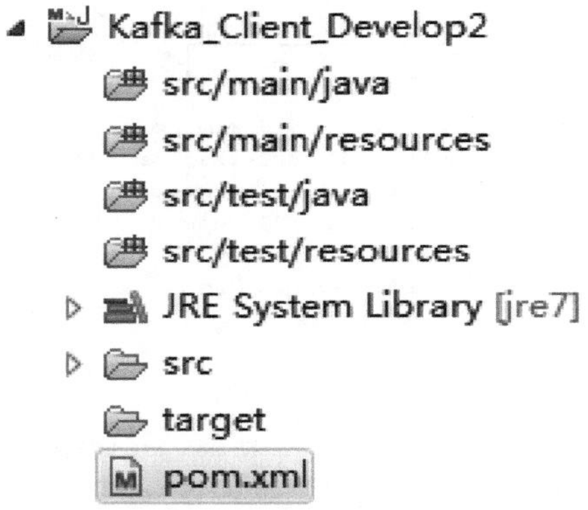

图 15-4 修改 pom.xml 文件前，Kafka_Client_Develop2 项目组织结构

通过上面两种方法对 Kafka 开发环境进行配置，就可以基于自己的业务逻辑，灵活地开发 Kafka 的 Producer 和 Consumer 应用程序了。

15.1.2 Kafka 运行环境安装与部署

本节将详细讲解 Kafka 的安装与部署。通过前面两章的讲解，相信读者已经知道，Kafka 中消息的元数据信息及状态是通过 Zookeeper 进行存储和监控的，因此在部署 Kafka 的情况下，先部署 Zookeeper 集群。本部分内容将 Kafka 的运行环境部署到 Ubuntu12.04 64 位的操作系统上，安装 Kafka 准备的软件还有，Java 基础开发包 JDK、Scala 语言库、Zookeeper - 3.4.6、kafka_2.11 - 0.8.2.1.tgz。部署 Kafka 运行环境各软件的版本信息如表 15-2 所示。

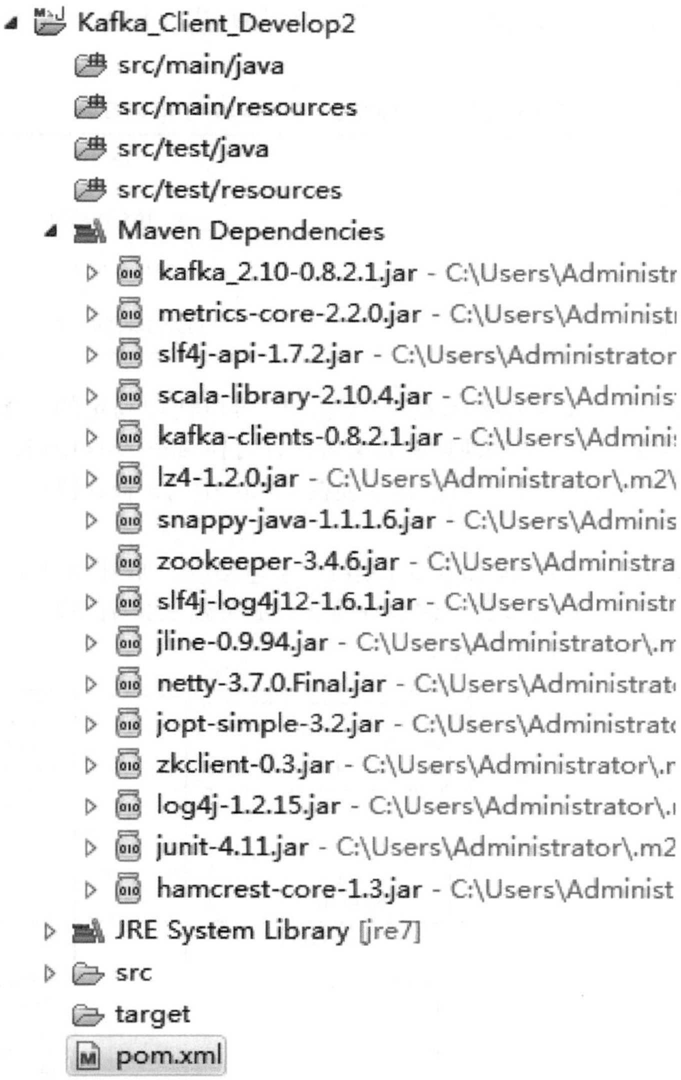

第15章 Kafka应用实践

```
▲ 📁 Kafka_Client_Develop2
    🗁 src/main/java
    🗁 src/main/resources
    🗁 src/test/java
    🗁 src/test/resources
    ▲ 📚 Maven Dependencies
        ▷ 📦 kafka_2.10-0.8.2.1.jar - C:\Users\Administr
        ▷ 📦 metrics-core-2.2.0.jar - C:\Users\Administ
        ▷ 📦 slf4j-api-1.7.2.jar - C:\Users\Administrator
        ▷ 📦 scala-library-2.10.4.jar - C:\Users\Adminis
        ▷ 📦 kafka-clients-0.8.2.1.jar - C:\Users\Admini:
        ▷ 📦 lz4-1.2.0.jar - C:\Users\Administrator\.m2\
        ▷ 📦 snappy-java-1.1.1.6.jar - C:\Users\Adminis
        ▷ 📦 zookeeper-3.4.6.jar - C:\Users\Administra
        ▷ 📦 slf4j-log4j12-1.6.1.jar - C:\Users\Administr
        ▷ 📦 jline-0.9.94.jar - C:\Users\Administrator\.m
        ▷ 📦 netty-3.7.0.Final.jar - C:\Users\Administrat
        ▷ 📦 jopt-simple-3.2.jar - C:\Users\Administrato
        ▷ 📦 zkclient-0.3.jar - C:\Users\Administrator\.r
        ▷ 📦 log4j-1.2.15.jar - C:\Users\Administrator\.r
        ▷ 📦 junit-4.11.jar - C:\Users\Administrator\.m2
        ▷ 📦 hamcrest-core-1.3.jar - C:\Users\Administ
    ▷ 📚 JRE System Library [jre7]
    ▷ 🗁 src
      🗁 target
      📄 pom.xml
```

图 15-5　修改 pom.xml 文件后，Kafka_Client_Develop2 项目组织结构（Kafka 依赖包已添加）

表 15-2　搭建 Kafka 集群环境需要的软件及版本信息

软　件	版　本
操作系统	Ubuntu12.04 64 bit
JDK	1.8.0_31
Scala	2.11
Zookeeper	3.4.6
Kafka	0.8.2.1

这里用 3 台服务器构建 Zookeeper 和 Kafka 集群，每台服务器上安装了 Ubuntu12.04 64 位的操作系统，还要安装 JDK、Scala、Zookeeper、Kafka 软件，其中 JDK 和 Scala 需要在安

装 Zookeeper 与 Kafka 时，提前安装好。3 台服务器的 IP 及 host name 对应关系如表 15-3 所示。

表 15-3　搭建 Kafka 集群 Hostname 与 IP 对应表

Host name	IP
Master	192.168.79.180
worker1	192.168.79.181
worker2	192.168.79.182

注意：host name 要在安装操作系统时填写，IP 可以使用固定的，配置文件为/etc/network/interfaces，host name 与 IP 的映射关系配置文件可在/etc/hosts 中修改。上面提及的 3 台服务器，可以是独立的计算机，也可以是安装在 Vmare 中的 3 台虚拟机，用户可以根据实际情况确定。

用 3 台服务器构建 Zookeeper 和 Kafka 集群的整体结构，如图 15-6 所示，其中在每台服务器上安装基础的 JDK、Scala 软件，之后在这 3 台服务器上分别部署 Zookeeper 集群和 Kafka 集群，实战部署图如图 15-6 所示。

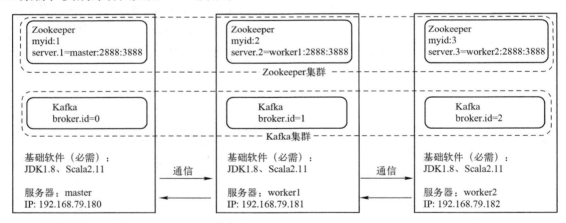

图 15-6　Kafka 集群和 Zookeeper 集群搭建的物理结构图

（1）Zookeeper 的安装步骤：

1）下载 Zookeeper，下载地址为 http://apache.fayea.com/zookeeper/zookeeper-3.4.6/。

2）将下载好的 zookeeper-3.4.6.tar.gz，复制到服务器 master/worker1/worker2 中。

3）进入服务器 master，解压缩 Zookeeper，命令为 tar -zxvf zookeeper-3.4.6.tar.gz。

4）解压缩 zookeeper-3.4.6.tar.gz 包后，会在当前文件夹下生产 zookeeper-3.4.6 目录，在 zookeeper-3.4.6 中创建两个文件夹，分别为 zkdata/zkdataLog，其中 zkdata 用来存放 Zookeeper 的快照日志，zkdataLog 用来存放事务日志。

5）修改配置文件，进入 {安装目录}/zookeeper-3.4.6/conf，通过文件 zoo_sample.cfg，复制一份 zoo.cfg 文件，命令为 cp zoo_sample.cfg zoo.cfg。

第15章 Kafka应用实践

打开 zoo.cfg 文件，修改及添加的参数如下：

```
dataDir = /home/hadoop/application/zookeeper - 3.4.6/zkdata
dataLogDir = /home/hadoop/application/zookeeper - 3.4.6/zkdataLog
server.1 = master:2888:3888
server.2 = worker1:2888:3888
server.3 = worker2:2888:3888
```

注意1：dataDir 参数用来配置 zookeeper 快照日志的存放路径，dataLogDir 用来配置 zookeeper 事务日志的存放路径。如果不配置 dataLogDir，则 Zookeeper 的快照日志和事务日志默认放在 dataDir 目录下，但是对于很大的集群，这样会严重影响 Zookeeper 的性能。

注意2：server.1、server.2、server.3 中，其中的数字 1、2、3 要和 dataDir 目录下的 myid 文件的内容一致。

注意3：在 master:2888:3888、worker1:2888:3888、worker2:2888:3888 中，前面的 master、worker1、worker2 分别是服务器的 hostname，如果没有配置 IP 和 hostname 的映射关系，这里用 IP 代替，前面一个端口 2888 表示 Leader 与 Follower 之间的通信端口；后面一个端口 3888 表示选举 Leader 与 Follower 的通信端口（比如启动 Zookeeper 集群时，要选择哪台服务器为 Leader，哪台服务器为 Follower 使用，或者 Leader 宕机后，再选举 Leader 和 Follower 时通信端口）。

6) 在 Zookeeper 快照日志存放路径中，添加 myid 文件，命令如下：

```
hadoop@ master:~/application/zookeeper - 3.4.6/zkdata $ echo"1" > myid
```

Zookeeper 快照日志目录：dataDir = /home/hadoop/application/zookeeper - 3.4.6/zkdata。

7) 分别进入服务器 worker1、服务器 worker2，分别重复步骤3) 到步骤5)，在步骤6) 时，做如下修改，修改的命令分别如下：

```
hadoop@ worker1:~/application/zookeeper - 3.4.6/zkdata $ echo"2" > myid
hadoop@ worker2:~/application/zookeeper - 3.4.6/zkdata $ echo"3" > myid
```

8) 在服务器 master 中，进入 Zookeeper 的 bin 目录下，启动 Zookeeper，命令如下：

```
hadoop@ master:~/application/zookeeper - 3.4.6/bin $ ./zkServer.sh
JMX enabled by default
Using config:/home/hadoop/application/zookeeper - 3.4.6/bin/../conf/zoo.cfg
Usage: ./zkServer.sh {start|start - foreground|stop|restart|status|upgrade|print - cmd}
hadoop@ master:~/application/zookeeper - 3.4.6/bin $ ./zkServer.sh start
```

9) 再分别进入服务器 worker1、服务器 worker2，执行与步骤8) 同样的操作命令。

10) 查看 Zookeeper 进程的状态，命令如下（各服务器执行同样的命令，但状态不一样）：

```
hadoop@ master: ~/application/zookeeper-3.4.6/bin $ ./zkServer.sh status
JMX enabled by default
Using config: /home/hadoop/application/zookeeper-3.4.6/bin/../conf/zoo.cfg
Mode: follower
```

11)也可以通过 JPS 命令来查看 Zookeeper 的进程信息,命令如下:

```
hadoop@ master: ~/application/zookeeper-3.4.6/bin $ jps
5648 Jps
5201 QuorumPeerMain
```

通过上面的操作,完全分布式 Zookeeper 集群就搭建并部署好了,Zookeeper 集群搭建成功的标志,就是在步骤10)、步骤11)中看到的信息。

(2) Kafka 集群搭建步骤如下:

1)下载 Kafka,网址为:http://kafka.apache.org/downloads.html。

2)将下载好的 kafka_2.11-0.8.2.1.tgz,复制到服务器 master/worker1/worker2 中。

3)进入服务器 master 中,解压缩 Kafka,命令如下:

```
hadoop@ master: ~/application $ tar zxvf kafka_2.11-0.8.2.1.tgz
```

4)创建 Kafka 的日志存放目录 kafkaLogs,命令如下:

```
hadoop@ master: ~/application/kafka_2.11-0.8.2.1 $ mkdir kafkaLogs
```

5)修改配置文件,进入目录 {安装目录}/kafka_2.11-0.8.2.1/config,编辑配置文件 server.properties。修改完配置文件 {安装目录}/kafka_2.11-0.8.2.1/config/server.properties 后,完整的 server.properties 配置文档请参考附录 A。修改及添加的参数如下所示:

```
broker.id = 0
host.name = master
log.dirs = /home/hadoop/application/kafka_2.11-0.8.2.1/kafkaLogs
message.max.bytes = 5242880
default.replication.factor = 3
replica.fetch.max.bytes = 5242880
zookeeper.connect = master:2181,worker1:2181,worker2:2181
```

注意1:broker.id = 0,Kafka 中 Broker 的 ID 区分,值从 0 开始,这里配置 master 服务器 broker.id = 0、worker1 服务器 broker.id = 1、worker2 服务器 broker.id = 2。

注意2:host.name = master 中,将 host.name 的值,修改为当前服务器的 IP 或者 hostname。

注意3:参数 log.dirs 配置中,修改 Kafka 的日志存放目录。

注意4:参数 message.max.bytes 配置中,修改消息发送的最大字节数,这里设置为 5MB。

注意5:参数 default.replication.factor 配置中,修改 Partition 副本的数量,默认值为 1。

注意6:参数 replica.fetch.max.bytes 配置中,默认值为 1048576(1024 × 1024)。

第15章 Kafka应用实践

注意7：参数 zookeeper.connect 配置中，修改 Kafka 连接 Zookeeper 集群服务器，服务器之间用英文逗号（,）隔开。

6）分别进入服务器 worker1、worker2，分别进行步骤3）与步骤四4）的操作。

7）进入服务器 worker1，修改配置文件，进入目录 {安装目录}/kafka_2.11-0.8.2.1/config，编辑配置文件 server.properties。修改及添加的参数如下所示：

```
broker.id = 1
host.name = worker1
log.dirs = /home/hadoop/application/kafka_2.11-0.8.2.1/kafkaLogs
message.max.bytes = 5242880
default.replication.factor = 3
replica.fetch.max.bytes = 5242880
zookeeper.connect = master:2181,worker1:2181,worker2:2181
```

8）进入服务器 woker2，修改配置文件，进入目录 {安装目录}/kafka_2.11-0.8.2.1/config，编辑配置文件 server.properties。修改及添加的参数如下所示：

```
broker.id = 2
host.name = worker2
log.dirs = /home/hadoop/application/kafka_2.11-0.8.2.1/kafkaLogs
message.max.bytes = 5242880
default.replication.factor = 3
replica.fetch.max.bytes = 5242880
zookeeper.connect = master:2181,worker1:2181,worker2:2181
```

9）Kafka 配置完成，进入 Kafka 的 bin 目录下，{安装目录}/kafka_2.11-0.8.2.1/bin 目录，开始启动 Kafka 集群，命令如下：

```
hadoop@master:~/application/kafka_2.11-0.8.2.1/bin$
./kafka-server-start.sh -daemon ../config/server.properties
```

10）用 JPS 命令，查看 Kafka 启动进程，命令如下：

```
hadoop@master:~/application/kafka_2.11-0.8.2.1/bin$ jps
5938 Jps
5924 Kafka
5821 QuorumPeerMain
```

11）Kafka 安装成功的标志，如图 15-7 所示。

```
hadoop@master:~/application/kafka_2.11-0.8.2.1/bin$ ./kafka-server-start.sh -daemon ../
config/server.properties
hadoop@master:~/application/kafka_2.11-0.8.2.1/bin$ jps
5938 Jps
5924 Kafka
5821 QuorumPeerMain
```

图 15-7 Kafka 安装成功的标志截图展现

12)（额外步骤）：用 Kafka 自带的 Shell 控制台，来进行简单的实例实践。如创建与查看 Topic，直接执行生产者或消费者等，详细操作如下述内容。

① 随便进入一个服务器，比如这里进入 master 服务器，再进入 Kafka 的 bin 目录下，如｛安装目录｝/kafka_2.11-0.8.2.1/bin，创建一个名称为 test 的 Topic 主题，命令如下：

```
hadoop@master:~/application/kafka_2.11-0.8.2.1/bin $ ./kafka-topics.sh --create --zookeeper localhost:2181 --replication-factor 2 --partitions 1 --topic test
Created topic"test".
```

② 在 master 服务器上，还是在 kafka 的 bin 目录下，可以通过如下命令来查看创建的 Topic 主题，命令如下：

```
hadoop@master:~/application/kafka_2.11-0.8.2.1/bin $ ./kafka-topics.sh --list --zookeeper localhost:2181
test
```

③ 在 master 服务器上，还是在 kafka 的 bin 目录下，执行生产者，命令如下：

```
hadoop@master:~/application/kafka_2.11-0.8.2.1/bin $ ./kafka-console-producer.sh --broker-list master:9092 --topic test
[2015-10-06 18:32:10,331] WARN Property topic is not valid (kafka.utils.VerifiableProperties)
```

④ 在另外一台服务器上，比如 worker1 服务器，进入 kafka 的 bin 目录下，执行消费者，命令如下：

```
hadoop@worker1:~/application/kafka_2.11-0.8.2.1/bin $ ./kafka-console-consumer.sh --zookeeper localhost:2181 --topic test --from-beginning
```

⑤ 之后就可以在 master 服务器上输入信息，就可以实时看到 worker1 服务器输出和 master 服务器上输入一样的信息。

13)（额外步骤）：用 Zookeeper 客户端命令，来查看 Kafka 集群上面的参数信息。

① 随便进入一个服务器，比如进入服务器 worker2，进入 Zookeeper 安装目录下的 bin 目录，｛安装目录｝/zookeeper-3.4.6/bin，运行如下命令：

```
hadoop@worker2:~/application/zookeeper-3.4.6/bin $ ./zkCli.sh -server
```

② 查看目录信息（在列出的信息中，除了 zookeeper 是 Zookeeper 自己的以外，其他的全部是 Kafka 的目录信息），命令如下：

```
[zk:localhost:2181(CONNECTED)1]ls /
[controller,controller_epoch,brokers,zookeeper,admin,consumers,config]
```

③ 查看 Kafka 中 brokers 中的信息，命令如下：

```
[zk:localhost:2181(CONNECTED)2]ls /brokers
[ids,topics]
```

④ 查看 Kafka 中 brokers 下 ids 中的目录信息，命令如下：

```
[zk:localhost:2181(CONNECTED)3]ls /brokers/ids
    [0,1,2]
```

⑤ 查看 Kafka 中 brokers 下 ids 中 0 的信息，命令如下：

```
[zk:localhost:2181(CONNECTED)7]get /brokers/ids/0
{"jmx_port":-1,"timestamp":"1444126531387","host":"master","version":1,"port":9092}
cZxid = 0x200000012
ctime = Tue Oct 06 18:15:31 CST 2015
mZxid = 0x200000012
mtime = Tue Oct 06 18:15:31 CST 2015
pZxid = 0x200000012
cversion = 0
dataVersion = 0
aclVersion = 0
ephemeralOwner = 0x2503ca2aa940000
dataLength = 83
numChildren = 0
```

这里已经搭建了一个完全分布式的 Zookeeper 集群和一个 Kafka 集群，这里通过 Kafka 集群，用 Kafka 自带的 Shell 客户端模拟了 Kafka 的 Producer 和 Consumer 过程，之后用 Zookeeper 的客户端命令，操作查看 Kafka 中的相关信息。

Section 15.2 基于 Kafka 客户端开发

上面已经搭建好了基于 Kafka 开发应用程序的环境，相信大家应该非常期待 Kafka 的客户端开发，接下来将详细讲解怎样开发 Kafka 的生产者（Producer）和消费者（Consumer）。本节先介绍 Kafka 生产者编程设计及 Kafka 消费者编程设计，再对 Kafka 的生产者和消费者的编程步骤及相应的参数设置进行详细阐述，之后对 Kafka 生产者和消费者的常用配置参数做了一个分类和总结。

Apache Kafka 框架是用 Scala 语言开发的，Apache Kafka 在大数据技术栈中的流行，也归结于 Kafka 运用了 Scala 语言并发编程的优势，用很少的代码实现了高可用、高性能的分布式消息系统。其中 Apache Kafka 对语言的支持也比较丰富，其中包括对 Java、Python、Go、Ruby、Scala、C/C++ 等等。换句话说，读者可以基于 Kafka 提供的 API，用这些语言来编写自己的客户端程序。Apache Kafka 的通信协议在 0.8.X 版本改动比较大，Apache Kafka 官网表示，自从 0.8 发布版开始，Apache Kafka 继续维护已有语言实现的 Kafka 客户端

API，但是基于 JVM 的 Kafka 客户端是 Apache Kafka 维护的重点，并和基线代码保持一致，也就是说，Apache Kafka 客户端 API 支持最好的是 Java 语言，基于这个原因，本节主要使用 Java 语言来对 Kafka 客户端开发进行讲解，部分例子也用 Scala 语言实现，供读者对比参考。

现在，虽然 Apache Kafka 对 Scala 语言 API 的支持还不是很完善，随着读者对 Scala 语言及 Apache Kafka 框架的深入学习和理解，在阅读完本节后，可以试着用 Scala 语言来实现 Kafka 的客户端程序，将遇到的问题和建议回馈给 Apache Kafka，使 Apache Kafka 对 Scala 语言客户端 API 支持越来越强大。

Kafka 作为一个消息队列，Kafka 集群就应该具备对消息的独特处理能力，搭建集群上的 kafka，怎样来控制这些消息的处理流程，即 Kafka 怎样从所要的应用中收集消息，怎样将获得的消息发送到其他地方，这些就是本节所关心的内容，利用 Kafka 提供的 API 来实现这些数据接收和发送功能。换句话说，就是用 Kafka 提供的 API 来实现消息队列中的生产者（Producer）和消费者（Consumer）。

15.2.1 消息生产者（Producer）设计

Producer 发送一条消息时，可以指定这条消息的 key，Producer 根据这个 key 和 Partition 机制来判断应该将这条消息发送到哪个 Parition。因此用户在编写自己的类时，只要实现 kafka.producer.Partitioner 接口即可。假设这条消息的 key 可以解析成整数，那么就可以将该数与 Partition 总数取余数，之后就可以将消息发送到指定的 Partition 上去，其中 Partition 序列号从零开始。现在大家自定义一个分区类 SelfDefiningPartitioner，相关的语句如下所示：

```
1.  public class SelfDefiningPartitioner implements Partitioner {
2.      public SelfDefiningPartitioner( VerifiableProperties props) {
3.      }
4.      @Override
5.      public int partition( Object obj, int numPartitions) {
6.          int partition = 0;
7.          if ( obj instanceof String) {
8.              String key = (String) obj;
9.              int offset = key. lastIndexOf('.');
10.             if ( offset > 0) {
11.                 partition = Integer. parseInt( key. substring( offset + 1)) % numPartitions;
12.             }
13.         } else {
14.             partition = obj. toString(). length() % numPartitions;
15.         }
16.         return partition;
17.     }
18. }
```

通过自定义的类来实现 Partition 接口之后，就可以在程序中使用这个自定义类。现在创建一个 Producer 类 ProducerInstance，在 ProducerInstance 类中，具体代码的编写步骤如下所示：

第15章 Kafka应用实践

1）添加Kafka集群中Broker列表配置信息（格式为IP：port，或者hostname：port），这里无须指定集群中的所有Boker，只要指定其中部分即可，它会自动取meta信息并连接到对应的Boker节点。

```
Properties props = new Properties();  props.put("metadata.broker.list","192.168.79.180:9092,
192.168.79.181:9092,192.168.79.182:9092");
```

2）添加Kafka集群序列化处理配置信息（用户可以自定义，其中serializer.class，默认为kafka.serializer.DefaultEncoder，即byte[]，其中key.serializer.class为单独序列化可以处理类，默认和serializer.class一致），即kafka通过哪种序列化方式将消息传输给Boker，大家也可以在发送消息的时候指定序列化类型，不指定则使用默认序列化类型。

```
props.put("serializer.class","kafka.serializer.StringEncoder");
props.put("key.serializer.class","kafka.serializer.StringEncoder");
```

3）添加Kafka集群Broker分区类配置，指定消息发送对应分区方式，若不指定，则随机发送到一个分区，也可以在发送消息的时候指定分区类型。这里使用自定义的分区方式。

```
props.put("partitioner.class","org.guanxiangqing.kafkaSample.SelfDefiningPartitioner");
```

4）添加Kafka的触发acknowledgement机制，其中的值可以是0、1、−1。其中值为0时，表示Producer不等待Broker的acknowledgement，特点是延迟最少，但数据持久性保证最差；其中的值设置为1时，表示Broker中的Leader副本接收到数据后，才向Kafka的Producer发送acknowledgement，特点是数据具有比较好的持久性保证；其中的值设置为−1，表示Broker中所有的同步副本接收到数据后才向Kafka的Producer发送acknowledgement，特点是数据具有特别好的持久性保证。

```
props.put("request.required.acks","1");
```

5）将这些配置加到Producer配置类中。

```
ProducerConfig config = new ProducerConfig(props);
```

6）创建Producer类实例对象。

```
Producer<String,String> producer = new Producer<String,String>(config);
```

7）实现相应的业务逻辑，即实现Producer向Broker发送消息数据。

8）关闭Producer实例。

通过上面的步骤，完全使用Java语言，基于Kafka提供的ProducerAPI实现了KafkaProducer的设计，其中包括自定义分区的设计，对于分区设计，读者可以按照自己的实际场景进行优化设计，其他直接按照这个模板就能简单地实现自己的KafkaProducer应用。为了能让读者对整个步骤有个全局了认识，这里自定义一个Producer类ProducerInstance，完整的生产者ProducerInstance类程序代码如下所示。

```java
1.  public class ProducerInstance {
2.      public static void main(String[] args) {
3.          int events = 100;
4.          Properties props = new Properties();    // 创建保存配置参数的对象
5.          props.put("metadata.broker.list","192.168.79.180:9092,192.168.79.181:9092,
            192.168.79.182:9092");    //指定将Kafka集群的服务器列表
6.          props.put("serializer.class","kafka.serializer.StringEncoder");    //指定序列化类
7.          props.put("key.serializer.class","kafka.serializer.StringEncoder");//指定序列化类
            // 指定分区的方式,这里使用自己定义的方式
8.          props.put("partitioner.class","org.guanxiangqing.kafkaSample.SelfDefiningPartitioner");
9.          props.put("request.required.acks","1");
10.         ProducerConfig config = new ProducerConfig(props);    // 将相关参数放到生产配置对象中
11.         Producer<String,String> producer = new Producer<String,String>(config);
12.         long start = System.currentTimeMillis();
13.         for(long i = 0; i < events; i++) {
14.             long runtime = new Date().getTime();
15.             String ip = "192.168.79." + i;
16.             String msg = runtime + ",www.example.com," + ip;
17.             KeyedMessage<String,String> data = new KeyedMessage<String,String>(
18.                 "page_visits",ip,msg);    // 模拟生成相关数据
19.             producer.send(data);    //发送数据
20.         }
21.         System.out.println("耗时:" + (System.currentTimeMillis() - start));
22.         producer.close();    //关闭 producer
23.     }
24. }
```

15.2.2 消息消费者（Consumer）设计

Kafka 中的 Consumer 设计是比较核心的部分，Kafka 的 Consumer API 分为 The Low Level Consumer API 和 The High Level Consumer API，先用 The High Level Consumer API 来开发 Kafka 的 Consumer 程序，因为使用 Kafka 中的 The High Level Consumer API，编写 Consumer 程序变得非常简单，不需要考虑过多的细节，只要能从 Kafka 中的 Broker 获取数据即可。

虽然在前面的 Kafka 的核心特征剖析部分，对 Kafka 的 Consumer 原理进行了详细地阐述和分析，这里还要注意如下细节：

1）The High Level Consumer API 会在内部将消息进行持久化，并读到消息的 offset，数据保存在 Zookeeper 中的 Consumer Group 名中（如/consumers/console-consumer-41521/offsets/test/0。其中 console-consumer-41521 是消费组，test 是 topic，最后一个 0 表示第一个分区），每间隔一个很短的时间更新一次 offset，那么可能在重启消费者时拿到重复的消息。此外，当分区 Leader 发生变更时，也可能拿到重复的消息。因此在关闭消费者时最好等待一定的时间（10s）然后再 shutdown()。

2）Consumer Group 名是一个全局信息，要注意在启动新的消费者之前，要关闭旧的消费者。如果启动新的进程并且 Consumer Group 名相同，Kafka 会添加这个进程到可用消费线

第15章 Kafka应用实践

程组中,并用来消费 Topic 和触发重新分配负载均衡,那么同一个分区的消息就有可能发送到不同的进程中。

3)消费的线程多于分区数,一些线程可能永远无法看到一些消息。

4)分区数多于线程数,一些线程会收到多个分区的消息。

5)一个线程对应了多个分区,那么接收到的消息是不能保证顺序的。

注意:可用 Zookeeper 中的 zkCli.sh 命令查询 Kafka 中的信息。

1. 用 The High Level Consumer API 编写 Consumer 程序

现在用 Kafka 的 The High Level Consumer API 来编写 Consumer 程序,先创建一个 ConsumerInstanceHighLevelAPI 类,在类 ConsumerInstanceHighLevelAPI 中,编写步骤如下:

1)添加 Zookeeper 服务器地址的配置信息。

```
Properties props = new Properties();
props.put("zookeeper.connect","192.168.79.180:2181");
```

2)添加 Consumer Group 配置信息,如果不指定,Kafka 会自动添加 Consumer Group 名称,比如上面用到的 console-consumer-41521,就是 Kafka 自动生成的 Consumer Group 名称。

```
props.put("group.id","group_id1");
```

3)添加 Kafka 等待 Zookeeper 返回消息的超时时间配置信息。

```
props.put("zookeeper.session.timeout.ms","4000");
```

4)添加 Zookeeper 同步最长延迟多久才产生异常配置信息。

```
props.put("zookeeper.sync.time.ms","2000");
```

5)添加 Consumer 多久更新 offset 到 Zookeeper 的配置信息,offset 更新是基于时间的,而不是每次获得的消息。一旦在更新 zookeeper 时发生异常并重启,将可能获取已获取过的消息。

```
props.put("auto.commit.interval.ms","1000");
```

6)创建 Consumer 对象实例,将上面的配置信息添加到 Consumer 对象中。

```
ConsumerConnector consumer = Consumer.createJavaConsumerConnector(new ConsumerConfig(props));
```

7)创建线程数量,告诉 Kafka 该进程有多少线程来处理对应的 Topic。

```
Map<String,Integer> topicCountMap = new HashMap<String,Integer>();
int a_numThreads = 3;
topicCountMap.put("test",a_numThreads);
```

8)获取每个 stream 对应的 Topic。

```
Map<String,List<KafkaStream<byte[],byte[]>>> consumerMap = consumer
    .createMessageStreams(topicCountMap);
List<KafkaStream<byte[],byte[]>> streams = consumerMap.get("test");
```

9)使用Executor来创建一个线程池,之后调用线程池来处理Topic。相关实现代码如下所示。

```java
1.    ExecutorService executor = Executors.newFixedThreadPool(a_numThreads);
2.    for (final KafkaStream<?,?> stream : streams) {
3.        executor.submit(new Runnable() {
4.            public void run() {
5.                ConsumerIterator<byte[],byte[]> it = (ConsumerIterator<byte[],byte[]>)stream.iterator();
6.                while (it.hasNext()) {
7.                    System.out.println(Thread.currentThread() + ":"
8.                        + new String(it.next().message()));
9.                }
10.           }
11.       });
12.   }
```

10)关闭Consumer对象实例。

通过上面的步骤,我们用Java语言,基于Kafka提供的Consumer高级API实现了一个完整的KafkaConsumerDemo,很多代码多可以复用,读者只需要理解上面的步骤,就可以以其为模板,写出自己的KafkaConsumer。特别注意的是,上面是使用Apache Kafka提供的高级API实现的KafkaConsumerDemo,为了让读者有个全局的认知,这里我们提供了一个Consumer类ConsumerInstanceHighLevelAPI,完整的ConsumerInstanceHighLevelAPI类源代码如下所示。

```java
1.    public class ConsumerInstanceHighLevelAPI {
2.        public static void main(String[] arg) throws IOException {
3.            Properties props = new Properties();    // 创建保存配置参数的对象
4.            props.put("zookeeper.connect","192.168.79.180:2181");    //指定连接Zookeeper集群信息
5.            props.put("group.id","group_id1");    // 指定Group.id
6.            props.put("zookeeper.session.timeout.ms","4000");//指定Zookeeper中session超时时间
7.            props.put("zookeeper.sync.time.ms","2000");    //指定ZK Fellower跟随ZK Leader时间
8.            props.put("auto.commit.interval.ms","1000");//指定消费者提交offsets到Zookeeper的频率
9.            ConsumerConnector consumer = Consumer    //创建消费者配置参数对象
10.               .createJavaConsumerConnector(new ConsumerConfig(props));
11.           Map<String,Integer> topicCountMap = new HashMap<String,Integer>();
12.           int a_numThreads = 3;
13.           topicCountMap.put("test",a_numThreads);    //指定Topic消费的线程数
14.           Map<String,List<KafkaStream<byte[],byte[]>>> consumerMap = consumer
15.               .createMessageStreams(topicCountMap);    // 获取Stream对应的Topic
16.           List<KafkaStream<byte[],byte[]>> streams = consumerMap.get("test");
17.           ExecutorService executor = Executors.newFixedThreadPool(a_numThreads);//创建线程池
18.           for (final KafkaStream<?,?> stream : streams) {    // 遍历Stream来执行消费者
```

```
19.        executor.submit(new Runnable() {
20.            public void run() {
21.                ConsumerIterator<byte[],byte[]> it = (ConsumerIterator<byte[],byte[]>)
                   stream.iterator();
22.                while (it.hasNext()) {
23.                    System.out.println(Thread.currentThread() + ":"
24.                        + new String(it.next().message()));
25.                }
26.            }
27.        });
28.    }
29.    System.in.read();
30.    if (consumer != null)    //关闭消费者
31.        consumer.shutdown();
32.    if (executor != null)
33.        executor.shutdown();
34.    }
35.  }
```

2. 用 The Low Level Consumer API 编写 Consumer 程序

使用 Kafka 的 The Low Level Consumer API 来编写 Consumer 的应用场景为，第一：针对一个消息读取多次；第二：在一个 process 中，仅仅处理一个 topic 中的一组 partitions；第三：确保每个消息只被处理一次。因此，如果您的业务常用有这些需求，Kafka 的 The Low Level Consumer API 就是最佳的选择了，现在用 Kafka 的 The Low Level Consumer API 来编写 Consumer。

在用 Kafka 的 The Low Level Consumer API 来编写 Consumer 时，要注意几点，相对于 Kafka 中 The High Level Consumer API，用 Kafka 的 The Low Level Consumer API 来编写 Consumer 需要程序员自己处理更多的细节，比如：

1）程序员必须实现，当消费停止时，如何持久化 offset。
2）程序员必须实现，怎样处理 Topic 和分区，并确定哪个 Broker 上的 Partition 是 Leader。
3）程序员必须实现，当 Leader 宕机时，怎样选择新的 Leader。

基于 Kafka 的 The Low Level Consumer API 来编写 Consume 步骤如下：

1）创建一个 Consumer 类，这里为 ConsumerInstanceLowLevelAPI 类。
2）找到 Broker 中的 Leader，以便读取 Topic 和 Partition，这里主要是获得 Metedata 信息，注意，这里也不需要添加所有的 Broker 列表，只要连接其中的一个 Broker，就可以通过集群中的配置信息（Kafka 内部机制），获得所有的 Broker 列表。
3）通过获取的 Topic 和 Partition 信息，自己决定哪个副本作为 Leader，并通过 offset，来实现消息的持久化。在获取所有 leader 的同时，可以用 metadata.replicas() 更新最新的节点信息。
4）建立业务需要的数据。
5）获取数据。
6）确定当其中的 Leader 因为宕机而丢失时，怎样选举新的 Leader。

上面就是使用 Apache Kafka 提供的低级 ConsumerAPI 来实现 Kafka 的 Consumer 的详细步骤，读者也可以用上面的模板编写自己的 KafkaConsumer。但是用 Kafka 提供的低级 API 来实现 Consumer 比用 Kafka 提供的高级 API 来实现 Consumer 复杂很多，因为在使用低级 API 实现 Kafka 的 Consumer，要对 Consumeroffsets 进行控制实现、对副本 Leader 实现选举机制，这对用户来说是一个极大的挑战。为了让读者从全局来理解基于 Kafka 低级 API 来实现 KafkaConsumer 的过程，这里我们实现了一个 Consumer 类 ConsumerInstanceLowLevelAPI，完整的 ConsumerInstanceLowLevelAPI 类源代码如下所示。读者在阅读如下代码时，不懂的地方可以参考代码中的注释和上面步骤分析，代码如下。

```
1.   public class ConsumerInstanceLowLevelAPI {
2.       public static void main (String[] arg) throws UnsupportedEncodingException,
         InterruptedException {
3.           String topic = "test";                          // 初始化 Topic 名称
4.           int partition = 1;                              // 指定分区的数量
5.           String brokers = "192.168.79.180:9092";         // 初始化 Kafka Broker 信息
6.           int maxReads = 100;
7.           PartitionMetadata metadata = null;
8.           for (String ipPort : brokers.split(",")) {      //以逗号遍历所有的 Kafka Broker 列表
9.               SimpleConsumer consumer = null;             //创建 Consumer 对象
10.              try {
11.                  String[] ipPortArray = ipPort.split(":"); // 获取 IP 和端口信息
12.                  consumer = new SimpleConsumer(ipPortArray[0],
13.                      Integer.parseInt(ipPortArray[1]),100000,64 * 1024,
14.                      "leaderLookup");                    //实例化 Consumer 对象
15.                  List<String> topics = new ArrayList<String>();
16.                  topics.add(topic);
         //通过 Topic 获取,Kafka 中所有的 Brokers 列表信息,因此在 Topic 初始化时候,不需要列
         举所有的 Broker 列表信息,全部 Broker 列表会在连接 Kafka 集群后进行获取
17.                  TopicMetadataRequest req = new TopicMetadataRequest(topics);
18.                  TopicMetadataResponse resp = consumer.send(req);
19.                  List<TopicMetadata> metaData = resp.topicsMetadata();
20.                  for (TopicMetadata item : metaData) {
21.                      for (PartitionMetadata part : item.partitionsMetadata()) {
22.                          System.out.println("----" + part.partitionId());
23.                          if (part.partitionId() == partition) {
24.                              metadata = part;
25.                              break;
26.                          }
27.                      }
28.                  }
29.              } catch (Exception e) {                     //打印异常处理信息
30.                  System.out.println("Error communicating with Broker [" + ipPort
```

```
31.                    +"] to find Leader for [" + topic +"," + partition
32.                    +"] Reason: " + e);
33.            } finally {
34.                if (consumer != null)
35.                    consumer.close();    // 关闭 Consumer
36.            }
37.        }
38.        if (metadata == null||metadata.leader() == null) {    // 对元数据及元数据 leader 进行判断
39.            System.out.println("meta data or leader not found,exit.");
40.            return;
41.        }
42.        Broker leadBroker = metadata.leader();    //获取 Broker 的 Leader
43.        System.out.println(metadata.replicas());    // 输出 Broker 的备份数量
44.
45.        long whichTime = kafka.api.OffsetRequest.EarliestTime();
46.        System.out.println("lastTime:" + whichTime);
47.        String clientName = "Client_" + topic + "_" + partition;
48.        SimpleConsumer consumer = new SimpleConsumer(leadBroker.host(),
49.                leadBroker.port(),100000,64 * 1024,clientName);//创建 Consumer 对象(实例化)
50.        TopicAndPartition topicAndPartition = new TopicAndPartition(topic,
51.                partition);    // 创建 TopicAndPartition 实例化对象
52.        Map<TopicAndPartition,PartitionOffsetRequestInfo> requestInfo = new HashMap<TopicAnd-
        Partition,PartitionOffsetRequestInfo>();
        //下面的代码主要就是获取 Consumer offsets
53.        requestInfo.put(topicAndPartition,new PartitionOffsetRequestInfo(
54.                whichTime,1));
55.        OffsetRequest request = new OffsetRequest(requestInfo,
56.                kafka.api.OffsetRequest.CurrentVersion(),clientName);
57.        OffsetResponse response = consumer.getOffsetsBefore(request);
58.        if (response.hasError()) {    // 对 Response 返回的错误进行输出,便于分析和排查问题
59.            System.out
60.                    .println("Error fetching data Offset Data the Broker. Reason: "
61.                    + response.errorCode(topic,partition));
62.            return;
63.        }
        //通过 Response 来获取返回的 Consumer offsets
64.        long[] offsets = response.offsets(topic,partition);
65.        System.out.println("offset list:" + Arrays.toString(offsets));    // 输出 offsets 列表
66.        long offset = offsets[0];
67.        while (maxReads > 0) {
68.            kafka.api.FetchRequest req = new FetchRequestBuilder().clientId(clientName)
69.                    .addFetch(topic,partition,offset,100000).build();
```

```
70.         FetchResponse fetchResponse = consumer.fetch(req);    //Consumer 数据信息
71.         if(fetchResponse.hasError()){    // 对返回错误信息进行输出跟踪
72.             short code = fetchResponse.errorCode(topic,partition);
73.             System.out.println("Error fetching data from the Broker:"
74.                     + leadBroker + " Reason: " + code);
75.             return;
76.         }
77.         boolean empty = true;
            // 遍历 MessageAndOffset 对象的数据
78.         for(MessageAndOffset messageAndOffset : fetchResponse.messageSet(
79.                 topic,partition)){
80.             empty = false;
81.             long curOffset = messageAndOffset.offset();    //获取当前的 offset 值
82.             if(curOffset < offset){
83.                 System.out.println("Found an old offset: " + curOffset
84.                         + " Expecting: " + offset);
85.                 continue;
86.             }
                //获取 MessageAndOffset 对象的下一个 offset 值
87.             offset = messageAndOffset.nextOffset();
88.             ByteBuffer payload = messageAndOffset.message().payload();
89.             byte[] bytes = new byte[payload.limit()];
90.             payload.get(bytes);    //加载获取数据
91.             System.out.println(String.valueOf(messageAndOffset.offset())
92.                     + ": " + new String(bytes,"UTF-8"));
93.             maxReads ++;
94.         }
95.         if(empty){
96.             Thread.sleep(1000);
97.         }
98.     }
99.     if(consumer != null)
100.        consumer.close();    //关闭 Consumer
101.    }
102. }
```

到目前为止，我们已经详细讲解了用 Kafka 的 The Low Level Consumer API 和 The High Level Consumer API 来编写 Consumer 应用程序，读者可以使用这些思路和方法来编写更加复杂的 Consumer 业务逻辑了。

15.2.3 Kafka 消费者与生产者配置

在编写 Producer 和 Consumer 程序时，用到了很多配置项，这些配置项可以在程序中指定，也可以在 Kafka 配置文件中配置，Producer 配置文件为 producer.properties，具体位置为 {Kafka 安装目录}/kafka_2.11-0.8.2.1/config/producer.properties；Consumer 配置文件

为 consumer.properties，具体位置在 {Kafka 安装目录}/kafka_2.11-0.8.2.1/config/consumer.properties。

这里对一些常用的配置项进行简单的解析，Producer 配置解析表如表 15-4 所示，Consumer 配置解析表如表 15-5 所示。更多的配置信息请参考 Kafka Configuration。

表 15-4　常用 Producer 或 producer.properties 配置

配置名称	功　能
metadata.broker.list	指定 Broker 节点列表，用于获取 metadata，不必全部指定
request.required.acks	指定 Producer 发送请求如何确认完成：0（默认）表示 Producer 不用等待 Broker 返回 ack。1 表示当有副本收到了消息后返回 ack 给生产者（如果 Leader 宕机且刚好收到消息的副本消息丢失）。-1 表示所有已同步的复本收到了消息后发回 ack 给 Producer（可以保证只要有一个已同步的复本存活，就不会有数据丢失）
producer.type	同步还是异步，默认 2 表示同步，1 表示异步。异步可以提高发送吞吐量，但是也可能导致丢失未发送过去的消息
queue.buffering.max.ms	如果是异步，指定每次发送最大间隔时间
queue.buffering.max.messages	如果是异步，指定每次发送缓存最大数据量
serializer.class	指定序列化处理类，默认为 kafka.serializer.DefaultEncoder，即 byte []
key.serializer.class	单独序列化 key 处理类，默认和 serializer.class 一致
partitioner.class	指定分区处理类。默认 kafka.producer.DefaultPartitioner，表通过 key hash 到对应分区
message.send.max.retries	消息发送重试次数，默认为 3 次
retry.backoff.ms	消息发送重试间隔次数
compression.codec	是否压缩，默认 0 表示不压缩，1 表示用 gzip 压缩，2 表示用 snappy 压缩。压缩后消息中会有消息头来指明消息压缩类型，故在 Consumer 消息解压是透明的，无须指定 compressed.topics：如果要压缩消息，这里指定哪些 Topic 要压缩消息，默认为 empty，表示全压缩

表 15-5　常用 Consumer 或 consumer.properties 配置

配置名称	功　能
zookeeper.connect	zookeeper 连接服务器信息
zookeeper.session.timeout.ms	zookeeper 的 session 过期时间，默认为 6000ms，用于检测消费者是否挂掉，当消费者挂掉后，其他消费者要等待该指定时间过后，才能检查到并且触发重新负载均衡
group.id	指定 Consumer Group，如果不指定，Kafka 默认生成
auto.commit.enable	是否自动提交，这里提交意味着客户端会自动定时更新 offset 到 zookeeper，默认为 true
auto.commit.interval.ms	自动更新时间，默认为 60~1000ms
auto.offset.reset	如果 zookeeper 没有 offset 值或 offset 值超出范围，那么就给一个初始的 offset。有 smallest、largest、anything 可选，分别表示当前最小的 offset、当前最大的 offset、抛异常，默认为 largest
consumer.timeout	如果一段时间没有收到消息，则抛异常。默认为 -1
fetch.message.max.bytes	每次取的块的大小（默认 1024×1024），多个消息通过块来批量发送给消费者，指定块大小可以指定可以一次取出多少消息
queued.max.message.chunks	最大获取多少块缓存到消费者（默认 10）

15.3 Spark Streaming 整合 Kafka

15.3.1 基本架构设计流程

Spark Streaming 是一个可扩展、高吞吐量、对实时流式数据有容错处理的 Spark 核心 API。Spark Streaming 可以整合多种数据源，如 Kafka、Flume、Twitter、ZeroMQ、Kinesis、TCP socket 等，还可以将处理后的数据放入各种文件系统、数据库及实时监控图表中。本节讲述 Kafka 和 Spark Streaming 的整合，Spark Streaming 与其他数据源整合架构图如图 15-8 所示，Spark Streaming 处理数据的工作流程如图 15-9 所示。

图 15-8 Spark Streaming 与其他数据源整合架构图

图 15-9 Spark Streaming 处理数据的工作流程

下面为扩展阅读内容。

最近，Spark1.5.1 版本已经发布（详细内容可参考 Apache 的 JIRA），在分析 Spark Streaming 和 Kafka 的整合时，先来回顾一下 Spark 的核心特性。Kafka 的核心组件及特性已经在本书中进行了详细阐述和分析，遇到不是很理解的知识点时，可以翻阅前面的章节。

Spark Cluster：一个 Spark 集群至少包含一个 Worker 节点。

Worker Node：一个工作节点可以执行一个或者多个 Executor。

Executor：Executor 就是一个进程，负责在一个 Worker 节点上启动应用，运行 Task 执行计算，存储数据到内存或者磁盘上，每个 Spark 应用都有自己的 Executor，一个 Executor 拥有一定数量的 cores，也被叫做"slots"，可以执行指派给它的 Task。

Job：一个并行的计算单元，包含多个 Task。在执行 Spark action（如 save、collect）时产生，在 log 中可以看到这个词。

Task：一个 Task 就是一个工作单元，可以发送给一个 Executor 执行，每个 Task 占用父 Executor 的一个 slot（core）。

Stage：每个 Job 都被分隔成多个彼此依赖，人们称之为 Stage 的 Task（类似 MapReduce 中的 Map 和 Reduce Stage）。

共享变量：普通可序列化的变量复制到远程各个节点，在远程节点上的更新并不会返回

第15章 Kafka应用实践

到原始节点，因为需要共享变量。Spark 提供了两种类型的共享变量：

① Broadcast 变量：通过 SparkContext.broadcast（v）创建，只读。

② Accumulator：累加器，通过 SparkContext.accumulator（v）创建，在任务中只能调用 add 或者 + 操作，不能读取值，只有驱动程序才可以读取值。

Receiver：Receiver 长时间（可能 7×24 小时）运行在 Executor 上。每个 Receiver 负责一个 Input DStream（例如一个读取 Kafka 消息的 Input Stream）。每个 Receiver，加上 Input DStream 会占用一个 core/slot。

Input DStream：一个 Input DStream 是一个特殊的 DStream，将 Spark Streaming 连接到一个外部数据源来读取数据。

15.3.2 消息消费者（Consumer）设计——基于 Receiver 方法

Apache Kafka 是一个分布式、分区、可复制的提交日志服务的发布订阅消息架构，怎样通过配置 Spark Streaming 来接收 Apache Kafka 上的数据呢？上一小节已经对 Apache Spark Streaming 和 Kafka 整合的框架流程进行了详细阐述，下面对 Apache Spark Streaming 和 Kafka 整合方法进行详细分析和阐述。Spark Streaming 已经实现并提供了两种方法来与 Apache Kafka 集成，第一种方法是，基于 Receiver 和 Kafka 的高级 API 来实现；第二种方法是，不使用 Receiver，直接用 Kafka 的低级 API 来实现。第二种方法在 Apache Spark 中的 1.3 版本中出现，并体现了比较好的性能。这两种方法有着不同的编程模型、性能特征及语义特征，将对这两种方法进行详细介绍。

基于 Receiver 实现的方法主要是通过 Receiver 来接收数据，其中 Receiver 是用 Kafka 的高级消费 API 实现的。对于所有的 Receivers，先从 Kafka 接收数据，之后通过 Receiver 存储在 Spark 的 executor 中，最后 Apache Spark Streaming 启动任务来处理这些数据。

在 Apache Spark Streaming 的默认配置下，在任务执行失败的情况下，基于 Receiver 实现的方法会出现丢失数据的情况，为了确保零数据丢失，我们的在 Apache Spark Streaming 中，另外加一个 WAL（Write Ahead Logs）功能，这种基于 WAL 容错的设计方案已经在 Spark 1.2 版本中实现。

从 Kafka 中接收到的数据，使用 WAL 功能，并同步日志信息到分布式文件系统（比如：HDFS）中，这样即使 Apache Spark Streaming 任务执行出错，也能从 WAL 中实现所有数据恢复。

在 Apache Spark Streaming 与 Apache Kafka 整合中，其中的核心类入口是 Apache Spark Streaming 实现的 KafkaUtils 类，KafkaUtils 类中包含很多 createStream（）方法，这些方法主要是从 Apache Kafka 的 Brokers 获取消息，之后创建 Apache Spark Streaming 的输入流。KafkaUtils 类的 createStream（）方法又要用到核心类 KafkaInputDStream 和 DirectKafkaInputDStream，其中 KafkaInputDStream 类是使用 Apache Kafka 的 The High Level Consumer API 实现的，DirectKafkaInputDStream 类是使用 Apache Kafka 的 Low Level Consumer（Simple Consumer）API 实现的，这两个类实际上就是分别对应上面提及的 Apache Spark Streaming 的两种方法实现。

基于 Receiver 实现的 Apache Kafka 和 Apache Spark Streaming 整合方法，也是用 KafkaUtils.createStream（）方法来创建 Apache Spark Streaming 的输入流的，其中核心逻辑实现可以参

考 KafkaInputDStream 类，这里先概要总结相关注意点与实现细节。

- 细节一：Apache Kafka 中的 Topic 分区与 Apache Spark Streaming 生成的 RDDs 分区没有关联。因此使用 KafkaUtils.createStream() 方法来增加 Apache Kafka 中 Topic 的数量，仅仅是增加了线程数量来消费 Apache Kafka 的 Topic，其中接收这些数据的 Receiver 还是一个。换句话说，在基于 Receiver 实现的 Apache Kafka 和 Apache Spark Streaming 整合方法中，使用 KafkaUtils.createStream() 方法增加 Apache Kafka 中 Topic 的数量，并不会增加 Apache Spark Streaming 并行处理数据的能力。
- 细节二：可以通过 Apache Kafka 中的 Groups 和 Topics 来创建多个 Kafka 输入 DStreams，同时这些 Apache Kafka 中的 Groups 和 Topics 数据，可以用多个 Receiver 来并行接收。
- 细节三：如果你启用了 WAL（Write Ahead Logs）功能，比如将数据的日志信息写入到 HDFS 文件系统中，这里要通过 KafkaUtils.createStream() 方法修改输入流的存储级别为 StorageLevel.MEMORY_AND_DISK_SER。

对于上述细节，如果读者对 Apache Kafka 中的 Topic、partitions、parallelism 几个概念不熟悉的话，可能比较难理解，下面对这几个概念再加以解读。

Apache Kafka 将数据存储在 Topic 中，每个 Topic 都包含了一些可配置数量的 partition。Topic 的 partition 数量对于性能来说非常重要，而这个值一般是消费者 parallelism 的最大数量：如果一个 Topic 拥有 N 个 partition，那么应用程序最大程度上只能进行 N 个线程的并行，最起码在使用 Kafka 内置 Scala/Java 消费者 API 时是这样的。

Consumer Group，它是逻辑 Consumer 应用程序集群范围内的识别符，一般通过字符串进行识别。同一个 Consumer Group 中的所有 Consumer 将分担从一个指定 Apache Kafka 的 Topic 中的读取任务，同时，同一个 Consumer Group 中所有 Consumer 从 Topic 中读取的线程数量最大值，即是 N（等同于分区的数量），多余的线程将会闲置。

多个不同的 Apache Kafka Consumer Group 可以并行运行，同一个 Apache Kafka 的 Topic，可以运行多个独立的逻辑 Consumer 应用程序。每个逻辑应用程序都会运行自己的 Consumer 线程，使用一个唯一的 Consumer Group id 进行区分。而每个应用程序通常可以使用不同的 read parallelisms。

上面的逻辑有点深奥，这里用一些简单的例子来对上面的逻辑加深理解。

假设这里有一个应用程序使用一个 Consumer 对一个 Apache Kafka Topic 进行读取，这个 Topic 拥有 10 个分区。如果 Consumer 应用程序只配置一个线程对这个话题进行读取，那么这个线程将从 10 个分区中进行读取。

但是如果配置 5 个线程，那么每个线程都会从 2 个分区中进行读取。

如果配置 10 个线程，那么每个线程都会从 1 个分区的读取。

但是如果配置多达 14 个线程。那么这 14 个线程中的 10 个将平分 10 个分区的读取工作，剩下的 4 个将会被闲置。

通过上面的例子，读者应该比较清楚地了解到 Consumer Group、Apache Kafka Topic、Read Parallelisms 之间的关系。

但是上面这些例子在现实应用中，顺序执行时（不断配置线程数量），会触发 Apache Kafka 中的再平衡事件，在 Apache Kafka 中，再平衡是个生命周期事件（lifecycle event），在

第15章 Kafka应用实践

Consumer 加入或者离开 Consumer Group 时都会触发再平衡事件。为了对 Apache Kafka 中的再平衡事件深入理解，这里继续进行解析一下。

假设应用程序使用 Consumer Group id 为"AQing"，并且从 1 个线程开始，这个线程将从 10 个分区中进行读取。在运行时，逐渐将线程从 1 个提升到 14 个。也就是说，在同一个 Consumer 群中，parallelism 突然发生了变化。毫无疑问，这将造成 Apache Kafka 中的再平衡。一旦在平衡结束，14 个线程中将有 10 个线程平分 10 个分区的读取工作，剩余的 4 个将会被闲置。因此初始线程以后只会读取一个分区中的内容，将不会再读取其他分区中的数据。

在基于 Receiver 实现的方法中，Apache Kafka 的 Topic 分区与 Apache Spark RDDs 分区没有关联，而基于这种方法的 Apache Spark Streaming 中的 KafkaInputDStream（又称为 Kafka 连接器）使用了 Kafka 的 The High Level Consumer API 实现，这意味着在 Apache Spark Streaming 中为 Apache Kafka 设置 read parallelism 将拥有两种策略。

策略一：Input DStream 的数量，因为 Spark 在每个 Input DStream 都会运行一个 receiver（=task），这就意味着使用多个 input DStream 将跨多个节点并行进行读取操作，因此，这里寄希望于多主机和 NIC。

策略二：Input DStream 上的消费者线程数量，一个 receiver（=task）将运行多个读取线程。这也就是说，读取操作在每个 core/machine/NIC 上将并行执行。

会发现这两种策略实际上是前面细节一和细节二描述的具体化。实际上，在生产中第一种策略更有效，因为从 Apache Kafka 中读取数据通常情况下会受到网络/NIC 限制，也就是说，在同一个主机上运行多个线程不会增加读的吞吐量。但是有时候从 Apache Kafka 中读取也会遭遇 CPU 瓶颈。然而第二种策略，多个读取线程在将数据推送到 Block 时会出现锁竞争。

为了便于用代码的角度理解，先看策略一这种基于 Input DStream 的数量策略并行读取 Apache Kafka 上的消息实例，代码如下：

```
1.    val numInputDStreams = 5
2.    val kafkaDStreams = (1 to numInputDStreams). map { _ => KafkaUtils. createStream(...) }
```

在上述代码中，建立了 5 个 input DStream，因此从 Apache Kafka 中读取的工作将分担到 5 个核心上，即 5 个主机/NIC。所有 Input Stream 都是 Consumer Group 的一部分，而 Apache Kafka 将保证 Topic 的所有数据可以同时对这 5 个 input DSream 可用。换句话说，这种协同的 input DStream 设置及基于 Consumer Group 的行为，是由 Apache Kafka API 提供，通过 KafkaInputDStream 完成。

再来看策略二，这种基于 Input DStream 上的消费者线程数量策略并行读取 Kafka 上的消息实例，代码如下：

```
1.    val consumerThreadsPerInputDstream = 3
2.    val topics = Map("zerg. hydra" -> consumerThreadsPerInputDstream)
3.    val stream = KafkaUtils. createStream(ssc, kafkaParams, topics,...)
```

在这段代码中，将建立一个单一的 input DStream，它将在同一个 receiver/task 上运行 3 个消费者线程，因此可以理解为在同一个 core/machine/NIC 上对 Kafka topic Consumer Group 进行消息读取。其中 KafkaUtils. createStream()方法被重载，因此这里有一些不同方法的特征。在这里，会选择 Scala 派生以获得最佳的策略。

为了更好地理解上面的代码，我们先看看 input DStream 和 RDD 的关系，input DStream 创建 RDD 分区，并由 KafkaInputDStream 从 Apache Kafka 中读取相应的数据信息到 Block。其中 KafkaInputDStream 建立的 RDD 分区数量由 batchInterval / spark.streaming.blockInterval 决定，而 batchInterval 则是数据流拆分成 batche 的时间间隔，它可以通过 StreamingContext 的一个构造函数参数设置。

基于第一种多输入流的策略，这些 Consumer 都是属于同一个 Consumer Group，它们会给 Consumer 指定分区。这样一来则可能导致分区，再均衡的失败，系统中真正工作的消费者可能只会有几个。为了解决这个问题，可以把再均衡尝试设置的非常高，然后，将会碰到另一个问题——如果 receiver 宕机（OOM，或者硬件故障），这将停止从 Kafka 接收消息。

出现这种情况，最直接的办法就是在与上游数据源断开连接或者一个 receiver 失败时，重新启动流应用程序。但是，这种解决方案可能并不会产生实际效果，即使应用程序需要将 Apache Kafka 配置选项 auto.offset.reset 设置到最小，由于 Spark Streaming 中一些已知的 bug，可能导致流应用程序发生一些你意想不到的问题，具体情况请参考相关文档。

对于 Input DStream 上的消费者线程数量策略，前面也进行了详细的分析，其中的线程数量可以通过 KafkaUtils.createStream() 方法来进行参数设置，同时，Apache Kafka 中 input topic 的数量也可以通过这个方法的参数指定，具体情况还得根据实际应用场景进行分析，这些常见的 Apache Spark Streaming 问题，一些是由当下 Apache Spark 中存在的一些限制引起的，一些则是由于当下 Kafka input DSream 的一些设置造成的。

通过上面的分析发现，如果将策略一和策略二进行归并，将会展现更好的效果，参考代码如下所示：

```
1.    val numDStreams = 5
2.    val topics = Map("zerg.hydra" -> 1)
3.    val kafkaDStreams = (1 to numDStreams).map { _ =>
4.        KafkaUtils.createStream(ssc,kafkaParams,topics,...) }
```

从上面这部分代码可以看出，其中建立了 5 个 input DStream，它们每个都会运行一个消费者线程。如果 Consumer Group Topic 拥有 5 个分区（或者更少），如果对系统的吞吐量有比较高的要求的话，那么这将是进行并行读取的最佳途径。

以上内容对基于 Receiver 实现的方法的核心原理、优缺点、性能分析进行了详细地分析及展现，下面用基于 Receiver 实现的 Apache Kafka 和 Apache Spark Streaming 整合方法来实现单词计数的 Apache Spark Streaming 应用程序。参考代码如下。

```
1.    object KafkaWordCount {
2.      def main(args:Array[String]) {
3.        if(args.length < 4) {    //输入参数的提示判断
4.          System.err.println("Usage:KafkaWordCount <zkQuorum> <group> <topics>
              <numThreads>")
5.          System.exit(1)
6.        }
```

第15章 Kafka应用实践

```
7.      //将获得的输入参数放到变量 args 中
8.      val Array(zkQuorum,group,topics,numThreads) = args
9.      //设置 Spark 的参数配置属性,这里将 Spark 应用名命名为"KafkaWordCount"
10.     val sparkConf = new SparkConf().setAppName("KafkaWordCount")
11.     //创建 StreamingContext 实例,并设置处理数量数据的时间间隔为 2s
12.     val ssc = new StreamingContext(sparkConf,Seconds(2))
13.     //这里对 checkpoint 进行了设置,主要是保存数据修改后,当前的状态,以防断电后内存数
            据丢失
14.     ssc.checkpoint("checkpoint")
15.     //设置 Topic Consumer 信息
16.     val topicMap = topics.split(",").map((_,numThreads.toInt)).toMap
17.     //通过从 Kafka Brokers 中获取的数据来创建 input stream
18.     val lines = KafkaUtils.createStream(ssc,zkQuorum,group,topicMap).map(_._2)
19.     //以行为单位,以空格为占位符进行划分单词
20.     val words = lines.flatMap(_.split(" "))
21.     //这里使用的 Spark Streaming 的 window 操作,其中 Minutes(10)表示 window 窗口时间间
            隔,一般是监听间隔的倍数;其中 Seconds(2)是指 window 的滑动时间间隔,也不需是监
            听间隔的倍数
22.         val wordCounts = words.map(x => (x,1L))
23.             .reduceByKeyAndWindow(_ + _,_ - _,Minutes(10),Seconds(2),2)
24.     //单词输出
25.         wordCounts.print()
26.     // 启动 StreamingContext 实例
27.         ssc.start()
28.         ssc.awaitTermination()
29.     }
30. }
```

该应用程序创建了一个 KafkaWordCount 类,代码进行了详细注释,其中的代码已经在 Apache Spark 的发布包中,读者只需要搭建好 Apache Spark 的集群环境,运行如下命令,就可以了查看 Apache Spark Streaming 的实时流统计展现效果。参考命令如下:

```
$ bin/run-example \
org.apache.spark.examples.streaming.KafkaWordCount zoo01,zoo02,zoo03 \
my-consumer-group topic1,topic2 1
```

这里对上面命令参数的含义稍微进行说明:

参数一:zoo01,zoo02,zoo03,建立初始化连接 Apache Kafka 集群的 host/port 列表,这些列表不需要包含所有的 Apache Kafka 集群服务器。因为一旦连接 Apache Kafka 集群,就可以通过 Apache Kafka 集群上的配置,获取所有的 Apache Kafka 的服务器。

参数二:my-consumer-group,Apache Kafka 消费组的名称。

参数三:topic1,topic2,Apache Kafka 的 Topic,可以是一个,也可以多个,多个之间用英文逗号隔开。

参数四:1,最后一个参数表示,Apache Kafka 消费者可用的线程数量。

这里已经基于 Receiver 实现了 Apache Kafka 与 Apache Spark Streaming 的整合，并实现了实时流单词的统计。如果读者想更加深入了解基于 Receiver 实现的 Apache Kafka 和 Apache Spark Streaming 整合方法，也可以详细阅读 Spark Streaming 中的 KafkaInputDStream 类的源码。

15.3.3 消息消费者（Consumer）设计——基于 No Receiver 方法

在 Apache Kafka 与 Apache Spark Streaming 整合中，为了能确保更强的端到端映射关系，在 Apache Spark 1.3 版本中，实现了基于 No Receiver 的 Apache Kafka 与 Apache Spark Streaming 整合方法，这种方法在开发 Apache Spark Streaming 实时流应用程序时，核心类入口也是 Apache Spark Streaming 实现的 KafkaUtils 类，之后通过 KafkaUtils 中的 createStream() 方法来获取 Apache Kafka 的 Brokers 消息数据，之后形成 Apache Spark Streaming 的输入流。在 createStream() 方法中，会调用另外一个核心类 DirectKafkaInputDStream，这个类是基于 No Receiver 实现的精髓，DirectKafkaInputDStream 类是使用 Apache Kafka 的 Low Level Consumer（Simple Consumer）API 实现的。

与基于 Receiver 实现的方法相比，这种基于 No Receiver 来实现 Apache Kafka 与 Apache Spark Streaming 整合方法，能周期性地查询 Apache Kafka 中每个 Topic 分区的最新 offset 偏移量，并能据此定义每个批处理中的偏移范围。当 Apache Spark Streaming 启动任务来处理数据的时候，使用 Apache Kafka 低级 Consumer API 来读取 Kafka 上面的偏移范围，就像在文件系统中读取文件一样简单方便。基于 No Receiver 实现 Apache Kafka 与 Apache Spark Streaming 整合方法在 Apache Spark 1.3 版本中提供了 Scala API 和 Java API，在 Apache Spark 1.4 版本中提供了 Python API。

与基于 Receiver 实现的 Apache Kafka 和 Apache Spark Streaming 整合方法相比较，基于 No Receiver 来实现 Apache Kafka 与 Apache Spark Streaming 整合方法有如下优点：

简化并行：基于 No Receiver 方法已经不需要创建多个 input Kafka，之后再将这多个 input Kafka 进行 union 操作。直接通过 directStream，Apache Spark Streaming 可以创建和 Apache Kafka Consumer 分区数量一样多的 RDD 分区数量。这样 Apache Spark Streaming 就能并行地读取 Kafka 上的数据，这就实现了 Kafka 分区和 RDD 分区一一对应的关系，这种方式也变得非常容易理解和调整。

更高的效率：为了达到零数据丢失，基于 Receiver 实现的 Apache Kafka 和 Apache Spark Streaming 整合方法引入了 WAL（Write Ahead Log）功能，这实际上是一种非常低效的方法，因为数据流过的时候，数据要保存两次，一次保存到 Kafka 中，一次通过 WAL 功能保存到某个文件系统（比如 HDFS）中。但是基于 No Receiver 来实现 Apache Kafka 与 Apache Spark Streaming 整合方法，通过不使用 Receiver 来消除了这个问题，从而变得更加高效，因为不需要再写日志到某个文件系统。消除这个问题的根本原因在于，Apache Spark Streaming 能使用 Apache Kafka 低级消费 API 来读取 Kafka 上面的偏移范围，而不是通过 Zookeeper 来获取。因此，只要 Kafka 上的数据存在，消息数据就能从 Kafka 上进行恢复。

Exactly-once semantics：也称为准确一次性语义，在基于 Receiver 实现的 Apache Kafka 和 Apache Spark Streaming 整合方法中，是使用 Kafka 高级 API 来实现这种方法的，然而

第15章 Kafka应用实践

Consumer的offset被存储在Zookeeper中。这是Kafka非常经典的消费数据的模式，这个模式必须的使用WAL（Write Ahead Log）功能，才能确保零数据丢失。但是这种方式还是会出现在一些任务失败时，一些记录会被消费两次。这主要是Apache Spark Streaming接收真实的数据和Zookeeper跟踪offset不一致性造成的。因此，基于No Receiver来实现Apache Kafka与Apache Spark Streaming整合方法，使用的是Apache Kafka低级Consumer API来实现，并不在使用Zookeeper来跟踪Consumer offset，而是直接基于checkpoints通过Apache Spark Streaming来追踪offset，这样就消除了Apache Streaming和Zookeeper/Kafka的不一致性。因此，即使任务运行失败，每条记录都能被Apache Spark Streaming高效准确一次性地被接收。为了在输出结果获得准确一次性语义，在数据输出操作中，保持数据到另外的数据存储系统中必须是幂等的，或者以原子事务的方式保存数据的结果和数据偏移量。

基于No Receiver来实现Apache Kafka与Apache Spark Streaming整合方法优点很多，但是不能通过Zookeeper来更新offset，因此基于Zookeeper的Kafka监控工具将失去了作用。然而，你自己可以用基于No Receiver方法来获取offset，并自己来更新Zookeeper中的offset。

上面对基于No Receiver来实现Apache Kafka与Apache Spark Streaming整合方法进行了总结分析，现在我们就使用这种方法也来实现单词计数的Apache Spark Streaming应用程序。参考代码如下：

```
1.   object DirectKafkaWordCount {
2.     def main(args: Array[String]) {
3.       if (args.length < 2) {    //输入参数的提示判断
4.         System.err.println(s"""
5.           |Usage: DirectKafkaWordCount <brokers> <topics>
6.           |  <brokers> is a list of one or more Kafka brokers
7.           |  <topics> is a list of one or more kafka topics to consume from
8.           |
9.         """.stripMargin)
10.        System.exit(1)
11.      }
12.      //将获得的输入参数放到变量args中,其中brokers参数时值Kafka中的Brokers,其中topic
          参数是指Kafka用来消费的Topics
13.      val Array(brokers, topics) = args
14.      //设置Spark的参数配置属性,这里将Spark应用名命名为"DirectKafkaWordCount"
15.      val sparkConf = new SparkConf().setAppName("DirectKafkaWordCount")
16.      // 创建StreamingContext实例,并设置处理数量数据的时间间隔为2s
17.      val ssc = new StreamingContext(sparkConf, Seconds(2))
18.      // 使用传过来的brokers 和 topics参数,来创建direct kafka stream
19.      val topicsSet = topics.split(",").toSet
20.      val kafkaParams = Map[String, String]("metadata.broker.list" -> brokers)
21.      // 通过从Kafka Brokers中获取的数据来创建input stream
22.      val messages = KafkaUtils.createDirectStream[String, String, StringDecoder, StringDecoder](ssc, kafkaParams, topicsSet)
```

```
23.        // 获取某行的数据
24.         // Get the lines,split them into words,count the words and print
25.    val lines = messages.map(_._2)
26.    // 将每行的数据,通过空格进行划分
27.    val words = lines.flatMap(_.split(" "))
28.    // 对单词进行统计
29.    val wordCounts = words.map(x =>(x,1L)).reduceByKey(_+_)
30.    // 将统计的结果进行输出
31.        wordCounts.print()
32.        //开始启动 StreamingContext 实例,计算实际上是从这里开始的
33.        ssc.start()
34.        ssc.awaitTermination()
35.    }
36.  }
```

该应用程序创建了一个 DirectKafkaWordCount 类,代码进行了详细注释,其中的代码已经在 Apache Spark 的发布包中,读者只需要搭建好 Apache Spark 的集群环境,运行如下命令,就可以了查看 Apache Spark Streaming 的实时流统计展现效果,即对单词的个数进行统计。参考命令如下。

```
$ bin/run-example streaming.DirectKafkaWordCount broker1-host:port,broker2-host:port \
  topic1,topic2
```

这里对上面命令参数的含义稍微进行说明:

参数一:broker1-host:port,broker2-host:port,实际上就是 Apache Kafka 集群服务器,也称为 Broker,这里只服务器的名称加端口号,多个服务器之间用逗号隔开。

参数二:topic1,topic2,Apache Kafka 的 Topics,可以是一个,也可以多个,多个之间用英文逗号隔开。

这里基于 No Receiver 实现了 Apache Kafka 与 Apache Spark Streaming 整合方法,实现了实时流单词统计,如果读者想更加深入了解基于 No Receiver 实现的 Apache Kafka 和 Apache Spark Streaming 整合方法,也可以详细阅读 Apache Spark Streaming 中的 DirectKafkaInputDStream 类的源码。

通过上面对基于 Receiver 来实现 Apache Kafka 与 Apache Spark Streaming 整合方法和基于 No Receiver 来实现 Apache Kafka 与 Apache Spark Streaming 整合方法分别实现了单词统计的应用程序,通过这两个方法比较发现,基于 Apache Spark Streaming 自带的整合 Kafka 的方法来开发实际需求的实时流处理应用变得非常简单,用户不需要再实现 Apache Kafka 数据流到 Apache Spark RDDs 的细节过程,开发中只需要调用 KafkaUtils.createStream() 方法,就可以实现想要的功能需求,从这一点也说明 Spark 的强大和简洁,当然,读者对底层的实现原理比较了解和熟悉的话,在排除问题、设计更优的业务实现方案、性能调优时会有很大的帮助。

15.3.4 消息生产者（Producer）设计

Kafka 与 Spark Streaming 整合的实践内容，主要是将 Kafka 作为 Spark Streaming 的数据源，即 Spark Streaming 怎样用 Kafka 高效获取数据，也就是利用 Kafka 的 Consumer 功能，这一部分已在上一小节进行详细阐述，但是在有些文献中，也有从 Spark 中的数据写到 Kafka 的情景，这里详细讲解一下：

写入数据到 Kafka 需要从 foreachRDD 输出操作进行，通用的输出操作者都包含了一个功能函数，让每个 RDD 都由 Stream 生成。这个函数需要将每个 RDD 中的数据推送到一个外部系统，比如将 RDD 保存到文件，或者通过网络将它写入到一个数据库。需要注意的是，这里的功能函数将在驱动中执行，同时其中通常会伴随 RDD 行为，它将会促使流 RDDs 的计算。

其中"功能函数是在驱动中执行"，也就是 Kafka Producer 将在驱动中进行，也就是说"功能函数是在驱动中进行评估"。当使用 foreachRDD 从驱动中读取数据时，实际过程将变得更加清晰。想详细了解 foreachRDD 读外部系统中的一些常用推荐模式，请阅读 Spark 的 Output Operations on DStreams 文档，也可以阅读重用 Kafka Producer 实例，这个实例是通过 Apache Commons Pool 工具来实现，通过 Producer pool 来跨多个 RDDS/batches，这个 Producer pool 通过 Broadcast variable 来提供给 tasks。

需要注意的是，Spark Streaming 每分钟都会建立多个 RDDs，每个 RDD 都会包含多个分区，因此无须为 Kafka Producer 实例建立新的 Kafka 生产者，更不用说每个 Kafka 消息。上面的步骤将最小化 Kafka Producer 实例的建立数量，同时也会最小化 TCP 连接的数量，通常由 Kafka 集群确定。可以使用这个 Pool 设置来精确地控制对流应用程序可用的 Kafka Producer 实例数量。

为了更好地理解上面的原理，这里通过一个"并行地从 Kafka topic 中读取 Avro-encoded 数据，将结果数据写入到 Kafka"的示例来熟悉基于 Spark Streaming 应用程序要旨，该示例的实际流程如下：

1）使用了一个最佳的 read parallelism，每个 Kafka 分区都配置了一个单线程 input DStream。

2）并行化 Avro-encoded 数据到 pojos 中。

3）然后将 pojos 并行地写到 binary。

4）序列化可以通过 Twitter Bijection 执行。

5）通过 Kafka 生产者 Pool 将结果写回一个不同的 Kafka topic。

上面示例的实际流程的详细参考代码如下所示：

```
1.    val kafkaStream = {
2.        val sparkStreamingConsumerGroup = "spark-streaming-consumer-group"
3.        val kafkaParams = Map(
4.            "zookeeper.connect" -> "zookeeper1:2181",    // 定义 Zookeeper 的连接信息
5.            "group.id" -> "spark-streaming-test",    //定义 Group.id 的名称
6.            "zookeeper.connection.timeout.ms" -> "1000")    //定义 Zookeeper 连接超时时长
7.        val inputTopic = "input-topic"    // 定义 Topic 名称
```

```scala
8.   val numPartitionsOfInputTopic = 5    // 定义 Topic 分区数量
     // 通过从 Kafka Brokers 中获取的数据来创建 input stream
9.   val streams = (1 to numPartitionsOfInputTopic) map { _ =>
10.    KafkaUtils.createStream(ssc, kafkaParams, Map(inputTopic -> 1), StorageLevel.MEMORY_ONLY_SER).map(_._2)
11.  }
     // 使用 Apache Spark Streaming 的 union 操作
12.  val unifiedStream = ssc.union(streams)
13.  val sparkProcessingParallelism = 1   // 设置 Spark Stream 进程的并行数量
14.  unifiedStream.repartition(sparkProcessingParallelism)
15.  }
16.
17.  // 定义一个全局变量"counters",使用 SparkContext 实例来跟踪 Streaming 实时流应用
18.  val numInputMessages = ssc.sparkContext.accumulator(0L, "Kafka messages consumed")
19.  val numOutputMessages = ssc.sparkContext.accumulator(0L, "Kafka messages produced")
20.  // 这里使用一个广播变量来共享 Kafka Consumer 池,主要用来从 Spark 到 Kafka 写数据
21.  val producerPool = {
22.    val pool = createKafkaProducerPool(kafkaZkCluster.kafka.brokerList, outputTopic.name)
23.    ssc.sparkContext.broadcast(pool)
24.  }
25.  // 使用广播变量来实现 Avro Injection(序列化可以通过 Twitter Bijection 执行)
26.  val converter = ssc.sparkContext.broadcast(SpecificAvroCodecs.toBinary[Tweet])
27.
28.  // 从 Apache Spark Streaming 任务中定义真实的数据流
29.  kafkaStream.map {
30.    case bytes =>
31.      numInputMessages += 1
32.      //用 Avro 序列化的数据转换为 Bean 对象
33.      converter.value.invert(bytes) match {
34.        case Success(tweet) => tweet
35.        case Failure(e) =>    // 如果转换失败就将其进行忽略
36.      }
37.  }.foreachRDD(rdd => {
38.    rdd.foreachPartition(partitionOfRecords => {
39.      val p = producerPool.value.borrowObject()
40.      partitionOfRecords.foreach {
41.        case tweet: Tweet =>
42.          // 将 Bean 对象反转为 Avro 二进制格式(序列化与反序列化操作)
43.          val bytes = converter.value.apply(tweet)
44.          //发送二进制数据到 Kafka 中
45.          p.send(bytes)
46.          numOutputMessages += 1
```

```
47.          }
48.          producerPool. value. returnObject( p )
49.        })
50.    })
51.    //运行 Apache Spark Streaming 实例
52.    ssc. start( )
53.    ssc. awaitTermination( )
```

15.4 小结

本章讲解了 Kafka 的应用实战程序设计，其中包括 Kafka 集群搭建，以及 Kafka 依赖的 Zookeeper 集群搭建，详细记录了集群搭建的步骤和命令，并对一些参数的配置和使用进行了详细的解析；之后用一个实例讲解了怎样用 Kafka API 来开发生产者和消费者，并对其中开发的细节进行了详细的阐述，并对这些常用的配置参数进行了总结；最后讲解了 Spark 和 Kafka 的整合实例，在讲解中，对 Kafka 及 Spark 中的一些机制进行了详细的分析。通过本章的学习，自己可以灵活运用 Kafka API 开发自己的生产者和消费者，并能将 Kafka 消息队列灵活地运用和部署到实际的大数据架构环境中。目前，Kafka 还在不断地发展和成熟，大家可以踊跃加入 Kafka 社区，提供自己觉得比较好的解决方案，为 Kafka 的发展贡献一份力量。

附录　Kafka 集群 server.properties 配置文档

```
# Licensed to the Apache Software Foundation (ASF) under one or more
# contributor license agreements.  See the NOTICE file distributed with
# this work for additional information regarding copyright ownership.
# The ASF licenses this file to You under the Apache License, Version 2.0
# (the "License"); you may not use this file except in compliance with
# the License.  You may obtain a copy of the License at
#
#    http://www.apache.org/licenses/LICENSE-2.0
#
# Unless required by applicable law or agreed to in writing, software
# distributed under the License is distributed on an "AS IS" BASIS,
# WITHOUT WARRANTIES OR CONDITIONS OF ANY KIND, either express or implied.
# See the License for the specific language governing permissions and
# limitations under the License.
# see kafka.server.KafkaConfig for additional details and defaults
############################# Server Basics #############################
# The id of the broker. This must be set to a unique integer for each broker.
broker.id=0
############################# Socket Server Settings #############################
# The port the socket server listens on
port=9092
# Hostname the broker will bind to. If not set, the server will bind to all interfaces
host.name=master
#host.name=localhost
# Hostname the broker will advertise to producers and consumers. If not set, it uses the
# value for "host.name" if configured.  Otherwise, it will use the value returned from
# java.net.InetAddress.getCanonicalHostName().
#advertised.host.name=<hostname routable by clients>
# The port to publish to ZooKeeper for clients to use. If this is not set,
# it will publish the same port that the broker binds to.
#advertised.port=<port accessible by clients>
# The number of threads handling network requests
num.network.threads=3
```

# The number of threads doing disk I/O
num.io.threads=8
# The send buffer (SO_SNDBUF) used by the socket server
socket.send.buffer.bytes=102400
# The receive buffer (SO_RCVBUF) used by the socket server
socket.receive.buffer.bytes=102400
# The maximum size of a request that the socket server will accept (protection against OOM)
socket.request.max.bytes=104857600
############################## Log Basics #############################
# A comma seperated list of directories under which to store log files
log.dirs=/home/hadoop/application/kafka_2.11-0.8.2.1/kafkaLogs
# The default number of log partitions per topic. More partitions allow greater
# parallelism for consumption, but this will also result in more files across
# the brokers.
num.partitions=1
# The number of threads per data directory to be used for log recovery at startup and flushing at shutdown.
# This value is recommended to be increased for installations with datadirs located in RAID array.
num.recovery.threads.per.data.dir=1
############################## Log Flush Policy #############################
Messages are immediately written to thefilesystem but by default we only fsync() to sync
the OS cache lazily. The following configurations control the flush of data to disk.
There are a few important trade-offs here:
1. Durability: Unflushed data may be lost if you are not using replication.
2. Latency: Very large flush intervals may lead to latency spikes when the flush does occur as there will be a lot of data to flush.
3. Throughput: The flush is generally the most expensive operation, and a small flush interval may lead toexceessive seeks.
The settings below allow one to configure the flush policy to flush data after a period of time or
every N messages (or both). This can be done globally and overridden on a per-topic basis.
The number of messages to accept before forcing a flush of data to disk
#log.flush.interval.messages=10000
The maximum amount of time a message can sit in a log before we force a flush
#log.flush.interval.ms=1000
############################## Log Retention Policy #############################
# The following configurations control the disposal of log segments. The policy can
# be set to delete segments after a period of time, or after a given size has accumulated.
# A segment will be deleted whenever *either* of these criteria are met. Deletion always happens
# from the end of the log.
# The minimum age of a log file to be eligible for deletion
log.retention.hours=168
message.max.bytes=5242880
default.replication.factor=3
replica.fetch.max.bytes=5242880

```
# A size-based retention policy for logs. Segments are pruned from the log as long as the remaining
# segments don't drop below log.retention.bytes.
#log.retention.bytes=1073741824
# The maximum size of a log segment file. When this size is reached a new log segment will be created.
log.segment.bytes=1073741824
# The interval at which log segments are checked to see if they can be deleted according
# to the retention policies
log.retention.check.interval.ms=300000
# By default the log cleaner is disabled and the log retention policy will default to just delete segments after their retention expires.
# If log.cleaner.enable=true is set the cleaner will be enabled and individual logs can then be marked for log compaction.
log.cleaner.enable=false
############################# Zookeeper #############################
# Zookeeper connection string (see zookeeper docs for details).
# This is a comma separated host:port pairs, each corresponding to a zk
# server. e.g. "127.0.0.1:3000,127.0.0.1:3001,127.0.0.1:3002".
# You can also append an optionalchroot string to the urls to specify the
# root directory for all kafkaznodes.
#zookeeper.connect=localhost:2181
zookeeper.connect=master:2181,worker1:2181,worker2:2181
# Timeout in ms for connecting to zookeeper
zookeeper.connection.timeout.ms=6000
```

参 考 文 献

[1] DT 大数据梦工厂之 Scala 深入浅出实战经典视频教程. http://edu.51cto.com/course/course_id-3945.html
[2] 布施曼 等著；肖鹏，陈立 译. 面向模式的软件架构：分布式计算的模式语言（卷4）[Pattern-Oriented Software Architecture][M]. 北京，机械工业出版社，2010 guide.html#deploying-applications
[3] 黄海旭，高宇翔. Scala 编程 [M]. 北京：电子工业出版社，2010
[4] 夏俊鸾，刘旭晖，邵赛赛，等. Spark 大数据处理技术 [M]. 北京：电子工业出版社，2015